昆蟲誌
INSECTOPEDIA
人類學家觀看蟲蟲的26種方式

Hugh Raffles
修・萊佛士　著

陳榮彬　譯

蔡晏霖、蕭昀　審定

獻給我的父母
給我的姊妹
給昆蟲們，還有牠們的朋友
當然，也要獻給

莎朗

細微的事物猶如一道可以開啟整個世界的窄門。

——加斯東・巴謝拉（Gaston Bachelard，二十世紀法國哲學家）

Contents
目錄

Contents
目錄

前言　萬物之始

In the Beginning

很久很久以前，在萬物剛開始出現時，還沒有人類的存在，地球剛剛由氣體與液體形成，而從地質年代看來，那些種類繁多的單細胞原生動物才剛剛展開地球百科全書的第一頁，把自己變成其他細胞裡的粒線體（mitochondria）與葉綠體（chloroplasts），這些細胞進而結為同盟，成為其他各種生物，各種生物又結合在一起，形成了各種肉眼無法看見的聚落，每一個由生物構成的世界裡都還有更小的世界存在：如此持續了一段時間以後，就有了昆蟲的出現，但人類要到很久很久以後才會生成。

早在人類存在之前，昆蟲就已經存在。無論我們遷居何方，牠們也會跟著一起去。儘管如此，我們對昆蟲的瞭解仍極為有限，就連那些與我們最接近的，吃我們的食物，跟我們一起睡在床上的昆蟲也不例外。昆蟲與我們如此不同，牠們彼此之間的差異也有如天壤之別，但牠們到底是什麼？牠們都做些什麼事？他們創造出何種世界？我們從昆蟲身上能夠有何體悟？我們如何與牠們共存？而且我們是否有可能以不同的方式與昆蟲相處？

說到昆蟲，你腦海裡浮現的是什麼？家蠅？蜻蜓？大黃蜂？寄生蜂？蚊蚋？放屁蟲（bombardier beetle）*？兜蟲？閃蝶？鬼臉天蛾？蟑螂？竹節蟲？毛毛蟲？昆蟲的種類如此繁多，各自相異，與人類也迥然有別。有些普普通通，有些令人大開眼界，體型有大有小，有群居的，也有的獨自過活，有的寓意深遠，也有的高深莫測，有的生產力極強，有的令人費解，有的是如此深具吸引力，但也令人不安。有些昆蟲幫忙傳遞花粉，有些則是為害人間，傳遞病菌，也有些昆蟲能分解東西，或充當實驗的對象，備受科學界矚目，是科學實驗與活動的重要參與者。有些昆蟲會進入我們的夢裡，甚至是惡夢。昆蟲也與經濟、文化息息相關。不只存在這個世界上，也創造這個世界。

昆蟲的數量是個天文數字，多不勝數，而且一直持續增多。牠們總是如此忙碌，對我們毫不關心，而且力量如此強大。我們幾乎不可能對昆蟲發號施令。牠們的表現也鮮少符合我們的期待。牠們是靜不下來的。就各方面來講，牠們都是非常複雜的生物。

＊審定者注：又名砲步甲，鞘翅目（Coleoptera），步行蟲科（Carabidae），細頸步行蟲亞科（Brachininae）的成員。

A

天空
Air

1

一九二六年八月十日，一架史丁遜公司（Stinson）生產的SM－1「底特律人」六人座單翼飛機從位於路易斯安那州塔魯拉鎮（Tallulah）的簡陋小型機場起飛。那一架「底特律人」是歷史上第一架有電動馬達、機輪煞車以及暖氣座艙的飛機，但是其爬升性能不強，所以飛行員很快地開始把機身拉平，在機場上方與四周繞圈圈，按照預定計畫，把裝在機翼下方的特製捕蟲陷阱張開十分鐘，過沒多久就返回地面了。飛機觸地時跑出來與飛行員會合的是P・A・葛利克（P. A. Glick）與其同事們，他們都是美國昆蟲與植物防疫局（Bureau of Entomology and Plant Quarantine）的員工，隸屬於局裡的棉花昆蟲調查部。

那是一段史無前例的航程，只因有史以來，人類第一次以飛機進行收集昆蟲的工作。參與該次研究的，除了有葛利克與其同仁之外，還有美國農業部的研究人員，以及一些區域性的組織（例如紐約州立博物館），他們試圖藉此探掘吉普賽舞蛾（gypsy moth）、棉鈴實夜蛾（cotton bollworm moth）等昆蟲的遷徙模式，牠們正吃遍美國的天然資源。他們想要預測蟲患，知道接下來會發生什麼事。如果不知道那些害蟲遷徙的方向、時間與方式，又怎能抑制牠們呢？

2

高空昆蟲學從塔魯拉鎮的那次調查研究開始發展。先前的研究幾乎很少離開地面。他們只需要施放掛著網子的氣球與風箏，爬上電塔，或者是請燈塔的管理員與登山客代勞即可。此時，葛利克有了飛機這種新式科技可供運用，他南下墨西哥，到杜藍哥州（Durango）的小鎮特拉華里洛（Tlahualilo）去了一趟。他的飛行員把飛機開到當地山谷平原上方九百公尺處去幫他捕捉一種叫做棉紅鈴蟲的成蛾，是專門吃美國棉花的可怕害蟲。葛利克沒想到他的任務居然需要這樣大費周章，後來他以精簡的文字表示：「棉紅鈴蟲被氣流帶往空中很高的地方」。[1]

到了進行塔魯拉鎮那一次研究時，只抓到幾隻蒼蠅與黃蜂。但是，接下來的五年內，研究人員又到塔魯拉鎮的小機場去陸續進行了超過一千三百次的高空研究活動，抓到數以萬計的昆蟲，其活動範圍在空中二十英呎到一萬五千英呎（一英呎約等於〇．三公尺，約六公尺到四千六百公尺）之間。研究人員繪製了各種各樣的圖表，把七百種已命名的昆蟲根據牠們被捕捉到時所待位置的高度、時間、風速、風向、溫度、氣壓、濕度、露點（dewpoint）與其他許多物理上的變數分類記錄下

來。在此之前，他們已經知道所謂長距離傳播（long-distance dispersal）的生物現象。他們曾聽說過，在距離陸地幾百英哩的海面上都還能看到蝴蝶、蚊蚋、水黽（water-strider）、盲蝽（leaf bug）、書蝨（book-lice）以及螽斯（katydid）等各種昆蟲，也聽過威廉・帕里船長（Captain William Parry）於一八二八年前往北極探險時也曾在大塊浮冰上看見蚜蟲（aphid），而且於一九二五年的時候更有另一批蚜蟲穿越距離長達一千三百公里的嚴寒無垠海面，在二十四小時內從俄羅斯科拉半島（Kola Peninsula）飛到挪威斯匹次卑爾根島（Spitzbergen）。然而，當他們發現路易斯安那州上空居然有種類如此龐大的昆蟲，而且散佈在這麼高的地方，還是覺得震驚不已。[2]他們就像是看到一個新天堂樂園似的。

他們開始隨興地把天空比喻為海洋，表示這就是所謂「空中浮游生物」（aeroplankton）的現象：無垠的天空裡有許許多多的昆蟲存在著。那些小型昆蟲有一部分是沒有翅膀的，每一隻都是體表面積大，但是體重很輕，往往強風一刮就被往上吹，被氣流帶往高空，隨著氣流在空中四處移動，不想抵抗也無力抵抗，因為純然的意外而飄洋過海，穿越大陸，同樣也因為意外而被氣流往下吸，掉在某個偏遠的山巔或者谷底平原上。根據估計，每天不管哪個時段，或者每年不管哪一天，路易斯安那州每一平方英哩（約三平方公里）上空的十五到四千三百公尺高空，平均都有二千五百萬種昆蟲，為數最多可能高達三千六百萬種。[3]白天時，曾有人在一千八百公尺高空發現瓢蟲，在夜裡的九百公尺高空發現條紋守瓜（striped cucumber beetle）。他們曾在一千五百公尺高空抓到三隻蠍蛉（scorpionfly），在六十到九百公尺之間的高空抓到三十一隻果蠅，還有在二千二百公尺與三千公尺的高空中分別抓到一隻蕈蚋（Fungus gnat）。他們在六十公尺與三百公尺高空分別抓到了一隻馬蠅。到了一千二百公尺高空，他們居然還採集到一隻沒有翅膀的工蟻，最高到了一千五百公尺，居然有十六種不同的姬蜂（Ichneumon wasp）。他們還抓到了一隻空飄在四千六百公尺高空的蜘蛛（就像葛利克說的，「這可能是地

3

表上空曾經被採集到樣本的最高處了」），此事讓葛利克想到過去真的曾有人表示有些蜘蛛會藉著信風（trade wind）環遊全球，因此他在書裡寫道，「大部分蜘蛛的幼體都喜歡這種交通工具」，讓人不禁在腦海中浮現這樣的畫面：小動物們打包行囊，興奮地等著踏上旅途，而這也與過去大家的共識有一點小小的出入。葛利克認為，蜘蛛在空中並非被動地隨風飄盪，所以根據他後來的觀察，蜘蛛不只會爬上風中的某個地點（例如一根嫩枝，或者一朵花上面），踮著腳站起來，抬起肚子，測試大氣的狀況，射出蜘蛛絲，投身藍色天空中，把所有能自由活動的腳伸展開來，而且也會用身體與絲線來控制下降的情況以及降落地點。[4]光是一平方英哩（約三平方公里）的鄉間天空裡就有三千六百萬隻我們看不見的小動物在飛翔？這簡直就像發現一個新天堂樂園似的。天空彷彿一片「穹頂，傾盆而下的不是大雨，而是昆蟲」。[5]

從一九二〇年代中期到一九三〇年代，在法國、英國與美國等各地高空進行研究的學者們持續發現了同樣的事，也做出一致的結論。他們大致認為昆蟲藉由兩種方式移動。[6]可以被視為空中浮游生物的小蟲散佈在九百公尺以上的高空，他們是被迫移動的，無法抵抗快速流動的高層氣流。至於那些較大較強，能夠飛行的昆蟲，相對來講則是散佈在比較接近地面的地方，他們在低處御清風而行，有自己的遷徙途徑與時程。有些低海拔遷徙十分壯觀。其中有些昆蟲是我們早已熟悉的，例如帝王斑蝶（monarch butterfly）與《舊約聖經》裡提到的那些蝗蟲。其他蟲類則是連昆蟲學家們都大感意外。牠們多少都帶著一點神秘色彩。J・W・塔特（J. W. Tutt）於一九〇〇年親眼看到數以百萬計的Y紋夜蛾（Silver-Y moth）與其他昆蟲跟著一群候鳥一起排成整齊直線，由東往西飛行。幾年後，來自紐約動物學學會（New York Zoological Society）的威廉・畢比（William Beebe）（他同時也是搭乘鋼製球狀潛水裝置到深海去的探險先鋒）也在委內瑞拉北部波塔楚洛山隘（Portachuelo Pass）發現自己被許許多多紫棕色蝴蝶包圍。儘管畢比感到困惑不已，但他還是設法計算了一下：光是在一開始九十分鐘裡飛過他身邊的蝴蝶就有至少十八萬六千隻。一個小時後，那如同水流的蝴蝶流量「達到高潮」，他鎮定下來，掏出高倍數望遠鏡：

我開始望著頭上大概八公尺高的地方，然後慢慢往上方調整焦距，直到我看見視野極限內的那些小蟲。從大小相似的水平物體判斷起來，牠們位於距離地面半英哩遠的空中，每當我感到更為緊張時，就有越來越多看來更小的蝴蝶振翅飛翔，清清楚楚地出現在我眼前。

從最下面到頂點的垂直距離裡，沒有任何一處的蝴蝶數量有減少的跡象。……這種遷徙的特殊現象持續了好幾天，一批批不知從何而來的蝴蝶不斷現身，每一批都是數以百萬計，牠們往南而去，我一樣也不知道其目的地是哪裡。

畢比還記錄了另一個現象：同樣一條遷移路線上，每年顯然都有各種各樣為數龐大的昆蟲一起飛過去，其中有鰓金龜（cockchafer）、金花蟲（chrysomelid beetle）、胡蜂、蜜蜂、飛蛾、蝴蝶，「還有一群又一群有翅膀的微小昆蟲」。[7]那些蟲子因為太小而無法計算其數量。但是，以蚜蟲為例，牠們看起來就像一陣模糊的霧靄，其密度足足有蝴蝶的兩百五十倍之多。事實上，不管從種類或者數量來講，這些小蟲（包括蚜蟲、薊馬、小蛾、最小的甲蟲，還有最小的寄生蜂，牠們都是肉眼幾乎看不見的）都已經是昆蟲界的主力了，而這正足以印證一件事：在過去千百萬年的演化過程中，儘管昆蟲的數量與種類多如牛毛而且不可數，但是牠們的體積也變小許多。

過去在古生代晚期曾經存在，兩邊翅膀加起來有三十英吋長的巨大蜻蜓已經滅絕了。昆蟲在變小的過程中也演變出各種各樣符合流體力學的軀體，類別難以勝數。同時，因為翅膀必須快速震動，其肌肉也要符合這項特殊需求。在目前已知的大概一百萬種昆蟲裡面，成蟲的平均身長只有四、五毫米左右，中段身體的長度就少更多了。儘管如此，真正能吸引研究者的目光的，還是那些比較大，可見度較高，身長至少一公分以上的蟲子（也就是說，牠們的體型至少比平均值大二十倍）。如果我們把那些關於黑腹果蠅（*Drosophila melanogaster*）的大量基因體相關研究排除掉，實在剩沒多少小型昆蟲的研究文獻。[8]在葛利克的紀錄裡面，相對來講，空中的小蟲數量為何龐大？看來，顯然主要不是因為牠們比較容易被吹往空中，而是因為牠們的數量遠遠勝過大型昆蟲。

葛利克表示，塔魯拉鎮上空二千二百公尺處也有善於飛行的蜻蜓：這種大型昆蟲的活動範圍遠遠超過九百公尺的界線，而且飛得如此得心應手，居然還知道要避開葛利克的飛機。至於在比較接近地面的空中，根據畢比與其他人的記錄，則都是一些沒那麼會飛，而且應該是被風吹來吹去的小型昆蟲，高度遠遠不及上述的大型昆蟲。今日的昆蟲飛行研究者以比較流動的看法來談所謂的昆蟲飛行區，認為那是一個可變的、接近地表的區域。在飛行區裡面，風速會小於特定昆蟲的飛行速度。換言之，這個範圍也會隨著風的強度與昆蟲的能力而上下游移。在那個範圍內，昆蟲可以自己決定飛行方向。在此界線之上，昆蟲的飛行則開始受制於強風，牠們不再能克服風力，只能適應大氣條件。[9] 大多數昆蟲都只能在地表上方一到三公尺高的範圍內完全控制自己的飛行方向，原因有兩個：首先是因為，在我們已知的昆蟲裡面，大約只有百分之四十的飛行速度在每秒一英呎（〇・三公尺）以上，其次則是因為，通常都是在靠近地表的地方才有人類幾乎感受不到的那種微風。[10]

然而，在那最高極限以上，也就是對流層裡距離地面幾千英呎的地方，只有一小部分小昆蟲被動地隨風而飛：牠們沒有翅膀（例如蜘蛛與蟎類），冷得要死，筋疲力盡。但其他絕大多數、或大或小的昆蟲都可以振翅飛翔，儘管身邊的強風颼颼，牠們還是可以保持或改變自己的高度與方向。有時候牠們盤旋不去，有時候則是在空中滑行，如自由落體一般落下，抑或凌空高飛。白天牠們躲避的是飛鳥，晚上則是蝙蝠。牠們很少像花粉那樣任由自己隨處飄盪。跟那些在海裡漂蕩的浮游生物也不同。

不，把昆蟲這種動物稱為「空中浮游」實在不恰當。牠們並非住在空中，那裡只是牠們路過的地方。而且牠們居無定所，總是在換地方。在背後驅動其行動的，是一股想要尋找新住所，還有想要與新宿主相遇的衝動。有時候牠們的飛行距離很短，所經之處一再重複，有時候牠們會進行大規模遷徙，旅程有可能是單程或者來回的。無論飛行距離長短，牠們很少採取被動的姿態。牠們朝著有風與有光的地方起飛。如果夠強壯的話，牠們通常會逆風而飛，或在風裡四處飛動。低空飛行的一大群蝴蝶與蝗蟲很可能突然戲劇性地群起高飛，只為了飛進數千英呎高空的氣流中。即便是小小的蟲子，看起來也有尋找熱氣流的本性。在高空中，這些小蟲們的飛行路線深受風向影響，但牠們總是會在氣流中試著穩住自己，拍動翅膀，調整方向與高度。接著牠們會從空中降落，通常是因為氣味或者反射光線的吸引，藉著自己的身體重量重返地面。

塞西爾・強森（Cecil Johnson）那本關於昆蟲遷徙與散布的書早已是經典之作，他曾於四十年前指出，許多（甚或大部分）昆蟲都會在遷徙過程中死去，但「這就是此一物種為了尋找新居而付出的代價」。強森所描繪的，是一個始終被昆蟲監視著的地球，如他所言：「數以百萬計的牠們一邊在氣流中飛行，一邊努力地仔細審視地面，持續找到適合或者不適合的地方」。若不適合，牠們會立刻起飛，尋找覓食或繁殖的更好地點（或者是為了做一些我們不瞭解的事），「飛行方向有可能是由風向，或者牠們自己決定的」。[11] 這就是昆蟲的真實生活，其遷徙宛如一個龐大的「散播系統」，每天都有數量龐大的昆蟲到處移動，「日復一日，年復一年，一個又一個世紀就這樣過去了」。[12] 一旦知道昆蟲向來就是如此不斷移動、散佈與遷徙，距離或長或短、難以阻攔，我們還能把牠們視為侵擾人類的害蟲嗎？還有，我們原本也認為萬物皆有其位、一物僅屬於一處且別無他處、物種疆界不可侵犯，然後人類只要以警覺與化學物質就能夠控制昆蟲這種數量龐大無比、有自己生存之道因此不屈從於人類的生物，此刻是否也該改變想法了？也許當年在墨西哥杜藍哥州三千英呎的高空上，近距離面對棉紅鈴蟲，看著牠們的翅膀在高空陽光裡閃耀著微光時，葛利克心裡所想的就是這些問題。

4

先別繼續看書了。如果你在室內，請走到窗邊。把窗戶打開，仰望天際。那一片空蕩蕩的空間裡，

A —— Air
天空

龐大的天空一望無垠，寬闊的九重天層層疊疊。空中到處有昆蟲，而且牠們都正要前往某處。每天我們頭頂與身邊都有數十億生物在進行集體遷徙。

此事宛如字母Ａ一樣重要，是我們不能忘記的第一要義。我們身邊還有一個個大千世界存在。但我們卻常常與那些世界擦身而過，卻不知道，或者視而不見，聽而不聞，觸而不覺，受限於我們自己的感官，受限於平庸的想像力，就跟確信地球是宇宙中心的托勒密（Ptolemy）沒什麼兩樣。

B

美
Beauty

「什麼事?怎麼啦?」在我對著塞烏・班尼迪托(Seu Benedito)大叫的同時,我們那一艘沿著瓜里巴河(Rio Guariba)航行的船也持續發出噗噗聲響。「這是怎麼一回事啊?」

離我一百碼的遠處河岸上有一片樹叢,昨天樹蔭下還只是矗立著一間整條河沿岸最為破爛的木屋,如今卻像珠寶閃閃發亮,宛如一片不斷震顫的黃海,舉目所及都是淡黃、玉米鬚黃與金黃等各種黃色。舉目所及似乎有一片片金箔到處旋轉飛舞,如渣如屑,往森林的暗處高飛。河面上,閃耀的太陽光芒從那一團黃色裡面曲折投射出來。「那是什麼?」

「喔,」塞烏・班尼迪托笑道,「*Borboletas de Verão*,意思是夏天的蝴蝶。牠們又回來啦。你沒見過嗎?」

那一天,那種蝴蝶到處飛舞。牠們像是爆了開來,往世界的各個角落散逸,把世界點綴成一種新奇的顏色,這意料之外的美景令人神往不已。我們的船在河上緩緩前進,嘎嘎作響,經過的每一間屋子都籠罩在這種多變的奇景裡。成千上萬隻黃色蝴蝶停在屋頂或牆壁上,占據了木屋的門廊,最後把亞馬遜河沿岸點綴成一座黃金城(El Dorado),眼前這一座靜謐的村莊彷彿被上了一層層鍍金。等我們到家時,也看到金黃色夏蝶在房屋四周翩翩飛舞。牠們高飛到屋簷上,遍布於門廊,也有一些往低處飛,在地板下方有豬隻滿地

打滾的泥濘院子裡徘徊著。我拍了以下這一張蝴蝶輕輕往上飄浮高飛的照片，如此一來雖然牠們已經離開，那一天與其後幾天的景象卻已化為永恆。

出現在照片裡的是塞烏・班尼迪托他家後面的廚房，地點是巴西馬卡帕州（Macapá）的亞馬遜河河口。一九九五到一九九六年間，我曾在那裡住了十五個月，你所看到的就是蝴蝶抵達那一天下午的情景。現在看起來，有時候似乎就像一個夢，像是別人所經歷過的故事，所以我總是會把照片拿出來，回想那一天。看到那一隻昏昏欲睡的獵狗了嗎？看到那一棵棵結滿了黑色果實的巴西莓果樹（*açaí* palms）了嗎？看到那兩個巨大的輪胎了嗎？每天早上希爾頓與蘿西安妮兩個小朋友都會到溪邊（位於右側，在照片外面的地方）打水，把它們給裝滿。看見那一塊用圍籬圍起來的小小菜園了嗎？看到那一條用來曬衣服的粗繩了嗎？還有你是否也看到畫面上彷彿於時空中凍結的一隻隻夏蝶？它們就像一艘艘小型幽浮，只是路過而已，成為我們的人生篇章之一，在那片刻之間轉化萬物，讓我們看見另一個世界的微光，然後又繼續往別處飛去。

C

車諾比

Chernobyl

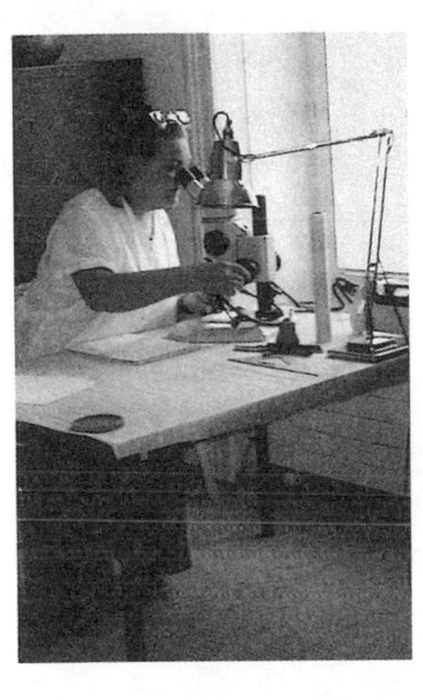

1

看著這一張柯妮莉雅・赫塞－何內格（Cornelia Hesse-Honegger）在蘇黎世她的住所拍的照片，我試著想像她透過顯微鏡看到什麼。鏡頭下面是一隻夾雜著金黃色與綠色的小蟲，牠隸屬於「異翅亞目」（Heteroptera），俗稱「盲蝽」(leaf bugs)，是她過去三十幾年來一直都在畫的。[1]她的雙目顯微鏡把小蟲放大為八十倍。因為左邊接目鏡上面附有一個以公分為單位的比例尺，她才有辦法精確地把那一隻小蟲身上的所有細節都畫下來。

柯妮莉雅採集那一隻動物的地方，就在德國南部貢德雷明根（Gundremmingen）核電廠的附近。跟她筆下大多數昆蟲一樣，那是一隻畸形的蟲。就這一隻蟲而言，牠的腹部是不規則狀的，右側微縮。對我來講，即便是用顯微鏡去看，我都看不到那畸形的部位。但是她說：想像一下，如果

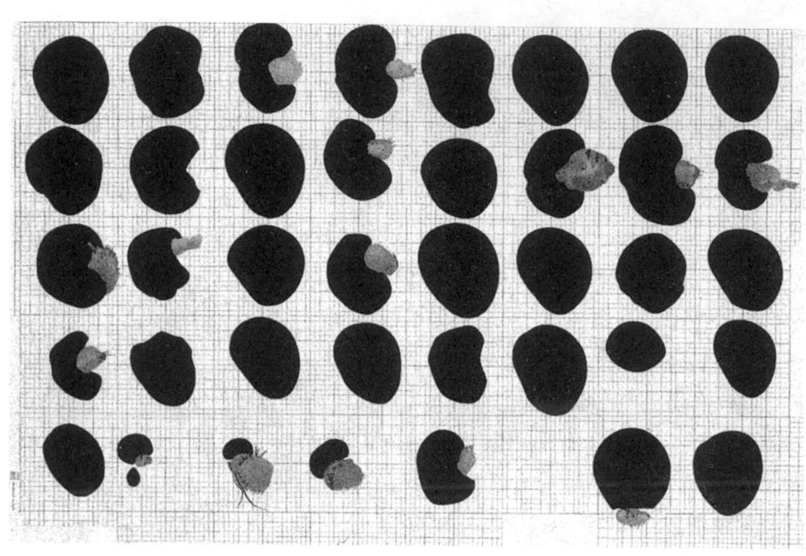

你的身長只有五毫米，那樣的畸形問題會讓你有什麼感覺！

當柯妮莉雅如此專心地聚焦在那一隻生物身上時，她到底看到了什麼？她跟我說，當她在戶外的田野上，馬路旁以及森林邊緣採集樣本時，她的「眼裡總是只有那一隻蟲的存在」。她說，在那些瞬間，她感覺到「一種很強的關聯，極度強烈的關聯性」，她感覺到一種密切無比的關係，就好像她自己有可能也曾是那種生物，一隻盲蝽，「而且身體還記得歷經的那一切。」

但是，據她所說，她在畫畫時的感覺與採樣時完全相反。當她坐下來用顯微鏡工作時，她不再感覺到自己彷彿與昆蟲有一種「協同演化」關係，而是把牠們視為形式與顏色，形狀與紋理，數量與體積，平面與外觀。她的作品必須盡量講求技巧與細節。（「我希望自己能成為雷射，掃過每一平方公分表面。只要是我看到的，我就會畫出來；看到後，就畫出來，」她是這麼跟我說的。）有時候，就像上方（第二十八頁）這幅畫，她會在畫面上表現出一種形式上的隨意風格，從她的收集品中任意挑選樣本，一點一滴地在方格紙上描出一個結構，藉此創造一種事先沒有想過會怎樣安排的圖像，一種源自於具體主義（Concrete Art）美學傳統的圖像，而她自己正是在那種傳統中被培育出來的。

這幅畫所呈現的是一隻隻黑腹果蠅的眼睛，而且牠們都是經過蘇黎世大學動物學研究所（Zoological Institute of the University of Zurich）所屬遺傳學家們以放射線處理過的。儘管柯妮莉雅刻意不畫出果蠅的頭，但是她卻把頭部當成製圖時的參照點，每一片相應的方格區域都以牠們的頭部為中心，如此一來，儘管身體並未出現在畫面上，但卻能與眼睛保持精確的相對關係。不過，因為受到放射線影響，果蠅頭上眼睛的位置已經變成不規則了；結果是，儘管她所做的安排井然有序，但畫面上的水平與垂直線卻都是不平整的。柯妮莉雅的隨意風格帶著井然有序的特性，因此創造出來的作品有其規律，但卻又不整齊劃一。她用圖畫的方式來表達出自己對於自然、美學與科學的主要洞見：她的畫作所透露出的訊息是，這個世界是同時由穩定性與隨機性主宰的，構成世界的原則除了秩序之外，也包括機遇。果蠅的眼睛看來奇怪無比。那些眼睛的尺寸與形狀看來是如此戲劇性。有些眼睛還長出了翅膀，而類似的畸形現象剛好讓研究人員有機會調查細胞行為，如同柯妮莉雅所說的，「他們就像那種想要研究一列火車，但卻故意有計畫地讓它出軌的人」。[2]畫面上那個空格所代表的，是一隻缺了眼睛的果蠅。因為她討厭自然主義（naturalism）的繪畫風格（她跟我說，自然主義鼓勵賞畫者聚焦在圖畫的「真實性」上面，還有畫家的技巧與「眼光」上面），也因為她希望我們能夠注意形式，所以她把果蠅的眼睛畫成黑色，而非實際的紅色。

這幅圖是柯妮莉雅在一九八七年畫的。早在二十年前，身為蘇黎世大學動物學研究所科學插畫師的她就已經開始繪製畸形果蠅的圖畫了。[3]根據某種能夠誘發突變的標準程序，他們餵果蠅吃含有甲基磺酸乙酯（ethyl methane sulfonate）的食物。突變後的果蠅深深吸引著她，因此她開始在工作之餘把那些身體受損的昆蟲畫下來，用各種不同的角度與顏色來做實驗，甚至把一些特別大的果蠅頭做成塑膠雕塑作品，藉此勉力試著瞭解那個令人感到不安，但對她卻充滿吸引力的世界。他們戲稱那些果蠅為「鐘樓怪人」一般的突變個體，而她在研究所裡的工作就是負責把牠們的多變樣貌畫下來。牠們肢體不全，怪裡怪氣的模樣令人同情，而且畸形的模樣「看來混亂不已」。為了方便插畫家作畫，他們用一種化學藥劑把果蠅頭部的器官溶解掉，因此果蠅那一張張扭曲的臉變成了面具。「那些突變果蠅就再也沒有離開我了，」她寫道。的確，從此以後，她的創作活動就始終擺脫不了那些因為外在因素而突變的生物，那些受害者有些是已經發生的，有些是潛在的。[4]

上面那一幅畫完成不久後，柯妮莉雅就在一九八七年七月前往瑞典烏斯特法內波村（Österfärnebo）採集樣本了，因為她認為，在整個西歐地區，那裡是受到車諾比核電廠（Chernobyl）災變輻射落塵汙染最為嚴重的地方。那一趟旅程為她開啟了人生的新階段——此後她的生活變得充滿爭議，而且世人的注視目光偶爾也會讓她感到不是那麼高興。那些與身體分離的眼睛看來是如此空洞而抽象，淒涼而憤怒，令人感到不安，而且它們也可以說是一種預示與預知。

當車諾比電廠的核子反應爐爆炸時，她已經有了準備。最近她跟我說：「車諾比可以解答的問題是，我們這個世界到底怎麼了？」她已經是個目擊者了。災變發生前，她已經看到花園裡的盲蝽越來越少，她也看到那些畸形的果蠅；實驗室與世界是合一的。如今兩者之間被什麼阻隔了起來？她已經意識到有一種美學觀點即將出現。大自然沒有任何一個角落能夠不受這種效應影響。「讓我們入迷的影像，往往並未反映出現實世界正在改變，」她寫道。[5]車諾比只是在光天化日之下把夢魘揭露出來，讓大家看見過去隱而未顯的東西。

2

一九七六年，柯妮莉雅・赫塞－何內格住在蘇黎世郊外的寂靜鄉間，家裡還有兩個年紀很小的孩子，老公沉浸在自己的世界中，誰也不理，而她自己則是對盲蝽懷抱滿腔熱忱。她不只是被那一種昆蟲的美給吸引。牠們的特色自有引人入勝之處。（如她所說：「牠們總是對某些情況有所感應，這是讓我感到非常驚奇之處。」）因為牠們的那些特質，她才會成為入迷的收集者。（「那就好像上癮」，「光是找到一隻盲蝽就覺得很棒⋯⋯就像置身人間天堂！」）沒多久她就對附近的盲蝽都很熟悉，開始能辨認出不同科與不同種之間那些比較廣為人知的差異，還有同種盲蝽之中的個體差異（「牠們的個別差異實際上是很驚人的」）。每年暑假她都與家人一起前往瑞士南部提奇諾州（Ticino），在丈夫的家族宅邸裡度假。早起的她總是在一片霧靄瀰漫的地景中遊蕩於沼地裡，採集昆蟲，也越來越熟悉當地的植物與動物。

採集是人蟲之間建立親密關係的過程。她發現了盲蝽的種種習性，找出牠們的藏身之處，藉此也培養出對於其感官的敏感性（她曾經笑著對我說，「牠們都是一些懶惰蟲！」），這指的是，她感覺得出牠們知道她靠近了，牠們知道她的目光接觸到牠們。透過野外採集工作，她才得以瞭解牠們的生態與特徵。她怎麼可能不瞭解？而且，因為在畫畫時總是全神貫注，她也培養出另一種與盲蝽的親近關係，成為熟知盲蝽形態學和多樣性的專家。

她堅信，繪畫不只是一種紀錄的工作，也是一種研究，而這種信念可以回溯到十六世紀的瑞士博物學家康拉德・蓋斯納（Conrad Gesner），回溯到給了她許多靈感的畫家兼探險家瑪麗亞・西碧拉・梅里安（Maria Sybella Merian），還有自學有成的化石收集家瑪莉・安寧（Mary Anning）。[6] 若想獲得有關此一主題的知識，繪畫是一種全方位的方式，一種從生物學、現象學與政治等各種角度提供完整觀照的方式。繪畫不只是把我們所看見的一切表達出來，而是一種能夠讓我們學會如何觀照事物的專業訓練；而這裡所謂的觀照，是指能夠獲得各種廣義的洞見。透過繪畫，她才有辦法把各種異常現象描繪出來，藉此辨認出各個採集地點的共有模式，和它們之間的種種關係，並且促使她意識到，其實過去在許多地點她都曾發現過相同的畸形現象：烏斯特法內波村、車諾比、塞拉菲爾德（Sellafeld）*、貢德雷明根以及拉格（La Hague）**。「我就像是發現了一個新世界，」她說。「我越是投入其中，就越是無法自拔，對那個世界也產生了越來越強烈的認同感。」如果時間允許的話，如果要她用六個月的時間描繪一隻盲蝽，她也無所謂。如果⋯的話，「我願意深入其中，深入再深入⋯」。

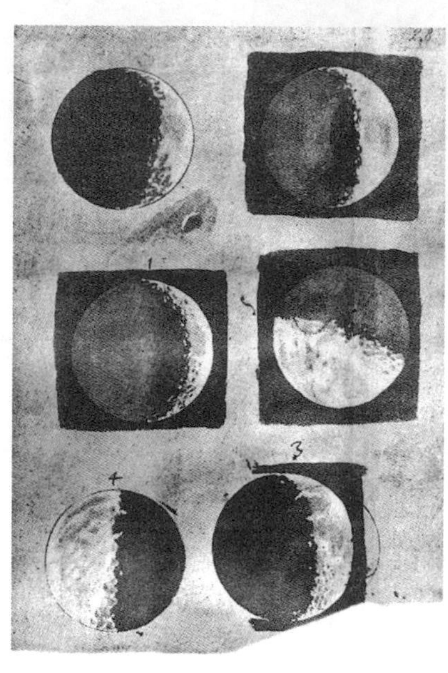

夜已深。我們吃完了晚餐，正在欣賞伽利略創作的知名月亮表面墨水畫，那是她深愛的一系列作品（她說，這真是藝術啊！）。伽利略在一六一〇年製作了一具望遠鏡，不久後他便把自己看到的影像畫了下來，因此那可以說是讓世人得以窺見一個全新世界的新奇工具。但是這種發現同時帶來近似幽閉恐懼的效果，因為望遠鏡把遠方的大東西放入了小小的視覺空間裡。他在描繪那些影像時感覺到一種急迫性，作畫時他好像感到極為不可思議（他用訝異不已的口氣在書中寫道：「令人更為感到驚奇的是⋯」），在那些令人無法想像的月表紋理沒入陰影之前，他急著想要把那些紋理捕捉下來，深恐再也看不到了。[7] 柯妮莉雅跟我說，伽利略把他在夜空中看到的影像拿給同事們看，他們都無法辨認出那是什麼。那不是過去他們所認識的月亮。既然他們不瞭解那種儀器，又怎能相信那些影像呢？柯妮莉雅說，他們可說是「視而不見」。他們的想法是如此死板，他們所身處的世界讓他們感到如此安逸，以至於他們看到了卻不自知，看到了卻不瞭解呈現在自己眼前的是什麼。

柯妮莉雅曾發表過兩篇被刊登在雜誌封面的故事，其中第一篇在她跟丈夫仳離之後問世，當時她離開了她的鄉間花園，與孩子們搬回蘇黎世，車諾比核災也已發生，作品刊登在瑞士大報《每日新聞報》（*Tages-Anzeiger*）的週日版上面。報社把她那些以盲蝽、果蠅與常春藤葉子為主題的畫作刊登出來，樣本都是她在烏斯特法內波村附近與提奇諾州收集到的，該篇的標題是：「長相不尋常的果蠅與蟲子」（When Flies and Bugs Don't Look the Way They Should）。[8]

她用一種引人入勝的方式描述了那一趟瑞典之旅。她的文字看起來有點像偵探故事，也像是在描寫悟道信教的心路歷程，又帶著一點秘密行動的味道，一開始她陳述自己在車諾比核電廠爆炸後，如何費盡心思，設法掌握輻射落塵散佈在歐洲的哪些地方。她發現了一些地圖（「不幸的是，地圖並不精確」），找出那些污染最為嚴重，而且她又能到得了的地方（「等到夜裡孩子們都已經上床後，我才在廚房餐桌上開始鑽研那些地圖，研究各種資料」）。據其研判，西歐輻射落塵問題最嚴重的地方是瑞典。（「我下定決心，那就是我想去的地方。」）

等到她抵達後，當地人跟她說，那一晚烏雲密布，輻射落塵跟著雨水一起落在村子裡，他們都有一種奇怪的感覺，一種無法言喻的預感，就像多年後三哩島（Three Mile Island）核災發生時當地居民所

* 譯注：英國核電廠處置放射性廢棄物的地方。

** 譯注：法國核電廠處置放射性廢棄物的地方。

說的一樣。當地一位獸醫拿自己種植的苜蓿給她看，原本應該是綠葉與粉紅花朵，卻長出了紅葉黃花。她發現到處都有奇形怪狀的植物。她採集了許多昆蟲，到了隔天，也就是一九八七年七月三十日那一天，她開始用顯微鏡來看那些蟲子。她早已知道盲蝽是一種非常精準的生態指標。過去在花園裡她曾觀察到，牠們有著精準的身體結構，使得只要不正常的現象一發生就明顯可見，而且除了身上斑紋的變化以外，其他變化都是不正常之處，她也發現盲蝽有可能一輩子都住在同一株植物上面，就連牠們的後代子孫也會留在那個地方。她意識到，因為盲蝽都是以吸食葉子與嫩芽的汁液為生，所以只要植物受到汙染，牠們也無法倖免。但是即便她畫蟲已經畫了十七年，她還是沒有見識過那種現象。「我覺得很噁心。我看到有一隻蟲的左腳特別短，還有些蟲子的觸角看來就像奇形怪狀的香腸，另一隻蟲則是從眼睛裡長出黑黑的東西。」她彷彿初次見到這些原本熟識已久的昆蟲。

> 儘管理論上我相信輻射線會對自然有所影響，但我仍無法想像實際上會影響到什麼程度。此刻，那些可憐的生物就躺在我的顯微鏡底下。我覺得震驚不已。好像有人拉開簾幕，令我眼界大開。每天我都會發現受損的植物與昆蟲。有時候我幾乎都已經忘記正常的植物形狀是什麼。我深感迷惑，唯恐自己會瘋掉。
>
> 我意識到我必須摒棄過去的一切假設，用全然開放的態度接受我眼前所見的一切，即便有人可能會認為我瘋了也無所謂。睡夢中，發現那些東西時的恐懼情緒仍然折磨著我，讓我做惡夢。我開始狂熱地採集樣本與畫畫。[9]

本來她只是把這件事當成暫時的人生插曲。「〔車諾比事件〕發生了，我想我必須趕快去做，」她跟我說：

一、兩年，或者三年，然後我就回到原本的主題，去畫那些畸形的果蠅眼睛或者別的什麼。那才真的是我喜歡的工作。我不願意放棄那個工作。我之所以會來做這件事，只是因為覺得有必要。〔刊登在雜誌上的那些〕畫作都是我用便宜的紙張畫出來的，最便宜的紙，素描簿裡面的那一種。那不是規規矩矩的藝術作品。我深信，在我畫出第一批東西之後，科學家們會說，「沒錯，那些的確很有趣。我們去那些地方做一些採集工作吧。」

她去了一趟提奇諾州某處，她前夫的家族宅邸就在那附近，舉目所及都是她非常熟悉的昆蟲。儘管與瑞典相較，那裡的車諾比核電廠輻射落塵比較少，但是那裡的氣候比較溫和。很多植物在比較北

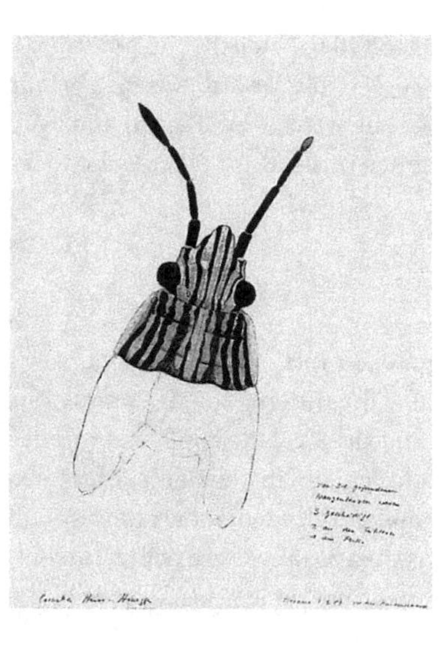

邊的地方還沒出現，卻已經在提奇諾州長出來了，因此等到受輻射污染的雨降下之後，昆蟲也把汙染物給吃了進去。她採集了盲蝽與樹葉，還找到三對黑腹果蠅，全都帶回蘇黎世的公寓裡，養在廚房。「每個晚上我都坐在顯微鏡前面，試著掌握快速的繁殖狀況，」她寫道。這個工作耗費了她的所有時間，但是「全心投入的她總是想要看看牠們，瞭解狀況」，而且我不認為她曾經認真思考過這件事的種種困難之處。她準備特別的食物，把罐子都清空，逼自己習慣那種惡臭，負責照顧暴增的

「蟲口」。過沒多久她就獲得了回報：她發現了明顯而可怕的事實。「我被自己的發現給嚇到了，」她寫道。[10] 而與科學家們視而不見的態度完全相反的是，這種直面真實的恐怖驅使她繼續往下鑽研。

3

簡略而言，事情極為單純。國際各大核能管制機構，包括國際放射防護委員會（International Commission for Radiological Protection，簡稱 ICRP）與聯合國輻射影響科學委員會（the U.N. Scientific Committee on the Effects of Atomic Radiation），都是透過一個臨界值來估算輻射線對於人體健康的危害。儘管許多科學家都承認自己對於輻射損害細胞的機制非常不瞭解，也承認各種核子設施外洩的輻射物質之間有很大的差異，不同生物體在被汙染後也會有各種不同反應（更別說還要把體內處於不同生長階段的各種不同器官與不同細胞考慮進去），但是透過這個臨界值，這些機構試著訂出一個通用的容忍標準，只要輻射值在此一標準以下，就是安全的。車諾比核災發生後，情勢緊張，群眾憂慮不已，而政府所屬的專家們就是透過這種邏輯，告訴大家只要在這個臨界值以內，就不用注意那些威脅。

國際放射防護委員會訂定臨界值的根據是一條線性的曲線，此一曲線所代表的則是過去發生大規模核子事變後，生還者出現基因異常（在生育時）或罹患癌症與白血病的比率。最早被納入計算範圍的主要樣本是一九四五年核彈攻擊廣島與長崎之後的那些生還者。一開始，這兩個地方的輻射值都非常高，而且出現的時間點都分布在很短的時間裡。計算結果得出了一條曲線，其要點是：如果暴露在人造輻射線裡面，就會造成很高的輻射值。至於微量輻射線（例如正常運作的核電廠長期釋放出來的輻射線）雖然不能說完全不重要，但相對來講是微不足道的，它所造成的效果相似於地殼裡各種物質所釋放出來的「天然」背景輻射。這種估算所假設的是，高額輻射量才會造成嚴重後果，小額輻射的影響則是不大。

有些不隸屬於核能產業的科學家常常與核電廠附近區域的公民團體結盟，他們提出了另一種曲線。根據加拿大物理學家艾伯朗．佩特考（Abram Petkau）在一九七〇年代所進行的研究，他們主張，官方所提出的那一條線性曲線並不能充份表現出輻射線的效應，意即他們認為並不是兩倍的輻射量才會產生兩倍的嚴重後果；若透過他們提出的「上線性」曲線（supralinear curve）看來，光是低輻射量就會造成很嚴重的後果。在「上線性」曲線裡面，只要是零以上的輻射值就都超過了最小的安全值。[11]

這些研究人員通常都以流行病學調查為其研究起點，針對核能設施下風處或者下游的人口進行調查，試圖從統計學的角度找出地區性疾病與低輻射量外洩現象之間的有意義關聯。他們往往事先假設輻射外洩與疾病有關（能夠支持此一假設的，不只是某些疾病的大量流行，還有一些核能產業的秘辛），進而將研究目標聚焦在一件事上面：低輻射值外洩現象擾亂生物功能，他們要找出擾亂的機制。

例如，英國物理化學家兼反核運動人士克里斯．巴斯比（Chris Busby）就非常強調兩個很關鍵，但往往被忽略的變數：細胞成長過程與輻射線活動的隨機性。[12]巴斯比主張，在正常狀況下，生物體內細胞遭遇輻射的頻率大約是一年一次。如果細胞處於一般的休眠狀態下，它們是非常堅固的。然而，如果細胞正在進行複製活動（細胞在承受各種各樣的壓力之後都可能會開啟這種修復模式），它們卻會變得對輻射極為敏感。此刻細胞的基因會處於非常不穩定的狀態，只要受到兩次輻射「攻擊」，其嚴重後果會遠勝於只遭受一次攻擊。

此外，巴斯比還說，透過食物與水吸收輻射物質，其後果也大大不同於只是暴露在有輻射線的環境裡。如果是透過體內的途徑接收輻射（例如飲用遭受汙染的牛奶），很可能在幾個小時內就讓某個細胞遭受好幾次攻擊。他宣稱，如果處於複製模式中的細胞受到第二次人造輻射線的攻擊，產生異變的機率就會暴增一百倍。

根據上述的「二度攻擊理論」(Second Event Theory)，某個細胞遭遇輻射線的時候，該細胞的脆弱程度與其成長狀態之間具有一種函數關係。而且，因為人造輻射線的波動具有不規律與斷斷續續的特色，這又讓細胞顯得更為脆弱了。柯妮莉雅用子彈的比喻來向我解釋人造輻射波的不規律性：不管發射了幾顆子彈，誰發射的，甚或也不管發射的時間地點為何，只要你在不利的時機與地點被一顆子彈擊中，下場就會很慘。國際放射防護委員會公布的線性曲線假設輻射粒子的分布固定不變，而且其效應也是可以預期的。但是，正如許多人主張的，此一假設並不正確，事實是環境對於輻射汙染影響的敏感度很可能遠遠高於我們原先所認定的，而且也很可能足以用來解釋流行病學研究所觀察到的現象：不管外洩量的多寡，只要某個地方有規律的輻射外洩狀況，人類與動植物的死亡率都會增高。

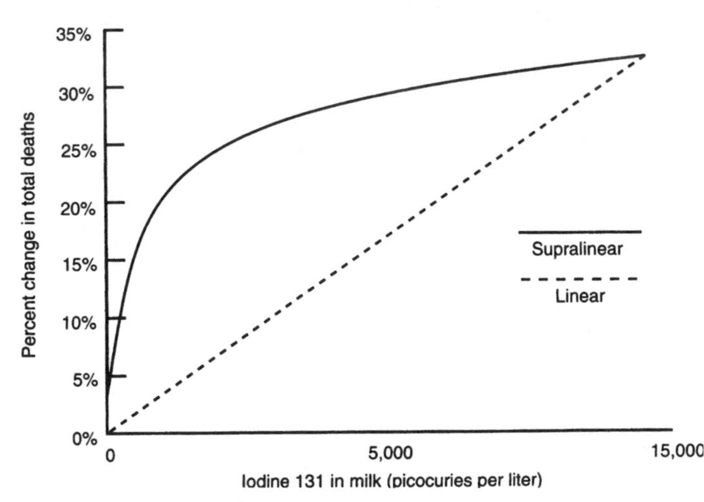

柯妮莉雅在週日版《每日新聞報》發表那些文章之後，無庸置疑地，主張低輻射線也會產生嚴重影響的人士早就能預見專家們會有什麼反應。科學家只是重申官方立場：車諾比核災的輻射落塵數量太少，因此不足以引發突變，他們只是宣稱，必須要用別的理由來解釋突變的現象。他們主張，柯妮莉雅的方法論並未適切地把殺蟲劑與寄生蟲等其他控制因子列入考慮。她並未提供一個可以比較的底線，也就是她並沒有對未受汙染的棲息地進行研究，所以沒有那些物種生物的一般突變比率可以做為參照基礎。她其實並不認為自己的主張具有普遍性，但他們甚至也刻意忽略這一點，指出她並未提供任何數據來說明造成突變的輻射量，或者畸形的發生率。[13]科學家忽略她的證據，不願用他們的專業來幫助她，也不再像平常那樣偶爾會展現出沒有戒心的興趣，而且對此也並未提出任何解釋。後來她一再遭遇這樣的狀況：我把我的蟲子與果蠅拿給先前曾經共事的所有教授看。我甚至拿了一小管活生生的畸形果蠅給動物學研究所所長，他是基因學的教授。那一位所長連看都不看，只跟我說，做那種研究所需的時間與經費都太多了。他說，因為已經有人證明了少量輻射感染並不會導致外形的異變，所以花那種錢根本就不值得。[14]

當然，從表面上看來，理由實在太明顯了：因為她只是個業餘人士，又是個女人，同時這個問題也太過敏感，而且核能又是一個相對封閉的產業。質疑她的問題總是那幾個：她有什麼資格宣稱自己發現了造成生物畸形的原因？她有什麼資格斷定那些突變現象是輻射造成，而非任何生物族群中都可以看到的自然畸形？她有什麼資格建構自己的方法論？她有什麼資格讓已經因為車諾比核災而變得歇斯底里的民眾變得更為恐慌？她有什麼資格反駁那些學者專家？在她發表那些文章後，提奇諾州已經爆發了一陣墮胎潮，她不會因而感到良心不安嗎？

但是，科學界之外的人士並未敵視她，很重要的是，甚至少數幾個已經開始同情反核運動的科學家也看重她。她上了一些廣播電台節目，也收到大量為她打氣的信函。她的第一篇文章發表之後，在野的德國社會民主黨（SDP）呼籲政府調查車諾比核災對於各地造成的影響。第二篇文章發表後，瑞士政府被迫回應輿論所施加的壓力，同意資助一篇博士論文，詳細研究瑞士境內各種盲蝽的健康情形。

儘管如此，科學家的敵對態度仍讓她感到很不安，而且我們也別忘了，車諾比核災發生後，核能在歐洲曾是一種充滿爭議性的能源。瑞士的反核運動形成了一股很大的聲音，也產生了許多政治效應。柯妮莉雅在媒體發表那些震撼世人的文章當下，為了發動第三次限制核能產業規模的公投，反核人士也根據法律規定，正在收集十五萬個簽名。前兩次公投分別於一九七九與一九八四年舉行，兩次都以些微的差距被否決掉，但這一次於一九九〇年九月舉辦的公投卻順利過關，將所有新建反應爐工程都暫停十年。想要為這個問題貢獻心力卻又想同時保持中立是不可能的。然而，看來柯妮莉雅卻好像仍然把自己當成科學界的一分子：雖然沒有被公開承認為常民科學家，但她至少也是個與科學家們同行的旅人，在科學探索的旅程中貢獻自身繪畫技巧。也許她確實超出了科學社群對於一位插畫家的期待，但是，如果科學就是一個關於調查與理解、有幾分證據說幾分話的人類共通願景，她的作為不正是回應了科學研究的本質？

她發現一隻蟬從一腳膝蓋長出另一隻可怕的腳，把牠拿去給一位教授看。「多年前，」她寫道，「我曾因為大學裡開設的一些動物學課程而與他一起採集昆蟲。我從他身上學會了如何專業地採集昆蟲。我之所以會變成一絲不苟的科學插畫家，都是他教的。」那位教授承認他未曾看過那種畸形的狀況，但卻否認那有任何意義，同時因為她在週日版《每日新聞報》上面發表的文章而用罵小孩的語氣教訓她。他對她說，你不過只是幫我與同事們畫了一些插畫，可別自以為是位科學家啊。[15]

這種封閉的階級觀讓她感到震驚。那些反映象徵著一種排他性。那是一個關鍵時刻，用她的話說來，她似乎再度像是「被附身似的」，滿腦子都是某種發自內心的信念與願景，覺得自己看得見別人看不見的東西：別人無視於那些昆蟲，但她卻看得見這些昆蟲身上令人感到害怕的病變。回想起那混亂的幾個月，她寫道：「天降大任，我知道自己必須承擔這個責任。」[16]

我並不想造神。但是，請聽聽看她做了些什麼事。在瑞典時，她發現居然沒有任何人調查車諾比核災對於動植物的影響，這令她感到驚訝不已。回到瑞士後，她把關於第一篇文章的所有批評都看了一遍。如果像那些科學家所堅稱的，低量輻射線對動植物不會造成干擾，那些向來以乾淨著稱的瑞士核電廠周圍當然也就不會受到干擾。帶著無法預知結果的心情，她來到瑞士的亞高（Aargau）與索洛圖恩（Solothurn），徒步探訪兩個州境內的五座核子設施。畸形的蟲子處處可見，也成為她在週日版《每日新聞報》發表第二篇文章的主題，而此一焦點所衍生的爭議也更勝於第一篇文章。「我相信，」她在結論中寫道，「我們必須利用手頭最先進與最精密的手法來追查〔那些導致干擾現象發生的原因〕，此一工作所需的經費將會是我負擔不起的。透過製作圖畫，我只能指出牠們的改變。我把那些改變呈現出來。這個研究無非是為了揭露低輻射量人造輻射線會造成什麼影響，此刻我已經指出了一個危機，並且要進一步籲請世人以科學進行更廣泛的釐清工作。我現有的資源並不足以讓我繼續往下走。但是，更仔細的調查工作是可能而且也是必要的。」[17]

4

這種生長在花園裡的蟲子來自於德國的屈薩貝格鎮（Küssaberg），與位於瑞士亞高州的萊布施塔特（Leibstadt）核電廠很接近。牠整個頸部表面的盤區都是扭曲的，位於身體左側，已經膨脹起來的水泡上則是長出了一個異常的黑瘤。柯妮莉雅的圖畫相當精美仔細。就顏色而言（蟲子身上有各種各樣的金黃色），這張完整尺寸為四十二乘以三十公分的圖畫，實在美得驚人。

這種有大量留白的構圖方式是很常見的。白色的背景平凡無奇，她想強調的是昆蟲宛如建築的身體特質：結構分明而巨大，表面有很多飾紋。蟲子的姿勢經過擺放，明顯看得出很不自然。為了把畸形的部分露出來她特意調整腿部與翅膀的位置。基於同樣的理由，她通常會刻意略去肢體或身體的部分，或者是粗略地把它們畫出來。

她的解釋是，這與製作科學插圖時所採用的「光影」技巧（light and shadow）不一樣，而是用了畫家塞尚（Cézanne）與一些立體主義者首創的色彩透視法（color perspective），利用不同顏色之間的關係來創造空間效果（利用顏色飽和度、溫度與明暗度的對比），同時也跟歌德、魯道夫・史坦納（Rudolf Steiner）與約瑟夫・亞伯斯（Josef Albers）一樣注意彩色視覺的主觀性與相對性。她說，「光影」技巧是「歷史性的」，它會把某個特定的時刻捕捉下來，光線被凍結了，時間也隨之被凍結；色彩透視法則是相反，它是一種沒有時間性，外在於時間的技法。接著她一邊畫畫，一邊讓我看看她怎樣移動顯微鏡底下的昆蟲，因此最後畫出來的圖畫是各個不同角度組合在一起的，再次讓人想起了立體主義的風格：把各個不同角度的畫面同時呈現在一個平面上。

這些水彩畫很有真實感，但並不符合博物學的原則。她筆下的昆蟲都欠缺生氣，只有少數作品例外。牠們的外形特徵顯得很突出，帶著樣本特有的光環。每一幅畫都是肖像畫，每一隻昆蟲都是一個主體，一個特定的個體。她跟我說：「我喜歡讓昆蟲呈現出自我的特色。這就是為什麼我選擇把牠們的個別樣貌畫下來。例如，我可以把某個地區裡面出現過的五種畸形樣態都畫在同一隻蟲身上。但我沒有那樣做。因為我想要展現出個別性。」她掛出來展示的蟲看來都很大，鉅細靡遺的程度令人吃驚，

同時還輔之以標籤，標明其採集日期與地點，還有昆蟲身上的畸形之處，如此一來，一幅原本外在於時間的畫作就有了時空與政治的脈絡。這些畫作跟生物科學的大部分視覺語法一樣，看來是如此沉靜而冷漠，毅然展現出一種紀實的風格。但是，他們又同時如此地與世界相連，充滿著情感張力。

柯妮莉雅曾跟我說過她初次看見那隻畸形盲蝽的情景：小小的蟲身上居然有那麼多缺損之處，看來卻又是如此無足輕重，因此她無法思考，失去了既有的洞察力，還有對於大小與比例的感覺。在那片刻之間，她已經不確定她到底是在看自己，還是在看那一隻蟲。講到一半她停了下來。「誰在乎那些盲蝽？」她說。「牠們什麼也不是。」她想起了早年自己還是個青少年的時候，她爸媽都是有名的藝術家，她形容自己總是退縮在陰影裡，沒有人注意她，而爸媽則是忙著招呼馬克・羅斯科（Mark Rothko）、山姆・法蘭西斯（Sam Francis）、卡爾海因茲・施托克豪森（Karlheinz Stockhausen）等等來自紐約、巴黎與蘇黎世的才智之士（她說，「甚至沒有人會看見我或者認得出我……我從來不會去煩他們」）。還有，她也想起了自己的丈夫有二十年的時間從未造訪過她的畫室，還有當她兒子出生時，醫生走進她的房間，用畫圖的方式通知她，說她兒子有一隻腳是畸形的，還有她在瑞典看到的第一隻畸形昆蟲也是跛腳的。她還跟我說過，當她初次看見那一隻跛腳的昆蟲時，因為那些經驗實在太過驚人，完全出乎意料，害她差一點吐出來，但她勉強忍住了。

片刻過後，在她那一間位於蘇黎世的公寓裡，下午的陽光已經逐漸消退，她說：「說到底，我的圖畫就是一切。沒有任何人看到昆蟲本身。」這次換我頓了一下，因為我不太清楚她是什麼意思。她的語氣聽起來像是悲嘆，像是失望，因為她所看到的影像太快被轉化成圖畫；太容易就從世人沒有看見的角落跳了出來，成為嚴肅的問題；太過有效地表達出人類的恐懼；太輕鬆就讓賞畫者的憂慮浮上檯面，以至於她抓到的一隻隻昆蟲（如她所說，發現那些昆蟲時她有一種「置身天上人間」的感覺，但「牠們移動的速度實在好快！」），在被她用三氯甲烷賜死後（她說，「我總是告訴自己，這是我最後一次做這種事」），釘起來貼上標籤，成為她那成千上萬的收藏品之一，最後還被她用顯微鏡與畫筆清楚呈現出來，雖然牠們也有個體性，但卻似乎一再遭人忽略。

但是，我也記得接下來柯妮莉雅跟我說，如果她不是像現在這樣有一股衝動，不得不畫那些畸形的昆蟲，如果她可以自由地選擇作畫的主題，也就是說她的人生並未因為去了一趟烏斯特法內波村而出現重大轉折，她就會畫出更多像突變種的果蠅眼睛那樣的作品。如此一來，我才恍然大悟：她並不只是為了那些昆蟲失去了個體性而悲嘆。另一個理由是，因為她的畫並未把昆蟲當成一種存在物或者主體，而是當成完全相反的東西——昆蟲對她來講成為一種美學的邏輯，一種形式、顏色與角度的混合物。之所以會有這種作品，顯然是因為她個人在具體主義的歷史中占有一席之地：這種美學流派是一種於二次世界大戰後從蘇黎世開始發展起來的國際運動，因為她父親哥特佛列德・何內格（Gottfried Honegger）所屬的團體就是其中的顯赫代表，所以她一開始接受的美學訓練也是具體主義（至於柯妮莉雅的母親娃雅・拉瓦特〔Warja Lavater〕也是個極具創新性的知名藝術家，有許多平面設計作品，也幫許多藝術家製作過書籍）。

具體主義畫作的諸多特色包括幾何形的圖案，具有強烈對比的色塊，光亮的畫面，同時也拒絕採用比喻性甚或暗喻性的元素。若要說具體主義運動有一份發起宣言的話，首推卡濟米爾・馬列維奇（Kazimir Malevich）那一幅具有高度發展性的作品：於一九一八年問世的《白上之白》（*White on White*），是一個畫在白色背景上面的白色方框。麥克斯・比爾（Max Bill）、理查・保羅・洛斯（Richard Paul Lohse）以及其他具體主義的創建者們把自己定位為美學的激進分子，與具象藝術（representational art）的保守主義決裂，師法蘇俄的建構主義（Constructivism）、蒙德里安（Mondrian）與荷蘭風格派（De Stijl）的幾何狀畫作，還有包浩斯的形式主義。麥克斯・比爾在一九三六年發表了他的藝術宣言，也就是〈具體形構〉（*Konkrete Gestaltung*）一文，他表示：我們之所以說那些藝術作品是具體的，是因為它們的存在是取決於天生本有的形式與規則，完全不從自然現象中取材，也沒有將那些現象加以轉化：換言之，它們不是抽象的。[18]

抽象藝術所追尋的是一種以象徵與暗喻為基礎的視覺語言，它們仍是一種「有對象的畫作」（object painting），也就是說它們與它們所臨摹的對象密切相關，也仍然在追問著「那個東西是什麼？」的問題，並且試著去理解與表達它們所面對的東西。對於具體主義的藝術家來講，藝術作品所闡述的應該就只有作品本身。除了作品本身之外，藝術作品不該指涉任何其他東西。作品應該讓欣賞者保有完整的自由詮釋空間。作品中所包含的符號包括形式、顏色、數量、平面、角度、線條與紋理，而這些符號所指涉的對象應該就是它們自身。

從一九四〇年代開始，這個被稱為具體主義的藝術團體就以蘇黎世為主要發展據點，因為那裡是具有批判精神的知識分子在戰時的避風港。受其影響的地方包括歐洲（最顯著的是以布莉姬·萊利〔Bridget Riley〕與維克多·瓦沙雷利〔Victor Vasarely〕為代表人物的歐普藝術〔Op Art〕），美國（包括色域繪畫〔Color Field painting〕與極簡主義〔Minimalism〕），還有拉丁美洲（特別是莉吉亞·克拉克〔Lygia Clark〕、艾莉歐·歐伊提西卡〔Hélio Oiticica〕與克利多·梅若勒斯〔Cildo Meireles〕等幾位巴西的具體主義和新具體主義藝術家）。此一運動的發展極為多樣化，但在初期就呈現出一個共同風貌，也就是想要追求一種能夠表達出純粹邏輯的視覺與觸覺形式（就像比爾所說的，「在我們這個時代的藝術裡面，那是一種數學式的思考方式」）。[19]這種藝術可以說是把人類的智性予以具體化，並且排除了詮釋的可能，它直接攻擊的是訴諸於潛意識的超現實主義〔Surrealism〕。然而，事實證明，主體性是一種非常頑固的存在物。具體主義的畫作與雕刻作品其實也是藝術家自己透過任意選擇而獲得的創作成果。唯有透過可能性、機巧與隨意性才能夠解決這個問題，因此對具體主義的藝術家而言，他們最關切的莫過於把上述三者融入藝術創作的過程中。

我花了很久的時間才瞭解這些美學問題對於柯妮莉雅有多重要。就一方面來講，她著重的是從感官的角度來呈現那些昆蟲，似乎已經明顯牴觸了具體主義的基本前提：也就是馬列維奇所堅持的那種「非對象性」原則，徹底斷絕藝術與物質對象之間的關係。然而，透過我們之間的對話，我發現柯妮莉雅在作畫時所看到的是形式與顏色，而非獨立的對象。她的畫作之所以會充滿形式性，之所以一再讓那些昆蟲擺出同樣的姿勢，絕非偶然。一切都是幾何式的，她都是用有系統的方式把昆蟲畫在格線上。她的方法一方面精確無比（因為她會畫出什麼東西完全取決於她透過顯微鏡看到什麼），但卻也非常隨興。完成畫作後，她常常發現昆蟲畸形的模樣是她先前沒有注意過的。她堅稱，她的繪畫方式是要讓圖像中完全看不出她的環保主義政治立場還有她對昆蟲寄予的同情，如此一來那些畫作就不會有她的影子存在。她跟我說，「我的任務只是用畫筆把昆蟲呈現出來，而不是去評斷牠們」，而此一說法的確也呼應了麥克斯·比爾的主張。她說，賞畫者必須擺脫她的訊息，自己去尋找畫作的意義。

但是，令我懷疑的是，既然她那反核的政治立場如此鮮明，對昆蟲又那麼入迷，每一幅畫作也都帶有描述性的說明，而且畫作充滿了爭議性，不管是她或者賞畫者，怎麼可能避免評斷的態度？「我的確認為那是可以避免的，」她如此回答我。「當我坐在那裡畫畫時，我所追求的就只有盡可能精確。那不只是政治立場的問題：我對於大自然中可發現的各種結構有濃厚的興趣。」但是，既然她的作品如此仰賴對象，她又怎麼可能不違背「非對象性」的藝術原則？借用她自己的話說來，她的作品有可能同時「深深植基於這個世界」，同時卻又完全不論及作品自身以外的東西嗎？她一方面是因為想要瞭解昆蟲的個體性才會持續作畫，但基於美學的形式邏輯，卻又必須讓那些昆蟲消失於她的作品中：換言之，這兩種作畫的動機難道不是相互衝突的嗎？她毫不猶豫地說，的確，她所畫的既不是具體主義，也不是博物學的作品。而且，就像許多人所說的，那既不是科學，也非藝術。她笑道，也許這就是為什麼她很少試著兜售自己的作品！

那天晚上很晚的時候，我們倆都已經快要沒有聲音，對話也快要進行不下去了，於是她又回到了同樣的問題。本來我們正在討論她對反核運動的參與，還有世界自然基金會（World Wide Fund for Nature）幫她在各個被選為核廢料處理場所的地區舉辦的巡迴畫展，她卻出乎意料地換了一個話題。「那是個藝術的問題⋯⋯」她突然說。「如何把我發現的東西的結構表現出來。」那不只是政治立場的問題。但是，當一切都如此泛政治化，而且繪畫又遠比它表面上看起來還要複雜時，她要怎麼做到這一點呢？接著，在挫折之餘，並且因為她實在筋疲力盡了，她的音量降低，用近乎呢喃的聲音說：「那些水彩畫的焦點總是如此集中⋯」。

5

自從在週日版《每日新聞報》發表那些文章之後，為了瞭解歐洲與北美各地核電廠附近盲蝽的健康狀況，柯妮莉雅便開始全心投入調查工作。她採集昆蟲的地方包括英格蘭西北部的塞拉菲爾德（一九五七年溫士蓋〔Windscale〕核電廠核災的發生地）與法國諾曼第的拉格核廢料再處理廠，還有華盛頓州漢福德鎮（〔Hanford〕曼哈頓計畫所屬鈽元素工廠的所在地），以及位於內華達州的核武試驗廠，位於賓州的三哩島（Three Mile Island），同時在一九九三到一九九六年之間的每個夏天都到亞高去（第五十頁的圖是她根據採集到的二千六百隻昆蟲繪製出來的），也曾受邀於一九九〇年去參訪車諾比核電廠周遭的地區。她到處講學，在研討會上演講，與環保團體一起幫她的作品舉辦畫展，而且也與一個叫做「無電無核」（*Strom ohne Atom*）的團體一起進行大規模的調查計畫，把十一種畸形樣態（包括完全沒有或者畸形的觸角，翅膀出現長度不一致的現象，不正常的幾丁質，還有畸形的小楯片〔scutellum〕以及腳部等等）的分布地點記錄下來，而這些都是她在德國境內二十八個地點透過採集五十種盲蝽而得到的觀察結果。

她已經成功地與科學家建立起一些重要的關係。例如，貝桑松大學（University of Besançon）的生物統計學兼流行病學教授尚－方斯瓦・維爾（Jean-François Viel）就利用她的收集成果進行統計分析，進而研究拉格當地居民白血症病例群聚的情況。但如今她對於與專家合作抱持比較否定的態度，而且已經有辦法透過她自己的研究設計來回應那些批評者，只因她收集的數據已經更為有系統，她的紀錄更為嚴謹，她的畫作也不再像最早那幾次只是在倉促之間素描出來的圖畫。在接受訪問與發表文字作品時，她已經開始明確地討論方法論的問題，主張地球因為地面的核武測試活動與核電廠輻射外洩而飽受全面性的低輻射污染的情況下，就不會有可供參考的無污染之地，同時她也謹慎地指出，她所記錄的是體細胞（somatic cells）因為外在影響而造成的畸形，而非可遺傳的突變。（就像她跟我說的，「我不能提出證明，所以我也不能說那些現象是突變，正因為無法證明，所以我就不能亂說。」）她藉此強調了自己的專業性，持續擴大參與那些非科學領域的活動，讓自己的才能獲得肯定，透過環保組織、大眾媒體與文化機構來宣傳自己的發現。

這些策略讓柯妮莉雅得以扮演環保運動人士的角色，讓她不用受限於「科學證據有效與否」的爭論，只因世界有這樣一個預警原則的存在：只要人們對於潛在的危險有充分的理由感到恐懼，這就足以成為反對某種政策、活動或科技的根據。她因此不用活在科學的陰影下，不用被迫遵循種種一開始總是由學術機構訂立，因此她不可能達成的方法論與分析標準，而真正認可那些標準的，都是一些曾獲得必要認證的人（像是擁有博士學位），或者隸屬於某個學術單位或專業網絡，還是曾經獲得經費贊助，出版過學術作品等等。當然，諷刺之處在於，沒有人比柯妮莉雅更加瞭解她並不符合科學的標準。而且，從她早期那些文章的語調以及對教授們提出的懇切呼籲看來，也沒有人像她那樣甘願接受業餘人士傳統上的配角角色，乖乖當個科學專家的女僕。在我看來，隨著她越來越瞭解自己的工作很重要，她的工作態度也變得越來越鍥而不捨。而且，她之所以更加瞭解自己的工作很重要，是因為她發現這世上只有她致力於讓世人瞭解低量輻射線對於昆蟲與植物的影響。如果沒有面對過那麼多對她有敵意，或者拒絕她的人，真不知道如今她的成就會有多少？」「這實在是我不瞭解的事，」她在蘇黎世跟我說，「因為，即便我只是發現了一隻臉部畸形的盲蝽，我也有充分的理由追問是不是出了什麼問題。」然而，儘管過去她曾遭遇那麼多困難，如今的確出現了改變的徵兆。或許是因為目前大家都把核能當成一種「綠能」的態度，讓她的訊息因此新增了某種急迫性，又或許這是因為她不屈不撓的付出終於開花結果，總之最近她達成了一項出乎意料的成就：她成功地在《化學與生物多樣性》(*Chemistry and Biodiversity*)這本同儕審查制度的專業期刊，出版了一篇聲望卓著而且有許多精彩插圖的論文——而且，可以預期的是，她肯定是有話直說，不會有任何保留。

但是，可別以為藝術圈對她的接受度就會比較高。畫家兼評論家彼得·蘇欽

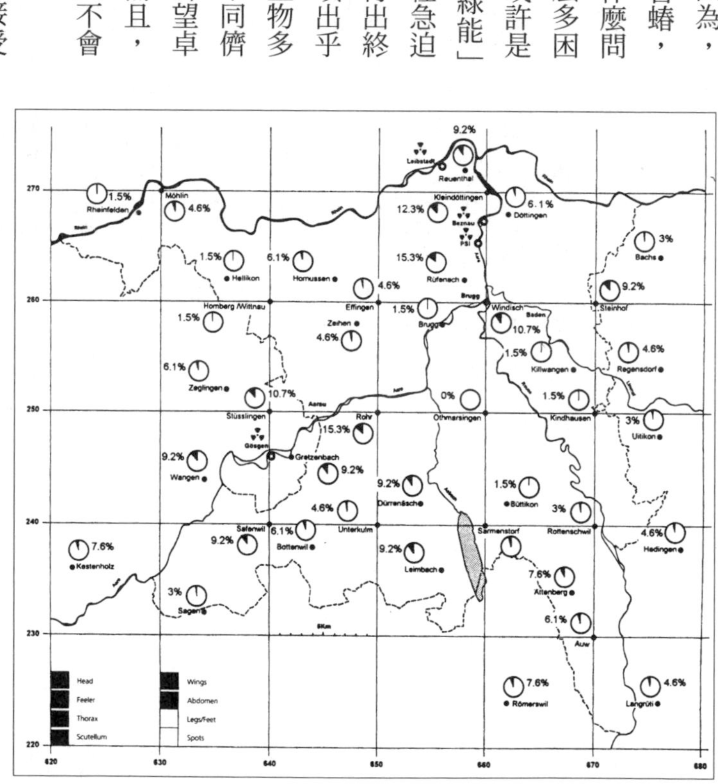

（Peter Suchin）在一篇表態支持她的文章裡面曾寫道，「有些人會因為『藝術性太高』而不認同她，但對於另一部分人來講，藝術性卻又不夠高」。在這個領域裡，她的作品風格顯然太過寫實，插畫的成分太高——對此，蘇欽繼續評論道：「許多人都宣稱：那不是『藝術』，只是技術，一種形式化的紀錄製作手法，大致上而言並沒有如一般藝術作品需要具備的創意、批判性以及可變性。」[20]

柯妮莉雅不願拘泥於科學與藝術之間的學科邊界，這似乎同時讓科學家與藝評家都感到很不安。她的畫作堅持要傳達的訊息是：打破邊界不是問題，真正的問題在於邊界本身，也就是說，科學與視覺藝術應該是合而為一的，就像伽利略那些躍然紙上的月影畫作足以說明的，科學與視覺藝術之所以會被分隔開來，是因為在歷史發展的過程中，知識專業化的傾向越來越強烈，學科之間的模糊地帶越來越少。她宣稱蓋斯納、梅里安與伽利略都是她在科學界的先輩，他們全都非常瞭解科學研究的基礎是透過畫畫與繪圖來進行主動觀察，也知道經驗主義的方法源自於藝術家對於大自然進行仔細觀察，進而發展出一套關注的模式。

但是，科學研究所需要的不只是用眼睛觀察，用感官感知，還有全神貫注。在週日版《每日新聞報》上面發表了第二篇文章之後，柯妮莉雅去了一趟英格蘭北部的塞拉菲爾德。眾所皆知，那裡受到核子反應器的嚴重污染，因此她本來以為會看到比亞高更多的身形受損昆蟲與更嚴重的畸形問題。但是兩地之間的差異卻不大。不久後，她前往車諾比，當地昆蟲的嚴峻生活環境令她感到驚駭不已，在驚訝、難堪與失望之餘更發現，即便是在那裡，昆蟲受到影響的程度跟在瑞士差不多。接下來的一段時間裡，她開始自省，此刻她與她在動物學研究所受到的科學訓練背景似乎更是漸行漸遠了：

原本，我的目標是找出一個比例關係，也就是要證明，低輻射污染的地方遭受損害的程度小於輻射汙染程度較高或者非常高的地方。我讀了一些關於輻射線的資料，也知道所謂佩特考效應（Petkau Effect）是什麼，但是不知道該怎麼解讀意見分歧的現象。而且我也無法援引其他科學研究的成果，因為沒有人做過那種研究。此刻，我進入了一個新領域。在英格蘭的時候，我坐困房裡，悶悶不樂，不得不承認自己所進行的工作仍然是以蘇黎世那些科學家的信念為依歸，認為輻射的影響可以被畫成一條線性的等比增強曲線。我真是被蒙蔽了。先前我只是在尋找證據來印證我自己的種種假設。[21]

解決問題之道就在於回歸具體主義的原則，訴諸於它與科學之間的相近性：除了兩者都以理性為依歸，特別重要的是它們對於任意性（randomness）之理解。柯妮莉雅的繪畫活動與美學裡面早已融入了任意性的思維。這種思維的關鍵性在於，它讓柯妮莉雅得以努力地把一隻隻昆蟲的個體性如實呈現出來，而不是將牠們矮化成她自己的藝術表現媒介。置身英格蘭北部房間裡的她悶悶不樂地緊盯著顯微鏡，發現她所觀察到的證據一再牴觸了她對於那一片遭輻射汙染景觀的既有定見。俯拾之間，她總能看到一些偶然的現象：實際狀況是不一樣的。每一間核電廠所洩漏出來的輻射線成分都不盡相同。就氣象與地形條件而言，每一片土地也都各自有其特色，因此會有不同反應。瑞士的天氣因為有逆溫（inversion）*的特色，這就足以避免（或至少能夠減少）核廢料與輻射線在大氣層裡的散佈，與常常有強風在鄉間橫掃的地區相較，情況實在是大相逕庭。[22]

這其中充滿著既令人滿意又絕望的完美對稱性：每個地區與每一隻蟲都具有的偶然性，由機遇所主導的具體主義美學，加上人造輻射線所造成的影響也是隨意的。這就像某種由偶然與機遇組合而成的隨意性，如今它不只是一種可以被分析的現象，也是一種美學：

如果你想要有系統地探掘個別事物之間的關係，就不應該希望自己能夠發現某種因果關係的等式。你不能夠再以為真相會自我彰顯。所有的事物都需要一點空間才能夠把自己表現出來。在一個群體裡面，每一種個體所具備的特殊性（或者不同特殊性的組合）都有辦法證明自身可能是一種重要的特色。

這當然不是什麼革命性的發現。每一個統計調查活動都是立基於不同特色的隨意分布。但是，在我看來，這個重點不只適用於科學與統計學，藝術亦然。我認為，在藝術實驗的領域裡，機遇已經變成一種越來越重要的成分，因為藝術表現活動之所以具有力量，就是因為它們把每一件事都當成獨一無二的事件。[23]

因為她與主流的科學觀漸行漸遠，與反核運動則是越走越近，隨之而來的不只是她傾向於把核子科學批評為一種墮落的產業，同時她也對科學的知識論侷限有了一番新的認知。這種個人轉變的理由之一在於她強烈地意識到盲蝽、果蠅與樹葉所構成的世界有多麼脆弱。另一個理由則是她自己對於科學的幻滅。第三個理由則似乎與她在二十年前曾多次聆聽過奧地利物理學家兼哲學家保羅・法伊爾阿本德（Paul Feyerabend）的演講有關，因為法伊爾阿本德最有名的就是反對禁制性的科學方法，同時也主張我們應該可以透過各種平等的方式獲得知識。[24]當她跟我說科學家的思考方式太過線性取向時，我發現她的論調與法伊爾阿本德所謂「知識論的無政府主義」的反傳統精神有異曲同工之妙；讓我有同樣感覺的是她的另一番說法：科學家眼裡都只有一個個分離而不相連的對象，他們讓自己研究的一

＊譯注：指地面上的溫度隨著高度越高而增加，與正常狀況下高度越高溫度越低的天氣現象相反。

個個問題獨立而不相干，同時也幫自己省去了思考政治問題的麻煩，好像這世界上並不存在系統性的隨意連結，好像原子的問題與潔淨用水與空氣的問題，與森林垂死的問題，與有毒食品的問題都沒有關係，好像科學只是關於知識的問題，與生活無涉。

6

上了雙層火車後，我在上層找到一個靠窗的座位。蘇黎世在晨間陽光下閃閃發亮，所有的顏色是如此鮮豔，陰影如此深邃，空氣清新。湖面上波光粼粼。雲朵已經散開。這裡的群山第一次在我眼前露臉。火車發出轟隆隆聲響，正開往機場。

柯妮莉雅最後跟我講的事情之一是：「我想我沒辦法把自己的整體展現出來。」她拿出一張先前我沒看過的圖畫，擺在我們倆身前：出現在畫面上的都是一些色彩鮮艷的剪紙，白色背景中只見一個個特大號昆蟲殘缺肢體的剪影。都是一些被支解的昆蟲。它們呈現出某種本質，包括顏色、形式與數量。

被她用「殘忍」兩個字來形容的，是其他畫作。但是隨著高樓林立的城市消逝，平坦的郊區出現在我眼前，窗外物體變得模糊起來，一個念頭開始在我腦海中浮現：真正殘暴的，應該是那些比較具體的畫像。畢竟，與其說那些畫作畫的是昆蟲，不如說呈現出了柯妮莉雅自己，呈現出她棄絕了與一隻隻個別昆蟲的親密關係，找到一個讓自己在情感上不與牠們有所牽連的方式。

但是那些畫作，那些殘忍的畫作讓她感到不滿意。因為它們太過有效地表達出人類的恐懼，太輕鬆就讓賞畫者的憂慮浮上檯面，它們讓賞畫者出現了不該有的反應。她說，人們只看見昆蟲的外形，而不是個別的昆蟲本身。他們看見了一種具有傳達訊息功能的生物，可悲而美麗，是一個警告號誌，一個末日預言。人們既看不見個別的昆蟲，也看不見她的畫作：一種不以現實存在物為對象，僅僅指涉著自身的畫作。

然而，她的畫作也達成了一種「跨界」（doubling）的效應，打破了人類與動物之間的邊界。這種畫作看來極度直接了當，但它們的背後深植著人們對於某種不可見毒物與大企業可怕力量的恐懼，而它們之所以能夠打破人與動物之間最極端的差距，是因為始終堅持呈現出所有生物最基本的共同性質（所有生物的身體都很脆弱，而且都是會死的），同時又藉著某種複雜的美感而令人感到謙卑。不管是她的昆蟲畫，或是那些畫作引發的爭議，都迫使人們超越物我差異，體認人類與動物所共有的命運，一樣都見證著過去所發生的一切，同時也都具有受害者身分。這種情況實在令人感到不安：畫家與賞畫者的目光所及之處，不只是科學，也是一種移情現象，主客之間，人蟲之間，還有親暱感與距離感之間的差異已經不再像以往那樣穩固不變。

每次到某處進行實地調查，柯妮莉雅都會把記錄下來的詳細資料製作成幾本螺旋裝訂的書。多年來，那些書的內容越來越精細，如今甚至還包含了造訪地點的照片，還有她的畫作的彩色影印本、地圖、統計附錄以及詳載所有畸形狀況的昆蟲標本名錄。這一切資料都夾在她的日誌裡，日誌中記載著每天調查過程中所遇見的人、植物與昆蟲。那些書裡面的資料都很漂亮，而日誌則是輕鬆而個人化，裡面寫滿了一個個小故事，她自己的反省與私語。她還記得自己曾去過愛達荷州的莫斯科鎮（Moscow），兩個到鎮上來看美式足球賽的十幾歲女孩走進她的房間，看著她的顯微鏡與收集設備，其中一個問她是不是女巫，握著她的手，感受到強烈的心靈交流，柯妮莉雅也感受到了。「她問我，要怎樣才能成為像我這樣的人。我跟她說，一定要時時聆聽自己的心聲，不要把任何一個人當作崇拜的對象。如果她想尋求心靈慰藉，她必須找的對象是動物或者樹木。」

前往附近華盛頓州探查漢福德核廢料再處理廠的時候，她在康乃爾鎮與一個幫她打掃旅館房間的女人交好。那個女人與其家庭成員（連同寵物）都曾生過一些病，那個女人認為病因是來自於廢料再處理廠的輻射線，只是還沒人能確認。但是，「她丈夫、鄰居，甚至她那二十二歲的兒子都說她瘋了。她很高興找到像我這樣願意聽她講話，也贊同她的人。我永遠忘不了唐娜。對我來講，她所代表的是所有受害者，讓他們受苦受難的不只是輻射線，還有那些殘忍的專家，因為他們宣稱健康問題只是想像出來的，或者源自於營養不良。沒有人相信那些受害者的感覺，所以如果每個專家都說他們已經瘋了，他們怎麼還有辦法相信自己的感覺？」[25]

她曾去過位於諾曼第的歐赫蒙維爾小村（Ormonville la Petite），在那裡她曾試著勸告某個男人，要他別去拉格的科傑馬公司（COGEMA）核電廠工作：

「他應該為自己的老婆與小孩著想，也該想想自己有可能生病，到時候科傑馬公司根本不會付他任何薪水。我跟他說，瑞士都聘僱外國人來做危險的工作，而且讓他們領了三個月的豐厚薪水之後就離開。沒有人知道他們之後的遭遇，也沒有人關心。同樣的事情也曾發生在車諾比核電廠那些負責清理工作的工人身上，他們就是所謂的善後者（liquidators）⋯我想那個年輕的非洲人把我的話聽了進去，而我也希望他有勇氣能夠顧及自己的安危。但是，當一個失業的父親獲得一份薪水優渥的工作時，他能怎麼辦？」[26]

她在日誌裡記載自己收集昆蟲的情況。她在猶他州錫安山國家公園（Mt. Zion National Park）的邊界處找到了十七隻螳蝽（ambush bug）。「當我對牠們下麻藥時，牠們釋放出一種甜味，傷了我的眼睛，讓我幾乎暈倒。牠們真的會試著保護自己，但是，還好我比牠們堅強。」[27]幾週後，在抵達康乃爾鎮的時候，她寫道：「像這樣不斷尋找昆蟲，然後把牠們殺掉，實在是令人厭煩不已。」

這張照片是她在漢福德鎮那一座廢棄反應爐入口處的留影。她把這張照片擺在日誌的最後面。她對於自己所遭遇的敵意很小心，因此她說那是「一份文件，必要時可以取信於人，讓他們知道我真的去過那裡。」

在照片中，她看來是如此快樂，身為「科學藝術家」的她對著入口警衛露出微笑，最佳留影角度就是那警衛幫她選的。她在做的確實是一件重要的事，她為此深深入世，也為此承受種種失望與矛盾，覺得自己與萬物相關相連，並由此充分而完整地活出自己，生機盈滿。

D

死亡
Death

勤勉

多年前的某個夏天，我在倫敦郊區一家餐廳找到一份廚房的工作。第一週上班時，有天我早早就到，在經理的帶領下，我走到一小片室外庭院的另一邊去。他把掛鎖打開拿掉，室內昏暗不明，我們站著等待眼睛調適光線。漸漸地我看到了一間小小的儲藏室，裡面堆滿了各種食材：一盒又一盒的油與罐裝蔬菜，還有裝滿了麵粉的麻袋。地板上到處黑黑白白，過了一陣子我才發現為什麼我們要像那樣站在門檻前，好像站在天空一片漆黑的海邊，此刻心裡感到一陣驚恐。經理跟我說，沒有人願意幹這件差事。你需要一根掃把，還有那幾罐漂白水。

跟許多令人心生反感的工作一樣，一旦剛開始的驚嚇感退去後，隨之而來的就只有強烈的厭惡了。一方面是因為我想趕快把那件事做完，另一方面則是因為那件事讓我的腦袋一片空白，像喝醉似的，整個人暈頭轉向，失去了思考的能力。我只顧著努力幹活，數以千計，數以萬計的蛆蟲，「黏黏滑滑，每隻都像手指頭一樣長」[1]，白色的蛆蟲在地上扭來扭去，亮亮濕濕的。一小時後我才把事

情做完。儲藏室打掃乾淨了，地板用水刷洗過，也保住了自己的工作。

猶豫

一個孩子光憑雙手，在不經意之間也能殺死一隻螞蟻，許多螞蟻。蒼蠅的話就遠比螞蟻棘手了——不過，蒼蠅一旦被捕獲，生還的機會也不高。還有，如果沒有被鳥類抓到，蝴蝶通常能活到自然死去；除了收藏家之外，很少人會刻意殺死那種美得令人驚嘆的昆蟲。

——

牠看來總是那麼好鬥。甲蟲善於藏身，總是躲在地面上。詩人辛波絲卡（Wislawa Szymborska）在一條泥土路上發現一隻死掉的甲蟲，她說牠的「三雙腳⋯整整齊齊地縮在肚子上。」她停下來凝視。「現場不怎麼恐怖」，她寫道，「也不令人感到悲傷。」但還是引發了她的一點疑慮：

為了讓我們心裡好過一點，我們不會說動物辭世了，
牠們只是用一種看來更微不足道的方式死去
面對死亡牠們失去的情感較少，對世界的眷戀也較少——我們寧願如此相信，
看來，或許牠們所退出的，是一個較不令人悲傷的舞台。[2]

不凡的感知能力。幾乎像是個初次目睹死亡的孩子，以類比的修辭方式猶豫地搭起一座理解之

橋。充滿猶豫。詩人感到猶豫。之所以能寫出這首詩，是因為她深知，為了存活下去，我們或多或少必須欺騙自己。

有別

三年前，莎朗與我走進蒙特婁昆蟲館（Montreal Insectarium）入口的那一扇門，沿著彎曲的樓梯走向一個開放式的展示廳裡，幾分鐘過後我們已經開始全神貫注地欣賞那些展出品。光是那個地方的昆蟲就讓我們覺得館方必須處理的是一個品項多如牛毛的範疇，想到「昆蟲」兩字其實含藏著數不清的類別，也想到「昆蟲」兩字的負面意涵，這讓我們不能好好瞭解牠們，這實在很不幸。但是，為了促進大眾理解而採用分類法，本來就有這個缺點。這種地方實在肩負著重責大任。

———

但是過沒多久，我們發現其他所有人，不分年紀

大小，也一樣全神貫注，我們則是開始覺得許多策展人、設計師、教師還有其他工作人員把份內工作做得很好，因此才能「鼓勵訪客們從比較正面的角度去看待昆蟲。」令我們印象深刻的是，有些展覽主題是比較能夠預期的（「昆蟲生物學」），有些則比較不熟悉（「人類與昆蟲在文化上的關聯」），兩者雜揉其中。每個展覽都是經過深思熟慮的，也很有趣，說明文字充滿巧思，沒有說教的意味。展出的案例種類繁多，引人入勝。

後來，像是突然想起什麼，像《聖經》中所說，那像鱗片的東西從掃羅（Saul）的雙眼脫落，像大夢初醒，也像藥效退去（或者，也可以說像是藥效發作）似的，我們倆似乎在同一時刻發現自己其實是待在一座陵墓裡面，牆上佈滿著一具具死屍，那些根據特定美學原則（與顏色、尺寸、形狀與幾何圖形有關的原則）而漂漂亮亮地釘在上面的樣本，不只是令人目眩神迷的物體，也是一具具小小的屍體。

我們怎麼會把那些昆蟲視為美麗的物體？這真是一件怪事：死後是如此美麗，生前牠們做的事，卻都是在木質地板上疾行，躲在角落裡與長椅下，飛進我們的頭髮或者衣領裡，從我們的袖子往上爬…想像一下，如果牠們死而復生，情況會有多混亂。即便那裡是博物館，大家還是會有一股想要把牠們打死敲碎的衝動。但如果你看到展示間裡那些人仔細欣賞一個個櫃子，你會立刻發現許多昆蟲（不見得一定是那些最大的，也不一定是那些腳最長或者觸角最細長的）蘊含著一股強烈的精神力量。能夠明顯看出這一點的地方，包括大家（連我在內）在各個展覽區域之間遊走的樣子，每個人都是有點猶豫地在那一排排櫃子之間移動，然後突然停下來，有時則是忽然往後退。我們的行徑之所以有點

奇怪，一方面是因為那些昆蟲都已經被關在展示櫃的壓克力板後方，同時，就算牠們曾經有危險性，也早已完全不危險了。好像那些昆蟲除了看來很漂亮之外，也有辦法進入我們的內心深處，某種像禁忌一樣的東西吸引著我們。儘管牠們已死去，但卻能進入我們的身體，讓我們因為恐懼而顫抖。其他還有什麼動物對我們有如此的影響力？

———

還有很多有關於昆蟲的事情是我們還不明瞭的，然而我們卻主宰著牠們的生殺大權。仔細看看那些牆面。據普利摩．李維（Primo Levi）的觀察，即便是最美麗的蝴蝶，也有一張「像魔鬼一樣，如同面具的臉龐。」[3]我們的不安情緒是如此根深蒂固，覺得不熟悉又不安。因為我們就是無法在那些動物身上找到與自己相似之處。我們越是仔細端詳，就覺得越不瞭解。牠們不像我們。對於能夠引發愛意、憐惜或懊悔等情緒的行為，牠們絲毫無動於衷。那比漠不關心還要糟糕。那是一個如深淵般的死寂空間，沒有交流與相互認可，也沒有救贖的可能。

擊敗

聖奧古斯丁（St. Augustine）曾寫道：「蒼蠅，是上帝為了懲罰人類的自大而創造出來的。」一九四三年住在漢堡市的人對此是否應該特別心有所感？當時，每當聯軍對該市的空襲行動出現空檔，漢堡民眾總是在冒煙的廢墟中蹣跚而行，在一個個躲避空襲的處所裡，只見屍體旁邊到處是蒼蠅在飛舞著，「一隻隻閃耀著綠光，前所未見的大蒼蠅」，地板上到處是蛆蟲，被派往收屍的工作團隊必須先用過火焰噴射器才能夠靠近屍體。[4]

接下來，虛弱不已的市民，立刻要面對饑餓與疾病的問題，每個人都目光呆滯，蒼蠅停在眼角，待在布滿一層汙垢的嘴角與鼻子上覓食。不管是幼童或成人都太過衰弱，驚魂未定，因此無法不停舉手趕蒼蠅。各種動物，不管是豬、狗、羊、馬，也都一樣。蒼蠅變成了老大，牠們進駐漢堡市，準備傳宗接代，產卵後等待幼蟲出現，飽餐一頓。牠們帶來了局勢變遷的訊息，只是宣布的時機有點太早了。

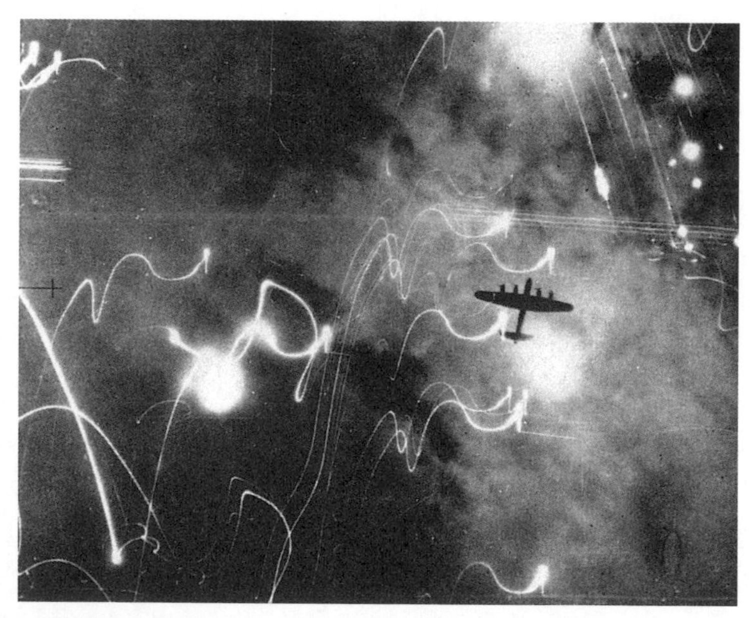

E

演化
Evolution

1

有「昆蟲詩人」之稱的尚－亨利・法布爾（Jean-Henri Fabre）曾以極度敬畏的語氣寫道，「蛆蟲是這世界上的一股力量。」讓他深思熟慮，提出這一番言論的是各種蒼蠅，包括反吐麗蠅（bluebottle）、絲光綠蠅（greenbottle）、蜂虻（bumblebee fly）以及肉蠅（grey flesh fly），只因牠們有能力「滌淨這世間因為死亡而帶來的不潔，讓死去的動物可以再度成為一種生命的瑰寶。」[1] 他所思考的，是四季的韻律與生死的循環，當時他剛剛搬到普羅旺斯奧朗日鎮（Orange）附近一個叫做塞西儂・杜・貢達（Sérignan du Comtat）的村莊，正在新家四周探險挖寶，發現了許多腐敗的鳥屍、帶有惡臭的下水道管線，還有已經壞掉的黃蜂蜂巢，都是一些能讓大自然施展煉金術的隱密物品。當時法布爾把他那帶有一個大花園的新家稱為「L'Harmas」（「荒石園」），在普羅旺斯的方言裡，是指一大片未經開墾，布滿小圓石，長得到處是百里香的土地，如今他家已經變成了一座國家博物館，經過六年的重新裝修後，最近才再度開張了。[2]

那是一間美麗的宅邸，高大而氣派，在夏天的陽光下，閃耀著粉紅色光芒，用厚厚的高牆來抵擋密史脫拉風（mistral）*，屋子帶有淡綠色的百葉窗。在當地人口中，這間漂亮的房子向來被稱為

「城堡」。[3]遷居當地時，法布爾已經五十六歲。過沒多久，他就在宅邸的主樓加蓋了兩層樓。他與園丁在一樓的地上種了各種植物，一方面是植披，另一方面也是為了進行生物學研究。他大多待在樓上的博物學實驗室裡。此一莊園位於村莊的外圍，法布爾首先著手的事情之一，就是在占地一公頃大的莊園四周加蓋了一．八公尺）高石牆，讓他家更為與世隔絕。的確，博物館館長安－瑪莉．史萊澤（Anne-Marie Slézec）跟我說的，儘管村莊只有幾百公尺之遙，但法布爾在這裡的三十六年期間卻不曾去過。

在被派來荒石園當館長之前，史萊澤本來是一位在做研究的真菌學家，於國立自然歷史博物館（Muséum national d'Histoire naturelle）任職，如今在普羅旺斯待了六年之後，任務已經完成，她熱切地期待能夠重返巴黎。

選一位真菌學家來當館長的確有充分的理由：該館擁有大量貴重珍寶，其中包括六百幅以當地真菌類為主題的鮮豔水彩畫，而法布爾創作那些細緻畫作的動機是因為，那些菌類一旦經過採集後，很快就會變得跟還活著的時候不一樣，這令他致力於保留它們的顏色與形

體。那些畫作之所以遠近馳名不是沒有理由的，它們似乎在某方面可說是法布爾畢生心血之結晶。那些畫作的氣勢驚人而寫實，繪畫手法平鋪直敘，致力於描繪出當地生態的整體，藉此傳達出大自然之美以及神祕的完美面貌。法布爾憑藉著驚人的觀察力而畫出那些作品。他的才能大致上可說都是自學而來，而且畫面流露出法布爾對真菌的極度熟悉與親近。

但是，與其說史萊澤女士所肩負的是一個真菌學家的任務，不如說她的身分是個古文物研究者。她到任不久就展開調查。為了重建法布爾的書房，館長開始收集各種老照片，並且從亞維儂市（Avignon）某位圖書館館員那裡得到一個關鍵線索：她從館員那裡獲得了一張在當時拍的照片，藉此著手從各種不同面相來重建法布爾的書房。她設法取得法布爾所使用的那些東西，包括框畫、書籍、時鐘（她還把時鐘修好）、地球儀、椅子、擺放在一旁的蝸牛、化石與貝殼的櫃子，還有天秤。她也修好法布爾那一張知名的寫字桌：那是一張只有八十公分長的桌子，實際上是學校教室裡用的書桌，但是正因為不夠堅固沉重，所以可以任由法布爾拿起來，依其需要四處搬動。她讓那張照片裡的一切重返人世。或者應該說，她把照片裡的一切帶回現在，重現法布爾的書房，在此過程中他的書房已經變成紀念館，唯一不在場的只有法布爾他自己（而且照片裡也看不到他）——儘管陽光仍然從花園的窗戶灑進那一個裝載著他的輝煌人生的房間，一個讓他得以活出完滿人生的空間。

建築物之外的莊園其他部分就是另一個截然不同的挑戰了。法布爾於一八七九年抵達當地，他發現自己所有的那一片將近一公頃的土地曾是個葡萄園。在耕種的過程中，大多數「原始植披」都被移除了。「百里香沒了，薰衣草沒了，一叢又一叢的胭脂蟲櫟（kermes-oak）也都沒了」，他曾如此悲歎道。[4]

＊譯注：從法國北部往南部吹的乾冷強風。

結果，他的新花園裡面只剩一堆薊花（thistle）、鵝觀草（couch-grass），還有其他繁茂的新植物。他把那些植物都拔掉，重種別的東西。然而，法布爾僅存的最後一個兒子在一九六七年辭世，國立自然歷史博物館取得其莊園的所有權；等到史萊澤女士赴任時，大部分土地已經被館方變成一個植物園了。史萊澤女士仔細研究法布爾的筆記本、手稿與通信紀錄，還有老照片裡莊園的各個角落，想要盡可能取得各種蛛絲馬跡，藉此搞懂法布爾在世時曾希望此地在他死後保持什麼面貌，並且實踐他的想法。生前他最鍾愛的就是那一片芒圖山（Mt. Ventoux）的山景，於是她把擋住視野的矮樹叢移除掉。那座山是法國境內阿爾卑斯山的支脈，法布爾追隨著詩人佩脫拉克的知名山徑足跡，也常常去那裡爬山。她重新引進了各種植物，包括竹子、連翹（*Forsythia*）、玫瑰與黎巴嫩橡樹，並且保護整理那些僅存的北非雪松（Atlas cedars）、地中海松、歐洲黑松以及那一條從大門一直延伸到屋子的優雅紫丁香花步道。

她的結論是，園區曾被分成三個區塊來種植植

物。在房子正前方那一座具有裝飾功能的巨大池塘周遭，法布爾布置了一片中規中矩的花園。他曾在那裡接待為數不少的訪客：包括當地知識菁英，到了他快要辭世前，更有一些遠道而來的達官貴人與仰慕者。那一片花床再進去，是所謂的「荒地」（莊園名字之由來），整個區域都種滿了各種原生種的灌木叢與樹木，種下去之後稍經養護，然後就任由它們生長，只給予最小程度的照顧。最後，「荒地」再過去則是一大片被他稱為「樹園」（*parc arbore*）的樹海，一樣還是任其自由生長，他很少去管它們。後面這兩個區域是他所謂「活生生的昆蟲學實驗室」，也就是他進行昆蟲研究的地點。[5]如果與花園相較，那兩個區域看來是如此粗野而未經馴化，但是，從花園造景的浪漫主義傳統脈絡來講，這種渾然天成的景象卻像一種藝術作品，是努力經營的後果。

法布爾從一八七九年開始住在荒石園，直到一九一五年才以九十二歲高齡辭世。他那篇幅多達十卷，擁有廣大讀者群，同時也讓他美名遠播的《昆蟲記》（*Souvenirs entomologiques*），有九卷就是在這裡寫完的。

他認為，他努力完成的作品能夠證明「萬物背後的神秘之處總是散發著知識的光芒」，而且也足以駁倒他所反對的「變種說」（transformism）：此一學說主張植物與動物一樣，都是有相同的先祖，但為了適應環境而導致變種。不管是達爾文或者名氣與達爾文一樣響亮的法國學者尚－巴蒂斯特・拉馬克（Jean-Baptiste Lamarck）都是演化學說（變種學說）的代表性人物。[6]法布爾就是在「荒地」與「樹園」與那十卷《昆蟲記》裡記載的所有與昆蟲的邂逅，幫他完成此一使命，包括黃蜂、蜜蜂、甲蟲、蚱蜢、蟋蟀、毛毛蟲、蠍子與蜘蛛，牠們的所有舉動都已化為書中那些栩栩如生的細節。同時，法布爾也是在這裡，在他所謂的「極樂伊甸園」裡，帶著一雙經過傳統訓練的眼睛，「與昆蟲獨居」。[7]

2

荒石園的花園與周遭的鄉間堪稱博物學家的天堂，而且法布爾的興趣可說包山包海，他的知識彷彿是一部百科全書。他研究鳥類、植物與真菌。他收集化石、貝殼與蝸牛。但最令他感到入迷不已的，還是昆蟲。不過，迷人的事物並不總是能讓人愛到心坎裡。他家前門外面那兩棵法國梧桐樹上面住了數百隻蟬，到了夏日，他每天都要聽牠們不停鳴叫。「啊！著魔的動物啊！」遷居該處不久後他就在絕望之餘表示，「那真是我住處的蟲害，本來我還以為這裡很平靜的！」他曾考慮用砍樹來擺脫那些蟬。在這之前，他則是先把池塘裡的那些青蛙都清除掉了（但他也承認，「也許我使用的方式太過嚴苛了」）。[8]史萊澤女士說，如果辦得到，他肯定也會設法讓那些唱歌的鳥都閉嘴。

蟬「真的是一種折騰人的東西」。[9]但是就像自然界裡的所有東西一樣，牠們也是一種機會。法布爾小時候就對拉封丹（La Fontaine）所寫的《寓言》（*Fables*）感到印象深刻——他不是把《寓言》當成一本探討複雜道德問題與諷刺社會的書，他驚訝的是，自然世界也可以成為道德教化的媒介。自然無所不在，時時刻刻都能向人類丟出問題或者提供教誨。昆蟲特別是如此，不管在角落裡或者階梯下，都到處可見。昆蟲的秘密也是如此。牠們總是不停掙扎努力，有時成功，有時失敗。牠們的一生充滿戲劇性，有時可歌可泣，有時平凡無奇，牠們一樣也有個性、慾望、偏好、習慣與恐懼。事實上，牠們的一生跟他自己的人生很像。揭露昆蟲一生的遭遇除了是某種探索未知的探險之旅，更有深一層的意含：在這一趟所有人都受邀參加的旅程中，法布爾是嚮導也是主角。「法布爾對於昆蟲一生的說明，」敏銳的歷史學家諾瑪．菲爾德（Norma Field）寫道，「除了是一齣說明發現過程的戲，也透露出他在發現過程中所體驗的一切⋯⋯。昆蟲一生的故事變成了法布爾一生的故事。」[10]菲爾德認為，法布爾的作品之所以特別鏗鏘有力，是因為其敘事結構讓人蟲融為一體，極具說服力。而且，也許被說服的不是只有他的讀者。從本體論的角度而言，這種帶有混淆效果的敘事作品讓人、蟲兩者深具親近性，無異於混淆了人蟲之別。此刻我們也許會自問：要付出什麼，才能夠成為一個真正的昆蟲詩人？

法布爾將科學知識寫得平易近人，讓所有人都能透過閱讀參與其中。科學研究必須以專業化的技巧，還有耐性以及獨創性為基礎，但是，研究的成果卻可以寫得親切易讀。每隻昆蟲都是人類的神祕鄰居，其真正的身分為何，唯有靠昆蟲傳記作家的無比耐性與創新才能夠揭露出來。等到研究完成時，每隻昆蟲就把自己的秘密洩漏出來了，讓自己一生的故事呈現在他眼前。此外，法布爾也堅稱，這種像在寫傳記一樣的研究方法比任何科學方法都更能獲得確切知識，因為他不是把死去的昆蟲釘在卡片上，用顯微鏡加以檢視。對於那些在大都市裡做研究的菁英理論家來講，也許外形上的相似性是有意義的，但是對於隱居窮鄉僻壤的他而言，重點在於行為：誰對誰做了什麼，用什麼方式採取作為，還有理由何在。

當時，世上各家研究自然歷史、植物學與動物學的機構都越來越專注於分類的問題。法布爾認為，不管是這一類研究活動，或是那種以疏離的方式來對待自然的新趨勢（至少在他看來是如此），把自然當成對象、標本與肖像，簡單來講就是會「讓人類走入死胡同」。[11]昆蟲無所不在，但我們卻幾乎不瞭解牠們。如果我們能效法拉封丹，用耐心與專心來觀察牠們的行為，我們所獲得的道德教化與科學教育效果可能是無與倫比的。就連蟬也是。就連蛆蟲也是。也許，特別值得一提的，就連黃蜂那種並非群居，隸屬於膜翅目的殘忍獵手也是。

3

法布爾與家人在一八七九年抵達荒石園，不久後莊園四周的高牆工程就開始進行了，但是工程進度慢得令人感到挫折。然而，對於博物學家法布爾而言，工程延遲卻是意外的收穫。建商在花園裡留下了大批石頭與沙子，而那些建材很快就變成了蜜蜂與黃蜂的家。其中兩隻黃蜂，一隻沙蜂（Bembex）*還有一隻隆格多克飛蝗泥蜂（Languedocian Sphex），是法布爾早就熟識的老朋友。牠們以砂石為家，而他則是花了很多時間觀察與紀錄牠們的行為。

法布爾真的很愛黃蜂。除了甲蟲之外，占據《昆蟲記》最多篇幅的就屬黃蜂。（他對螞蟻與蝴蝶的著墨則是較少。）他愛黃蜂，主要是因為人類對牠們的瞭解很有限。另一個理由則是他覺得牠們跟他一樣，都有決心克服自己的最大障礙。他也喜愛牠們講求精確的特性。最重要的是，牠們容許他把牠們那些極度複雜的行為公諸於世，因此他愛牠們，接下來他像是個魔術師一樣揭發真相：不管那些行為看起來多麼像是解決難題的創新之舉，實際上並不能藉以說明昆蟲有智性可言，這是他與達爾文完全相反的地方。他喜歡黃蜂，是因為這種昆蟲正好可以完美地顯現出本能有時是一種「智慧」，但也是一種「無知」，因此黃蜂可說是與他並肩對抗「變種說」的夥伴。

他總是能找到黃蜂。他深知牠們的習性，總能發現可能的黃蜂棲息地：無論是一座沙丘、路邊的一片陡坡、樹叢下的一小片空地、一道面向南邊的花園牆壁，或是一個廚房的壁爐，都是他守株待「蜂」之處。他看著各種黃蜂用特有的方式築巢。他曾寫道，鐵爪泥蜂（*Bembix rostrata*）挖洞的方式就像小狗一樣（「腹部下方的砂石不斷往後面撥，穿越拱形的後腿，像流水一樣不斷湧出，畫出一道拋物線，在七、八英吋外的地方落下來」）。[12]還有一小群櫟棘節腹泥蜂（*Cerceris tuberculata*）堪稱「勤奮的礦工」，「牠們有耐性地用上顎把碎石一點一點移開坑底，然後將整批沉重的碎石往坑外推」。[13]此外，一些黃翅飛蝗泥蜂（*Sphex flavipennis*）則是像「一群樂於工作，彼此加油打氣的同伴」（「沙子飛舞著，塵土落在牠們那震動的翅膀上；碎石太大塊就必須一點一點移開，滾到距離工地很遠的地方。如果有碎石太重而無法移動，這種昆蟲起身時就會發出一陣尖銳聲響，讓人聯想到樵夫用力時總會大叫一聲『嗚！』」）。[14]唇蜾蠃（*Eumenes*）製作的蜂巢擁有「極其優雅的曲線」，牠們利用蝸牛殼與小圓石細心加以裝飾，讓它「成為碉堡兼博物館」。[15]

蜂巢完成後，黃蜂就會飛走。法布爾等待著，他的耐性永遠無窮無盡。最後，牠們還是回來了，帶著即將在蜂巢中孵化的幼蟲所需之食物。一隻節腹泥蜂帶著散發金屬光芒的吉丁蟲（*Buprestis*）降落。一隻多毛沙泥蜂（Hairy Ammophila）回來時帶著一大隻鱗翅目昆蟲（Lepidoptera）的幼蟲回來。另一隻泥蜂（Pelopæus）的雙腿之間則是夾著一隻蜘蛛。某隻黃翅飛蝗泥蜂則是拖著身形遠遠超過牠自

＊譯注：以下各種蜂類的譯名都是參考《昆蟲記》的中譯本（梁守鏘翻譯，由楊平世審訂，遠流出版社出版）。

己的蟋蟀。

法布爾的臉面對著地上，手裡拿著放大鏡，盡可能貼近他的砂地，不容許自己遺漏任何細節，耗費了不知道多少時間，他像是個對小人國充滿好奇心的巨人。有時候，因為急於有所發現，他會採取進一步措施，把蜂巢拿走，用刀子把它撬開。也許裡面會有一隻受害的昆蟲躺著無法動彈，蟲腳微微擺動著，但是剛好碰不到牠肚子上的那一顆黃蜂卵；也許蜂巢裡有好幾個受害的昆蟲，全都堆在一起，或者以前後有致的方式擺放著，最新鮮的蟲距離黃蜂卵最遠。

「觀察可以提出問題，」他寫道，「實驗則是能提出解答。」[16]有時候他會對黃蜂施以臨場的考驗。有時候，黃蜂降落地面去查看蜂巢，暫時沒有看守著牠抓來的蟲，他會趁機迅速地把無法動彈的蟲偷走，屏住呼吸，觀察黃蜂焦躁不安的表現。他也可能讓黃蜂把抓來的昆蟲擺在蜂巢裡，偷偷伸手進去把昆蟲拿走，看看黃蜂是否還是會跟平常一樣把卵擺好，然後將入口封起來（不然就是他會自己封好）。

有時候他會小心翼翼地把蜂巢帶回屋裡。他也常常把

抓來的昆蟲帶到實驗室，創造出一個他可以控制，便於觀察昆蟲行為的環境，開始進行更為複雜，時間也更長的實驗。或許，當他除了昆蟲心理學、也想做解剖研究的時候，他會把昆蟲用三氯甲烷麻醉，然後解剖。

第一次解剖的經驗讓他有所體悟，促使他決定放棄數學教師的生涯，開始用他自己真正熱愛的自然史謀生。當時法國的局勢很亂。一場政變就在爆發邊緣，第二共和政權即將遭反革命勢力推翻，由拿破崙三世（Napoleon III）來建立新的帝國。當時年僅二十五歲的法布爾正在科西嘉島阿雅克肖鎮（Ajaccio）的一間大學教物理學，當地的美景令他陶醉不已（「此刻我腳踩著閃閃發亮的廣袤大海，頭頂著一片又一片令人敬畏的花崗岩壁」），一如洪堡當年踏上美洲新大陸。[17]

先前他曾在卡龐特拉鎮（Carpentras）任教，但迫不及待離開了那裡（他說，「那裡真是個該死的渺小洞穴」）。[18]距離他辭掉卡龐特拉的學校教職才幾個月的光景，他發現自己心裡始終憤恨不平，因為曾被學校排斥，不管他的成就再高，心裡的陰影總是揮之不去。那是有關於當年他被學校趕出來的陳年記憶：他爸媽都是普羅旺斯的農民，曾經數度嘗試在一些城鎮開餐館維生（但都失敗了），他們繳不出學校的月費。令他備感挫折的是，年輕時他謀取教職不斷碰壁，苦無機會可以展現自己的能力，只能去當興建鐵軌的工人（一八四八年九月，他曾寫信給自家兄弟斐德希克：「發了兩張教師證書給我，但卻只是要我教一群搗蛋鬼怎麼做動詞變化，這種不公平的情況實在是前所未聞」）。[19]有十年的時間他也曾做過提煉洋茜（一種軍服用的紅色染料）的生意，藉此讓自己在做學術工作時能有收入（當時，學術研究是一種無給職，因此理應是有錢人的工作），但卻失敗了，令他失望透頂。拿破崙三世進行的教育改革遭到教育行政體系強烈反彈，導致他被解雇（當時他獲准為女學生提供免費的理化課程），不僅他感到苦惱，也讓他的家人陷入貧困，此時接濟他的人是他的密友，英國的自由主義理論家約翰．斯圖亞特．彌爾（John Stuart Mill）——彌爾後來遷居普羅旺斯，並且與其妻，女性主義先鋒哈莉特．泰勒（Harriet Taylor）並肩長眠該地。[20]法布爾的不幸遭遇之所以讓人備感淒苦，是因為在上位者看不出他有多艱苦，看不出他在獲得種種成就之前，必須克服那些巴黎科學界菁英難以想像的重重困難（除了文學與數學學士學位之外，他還有數學與物理學的教師執照，一個理學博士學位，以及兩百多種出版品，包括教科書，而且在「科普」這種文類幾乎不存在時他就已經寫出來的許多科普著作，再加上一些重大科學發現：他是第一個證明動物有反射動作以及甲蟲有過變態現象〔hypermetamorphosis〕存在的人）。更悽苦的是，等他走到漫長人生的尾端，終於受到認可時，向他致敬的人並非大學學界與科學家，甚至也不是昆蟲學家，而是當代的文豪們，例如雨果曾稱他為「昆蟲界的荷馬」（the Homer of Insects），還有《大鼻子情聖》（*Cyrano de Bergerac*）的作者艾德蒙．羅斯丹（Edmond Rostand）不願被比下去，給了他「昆蟲界的維吉爾」（the insects' Virgil）這個封號，羅曼．羅蘭（Romain Rolland）說法布爾是「我最欣賞的法國人」，而普羅旺斯詩人斐德希克．密斯特哈爾（Frédéric Mistral）則是曾四處遊說，希望法布爾能獲得一九一一年的諾貝爾獎提名——請注意，是文學獎而非科學獎。[21]他的長子在十六歲時驟然辭世，後來他兩個年紀尚小的女兒，還有前後任兩個妻子也都死了，接踵而來的悲劇令其人生蒙塵，讓他感到無助又憤怒，但我們也必須承認，就是因為他被標上了畢生受苦受難的印記，他才會變成一則克服萬難，力爭上游的故事：一個自學有成的天才，一位貧困潦倒，如同隱士的科學詩人，在花園中與他的昆蟲獨處，生活如此簡單，犧牲奉獻，極度天真無邪，這是一個在他晚年讓巴黎文化界感動不已的故事，許多人紛紛南下來到他們不熟悉的塞西儂．杜．貢達村與他見面。

法布爾的科學普羅主義來自他素樸的憤怒。只因他反對演化論，過去長期以來他的教科書都被教育界排斥，也讓他再次陷入貧困；所以，透過以下這段文字，法布爾希望讓一群他想像中的科學菁英知道他懷抱著強烈熱忱，強烈到足以讓他暫時原諒那些喧鬧的蟬：「你們肢解動物，我研究活生生的牠們；你們把動物變成可怕與可悲的東西，我讓牠們受到喜愛；你們在折磨動物的房間以及解剖室裡埋頭苦幹，我在蔚藍天空下觀察動物，周圍是蟬的叫聲；你們把細胞與原生質拿來做化學實驗，而我則是研究動物憑藉本能而辦到的非凡表現；你們探究死亡，我探究的則是生命。」[22]他的意思當然是指他所研究的是活生生的動物，那是動物的真正形式，是上帝希望牠們呈現出來的樣貌，一種有精神與明確目標的神祕存在物，一種無法透過理論與抽象，只能透過實際體驗與近身接觸才能理解的存在物。

但是，如我們所知，他並不排斥研究死掉的動物。而且，根據幫他寫過傳記的友人，身兼醫生與政治人物身分的喬治・維特・勒格侯（Georges Victor Legros）表示，他一生的故事其實應該從阿雅克肖鎮講起，當時他第一次有機會做動物解剖。居住在科西嘉島期間，他與年紀比他大二十歲，住在土魯斯市的植物學教授阿佛列・莫干－唐東（Alfred Moquin-Tandon）交好。莫干－唐東是一位用普羅旺斯方言寫作的詩人，他曾說過，即便是要寫生物學著作，熟練的風格還是非常重要。每逢晚餐時，莫干－唐東總是隨意從他的針線籃裡面挑東西充當工具，用來解剖蝸牛。勒格侯寫道：「在那之後，」法布爾「就開始不只是收集死掉，不會動或者已經脫水的蟲屍來當作研究材料，以滿足好奇心為目標；他開始熱衷於過去不曾做過的解剖工作。他把他的小小賓客們裝在碗櫥裡；從此以後就專注在那些比較小的生物上面。」過沒多久，法布爾從科西嘉島寫信跟斐德希克說：「我所用的手術刀，是自己用細針改造而成的迷你匕首；我用小碟子充當大理石板；我把我的囚犯們裝在舊的火柴盒裡，一盒可以裝十幾隻；最微小的事物往往最偉大（maxime miranda in minimis）。」[23]

最微小的事物往往最偉大。接下來幾十年裡面，他即將目睹許多奇蹟，其中最神奇的莫過於狩獵

蜂。他在黃蜂身上所觀察到的一些事，有些是世人之前已經知曉的，但也有全新的知識。為昆蟲學奠立基礎的知名學者列奧米爾（Réaumur）是多達六冊的《昆蟲史憶往》（*Mémoires pour servir a l'histoire des insectes*，於一七三四到四二間出版）之作者，書中以許多篇幅描述一種名為盾蜾蠃（*Odynerus*）的黃蜂，但就連他也不知道黃蜂並不是直接把卵下在捕獲的二十幾隻「還在動來動去」的象鼻蟲幼蟲堆裡，而是（跟昏蜾蠃一樣）把卵吊在從蜂巢圓頂上垂下來的一條細線上面。[24]法布爾屢經嘗試，苦心經營多年，終於得以親眼目睹。他承認，那是「讓他內心備感喜悅的許多時刻之一，飽嚐懊惱與疲累的滋味後終於獲得了補償。」蜾蠃幼蟲沿著細線往下移動覓食（「牠們的頭朝下，鑽進毛毛蟲的柔軟腹部裡」），然後，等到被牠當成伙食的毛蟲開始騷動不安，牠才又往上爬，全身而退，毛蟲碰不到牠。[25]

4

他所觀察的每一隻昆蟲都能證明本能的威力。他說，表面上看來，那些昆蟲也許就像知道自己在做什麼似的。也許牠們那些驚人的行為看來就像內心世界的外在表現。但那完全是錯誤的。牠們所做的都是無意識的行為，不知道自己在做什麼，牠們只是遵循牠們那個物種問世以來就已經具有的本能而已，本能是盲目、嚴格而天生的，不是透過後天學習獲得，而是出生後就已經完備的，完美而不會有錯誤，每一種本能都有特定功能，而且不同物種也有不同本能。這些本能具有某種「智慧」：本能能夠產生毫無缺陷的行為，幫助昆蟲解決最複雜的生存問題。然而，只要遇到法布爾以實驗的手法干擾，在壓力之下，本能卻變得全然「無知」，只要熟悉的狀況出現改變，昆蟲就會不知如何應對。[26]

跟許多創世論者（creationists）一樣，他一遍又一遍地訴說這個故事，主張「本能」就是演化論的弱點，「本能」足以證明物種是固定不變的，從創世開始就是如此。他的論證就是那麼簡單：因為，這種行為異常複雜，而且需要高度的精確性，怎麼可能會有過渡階段的存在？他說，想想看黃蜂的例子，牠們的表現若非一百分，就是零分：「為幼蟲準備成長環境是一種只有大師才做得來的藝術，不可能是處於笨拙的階段。」[27]他說，如果沒有適切地讓捕獲的昆蟲無法動彈，昆蟲會反過來毀掉卵或是幼蟲；如果捕獲的昆蟲因為傷勢過重而死去，卵雖然可以孵化成幼蟲，但牠卻會因為食物腐化而餓死。昆蟲必須聰明到什麼程度才能夠屢屢精算無誤，把獵物弄成沒有知覺，但所有的生命機能卻完好無缺？當他看見多毛砂泥蜂（Hairy Ammophila）麻醉獵物的過程，他發現自己所目睹的是最深奧的生命真相，是謎中之謎，即便是成熟的科學界人士看了也會想哭：「動物遵奉牠們的強大本能，根本不知道自己在做什麼。但是，如此崇高的靈感到底從何而來？各種有關返祖現象（atavism），有關物競天擇的理論能夠提供合理解釋嗎？對於我與我的朋友而言，這依然有力地顯示出某種無法說明的邏輯，它不僅主宰著世界，也以絕妙的法則引導著無知者。這種如靈光乍現的真理觸動了我們的內心最深處，一股難以言喻的情緒讓我們倆都熱淚盈眶。」[28]

不管是他所觀察哪一種昆蟲都能夠帶著他走到這個地步。但是他深信，唯有黃蜂是最有力的證據，足以用來反駁達爾文的觀點：本能是一種用來適應環境的遺傳行為；就像達爾文在《人類的由來》

（*The Descent of Man*，一八七一年出版）一書裡面主張的，動物之所以能夠擁有複雜的本能，是因為「比較簡單的本能行為發生了改變，然後透過天擇過程」而獲得的，而且「那些具有非凡本能的昆蟲當然就是最聰明的。」達爾文所說的本能當然是動物透過遺傳而獲得的，而且絕非固定不變也非完美的。本能讓動物能適應環境，而不是有預知能力。他認為，總而言之，「以智力為基礎的行為在經過幾個世代的實踐之後，會轉變成一種本能，變成是可以遺傳的。」[29]

黃蜂就是法布爾用來反駁這種異端學說的最大籌碼。同時也是因為黃蜂，他才有資格提出以下的斷然宣言：「我反對關於本能的現代理論」。他為演化論冠上了「現代理論」這個貶抑之詞，並且認為它「是那些安坐室內的博物學家所提出的精巧遊戲，他們憑著自己的奇想來描繪這個世界的樣貌，以此為樂，但是對於觀察者，真正面對現實的人而言，完全無法用來解釋眼前所見的一切。」[30]

多毛砂泥蜂選擇的獵物是鱗翅目昆蟲黃地老虎（*Agrotis segetum*）的幼蟲，這種生物的體重最多可以達到牠的十五倍。法布爾最為人知的一段文字，就是他對於小黃蜂如何鬥倒這種大灰蟲的描寫。他寫道，「在關於本能的直觀科學研究裡，沒有任何事物比這件事更能讓我感到刺激。」

他在他家附近與友人散步，偶然瞥見一隻躁動不安的多毛砂泥蜂。他們兩個大男人「立刻趴倒在地，與牠幹活的地方非常接近，」接近到事實上那一隻黃蜂還曾經暫時停留在法布爾的袖子上——這聽起來好像「杜立德醫生」*的故事情節。[31]他們看見牠把一小塊地面清理乾淨，那顯然是獵物會經過的路徑。然後，那一隻不知死活的幼蟲出現了。像獵人一樣的母黃蜂立刻現身，從幼蟲的頸部把牠抓住，儘管幼蟲掙扎著，黃蜂死都不放手。黃蜂停靠在巨大幼蟲的背上，把腹部一彎，不慌不忙，像個外科醫生一樣仔細地徹底把病人的身體結構摸熟，把蜂針戳進幼蟲身體每一個部位的表面上，毫無遺漏。蟲子身上的每一節全都被戳過；不管那一節上面有沒有腳，都依序被戳了一針，前面戳完換戳後面。[32]

注意他觀察到的重點：那隻黃蜂總共戳了九針，每一針都戳在那隻蟲身上某一節的特定部位上。也該注意的是，牠戳針的方式是前後有序。接下來，法布爾的解析似乎能夠證明那隻黃蜂的深謀遠慮。牠的每一針都像醫生下刀一樣準，每一針都把幼蟲的一個神經節廢掉。但最精彩的還在後面：

> 幼蟲的頭完全沒有受傷，大顎仍保有其功能，意思是幼蟲在被搬運的過程中能夠輕而易舉地隨意抓住地上的任何東西，有效阻止強迫牠移動的黃蜂；大腦做為主要的神經中樞也許還是能下令頑強抵抗，這將會讓身負重物的黃蜂陷入尷尬的處境。但黃蜂就是有辦法巧妙地避開這些阻礙。因此，牠必須讓幼蟲陷入一種麻痺的狀態，連一點自我防衛的念頭都沒有。多毛砂泥蜂的做法是咬嚙幼蟲的頭部。牠刻意不用蜂針：牠不是個笨拙的傢伙，深知如果把頸部神經節弄傷了，就會立刻殺死幼蟲，這是絕對該避免的。牠只是用大顎去擠壓幼蟲的腦部，每一次用力都好好拿捏力道；而且，每次都會停頓一下，確定效果如何，因為牠必須做到的是某種程度的麻痺，但是又不能太過頭，否則幼蟲就可能死掉。牠就這樣讓幼蟲進入了必要的昏睡狀態，讓幼蟲因困倦而失去了所有意志。如今幼蟲已經無法抵抗，也無心抵抗，黃蜂抓著牠的頸背，拖回蜂巢。這些事實本身就已經是有力的明證，多餘的評論只會減損其力道。[33]

心理學家理查・赫恩斯坦（Richard Herrnstein）後來世人多半對他印象不佳，只記得他是《鐘型曲

＊ 譯注：一系列兒童故事書中能夠聽得懂動物語言的醫生角色。

＊＊ 譯注：該書的立場被認為具有種族歧視之嫌。

線》（*The Bell Curve*）**的作者）在一九七二年發表的一篇論文如今已經成為經典，該文認為法布爾「把本能視為一種直觀」，而赫恩斯坦對此立場的評論恰如其分，認為直觀論是「統整於敬畏之情之下的一連串否認」。[34]

在此我們所論及的是一場在達爾文出現之後，從十九世紀末持續到二十世紀初的激辯，談的是人類與動物行為的本質與源起，本能則是其中一個具有關鍵地位，常被拿來爭論的哲學與經驗科學概念。直觀論的立場認為本能是一種與智力有別，無法定義的特殊「適應能力」（capacity for adaptation），[35]但這只是幾種南轅北轍的主要論調之一。赫恩斯坦把各種學說分類為三種論調，認為與法布爾的立場針鋒相對的是一種他所謂的「反射論」（reflexive view），而被歸類在這種論調之下的包括各色各樣的人物，像是赫伯特・斯賓塞（Herbert Spencer），心理學家雅克・洛布（Jacques Loeb），早期的J・B・華森（J. B. Watson），以及堅稱自己的立場與法布爾迥然有別的心理學家兼哲學家威廉・詹姆斯（William James）。詹姆斯認為，先前那些關於本能的著作根本都是破壞一切的無用廢話，因為它們居然都在隱約驚訝之餘指出動物具有比人類更優越的洞察與預知能力，而且認為是慈善的上帝給了牠們這種天分。但最重要的是，請注意，慈善的上帝也給了牠們神經系統，光是知道這一點就足以讓「本能」立刻變得跟其他生命現象一樣，沒有什麼比較神奇或者比較平凡之處。[36]詹姆斯認為，與其把本能當成一種直觀，不如說它只是某種複雜而有許多種類的反射動作（借用斯賓塞的名言說來，本能無異於是一種「複合的反射行動」〔compound reflex action〕）。

赫恩斯坦所歸類出的第三種論調被稱為「策動心理學」（hormic psychology，其中hormic一字是從hormonal〔荷爾蒙的〕而來的），像反射論一樣，主張本能取決於天擇的壓力，在很多方面類似於形體上的特色，主要的支持者是威廉・麥獨孤（William McDougall）。麥獨孤認為，本能具有高度的可塑性，容易受到環境影響，但是它有一個穩定的核心作為最後依據，核心的驅動力則是一股想要達成明確目標的企圖心（例如建造一個蜂巢，把獵物關起來等等）。麥獨孤寫道，本能是「一種心智力量，它足以維持與形塑個人與整個社會的生活。」[37]

自從行為主義於一九二〇年代興起後，心理學家再也不流行以本能來解釋動物行為，後來一直要到一九五〇年代，因為一些動物學家備受歡迎（其中又以康拉德・勞倫茲〔Konrad Lorenz〕與尼可拉斯・丁伯根〔Nikolaas Tinbergen〕為最）而重獲世人關注——這些動物學家雖然也是達爾文主義者，但卻特別強調本能與學習是截然有別的。法布爾與這些比較晚近的動物行為學家雖然相隔數十年，但是卻一脈相承，雙方的相似處在於：都會在自然環境中進行簡單的行為實驗，以近身觀察為方法，而且他們的科學研究中也都夾雜著一種驚嘆。他們不因法布爾對演化論的敵意而設限，反而繼承其遺緒，學習他那種訴諸於大眾的教學法。就是因為這種普及化的精神使得勞倫茲、丁伯根與他們的同事卡爾・馮・弗里希（Karl von Frisch）培養出一大群死忠的讀者，三個人還拿下了前輩始終無法企及的諾貝爾獎。

這些都超出了原本的影響範圍。法布爾的黃蜂起飛後，航向許多出人意料的方向，在關鍵時刻降落。牠們飛離科學，例如，讓許多創世論者的心中浮現跟法布爾一樣的驚嘆情緒，而有時候還會出現在一些更為引人入勝的地方，像是深具影響力的二十世紀初期哲學家亨利・柏格森（Henri Bergson）就非常仰慕法布爾（勒格侯在一九一〇年舉辦了一個慶祝活動，宣告荒石園這個位於普羅旺斯的隱居地終於獲得世人遲來的注目，柏格森就是活動的嘉賓之一）。柏格森注意到法布爾把多毛砂泥蜂描述為外科醫生，在獵物身上戳了九下，同時也借用十八世紀博物學家居維耶（Cuvier）的概念，把動物當成帶有「夢遊意識」（somnambulist consciousness）「就智性的角度而言，一種不知道其自身目標為何的意識」）的夢遊者，發展出他那特別的演化形上學。[38]

柏格森的本能也是屬於直觀論，他把本能視為一種「直覺的感通」（divinatory sympathy），而且他像法布爾一樣，認為本能是與智力相對的。但是造成這種相對性的基礎並不相同。法布爾認為智力是人類優於動物的特徵，但是對於柏格森而言，智力卻是一種備受侷限的悟性，是冷冰冰而外在的。法布爾把本能視為機械的，是一種膚淺的慣性，柏格森確認為本能是一種深刻的悟性，是一種能夠引領我們「走向內在生命」的知識，帶著我們回溯黃蜂與鱗翅目昆蟲幼蟲共有的演化史，回到牠們還沒被生命之樹分開之前，回到一種兩者都互相瞭解對方的直觀，因此多毛砂泥蜂才會不經學習就知道如何麻醉鱗翅目昆蟲的幼蟲，如此一來，牠們的種種表現「也許就不取決於外在感覺，而是因為多毛砂泥蜂與鱗翅目昆蟲的幼蟲一起出現，牠們不該再被視為兩種生物，而是兩個不同的活動。」[39]

然而，就像伯特蘭．羅素（Bertrand Russell）早在一九二一年就特別指出的，「就連法布爾這樣仔細的觀察者，像柏格森這樣傑出的哲學家也會因為太過喜愛奇蹟般的事物而被誤導。」[40]法布爾搞錯了很多有關於多毛砂泥蜂的事，而且顯然他對於天擇理論所提出的大部分批評都早已被人有效地駁倒了。看來，那畢竟不是一種只有一百分或零分的遊戲。一般而言，黃蜂的確會用蜂針在黃地老虎幼蟲的身體每一節都戳一下。但牠們的行動並不具有奇蹟般的準確性，而且也不是那麼始終如一，或者真的總以同樣的次序進行。甚至，幼蟲並不總是會存活下來。有時候黃蜂的幼蟲就是以黃地老虎幼蟲的腐敗屍身為食物，有時候黃地老虎幼蟲的身體激烈擺動，因而弄死了黃蜂的幼蟲。此外，就像反射論與策動心理學都主張的，黃蜂也會調整牠的行為，藉此回應種種外在刺激，像是氣候、是否有食物，以及獵物的狀況與行為等等。而且牠也會隨時改變牠的行事順序與「邏輯」（如果想要用一個比較好的詞彙來描述，我們的確可以用這兩個字），改變出於有時清楚有時令人費解的理由。有人曾觀察到某些黃蜂螫了四十隻不同的昆蟲幼蟲，結果卻選擇把第四十一隻，沒有被牠麻醉的幼蟲拖回蜂巢裡。根據某些紀錄顯示，牠們的確會將獵物麻醉，但事先並沒有築巢。也有人看到牠們以隨機的方式螫蟲，有機會就下手，顯然只是因為試著確保成功的機率。還有，如今我們也已經發現牠們不只是用蜂針螫蟲，也把毒素注入蟲的體內，除了立刻讓對方無法動彈，長期來講也有抑制腐化的效果，讓蟲體保持柔軟：獵物感受的衝擊不大，但體內卻起了化學變化。[41]

這實在是很怪誕。怪誕的不只是黃蜂，赫恩斯坦指出了法布爾的理論核心自有其怪誕之處，這的確沒錯。赫恩斯坦深知直觀論最有力的遺緒，就是讀者們從法布爾身上所看到的那種「隱約的驚嘆」。但這也有一個弔詭之處。法布爾懇求世人瞭解的是，那些動物的行為是盲目而習慣性的，不以意志或者意圖為依據。但是，為了說服大家，他卻沉醉在動物的行為裡，深信動物行為看起來越複雜，越理性，那麼一旦他能證明所謂行為只是一種盲目本能時，就越具有殺傷力，隨後他對「變種說」提出的批評也就越強烈。在他的論述中，那些黃蜂變成了能夠「精確算計」與「確認傷勢」的「外科醫生」。牠們的獵物則是會「進行抵抗」。但效果是始料未及的。法布爾深深著迷了。黃蜂變成了主角。他是牠們的宿主。牠們透過他發言，在他身上獲得另一種生命形式。他的作品並未讓我們覺得那些昆蟲有所缺陷，反而對牠們的能力留下了深刻印象，除了黃蜂的能力，也包括法布爾的能力。儘管他堅稱神奇的是動物本能，但真正神奇的應該是動物本身。

5

儘管法布爾在晚年出了名，但就在他去世後，其名聲過不久也隨之消逝。科學界不太可能接受他，而且因為文學潮流的改變，他做為一位自然書寫作家的地位也很快就不保了。如今，法國與英語世界幾乎都已經遺忘他了。就連創世論者也不援引他的說法了。只有在日本，法布爾才是個家喻戶曉的名字。他的作品不但是該國小學課程的重要部分，而且往往透過介紹他來帶著孩子初次瞭解自然世界，後來孩子們更會因為要做暑假作業而去採集昆蟲，所以見識到生動的大自然。等到小孩長大變成父母，當他們跟自己的孩子解釋自然史多麼有趣，他們的童年有多無憂無慮，多愛昆蟲，還是常會提到他的名字。（曾當過二十六年學校教師的法布爾曾經這樣跟科學界裡批評他的人說：「我主要是為年少的讀者們而寫作，我希望讓他們愛上自然史，你們則是要讓他們恨它。」）[42]

如同我們可以預期的，他是會出現在日本各大昆蟲館的固定人物。但有時候他也會在一些難以料想的地方出現：例如目前在《Big Comic Superior》這本暢銷漫畫雙週刊上連載的作品《名偵探法布爾》（*Insectival Crime Investigator Fabre*）裡面，他就化身為足智多謀的少年英雄；而在《超能R.O.D.》（*Read Or Die*）這一系列總共三集的動漫作品裡面，法布爾變成了複製人，是一個有辦法藉由控制昆蟲來攻擊人類文明的邪惡天才；還有在全日本各地的幾千家7－11便利商店，曾經推出一系列名為「昆蟲記」（*Souvenir Entomologique*）的促銷用免費公仔，裡面除了有蟬、金龜子與多毛砂泥蜂等最受歡迎的昆蟲之外，也有法布爾本人的公仔；另外，在ANA這個航空公司的豪華廣告裡，他則是變成一種象徵：

一個以四海為家的男性，充滿知識上的好奇心，在精神上有所渴求。[43]

但法布爾的身影不只是出現在學校、各大自然博物館以及高度商品化的日本流行文化中。儘管其所有作品的英譯本都是雜亂不堪而且年代久遠了，但根據最近的一項統計顯示，從一九二三到一九九四年之間，光是就《昆蟲記》而言，日本學者總共翻譯出四十七個日文全譯本或者節譯本。[44] 奧本大三郎創設了新成立的東京法布爾博物館並擔任館長，同時也具有文學教授與昆蟲收集家身分的他表示，那些譯本的源起非常有趣。[45] 第一個有系統地把法布爾的作品翻譯成日文的，是知名的無政府主義思想家，曾說過「亂中有美」這句知名顛覆性格言的大杉榮，本來他想完成《昆蟲記》的全譯本，但他在一九二三年關東大地震過後的憲警鎮壓行動中遭到殘殺，計畫因而告終。大杉榮大概是在一九一八年左右初次看到法布爾的作品，當時他寫道：我喜歡有精神的東西。但是一旦它們被理論化，就會讓我感到厭惡。在理論化的過程中，它們會變得與社會現實同調，充滿奴化的妥協，虛偽不真。[46]

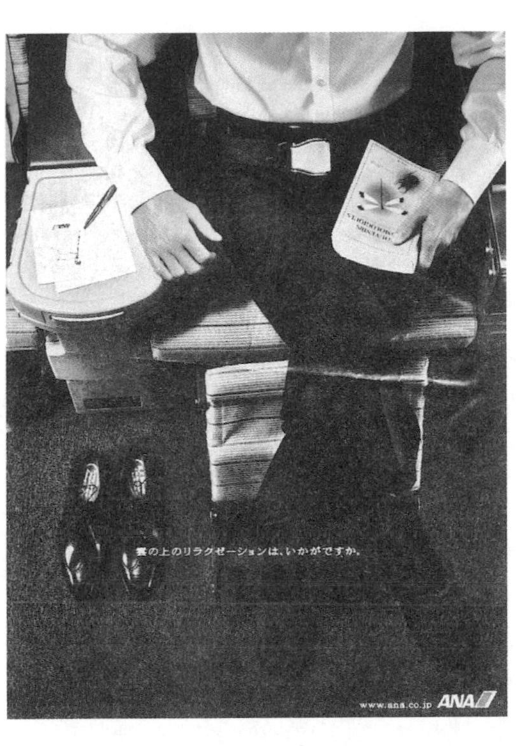

雲の上のリラクゼーションは、いかがですか。
www.ana.co.jp ANA

儘管大杉榮信奉達爾文主義（他早已翻譯了《物種源始》〔*Origin of Species*〕），但還是在法布爾身上找到與自己相近的精神。令他深深著迷的除了法布

爾的文風，還包括科普教育的可能性，而且他也極為認同法布爾對於理論化所抱持的敵意。充滿領袖魅力，身兼作家與無政府主義運動家身分的大杉榮深信，理論的問題不在於它欠缺解釋力，而是在於它總想要建立秩序；不在於它充滿了想要理解這個世界的野心，而是在於它選擇訴諸於分析方法，而非經驗觀察。想要建立秩序的衝動是一種想要束縛一切的衝動，其背後的動力是一種想要主宰萬物，想要在知識上與實踐上當主人的慾望。他主張，若將理性的地位予以提升，就會危及理解的可能性。法布爾曾寫道：「想要把整個宇宙化約成一個簡單的演算法，進而用理性的規則來主宰真實世界，實在是大而無當的計畫」，其實並不偉大。[47]儘管兩人都抱持著一種戒慎警惕的態度，但法布爾之所以懷疑通則式的解釋方式，他所根據的是常常在大自然中重新發現上帝的手筆，但大杉榮似乎對此一極大差異不以為意。[48]

奧本大三郎主張，法布爾之所以能吸引大杉榮，是因為兩人都一樣叛逆；儘管不知道這是否正確，但是我很喜歡這種說法的啟示。就像奧本大三郎所說的，大杉榮身為一個具有革命理念的工人領袖，他從學校教師法布爾身上所學到的，包括拒絕權威的教學方式，堅持女學生也應該跟男學生一樣接受教育，同時最重要的是他對於分類法的態度。（當法布爾在《昆蟲記》提到分類學家拒絕將蜘蛛歸類為昆蟲時，他大聲驚嘆：「這真是系統化的惡果啊！」）[49]法布爾深愛做研究時所帶來的感官享受，同時他拒絕權威，態度親民，這一切都深深吸引著大杉榮——也吸引著奧本大三郎，他甚至把法布爾與如今在日本家喻戶曉的知名博物學家兼民俗學家南方熊楠（一八六七～一九四一年）相提並論，兩人都因為叛離權威以及具備獨立精神而受到尊崇：氣質非凡的兩人都是自學有成，他們不曾將自己的思想簡化成律則與公式。有人批評他們欠缺有力而連貫的理論，但他們卻持續追尋這個世界的多樣性，以新奇的眼光對待萬物。他們的確是詩人韓波（Rimbaud）所謂的「先知」。[50]

奧本大三郎在他處寫道，「喜歡昆蟲的人是無政府主義者，他們討厭遵守別人的規則，如果不是試著自己創造出類似的『規則』，就是根本不在意那種東西。」[51]他說，昆蟲愛好者會從昆蟲的視角，從昆蟲的內心世界，還有從昆蟲所屬的微小世界來看待我們的世界。他們所探求的是生命，而非死亡。

另一個有助於我們進行理解的昆蟲愛好者是今西錦司：他身兼生態學家、登山家與人類學家，是日本靈長類動物學的創建者，關於「博物學」的寫作都很暢銷，當他於一九三〇年代展開其研究生涯時，是在京都的鴨川研究蜉蝣的幼蟲。今西錦司是個演化理論學家，他所採取的並非法布爾那種研究取徑。不過，他也不是個達爾文主義者。跟大杉榮的偶像、偉大的無政府主義者彼得．克魯泡特金（Petr Kropotkin）一樣，今西錦司認為合作是演化的動力，否認天擇的基礎是各個物種自身與不同物種之間的競爭。今西錦司強調生物之間的關聯性與和諧互動，但也堅稱真正有意義的生態單位是社會，個人不能獨立於社會而存活。個人群聚不是為了繁衍下一代，而是因為大家有共同的需要，因此要透過合作來滿足那些需要。他的博物學把焦點擺在合作的群體上，而非相互競爭的個別生物，因此他說他提出的是一種日本式的演化觀，截然不同於達爾文那種深植於西方個人主義意識形態傳統的達爾文體系。[52]與法布爾一樣，今西錦司的理念讓專業生物學家感覺到帶有反科學與反達爾文主義的意味，因此在歐洲與北美引發了許多批評。但他們倆在日本卻普受歡迎。[53]儘管他的思想架構與法布爾的自然歷史神學鮮少有重疊之處，但卻具有明顯的相近性。今西錦司於一九四一年寫道：

這個世界上有人一輩子都穿著白色工作服，未曾走出實驗室。有些知名學者甚至沒有看過動植物存活於自然界中的樣子。我不能忍受把那種人跟我這一類人混為一談，因為我們一輩子都待在大自然裡，提出的自然概念與他們當然不同；這種感覺也許就像一股潛流，潛藏在我著作背後的某處。即便沒有自然科學，自然仍會存在。不管自然科學裝出一副多麼偉大的樣子，它所瞭解的永遠只是自然的一部分。把自然予以切割分化，成為某個領域的專家，你也只是某一部分自然的專家而已。學校裡沒有教我們的是，除了部分自然之外，還有一個整體自然。讓我知道有整體自然存在的，是山岳與探索山岳的活動。[54]

從「反科學」的立場拒斥機械論，強調觀察者與被觀察者之間具有一種直觀的連結性，還有人與世界之間的深刻親近性，他的人生與畢生工作就是這樣開展的。別忘了法布爾也是這樣：單純而有耐心，過著勉強餬口的生活，遠離充滿魅力的大都市，企圖對生物進行全盤的掌握，討厭威權主義，離群索居，做個講求道德的學者與教師。這都是一些老少咸宜的教誨，而且同時適用於激進分子與保守派。此外，不管是今西錦司，或者奧本大三郎都認為，在其他地方也可以看到法布爾這種透過觀察昆蟲來追求神性的態度。這種鑒察自然的方式很容易與日本的大自然愛好者（還有對日本的自然觀進行評論的那些外國人）的理念相互融會貫通，因為他們也是要試著去解釋為什麼民族主義者、浪漫主義者、新世紀運動參與者還有其他人，常常認為日本對於自然，特別是對於昆蟲具有一種獨特的親近感覺：不管是主張萬物皆有靈的神道教或者是後來的日本佛教，其觀念都是神性「含藏於自然界的一切之中，人類因此敬畏自然，懷抱靈性」，「自然是神聖的」（nature is divine），自然**本身**就是神（nature itself is divine）。[55]（但我想強調，這些並不像法布爾會強調的那種「自然是至高神性的表現」〔nature is an expression of th Divine〕）。

再來就是「弦外之音」的問題了。大杉榮與奧本大三郎都揭櫫的一個要義是，閱讀時只專注在字面意義上，是不適切的。他們提醒我們，若想瞭解法布爾與他提出的呼籲，就該傾聽他著作裡的另一種語言，而不只是拘泥在語言哲學家J・L・奧斯汀（J.L. Austin）所謂的「表述意義」（constative meanings）：不要只是看到他那不具說服力的本能理論，還有他在拒斥變種說時理路不彰的表現；我們要注意的是他的詩學：他的敘事詩學，他寫作的詩學，常常出乎意料地敦促我們藉由手持放大鏡，設法去觀察螞蜂窩的內部。他自身遭遇的詩學，他將充滿挫折的一生，轉化成圓滿結局的詩學，還有與自然親近的詩學，他的昆蟲詩學，都讓我們體認到，一種存在於你、我，以及與所有那些看似最普通卻也最奇怪的他者之間，那似親非親、捉摸不定的同命之感。[56]

6

演化生物學家兼科學史家史蒂芬・傑伊・古爾德（Stephen Jay Gould）曾在《自然史》（*Natural History*）月刊上面發表過許多名作，其中一篇提及黃蜂的寄生行為（包括住在活生生的獵物內部，從裡面開始吃的體內寄生行為，以及法布爾筆下那一種從外面開始吃的體外寄生行為）對十八、十九世紀的西方神學家們丟出的震撼彈：惡的問題。如果上帝如此慈善，祂所創造的一切充分展現出祂的善性與智慧，令這些神學家感到煩憂的是，「為什麼在動物的世界裡卻充滿了痛苦、磨難與無意義的暴行？」[57] 我們不難理解，若想在自然界存活，能否扮演獵食者的角色是一大關鍵。但為什麼慈悲的上帝任由黃蜂在獵物身上做那麼可怕的事？怎能「讓黃蜂的幼蟲寄生在獵物身上，任其慢慢死去」？一種讓受刑者生不如死的可怕死法，而且顯然獵物是有意識的，古爾德說這些讓神學家聯想到「古代英國人對叛國者施加的凌遲與五馬分屍之刑，而且為了把折磨的效果最大化，過程中受害者仍是活著而且有感覺的。」

古爾德寫道，「就像國王的劊子手把受刑人的內臟拿出來燒掉，黃蜂的幼蟲一樣也把肥大蟲體與消化器官先吃掉，讓最重要的心臟與中樞神經系統保持完好無缺，藉此讓獵物存活下來。」[58]

幾乎已不具原創性的一個論點是，長期以來，我們無法不把大自然視為人類處境的縮影，自然法則被視為上帝的法則，所有自然現象都帶有道德教誨，自然界的「社會」則是被視為一種返祖的人類社會。觀察到這種可怕而無法理解的黃蜂寄生現象，我們有兩條路可以走。一條是在痛苦之餘承認大自然的邪惡之處，接下來不可避免的是，我們必須決心超越動物性，以善行實踐人性的承諾。另一條是過去數百年來更常有人走的一條路，而且與現代演化理論的後續發展更為相符，其要點是把大自然的道德面具摘下來，主張人類以外的生物或者現象事實上根本沒有道德與否可言，用古爾德的話說來：大自然「是非關道德的」，「毛毛蟲受苦受難的目的並非要讓我們學會些什麼，牠們只是落居下風而已」（而且，儘管目前不太可能，也許毛毛蟲與其他受害者有一天能夠反過來將黃蜂一軍）。

但是，身為寄生者，黃蜂的存在目的並非成為讓自然露出真實面貌的工具。只是因為有了牠們，我們的觀察結果才會如此戲劇化。古爾德指出，「我們不能把這一小部分自然史變成故事以外的任何東西，結合嚴峻可怕與魅力等等主題，最後結論與其說是同情毛毛蟲，不如說是崇拜黃蜂。」[59]

可憐的法布爾也像是被寄生者利用了！他的確是個好宿主。如果他能夠看清這一切，也許就不會跟我們說那麼多有關泥蜂與飛蝗泥蜂，還有其他昆蟲的事。也許，在他詳述那些捕獵策略（特別是牠們那些如同外科醫生的技巧）之前，他會三思而後行。但重點當然是在於他根本情不自禁。就在他為了沙泥蜂而流淚之後，一切都不可能改變了。那對昆蟲的臣服正是他失敗，也是他成功之處。等時機一到，他讓那些動物說出自己的故事。就此而論，至少他的本能絕對是正確的。

F

發燒／作夢
Fever/Dream

1

那個早上太熱，沒有可以遮蔭的地方，掛在船外的馬達已經到了快被操掛的極限。先開進一條河，接著是另一條，亞馬遜河流域有數不盡的河流，沒想過這世上有哪個地方可以這麼遠，擔心油料不夠，擔心掉落水裡的樹木，擔心時間，在前往醫療站的航程上，船上載著的是可憐而悲傷的蓮娜，一頭短髮原本是她為了反抗瘋癲之名而剪，眾人卻反過來以此證明她的瘋癲。她的丈夫馬可，臉色木然，俯瞰著仰躺在船艙椅下的她。船身不斷震動，蓮娜的身體卻一動也不動，生氣全無，但也還沒死——瘧疾是一種讓病人的外表看來毫無生氣，但體內卻變化不斷的病。它隨著蓮娜的血管蔓延全身，脹大了蓮娜的肝臟，還燒灼著她原本就不太清楚的可憐腦袋。

2

每個人都病了。即便家家戶戶已經遵照公衛傳單所宣導的，將房屋四周的叢林都清除掉，疫情也沒有改善。即便每一戶的門柱上都用整齊的筆跡註明號碼、以確認已經噴灑過ＤＤＴ殺蟲劑，也沒差。每個人都生病了，有些病情比其他人嚴重，而最脆弱的小孩與老人總是情況最糟糕的。等輪到我生病時，我只是躺在吊床上，身體發燒發冷，不停顫抖，身體從頭到腳都歪斜著，眼睛無神，覺得百般倦怠，完全依賴好心人的照顧，但他們也知道自己無力幫我，只能等病好。每天等到夜幕降臨，我的病就又發作了。事後到了早上，我感到一陣虛弱，但也覺得像禁慾苦修一樣高興，好像我的身體被淨化，被清理過一樣，通過了試煉。但是我內心深知，自己的身體已經宿命似地擺脫不掉每天循環的那種節奏，而且有了一種先前並未預期到的新模式出現。與其他人相較，我的病情算不了什麼。朵拉是我在那裡最好的朋友，她年輕力壯，但卻差一點死掉。她跟我說，跟蓮娜一樣，先前她曾經得過大家最害怕的惡性瘧原蟲（*Plasmodium falciparum*）。她生病時我剛好不在，這讓她有機會用最為戲劇性的方式跟我述說她的病況，但那的確是她危急存亡的時刻。她說，那是「*três cruzes*」，意思是「三個十字」，儘管她跟我一樣未曾搞清楚那是什麼意思。一個十字，兩個十字，三個十字。有人說那指的是感染的嚴重程度。我們倆從鎮上診所那兒拿到的診斷單上印著三個拉丁文病名（不過，寄宿在人類身體上的瘧原蟲〔*Plasmodium protozoa*〕其實有四種才對），每個病名旁邊都留有一個空格可以劃上一個小小的十字。我的單上只劃了一個十字，「惡性瘧原蟲」旁邊的那個格子是空白的。蓮娜與朵拉兩人的單上都劃了三個十字，這代表其中一個十字必定落在「惡性瘧原蟲」那一格裡——她們染上了那會從血管裡一路游進腦袋的寄生蟲。

3

就算我們按照傳單上面吩咐的，把房屋四周的植物都清除掉，也不會有什麼效果。情況有可能更糟。拜託，那裡可是亞馬遜河流域的氾濫平原，房屋都蓋在河岸上，等到潮水退去時，到處都是一灘灘積水。每年有幾週時間大批蚊子都會在黎明與薄暮來臨之際肆虐，家家戶戶都會在室內燒木頭，希望濃煙可以驅散那些可怕的蚊子。被燻得淚流不止的我們不斷拍打我們的大腿、手臂、軀體側邊，甚至還有臉，當看到別人身上有蚊子時也會幫忙打，像無聲電影裡面那些笨蛋警察一樣跳來跳去，試著吃晚餐，但大多數時候都只能放棄不吃。想坐下是不可能的，甚或也沒辦法保持不動的姿勢，要不是被蚊子叮像打針一樣痛，也許我們還會覺得那很好笑。幾分鐘內，我們躲進安全的蚊帳裡，或是用棉被把自己整個蓋起來，挫折不已、又痛又餓。

城裡頭有很多驅趕蚊子的裝置。但這裡沒有電力，我們只能用煙。不管什麼方法都沒用，蚊子把我們搞得筋疲力盡。我不曾跟誰說過自己的感覺，但實際上那些蚊子讓我以為自己是個闖入者。不過，那種感覺不同於我當初闖入別人的生活中，他們還得招待笨拙的我（他們是宿主，我成了寄生蟲）。當時，我們奔走躲避那一大群蚊子與濃濃燻煙，覺得痛苦惱怒，但顯然我跟招待我的人都是入侵者，侵犯了那一片森林與其中各種生活型態。

4

儘管三日瘧原蟲（*P. malariae*）可以寄宿在各種靈長類動物身上，但是惡性瘧原蟲與其他原蟲卻只會住在人類身上。瘧原蟲寄生在母瘧蚊（*Anopheles*）身上，以一種優雅又具毀滅性，而且堅忍不拔的方式過生活，令人讚嘆不已。一六五八年九月，奧利佛．克倫威爾（Oliver Cromwell）因為在愛爾蘭感染到的瘧疾而身亡。如今歐洲人都知道了，瘧疾是一種在熱帶才會出現的病，與貧窮、偏僻與未開發等因素息息相關，是一種沒有任何好處的病。根據世界衛生組織（World Health Organization）的統計，每年全世界有一百五十萬人死於瘧疾。所幸蓮娜並非受害者之一。至少當時不是。衛生站的人員幫她打針，給了一些藥片，我們帶她回家，回程的速度比去的時候慢，心裡也沒那麼焦慮了。

有那麼多問題，全都如此急迫，該從哪一個開始著手解決呢？附近沒有衛生站，沒有下水道，夏天時食物也不夠，他們在健康、壽命與福祉等各方面都是分配不正義的受害者，情況讓人難以忍受。真是一種羞辱感，如此強烈的羞辱感，一切變得沒有意義。巨大的厭倦感壓過了蓮娜的不安，蓮娜只好把她的家人帶往僻壤中的僻壤。那一天我去與他們永遠道別，蓮娜與女兒們待在那一棟有兩個房間的木屋裡，她們四個都還不到十歲，負責照料她。我跟馬可坐在屋外一根樹幹上，眺望著小河還有他的玉米田。他抽著菸，耐心地聽著我最後一次說謊，跟他說我要出遠門，而且承諾我很快就會再回來。

G

慷慨招待（歡樂時光）
Generosity (the Happy Times)

1

在前往參加「鬥蟋蟀」比賽的路上，吳先生塞了一張紙條給我們。那看起來像是一張購物清單。「數字更多了，」小胡說。他唸給我聽：

三反
八畏
五不選
七忌
五謊*

吳先生是在回答我的問題來著——那天稍早我們到上海西南方郊區的巨大工業城鎮閔行區去，在富貴園餐廳樓上那個煙霧繚繞，牆壁貼著金黃壁紙的包廂裡吃飯，我在那裡問了他一個問題。但他的答案出乎我們的意料。小胡說我可以問他任何事，而我也以為當時的氣氛夠輕鬆了。負責說好笑故事的是孫老闆以及來自南京的賭

* 譯注：除了「五謊」之外，其他皆參考以下網址：http://www.qugu5.com/html/zzdt/zzqs/2456.html

徒童先生，滿臉通紅，身軀肥大的楊老闆則是默默不語，我們在敬酒時互祝身體健康，為我們的奇異友誼乾杯。但是當我跟吳先生說我不懂什麼叫做「三反」時，他直視著我，臉上沒有笑容。

小胡在上海一間大專院校讀書，抽空出來當我的翻譯。但是他很快就開始跟我密切合作了起來。我們倆一起試著盡可能探索有關鬥蟋蟀比賽的一切，還有大家說比賽再度興盛起來的狀況。白天我們在城裡四處趕行程，前往我們倆都沒去過的一些地方，與蟋蟀交易商、訓練師、賭徒，甚或贊助者、昆蟲學家以及各種專家見面。等到我們在富貴園坐下來吃飯時，我們已經知道其中的「兩反」是什麼意思，而且猜想如果問他第三反是什麼，應該是個可以用來打開話匣子的無爭議輕鬆話題。但吳先生可不這麼想。他跟許多我們在上海碰面的人一樣，希望我們能瞭解中國的鬥蟋蟀文化有多深奧——而我們的問題實在太膚淺了。

2

大家都知道上海這個都市的發展與變遷速度有多驚人。才不到十幾年的光景，原先可供蟋蟀棲息的那些田野都已經不見了。如今，一片片密密麻麻的高聳公寓大廈林立，每一棟都像是一個帶有巴洛克或者新古典主義風味雕飾的長型盒子，一片片粉紅與綠色建築往四面八方延伸過去，到了新建上海地鐵路線的尾端也還沒看到盡頭，甚至過了郊區公車路線的終點站也一樣。浦東地區水岸的一盞盞霓虹燈光壯觀無比，它們象徵著上海搭上了一台前往未來的列車，但是那些燈也才裝了不到二十年，就已經要改頭換面了。上海東方明珠塔的突兀與華麗令我驚嘆，它那多種顏色的火箭太空船造型充滿動感，是五光十色天際線上的主角，而且我想若是在紐約，想要蓋一個如此大膽，但卻充滿奇想的東西，根本就是不可能的。小胡跟他的大學同學們都笑了。他說：「事實上，我們已經有點看膩它了。」

但他們也有一股懷舊之感。也不過才幾年前，上海似乎還是另一個世界，他們會幫助父親與叔舅們在他們家附近收集並且飼養蟋蟀，與摯友們一起做這件事，在彼此的家戶與旁邊的巷弄之間穿梭來去，共享一種在公寓大廈林立之後已經一去不回的日常生活方式。市中心一些尚未重建或者還沒開發的小塊地區還能看見那種生活方式的遺跡。不過，有時候這些小區裡的居民只是在等待：政府為了興建二〇一〇年上海世博會而大舉拆除建物，他們的鄰里都已經化為碎石瓦礫，但仍堅持不願被遷往偏遠郊區。

從站體龐大的上海地鐵莘莊總站搭上擁擠的公車，十五分鐘後就可以抵達距離市中心十八公里的七寶鎮，那是個風味完全不同的地方。七寶鎮過去在文化大革命期間曾經因為充滿封建時代習氣而被唾棄，如今卻成為官方劃定的名勝古鎮，被視為國家民俗文化資產，嶄新而優雅的鎮上到處是運河

與橋梁，被規劃成行人徒步區的窄街上矗立著一排排重建過的明清時代建築，小店店頭把各種小吃點心、茶飲以及手工藝品賣給上海人與其他地方來的旅客，在精細的改建過後，幾間樣板建築物變身成為生動的文化展示場所，其中包括帶有漢唐與明朝建築特色的廟宇、紡織工坊、仿古茶館、知名的釀酒廠各一間，還有一棟房子本來是為了讓清朝乾隆皇帝用來鬥蟋蟀而蓋的，如今已經改為大上海地區唯一一家以鬥蟋蟀為展覽主題的博物館。

博物館館長方大師說，所有的蟋蟀都是在七寶鎮抓來的，他站在一張上面擺著幾百個灰色陶罐的桌子後方，每個罐子裡都裝有一隻用來鬥蟋蟀的公蟋蟀，有些裡面也放著牠們的配偶。他跟我們說，七寶鎮的蟋蟀聞名東亞，牠們是當地肥沃土壤的產物。但是，自從田地在二〇〇〇年被拿來建屋後，蟋蟀就越來越難找了。方大師的兩位助手身穿白色制服，他們用滴管幫蟋蟀的小小水碗裝水，而我們幾個人則

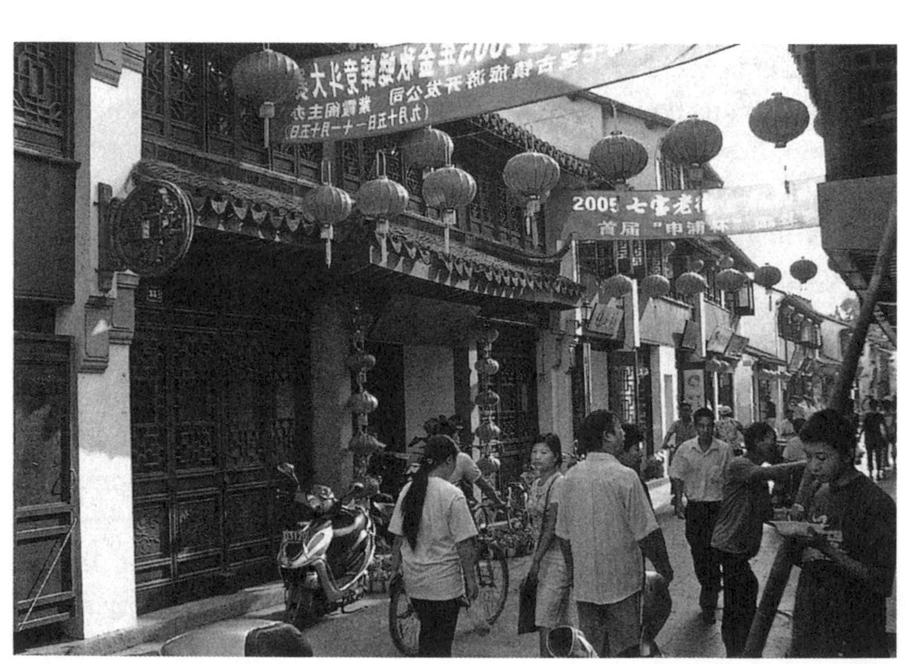

是高興地喝著大師用七種草藥配方特製，帶有澀味的茶飲。

方大師的氣宇非凡，頭上那一頂白色帆布帽帽邊突出，看來很瀟灑，身上戴著翡翠垂飾與指環，眼神熱切，講起故事來興高采烈，開懷大笑的時候令人感覺到來自喉嚨的震動。小胡跟我很快就被他吸引住，仔細聆聽著他的話。據他的助理趙小姐表示，「方大師是一位鬥蟋蟀的大師，他有四十年的經驗。沒有人比他更懂得如何教人鬥蟋蟀。」

博物館裡的每個人都在忙著籌備七寶金秋蟋蟀節。為期三週的活動內容包括一系列表演賽與一場冠軍賽，所有的比賽過程都會透過閉路電視轉播。活動目標是推廣鬥蟋蟀，幫它擺脫當下牢不可破的賭博形象，提醒人們它具有深刻的歷史與文化意涵，並且讓鬥蟋蟀變成一種不是只能吸引四十歲以上男性的活動。

每個人都跟我說，二十年前，在新上海的建設把所有地景都吞噬之前，當時城區還是由一塊塊田野與房舍構成的，人們與動物之間的關係較為密切。許多人喜歡與會鳴叫的昆蟲為伴，把牠們養在竹籠或者可以放在口袋的扁盒裡，而且不光是中年人，就連年輕人也玩蟋蟀，學會如何辨認三種等級，以及「五黃八白九紫十三青」等七十二種類別的蟋蟀，還有如何判斷哪一隻具有冠軍相，如何訓練蟋蟀，讓牠們將潛能發揮到極致，如何用細如鉛筆的刷子（通常以蟋蟀草或者老鼠鬍子為材質）刺激蟋蟀下巴，激發牠們的戰鬥慾望。他們必須學會所謂「三要」的精髓，那是每一本教人鬥蟋蟀的手冊之基本架構：選、養、鬥。

諷刺的是，儘管維持鬥蟋蟀風氣所需的人口越來越少，最近在中國卻又掀起了一股熱潮。儘管鬥蟋蟀在年輕族群之間已經不再像電腦遊戲與日本漫畫一樣受歡迎，年紀較大的世代對此卻興味大增。然而，這只是一種前景並不明確的發展，只有少數蟋蟀迷覺得非常慶幸。因為，即便蟋蟀的市場蓬勃興盛，相關文化活動越來越多，鬥蟋蟀的賭館有增多之勢，但是大多數人在言談之間還是用一種懷舊的態度來面對此事，讓人感覺到鬥蟋蟀跟很多日常生活的事情一樣，幾年前還被視為理所當然，如今卻已經如同煙消雲散，被掃入歷史的灰燼裡——不過，在我們還有印象的記憶裡，這並非第一次。

方大師從他身後的架子上拿下一個不同凡響的蟋蟀罐，用一根手指去觸摸那幾個蝕刻在罐子表面上的文字。他用有力的聲音開始吟詠，聲調帶著古代演說術所強調的那種誇張的抑揚頓挫。他宣稱那就是所謂的「五德」：只有戰鬥力最強的蟋蟀才具備的五種人類特質，此五德是蟋蟀與人類共有的。

第一德：「鳴不失時，信也。」

第二德：「遇敵即斗，勇也。」

第三德：「重傷不降，忠也。」

第四德：「敗則哀鳴，知恥也。」

第五德：「寒則進屋，識時務也。」

蟋蟀的小小肩上乘載著歷史的重量。忠不只是一般的忠心，而是對於皇帝的效忠，願意犧牲性命，絕不逃避自己的最終責任。同樣地，勇並非一般的勇氣，而是隨時準備好犧牲自己的性命，並且視死如歸。它們不只是古代的德行，而是一種道德圭臬，一種事關榮譽的規則。大家都認為，這些蟋蟀是戰士，其中的冠軍則被稱為將軍。

方大師那一只罐子上的文字引自於被蟋蟀迷奉為天書，由賈似道於十三世紀完成的《促織經》。[1]賈似道（一二一三～七五年）不只是個蟋蟀迷，如今他被視為中國古代的「蟋蟀宰相」——南宋即將滅亡前，身為宰相的他還過著講求感官享受的生活，他如此著迷於蟋蟀帶來的樂趣，以至於荒廢朝政，任由國家遭到蒙古鐵蹄踐踏、摧毀，終至於被外族統治。《宋史》中〈賈似道傳〉有云：

襄陽圍已急，似道日坐葛嶺，起樓台亭榭，取宮人娼尼有美色者為妾，淫樂其中。唯故博徒日至縱博，人無敢窺其第者。……嘗與群妾踞地鬥蟋蟀……。[2]

史家熊秉真教授指出，也許此一軼事可以反映出賈似道缺乏責任感，也非正人君子，但至少把他的失敗塑造成一個人性的必然結果，而他對於蟋蟀的熱情則是一種很庶民的日常小頑固。熊秉真寫道：就此而論，「他在中國史上已經奠立了遊藝之神的不朽地位。幾百年來，不知道有多少關於蟋蟀的書在封面上用了他的名號，不管那些書叫做選集、史冊、字典、百科全書或者任何你想得到的書籍形式，裡面所寫的無非是捕捉、保存、餵養蟋蟀的一切細節，除了怎樣鬥蟋蟀之外，當然還包括蟋蟀的博弈之道。」[3]

在這一則故事裡，就蘊含了好幾重對蟋蟀的複雜感受。你可以說這是另一個反映出封建帝國有多頹廢的可悲故事：與現代的社會主義處於完全的對立面，當代的不公不義都是這一類史事的翻版；或者我們也可以把它當成一個警世故事，傳達的訊息是，如果對鬥蟋蟀太過投入，是會對個人與社會帶來道德衝擊的；或者一個有關慾望的故事，凡事只要上癮或者脫序就會帶來威脅，而這正是蟋蟀魔力的問題，大宋帝國最重要的男人就這樣臣服於一個既迷人也同時使人為奴的魔咒。還有，就一個比較平凡無奇的角度來講，這可以說是一個枯燥乏味的文化史軼事，流傳了幾百年，足以說明蟋蟀是一種古今皆然的重要社交玩物，對於歷史有極其深遠的影響。

如果這些事蹟還嫌不夠的話（當然，身處公門的賈似道也是個舉足輕重的政治家），我們可以再來看看他的《促織經》。這本書奠立了世人對於蟋蟀的知識基礎，當每個人（包括方大師、吳先生與孫老闆）跟我說蟋蟀文化的學問很深時，雖然大都沒有明講，但所指的都是《促織經》這本古書，它是他們知識的直接來源。如果用一種學術性的語言說來，《促織經》不只是現存歷史最為悠久的蟋蟀迷手冊，甚或可以說是全世界第一本昆蟲學的著作。[4]

歷史上最早從唐代（西元六一八～九〇七年）開始就有鬥蟋蟀這種活動的文字記錄。但是一直到賈似道的《促織經》出現，因為其中關於蟋蟀的知識實在是鉅細靡遺，我們才能確定當時鬥蟋蟀已經成為一種普遍而高度發展的休閒活動。事實上，就是從賈似道的南宋期間到明朝中期這三百年間，蟋蟀的市場才持續發展，日

促织

聊斋故事
二四
他又捡一块破瓦罐盛点水来浇，这才逼使蟋蟀出来，急忙把它逮住。成名仔细一看：大个子、长尾巴，项背是青色的，翅膀是金色的，是有名的"青麻头"！

促织
二五
成名象得到了无价之宝，急忙捧了回家，全家人都高兴得不得了，喜气洋洋，象过节一样。

趨組織化。[5]蟋蟀市場在清朝（西元一六四四～一九一一年）發展到極致，在商業與文化兩方面將城鄉連結起來，一種特別的物質文化應運而生，各種美麗的相關物件與容器紛紛問世。[6]蟋蟀不再像過去一樣只是鳴蟲，牠們促使一片廣大的賭坊網絡出現，工人的分工精細，各種規則複雜不已，國家禁賭也禁得很兇，只是都沒多大效用——而且，好像大家都心懷賈似道對蟋蟀豐沛的慾望，鬥蟋蟀在幾百年間成為一種不分年紀與社會階級都喜愛的活動，顯然也反映在許多繪畫與詩詞作品，還有一些經典故事，例如蒲松齡的〈促織〉就是一個以官員欺壓百姓與神秘的形變為主題，深奧而細膩，充斥社會批判的知名故事，我在上海認識的每個人都耳熟能詳，而且我在某舊書攤還找到一本一九八〇年代初期的漫畫以〈促織〉為題材（過去中國會很流行用漫畫來呈現故事，而日本與墨西哥到今天還是如此），畫得非常漂亮。[7]

但是，可別在此處就把賈似道略去不論。他的書實在太重要也太有趣了。該書的論述橫跨哲學、文學、醫學與口傳知識，以及可以被歸類於十九世紀自然史的那種知識（儘管如今已被視為充滿侷限），而且包含的範圍廣闊，足以讓人聯想到其他於現代初期問世的偉大昆蟲手冊，例如烏利塞・阿爾德羅萬迪（Ulisse Aldrovandi）所著《論動物》（*De animalibus*，一六〇二年完成）一書的第七卷，還有湯瑪斯・莫菲特（Thomas Moffet）的《昆蟲劇場》（*Insectorum sive minimorum animalium theatrum*，一六三四年完成），它們都是歐洲最早的昆蟲專書（而且，需注意的是，兩者都是在《促織經》成書將近三百年後才出版的）。

賈似道的企圖心與歐洲的博物學家們有所不同，而且他的寫作動機不像他們那樣對收集充滿了無限的熱情，並且想用自己的方式擁有自然界：相反地，他沒有什麼雄心壯志，只想寫給跟他一樣是賭徒的人參考（他把賭徒稱為「君子」）。跟阿爾德羅萬迪與莫菲特寫的書一樣，《促織經》也是一本編撰而成的系統性著作。但是，儘管阿爾德羅萬迪與莫菲特的百科全書因為充滿幻想，有違隨後啟蒙運動帶來的歐洲自然哲學教誨，所以長期遭人忽略，但是賈似道的方法充滿嚴格的經驗主義精神，同時完全吻合其他蟋蟀愛好者的需求（不過，如今的蟋蟀迷族群卻常常批評古代經典太過博學，同時偶爾也有人抱怨賈似道不夠科學，犯了一些小錯），他對於善鬥蟋蟀的外形之描述至今仍然是所有蟋蟀知識的基礎。方大師與其他專家試著讓我瞭解如何光憑外觀就能看出罐中蟋蟀是否具備戰鬥的潛質，他們所使用的仍是《促織經》首次提出，後來又經過增修的分類方法，幾百年來未曾被推翻過。

他的分類系統複雜不已。以蟲體顏色為起點。賈似道指出體色有「黃、紅、黑、白」四個等級，被蟋蟀愛好者視為權威的「蟋蟀網」（網址：xishuai.com）又加上了紫色與綠色（說到綠色，喜愛蟋蟀的人向來都使用「青」這個古代詞彙），但是並未區分等級。相較之下，曾與我在上海對談的專家都只講究三個顏色：黃、青、紫。黃色蟋蟀在三者中向來有最為好鬥之名，但不必然是最厲害的，因為青色蟋蟀儘管比較安靜，卻也較有策略，所以從「宗譜」（年度冠軍蟋蟀的清單）可以看出有較多青色蟋蟀奪得將軍頭銜。

顏色是第一種用來分辨蟋蟀等級的判準，「色」反映出特定的行為與特質。在這些比較粗略的分類之下，還可進一步區分為各種總數高達七十二種的「個性」。[8] 對於許多昆蟲學家來講（例如我的朋友金杏寶教授），這些個性只是個別的，因此從分類學的角度來講沒有意義，而蟋蟀之間的差異僅限於幾種數量有限的正式品種。用她偏愛的林奈式術語（Linnean terms）*來講，大部分上海人鬥蟋蟀時所使用的不是迷卡鬥蟋（〔*Velarifictorus micado*〕一種黑色或暗棕色蟋蟀，身長約十三到十八公釐，地域性非常強，若是野生的就極具攻擊性），不然就是數量較少、一樣也很好鬥的長顎鬥蟋（*V. aspersus*）。[9]

因為金教授的分類方式可以釐清不同類蟋蟀的繁殖數量與演化關係，因此從保育的觀點來講是非常必要的。然而，我想她應該也不至於否認她的分類方式對於重視「冠軍相」的蟋蟀訓練師來講沒有太大幫助。訓練師的分類系統立基於各種各樣的身體特徵與複雜特性，[10] 包括身長、形狀、蟋蟀腳部、腹部與翅膀的顏色，全都經過系統性的分析，還有頭形（根據現有的手冊，至少有七種頭形），以及那一條位於頭頂，由前面往後延伸的「鬥線」（線條的數量、形狀、顏色與寬度都代表不同特性）。專家還會審視蟋蟀的觸角是否有力，「眉毛」（與觸角的顏色應該剛好相反）的形狀與顏色為何，下顎的形狀、顏色、透明度與力量，頸部表面外殼的形狀與大小，前翅的形狀與收起來時的角度，尾端翹起來的角度，腹部的毛髮，胸甲與臉部的寬度，腳的厚度，還有蟋蟀整體的體態。蟋蟀的「皮膚」也必須是「乾的」，也就是說身體能夠透光，不只是反映出表面的顏色，而且必須像嬰兒皮膚一樣細緻。蟋蟀走路的腳步必須又快又輕，不得搖搖晃晃。總體而言，力量比大小更為重要。下顎的特質是關鍵性的。

有無數的手冊全都致力於幫人挑選特別好的蟋蟀。許多專書裡的彩色插圖上有一隻隻令人望而景仰的蟋蟀，全都被取了特定名號：紫頭金翅、熟蝦、銅頭鐵背、陰陽翅與強者無敵。但是就像金教授所說的，那些都只是理想的類型，是集各種優點於一身的個別蟋蟀，不太可能會有完全同類的蟋蟀出現。

從自然科學的角度看來，這種方法最大的特色就是不夠精確，就分類學來講是混淆不清的，但深究起來，卻比乍看之下更近似於動物學的分類。蟋蟀迷的分類系統首重實效，目標在於找出可以辨認戰鬥力的特徵，並且以民主而充滿學識的精神讓所有的蟋蟀迷都熟知那些特徵。此外，那也是一種特有的道德系統，一種也許反映出古代陽剛特質的手冊（不過，如果你以為長得像蟋蟀一樣的男人也會

＊譯注：指十八世紀瑞典學者卡爾・馮・林奈（Carl von Linné）所採用的二名法（拉丁化的屬名加上種小名），為生物學研究的溝通基礎，此法改善了當時博物學家紛亂的生物命名系統，統一生物命名的方式並奠定生物分類學的基礎。

受到尊崇，那就太愚蠢了）。任誰都可能需要數十年光景才能熟悉那些知識，不但要浸淫書本，也要實地觀察研究；那是一種無所不包，同時講求直觀的系統，初學者幾乎不可能窺見其堂奧。科學的分類法雖然較晚問世，目標也不相同，但仍有許多相似之處，同時也是以模式標本（所謂模式標本，就是指某特定範疇中第一批被採集到，並且被加以描述的那些個體；往後有其他個體出現時，都是以這些模式標本為參照對象）為研究基礎。此外，兩種系統都不會將某個範圍內的個別差異列入考慮。

分類工作不只需要判斷力才能進行，而是分類的過程本來就是一連串的判斷。而且，如果想在初秋時節取得最棒的蟋蟀，分類方法扮演了關鍵角色。不斷有人對麥克與我表示，判斷蟋蟀的特質是一種很深的學問。然而，判斷只是三種關於蟋蟀的基本知識之一，對於方大師而言，它的重要性並不如仲秋時節那兩週進行的訓練工作（收集工作結束後，從白露這個節氣開始訓練，結束於秋分，接下來就是鬥蟋蟀活動正式開始的時候了）。

方大師對我說，訓練師的任務在於利用蟋蟀既有的天性，刺激牠們的「鬥心」。蟋蟀的鬥心到底如何，只有等到牠們真正上場才能見分曉。儘管某隻蟋蟀各方面看起來都具冠軍相，儘管對其身形特色的判斷都沒出錯，結果牠還是有可能缺乏鬥志。方大師堅稱，關鍵不在於蟋蟀的個別秉性如何，而是在於如何飼養照顧牠。訓練師的任務包括，根據每一隻蟋蟀的不同成長階段與個別需求提供食物，為牠治病，培養牠的身體技能與德行，幫牠克服討厭光線的天性，讓牠習慣與過去有別的新環境。方大師說，基本上訓練師必須創造出一個能讓蟋蟀感到快樂的環境。蟋蟀感覺得到自己是被愛護與好好照顧的，牠會以忠心、勇氣、順從、滿意而沉靜等特性回應。就實際的角度看來，這是一種「一報還一報」的關係，因為快樂的蟋蟀比較經得起訓練，而且，在訓練師的照顧之下，不但牠的健康狀況、技巧與自信都有所提升，鬥心也是。

方大師一邊向我解釋這一切，描述他怎樣滿足蟋蟀的性需求，簡述該注意的蟋蟀病徵，出示他提供的淨化飲用水與自製食物，還有他的許多罐子，並且解釋道，這一切都仰仗溝通，而院子裡的草是他跟蟋蟀之間的「橋梁」（換言之，他們相互瞭解的方式已經超越了語言），同時打開某個罐子的蓋子，以強調的口吻回應我那一連串越來越沒有想像力的問題，拿起一根草，對著蟋蟀大聲下令，就像把牠當成士兵（「這邊！這邊！這邊！這邊！」），而令我與小胡感到極為訝異的是，蟋蟀也毫不猶豫地有所反應，先左轉再右轉，接著又左轉與右轉，方大師最後向我們解釋，這種練習方式可以增強蟋蟀的靈活度，讓牠柔軟而有彈性，也反映出人蟲之間能夠透過下命令與其他方式瞭解彼此。

訓練蟋蟀時應該注意的包括營養、衛生、醫療、身體治療以及蟋蟀的心理狀態。賈似道的《促織經》提及了以上的所有面向，而且就跟那些判斷蟋蟀的準則一樣，都在蟋蟀迷之間代代相傳，經過不斷改善、補充與修訂。如今，營養、衛生與醫療的基礎除了包括中醫的種種原則（必須用藥浴與食療的方式來改正體內五行不平衡的問題），還有科學化的生理學，也就是不只要讓食物冷卻與加熱，例如：為了增加蟋蟀外骨骼的強度，也要提供富含鈣質的東西。

這就是方大師在我們最後一次見面時所說的。他說，野生的蟋蟀總是比在家裡孵出來的蟋蟀更優質。當我問他理由何在時，他說野生蟋蟀會從其出生地的土壤裡吸收某些物質。我立刻發現他所說的，是一種我也贊同的野生性質，一種無法用分子邏輯加以解釋的不可見整體特質。他的論調讓我聯想到瓜里巴河的伊加拉佩村（〔Igarapé Guariba〕我就是在那個亞馬遜河流域的村莊裡目睹金黃色夏蝶滿天飛的景象），也想到每當塞烏·班尼迪托生病時，他總是會把自己準備的藥物放進蓋好的汽水瓶裡，擺在河邊幾天，藉此吸收晚間的空氣。這讓我印象深刻，因為我覺得既然瓶蓋是關起的，沒有任何東西能進去，但是對於塞烏·班尼迪托而言，那些天空變幻不居的日子也是關鍵的藥材，跟藥裡的任何植物根與葉一樣重要。但是當我詢問方大師，蟋蟀從其生長環境裡吸收到的究竟是什麼時（牠們是否因為必須抵抗惡劣的天候與貧脊的土壤而變得比較堅強？環境裡是否有什麼靈氣足以強化其鬥心？），他的回應一點也不深奧：最優質的蟋蟀並不生長於土壤最糟，而是最有營養的環境裡，幼時所吸收的營養有助於培養出各種體力特質，因此在抓蟋蟀前必須先瞭解土壤，應該先掌握牠們的生長環境，根據不同環境提供不同的藥浴以及補給品。

還有，每當話題越來越專業化時，偶爾小胡與我會發現專家們的意見並不相同。剛剛去過山東省，完成一年一度抓蟋蟀之旅的小傅解釋道，華北的蟋蟀比較強壯，因為牠們必須克服艱困的乾燥環境。張先生慷慨地花一整天帶我們到城裡各大蟋蟀市場去，其講價技巧令人大開眼界，同時也與我們共享豐富的蟋蟀文化知識，他則是偏好野生蟋蟀而非自家養出來的，但據其解釋，野生蟋蟀的「精氣神」取決於其生長環境的土壤、空氣、風以及水。

幾個月後，當我在閱讀賈似道的《促織經》時，我發現他用一些難懂的詞彙來探討蟋蟀與土地之間的生態關係，他的說法為各種觀點保留了存在空間，但是就跟與我們談過的大多數人一樣，他也堅稱生長環境對於蟋蟀的戰鬥特質很重要。幫他編書的現代編輯也同意他的觀點，不過編輯也毫不猶豫地批評那些有八百年悠久歷史的文字犯了一些不科學的小錯，並且在書中加入了自己的見解：事實上，蟋蟀的各種生長環境絕對不只賈似道指出的那一些——但編輯並不願就此評斷賈似道，而這無疑是明智之舉。

3

蟋蟀在八月初來到上海，一直待到十一月。小胡常說這三個月是所謂的「歡樂時光」，但我過了一會兒才發現，那四個字不是他直接從我們與那些蟋蟀迷的對話裡翻譯出來的，而是因為他聽見他們所說的一切洋溢著愉悅之情。這是一個深具感染力的翻譯，遠勝於我慣用的英語式措辭「蟋蟀季節」。「歡樂時光」無法反映出大家有多焦慮，那種情緒被許多人視為重點，甚至有時被視為年度大事，但卻能精確掌握蟋蟀文化中無可否認的樂趣：玩樂與同伴情誼，對於難解知識的專精，與另一個物種之間的親密聯繫，自願沉迷其中的感覺，有流傳幾百年之久的廣博學問為後盾，還包括金錢的流通與其種種可能性。

與「歡樂時光」緊密相連的，是曆法中日月運行的律動，那些律動本身則與昆蟲的生命息息相關。立秋這個八月初的節氣是秋季的起點，在華東，也是蟋蟀第七度（也是最後一次）蛻變的時刻。此刻牠們已經成熟，交配活動活躍，公蟋蟀能夠鳴唱，隨著外形變黑，接下來的幾天裡也越來越強壯，隨時都能投入戰鬥中。

此時，歡樂時光正式開始。我自己並未親眼目睹，但是透過一個個故事不難想像：在月光下，全村的人都湧入田野中，不分男女老幼把手電筒綁在頭上，傾聽蟲鳴，在墓碑之間找蟋蟀，用棍子戳刺土地與磚牆，灑水，在光線之中壓住那些像受驚兔子的蟋蟀，收集在小小的網子裡，或關進竹節中，小心翼翼，唯恐傷及牠們的觸角，帶回家後按照不同特質把牠們分類。經過幾天幾夜的收集，一個家庭能夠抓到幾千隻蟋蟀，隨時可以賣給直接來訪的買家，或是拿到當地與區域性的市場去賣。

立秋是中國東半邊許多城市都開始警覺起來的時刻。不管是上海、杭州、南京、天津或北京，對於數以萬計的蟋蟀迷而言，每逢立秋就是他們該到火車站去的時候了。他們把前往山東的火車擠爆，因為過去二十年來上海的蟋蟀越來越少，山東已經成為華東的收集蟋蟀重鎮，出產許多最優質的好鬥蟋蟀，向來以侵略性、恢復力與聰慧著稱。

誰知道到底有多少人回應蟋蟀的呼喚，花十小時從上海搭車前往山東？黃先生一邊在他的臨街理髮店裡幫客人整理頭髮，一邊跟我們說，在那段時間裡想要弄到火車票幾乎是不可能的事。小傅坐在他的古董店門口，把他收集的罕見蟋蟀罐拿給我們看，其中兩個來自天津（罐身很厚，而且只有口袋大小，讓人可以藉由體溫幫蟋蟀保暖），他則是估計那些上海的蟋蟀迷為數最多十萬人。另外還有某些人推估，那四個禮拜期間，整個華東地區有五十萬人湧入山東，光是上海人就為當地的經濟體挹注了最多三億元人民幣。

去山東的都是哪些人呢？如果，你跟黃先生與小傅一樣，每一場鬥蟋蟀比賽的下注金額常在一百元以上，你就可能會去；如果像吳先生那樣，你的下注金額較少，你就會等到待售的山東蟋蟀充斥上海的蟋蟀市場再去選購。小傅說，他跟大多數蟋蟀迷一樣，只是個中下階層的賭徒。但是從他販賣古董所得也不過一萬兩千元（大約一千五百美金）看來，他每年在山東花費的三千到五千元可說是一大筆錢。但是，如今搭車前往山東的那些蟋蟀迷裡面，不乏願意為購買一隻將軍而丟下一萬元的百萬富翁。所以，越來越多到山東去的人都開著租來的車過去，今年小傅也不例外，他與朋友們開車前往寧陽縣，往來於鄉間路上的許多村莊之間，避開了人山人海的泗店鎮大型蟋蟀市場。

他說，通常像他這樣的買家來到偏僻鄉村後，做的第一件事就是花五元要一張桌子與凳子，一些茶葉，熱水瓶與杯子各一個。接著，坐定後沒多久，他們身邊就會擠滿把蟋蟀罐推到他們面前的村民，每個人都大聲叫著：「看看我的！看看我的！」有些人的蟋蟀顯得值錢而好看，其他則都是一些小孩與老人，手裡只有一些最便宜的蟋蟀。[12]比較成功的賣家往往能與買家搭上線，維持關係，也許能邀請買家來村裡進行交易，甚或暫住他們家裡。有些訪客也許是像小傅這樣的賭徒，或者是希望大量搜購蟋蟀的上海商人。又或者某些比較有錢的農人，抑或做小生意的附近城鎮與村莊居民，他們設法跨越遠高於隨意兜售的門檻，進入泗店鎮或上海的市場（也可能兩者皆是）去賣蟋蟀。也許，他們是一些山東商人，專門在城市的市場裡把蟋蟀賣給上海人或其他山東人。顯然，這些村民們每年之所以抓蟋蟀，是為了賺取急需的現金收入，這對他們來講是絕望之餘的真實機會，但我們也能看出，能在這種經濟體系中大發利市的，都是那些本來就有錢的人，還有，蟋蟀交易雖然對於山東、安徽、湖北、浙江與其他華東省分的鄉村經濟而言不無小補，但卻也是一股社會分化動力，只會加深本來就日益擴大的貧富差距。

蟋蟀交易也是一種不太穩固而且具有毀滅性的動力。山東的蟋蟀市場於一九八〇與九〇年代期間興盛了起來，寧津縣本為最受買家歡迎的地方。但是經過十幾年的大肆搜捕之後，明顯可以看出蟋蟀的品質開始下滑，最後其領先地位被鄰近的寧陽縣取而代之，而寧陽如今就是以「中國的鬥蟋蟀聖地」來行銷自己。然而，近年來寧陽縣的蟋蟀又被過度捕捉，因此蒐購蟋蟀的當地人（還有像小傅這樣的訪客也一樣）被迫把範圍放大，把蒐購地點擴及方圓一百多公里以內的鄉間與村莊。一位當代的評論者寫道，像這樣迫於壓力而無節制地搜捕蟋蟀，「無異於大屠殺」。[13]原本村民們夜裡抓蟋蟀的時間是晚九朝四，如今離家後卻要到中午才能回去。

立秋後過一個月，溫暖的八月月夜不再，九月的清晨開始變冷，鄉間的田野裡開始降下白色露水，此時「白露」來臨，象徵著捕抓蟋蟀的季節結束了。蟋蟀感覺空氣變涼，不再現身，回到土壤裡，用有力的下顎挖土，下顎這種最珍貴的戰鬥工具因而變弱，牠們也失去了商品價值。最後一批上海人仔細打包他們的戰利品，循原路回家，不過這次與他們同樣搭火車的，還有一些要到上海去做生意的山東商人。

在上海，最大的「花鳥魚蟲市場」叫做萬商市場，市場裡賣蟋蟀的大多是一些婦女，她們坐在大廳中間，身前整齊地擺放著一個個用鐵鋁罐改造而成，帶有蓋子的蟋蟀罐。位於市場周邊的一些常設攤位，則都是上海人開設的，他們也是剛剛才回來，桌上擺著許多陶罐，蟋蟀的產地用粉筆寫在罐子後面的黑板上。

全市各地的蟋蟀市場都是按照這個模式運作的。提籃橋監獄是上海規模最大的監獄，其嚴峻的陰影投射在安國路上，而在小胡所謂的「新安國路」上，警方才剛剛突襲沒多久，很快地又有市場在一片廢棄空地上開張了：上海的賣家們有桌子可坐，而兜售蟋蟀的各省民眾只能在他們的特定區域裡坐在矮凳上，把蟋蟀罐擺在地上。此一明顯的地域性差別反映出上海與當代中國各地可見的一種緊張關係：都市居民與官方所謂的「流動人口」是對立的，政府拒絕為他們提供都市居民身分（還有隨著身分而來的各種許可證以及社會福利），但上海營建業、服務業與血汗工廠裡許多薪水最低與最危

險的工作，還是「流動人口」擔任的。[14]

儘管市場裡那些來自各省的賣家並不打算長居上海，儘管在鄉間他們可能是相對來講還挺富裕的（有些人是農夫，也有整年都在兜售各種東西的賣家，例如跟我閒聊的某男人就是賣行動電話的），一旦進入城市之後，他們就變成了移民，很可能會被騷擾歧視，被人趕來趕去。不過，對於那些已經在這裡定居的人而言，這仍是「歡樂時光」。儘管失業率高升，賭博的人越來越少（警方曾於二〇〇四年嚴加取締賭博），生意因而變差，但他們大多看好自己的前景。他們必須將開銷降到最低，與親戚一起搭車，減少回家次數，每次回來都盡可能攜帶大批貨物，並且睡在市場附近的「地下室旅館」，這三個月期間的所得遠勝於整年其他月份的收入。至少，許多人就是一再跟我這樣說的，其中一位安徽婦女就說，去年她曾拿了整整四萬元回家。

上海的賣家不賣母蟋蟀。母蟋蟀不會打鬥或鳴叫，唯一的價值就是為公蟋蟀提供性服務。只有其餘各省賣家大量販售，他們依據蟋蟀的大小與顏色把每三隻或十隻母蟋蟀塞進竹節裡，越大隻越好，而且有白色腹部的是最好的。母蟋蟀很便宜，因此乍看之下這些賣家顯然在市場裡是屈居下風的，不管公母，他們賣的似乎都只是便宜貨。

擺在山東賣家們身前的標語寫著，公蟋蟀每隻十元，有時候則是兩隻十五元。買家們一個個從那些蟋蟀罐旁邊經過，冷靜地瀏覽那一排排罐子，偶爾打開蓋子往裡面看，拿起一根草，刺激蟋蟀的下顎，又或者拿出一支手電筒來判斷蟋蟀身體的顏色與透明度，他們評斷的不只是蟋蟀的身體特質，還有那比較無法外顯，但卻更為關鍵的鬥心。儘管他們故意表現出一副漠不關心的樣子，卻通常會被吸引，很快地開始講價，價格可能只有三十元，但如果買家是個「大腕」，甚至可能高達兩千元。看來，只有小孩、像我這樣的新手、老人、認為鬥蟋蟀只是好玩的小咖賭徒，還有相信自己的眼光比賣家還銳利，四處尋找便宜貨的人才會買那些便宜的蟋蟀。

但是，如果你沒看過蟋蟀打鬥的情況，怎麼知道他們的鬥心如何？上海人的攤子旁邊有許多人圍觀，小胡和我不夠高，也不夠矮，所以無法從人們肩膀之間或者腿部之間的縫隙一窺究竟。最後，有人動了一下，讓我們也可以看一看：兩隻蟋蟀在桌面上的蟋蟀鬥盆裡用下顎鎖住了對方。攤商把蟋蟀當成真正的比賽選手一樣照顧，自己就像訓練師。但他們坐在椅子裡，身邊堆著一個個蟋蟀罐，比賽進行過程中他們喋喋不休，希望能像拍賣官一樣刺激買氣，把贏家捧上天，企圖提升其價格。

這是一種風險很高的銷售策略。沒有人會購買輸家，所以被打敗的蟋蟀會立刻被丟進塑膠桶裡面。贏家也常常賣不出去，如此一來牠們必須再度上場打鬥，也許就會被打敗或者受傷。唯一能幫賣家補償間接損失的，就只有他們自己的抬價能力。但是有個上海女人熱情地揮手，要我們過去，她用手裡的小小湯匙把米舀進像娃娃屋一樣大小的盒子裡，跟我們說上海人在掏錢之前總是堅持要看到蟋蟀打鬥的實況，他們喜歡把風險轉嫁到賣家身上。我開始覺得，城鄉之間的分野好像不只在於市場的空間安排上（這讓市場成為社會的縮影），也反映在兩個群體的不同銷售行為上，因此買家在逛市場時，總是在兩個截然有別，界線清楚的世界之間進進出出，兩者的規定、審美觀與經驗都各自不同，甚或就像兩個不同種族。

「山東人不敢拿蟋蟀出來鬥，」她接著說，語調似乎吻合我們身邊四處可見的那種歧視態度。活潑的她有話直說，也很慷慨，邀我們共享她的午餐，同時送我一個蟋蟀罐當紀念，對於我不買蟋蟀感到失望，她喜歡對我們傳授知識，她那暴躁的丈夫正看著自己的蟋蟀，數度抬頭朝我們這裡出聲，要她閉嘴，但也沒有用。她大力抨擊鄰近的山東賣家們。「他們把蟋蟀當成沒有打鬥過的來賣，」此話不經意脫口，我們幾乎沒有注意，多虧了小胡的敏銳與她丈夫的暴怒反應，我才發現她的意思是，那些蟋蟀是在整個市場裡流通的，跨越了社會與政治上的分界。她解釋道，蟋蟀不只是由賣家移轉到買家手裡，也在賣家與賣家之間流通，由上海人交給山東人，或是山東人給上海人，彼此之間沒有任何成見。還有，當牠們在這擁擠的空間中流通時，身價也越來越高，甚至也可能恢復已經失去的身價；牠們宛如重生，輸家成為沒有打鬥過的，便宜的蟋蟀變成搶手貨，改變了自己的特質、過往與身分。買家自己要小心。

但令人感到入迷不已甚至鼓舞的是，在這高度空間化的市場裡存在著一種活生生的族群差異政治學實例，與社會之期待如此吻合（結果，因為太過吻合了，演變成一種虛虛實實的騙局），這反映出的不只是一種陰暗的社會邏輯，也包括一種創造出互賴與團結關係的為商之道。接著我又想到那些讓這一切成為可能的蟋蟀：牠們被關在罐子裡，實際上宛如奴隸與財產一樣，在不同的攤位與蟋蟀鬥盆之間到處流動，可能最後又回到原來的買家手上，或是打破疆界，形成新的關聯性，獲得新的經歷與生活，過程中無法將賣家的賠本可能性降到最低，也無可避免地促成自己的死亡。

城裡的歡樂時光並不侷限於任何一個地區，只要有蟋蟀的地方，就有歡樂時光。在被工人階級占據的街角裡，一群人擠在一個蟋蟀鬥盆四周，看著比賽進行。報紙對於這種事有各種看法，有些視之為高雅文化，有些說它是底層人生的一部分，菁英階級贊助它，警方則是嚴格取締。歡樂時光讓各家賭場又活了起來，各種文化事件與地區性的錦標賽都有可能出現。隨之開張的，是販賣蟋蟀用品的商店，它們販售每一隻比賽用蟋蟀與訓練師都需要的精緻物件：裝食物與水的迷你盤子（也許是一整套的，上面還有佛教菩薩的圖樣）、木製過籠*、可以放一隻公蟋蟀與一隻母蟋蟀的「交配盒」、各種等

＊譯注：一種用來把蟋蟀放進鬥盆裡的特殊容器。

級的蟋蟀草、逗蟋蟀用的鴨絨刷子、長柄的鐵製小飯鏟，還有其他清潔用具、可以隨身攜帶的大木盒、滴管、秤子（有傳統秤也有電子秤）、技術手冊、蟋蟀專用的食物與藥品，當然也有種類龐雜的新舊蟋蟀罐，大多為陶罐，但也有一部分瓷罐，大小不一，有些上面刻有銘文、座右銘或故事，有些紀念著與蟋蟀有關的特殊事件，有些的圖案精美，有些則是非常簡單。

歡樂的時光又降臨了。這段期間，四處都有錢流與人流，蟋蟀也在各地流通。那是一段充滿可能性的時間，那是許多計畫得以進行與許多人的人生可能改變的大好時機。儘管那段時間充滿激烈變化，但也很短暫。蟋蟀成蟲的壽命有多長，歡樂時光就有多長。

4

在我離開上海前，我們有機會看到蟋蟀賭局嗎？我們曾經在方大師的博物館裡看到蟋蟀打

鬥，也在萬商市場與其他市場裡看到賣家讓蟋蟀「試鬥」。但我開始有一種在看戲，但主角遲遲未上場的感覺了。難道賭博與蟋蟀不是從最早的文字紀錄裡就息息相關了嗎？賈似道不是為了他的賭友們才寫下《促織經》的嗎？難道上海話稱蟋蟀為「材唧」，不是「財集」的諧音嗎？難道過去曾有那麼多「傳統文化」都已消逝，但蟋蟀市場仍能維持下去，人們還在鬥蟋蟀，不是因為賭博嗎？蟋蟀的交易之所以生氣蓬勃，我們的對話也如此興味盎然，難道不是因為賭博嗎？

方大師絕非衛道之士，但他認為答案是否定的。他說，賭博貶低了鬥蟋蟀這件事。而且，鬥蟋蟀是一種講求靈性的活動，一種關於人蟲的學問。此外，大部分賭徒都完全不瞭解蟋蟀，對牠們本身也沒興趣，要他們去打麻將或賭足球也可以。

方大師的話之所以具有權威性，不只是因為他經驗老到。他的言談充滿了說服力，純粹的精神（他充滿大師級的嚴格精神）與熱情（他的樂趣完全寓於蟋蟀本身與牠們的戲劇性，不受任何其他因素影響）兼具。儘管如此，賭博活動的完全絕跡卻似乎讓人覺得有點矯揉造作。雖然賭博遭禁，但卻總能成為人們茶餘飯後的話題。儘管蟋蟀可能不這麼認為，但對於訓練師與觀眾來講，那些與賭博無關的比賽好像只是預演一樣。

但是，也許只是因為時候未到才讓人有這種感覺。兩週後，當七寶鎮的錦標賽到了最後決賽階段，在博物館外院子裡透過閉路電視觀賞比賽的，就算沒有幾百，也有幾十人；而當我在寫這段文字時，我也想起了張先生帶我們到許多蟋蟀市場的那個禮拜六，他說二十世紀初年時，他的叔父曾經是為了個人榮辱而非賭金鬥蟋蟀，當年的冠軍訓練師總是對自己能夠獲頒紅色緞帶而備感光榮，接著他又說，時移事易，一世紀後因為鄧小平的改革開放，大家的手頭都鬆了，鬥蟋蟀也開始與大額賭金有關。不過，即便是在七寶鎮，鬥蟋蟀也很難是一種純粹的活動，也不太可能想像檯面下沒有賭博活動在進行著。博物館裡，人們的話題都與賭博息息相關（包括哪些蟋蟀是輸家、贏家、冠軍，還有賭金額度），方大師跟所有人一樣免不了也要閒聊兩句。甚至他也承認，賭博讓鬥蟋蟀變得更刺激，添加了某種「聳又有力」的感覺。

儘管如此，看來小胡跟我是不可能自己找出賭博活動在哪裡進行的。那是一個太過封閉的違禁世界，我們的人脈就是不夠廣。髮型設計師黃先生也不想帶我們一起去賭博。當時我剛剛抵達上海，因為時差與可怕濕度的雙重影響而憔悴不已。小胡與我在翻譯上也不夠順暢，兩個人的夥伴關係還太過薄弱。儘管黃先生提供很多資訊，也很客氣，但我們在理髮店裡的一席話卻不太投機，謹慎的他並未輕易與我們建立進一步的關係。「那並不方便，」他用堅決的口氣說。

我們的另一個門路小傅就比較熱情一點了。他哥哥老傅跟小胡的父親是老同學，我們四個人很快就熟了起來。小傅熟知各種關於蟋蟀的事，也大方與我們分享專業知識。我們在他的骨董店見面時，他帶了幾隻精選的蟋蟀與各種用品，耐心地解釋所謂「三要」的許多面向。小傅跟黃先生一樣，以前的生活也不好過，但幸運的是他有老傅這個哥哥當靠山，他對於中國古董的專業知識讓小傅能夠做生意，他自己也實現了當年對母親的承諾，讓弟弟經濟無虞，生活穩定。決定不帶我們去看賭的並非小傅。投下反對票的是他們那個圈圈裡的其餘成員，也把婉拒我們的尷尬任務交給了他。

最後，是吳先生為了實現對於朋友的承諾（他的朋友是我一位加州朋友的朋友），才幫我們安排的。我們前往閔行區，在莘庄工業區裡一間滾珠軸承工廠對面的黑街角落與他碰面，他擠進我們的計程車——一輛款式為奇瑞QQ的小車，帶著我們穿越一塊塊矗立著破舊公寓的街區，從敞開的前門進入側邊那個只能擺一台電視、一個水族箱與一個金黃色塑膠情人座的小房間。

吳先生的一個密友是孫老闆的父親，而孫老闆就是當地一間蟋蟀賭館的莊家。孫老闆不只提供賭間，他還負責打點當地警方，確保有裁判能主持比賽，經手賭金，並且安排了一個安全而有組織的會館。他跟他的合夥人楊老闆因為提供了這一切而向贏家收取百分之五的賭金收入。吳先生是一個頭號蟋蟀迷，而且我們即將發現他有辨識蟋蟀形體的天分，但下注金額卻很少，不屬於地下賭場的成員。稍後他語帶歉意地向我們解釋，如果他的行為有任何不當之處，都是因為他在賭場裡並不感到自在。

不過，孫老闆就很輕鬆，也歡迎我們。他身穿運動褲、T恤與塑膠拖鞋，戴著一條金項鍊，灰白的頭髮剪得很短，指甲也經過仔細的修剪，大小拇指的指甲留得特別長，特別尖。「就當自己家裡吧，」他說，「想問什麼都可以。」但吳先生不斷抽菸，緊張不安。我還記得他在計程車裡是怎樣交代我們的：觀看鬥蟋蟀時別抽菸，別喝酒，別吃東西，別灑古龍水，身上不能有任何味道，別說話也別出聲。「我們會像空氣一樣，」小胡向他保證。

但是想要保持低調卻很難。我發現孫老闆非常親切，他堅持要我們坐在狹長桌子的主位，也就是裁判身邊視線最好的地方，而且直接面對著唯一一扇門。賭場簡簡單單的，刷上白漆的房間裡什麼都沒有，簡單的風格也表示一切都透明化。賭友進門時，可以一眼就看盡整個房間與房裡所有人。

幾天前，小胡和我曾看到一個報導蟋蟀賭場的揭密節目，裡面裝了很多隱藏式攝影機，畫面上受訪者被馬賽克處理，所以我們還以為那會是一個黑暗的地窖，裡面有各種見不得人的勾當。但是楊、孫兩位老闆的賭場卻是用日光燈照亮每個角落，賭桌上鋪有一條白布，塑膠的透明蟋蟀鬥盆兩邊整整齊齊地擺著各種消毒過的器具（蟋蟀草、鼠鬚刷、絨毛球、蟋蟀過籠、兩副棉質白色手套，全部都只有賭場員工可以接觸）。

但是透明化與安全措施（窗邊都塞著厚厚的墊子，讓聲音無法進出）也許只是最起碼的條件。賭場的一切都很嚴格，但鬥蟋蟀也是一種娛樂，一種男性專屬的娛樂。孫老闆與房間裡所有人寒暄閒聊，充滿一種顧盼自得的魅力，裁判則是迷人而機敏。此刻房裡已非常擁擠，他對所有人都很尊敬，要人下注時手段高明，移動所有東西時動作都迅速無比，儘管桌上的錢飛來飛去，每逢有人發生爭執，他總能以幽默不已的話語化解。

「誰要先下注？」裁判開口詢問身邊的兩個訓練師。他們的動作慢而小心，非常專注。他們已經事先把白手套戴上了，打開罐子的蓋子，看看自己的蟋蟀，用蟋蟀草逗逗牠們，謹慎地把牠們放進蟋蟀鬥盆裡。其中一個男人在把蟋蟀從過籠放出來時動作有一點笨拙猶豫，微微出汗，因為他知道很多人都是還沒看到蟋蟀就下注了，與其說他們賭的是蟋蟀，不如說是訓練師。燈光下，蟋蟀出現了，每個人都往前靠，想要擠到最接近的地方，急於目睹蟋蟀把精神、力量與訓練成果展現出來的那一刻。

幾分鐘內，賭金都下在其中一隻蟋蟀上，接下來則是另一隻，直到裁判身前兩堆現金一樣高時才停下來。擁擠熱烈的房間開始喧鬧了起來。手握一張張百元鈔票的男人大聲嚷嚷，唯恐裁判聽不見他們的下注金額，或是等到下好離手之後，他們也可以跟別人說好一個賠率，另行對賭。裁判的聲音比誰都還大聲，他開始吹捧蟋蟀與賭金。有些人大聲評論蟋蟀與賭金額度，其他人則只是看著。（這一切看在小胡眼裡，雖然他沒什麼敵意，卻也試圖跟我說賭徒的世

界都是這樣，他聯想到魯迅於動亂的一九三〇年代曾寫過一篇評論複雜政治情勢的辛辣文章，小胡無法逐字逐句引出，我也找不那篇文章，但他記得，該文以不屑口吻，非常明白地表示：「我們中國人總喜歡說自己愛和平，但其實，是愛鬥爭的，愛看別的東西鬥爭，也愛看自己們鬥爭。……任他們鬥爭著，自己不與鬥，只是看。」）

接下來，在裁判命令訓練師把蟋蟀準備好時，四周突然陷入一陣沉默，似乎連整個房間都在屏息以待。兩位訓練師開始再次用蟋蟀草輕輕逗弄蟋蟀的後腿、腹部與下顎。蟋蟀還是沒有動作。如果你靠得夠近，就能看見牠們的心跳。

最後，蟋蟀開始鳴唱，表示牠們已經準備好了。裁判大叫一聲，「打開閘門！」接著拿起那一塊把鬥盆分為兩半的板子。桌子四周，所有人的身形都僵硬了起來，比剛剛更安靜了。我跟小胡立刻看出這兩隻蟋蟀遠比我們之前看過的更具戰鬥力，或者說，更像是戰士。牠們看來就像是被調教過，已經準備好了。突然攻擊，飛奔，撲向對手的顎部或腿部，房間裡的人都不禁深深倒抽一口氣。擁擠空間裡的所有能量全都聚焦在眼前這一齣迷你的戲碼上。那是一種獨一無二。在那一刻，我發現自己置身其中，完全專注於當下。眼見小胡擠在我身邊，看得出他也很專注，所有的焦點都在那兩隻昆蟲身上。

稍後等到我們離開那間樓房時，吳先生跟我們說，沒錯，工業區裡大多數的賭場都是像那樣，說著的同時大家湧進了社區裡空蕩蕩的街道上，每個人都點起了菸，竊竊私語，一扇扇車門被用力甩上。市中心的莊家們會租下飯店套房，親自挑選他們的高級賭客，他說，而在那些地方每一注都是從一萬元起跳，全部的賭金可能遠遠超過一百萬。不過，今晚在閔行區的賭局裡，裁判開賭時只用非常保守的口吻鼓勵大家下注：「想下多少就下多少，大家都是朋友，今晚就算只下一百元也沒關係。」儘管如此，當晚的賭金也曾一度攀升到三萬元以上，而來自南京的賭徒童先生終於出手了，他幾乎面不改色，把六千元丟到桌子中間時看來心不在焉，毫無表情地看著裁判派人去把錢數了兩遍，接著鬥盆的閘門被打開了，蟋蟀立刻狠狠地用下顎鎖住了對方，扭打在一起，把對方翻倒，一遍又一遍，牠們的身體極度輕盈，交纏在一起，圍著對方轉圈圈，然後再撲上去。然後，好像突然失去興趣似的，牠們分了開來，走進兩邊的角落裡，不管訓練師再怎麼刺激，也不願繼續打架。為了試著刺激牠們，裁判設法讓刻意擺在鬥盆旁兩個罐子裡的兩隻蟋蟀鳴唱起來，但也沒有用。結果這一局是罕見的平手，此一結果讓吳先生感到極為不屑，我們聽見自言自語的他說，上好的蟋蟀會鬥到筋疲力盡，儘管這兩隻體力驚人，也打得很精彩，但是欠缺訓練。

事後，在看完鬥蟋蟀後我有一種大夢初醒的感覺。直到當時我才想到那是多麼壯觀但卻暴力的事，想到需要多大的本事才能夠讓另一種生物做出罕見的行徑，想到那有多麼殘忍，還有想到——沒錯，想到在那當下我為什麼沒有這種想法。也許你可以說，那種姑且被我稱為「倫理思維的懸置」的狀態一點也不令人感到驚訝，而且我與那些蟋蟀之間畢竟欠缺一種發自內心的親近感；牠們畢竟只是昆蟲，沒有紅色的血，體內沒有軟軟的組織，沒有發出慘叫，也沒有表情——牠們非狗非鳥，就連公雞也不是，當然也非兩個扭打的拳手，足以反映出赤裸裸而慘忍的種族與階級關係。

然而，小胡與我之所以能體驗到鬥蟋蟀時自己專注地「置身其中」，是因為對於蟋蟀懷抱著根深蒂固的同情心，感覺起來那種情緒比我們對於任何悲慘動物的同情都還要深刻。也許是因為我們沉浸在瀰漫整個房間的緊張氣氛裡，也許那是因為金錢與賭注所具有的魔力。即便如此，我們感受到的氛圍是一種具有高度認同感的氛圍，其形成的原因就是我們從方大師、吳先生與其他人身上學到的文化涵養。這一點是無庸置疑的。

我在「蟋蟀之國」待的時間才不到兩週，時間雖短，但我已經無法把蟋蟀再當作只是蟋蟀，我總是著眼在牠們的社會性上面（包括牠們的德行、性格，還有牠們是怎樣流行起來與四處流通的），而且至少我自己已經覺得那些比賽是屬於牠們自己的比賽，牠們是戲碼的主角。但有一點是我必須說清楚的：儘管我們總是不禁把蟋蟀迷的精緻文化與蟋蟀本身連結在一起，儘管這種連結往往讓那些講求人蟲有別的人覺得好像是自然世界暫時失序（令他們感到困惑的是那些昆蟲既不是客體，也不是受害者，甚至也沒有反映出人類的渴望），但這一切之所以可能，是因為昆蟲本身並非只是促成文化的一種機會，而是文化的共同塑造者。（此刻，我又感覺到語言，或者至少說英語並不能適切地達成其任務：因為，即便我只是用文字去描述蟋蟀與其文化性的「關聯」，都是很荒謬的。如果蟋蟀不在文化中占有一席之地，牠在這種情況下扮演的是什麼角色？如果沒有蟋蟀存在，這種文化又會有什麼樣貌？）

如果蟋蟀看起來累了，如果牠們畏縮不前，對打鬥失去了興趣，或者其中一隻轉身而去，沒有鬥志，裁判會把閘門放下，將兩者分開，把計時器重新設定到倒數六十秒，讓訓練師照顧牠們的選手。他們就像拳賽時擂台角落的教練，必須設法恢復蟋蟀的鬥心，此刻必須拿出不同的刷子來測試牠們的本領。但通常蟋蟀都會像遭重拳痛擊的拳手，因為失去鬥志或受了傷，只會萎靡不振，牠的對手則是精神抖擻，開始唱歌，於是裁判就會宣布勝負已定。然後，突然間賭場裡又恢復了鼎沸人聲，鈔票再度四處飛舞：贏家拿到大把鈔票，其中百分之五回到裁判手裡。

那蟋蟀呢？贏家被小心翼翼地放回牠的罐子裡，準備打道回府，或者再次回到會館裡進行另一場比賽。不管輸家的表現有多英勇，不管牠多麼符合五德的標準，不管牠是不是毫髮無傷，牠的選手生涯都已經結束了。裁判把牠放進網子裡，丟到賭桌後方的一個大塑膠桶中，準備接受大家所謂「放生」的命運，而小胡特別跟我說那沒關係，我不該擔心，蟋蟀不會有事的，因為不管是誰傷害被打敗的蟋蟀，都會受到詛咒。

5

在歡樂時光逐漸來到十一月的高潮之際，越來越多蟋蟀罐子被放上賭桌，大家也越賭越晚。但我們初次造訪孫老闆的賭場那一晚是在九月底，沒有幾場比賽。結束後孫老闆問我們想不想去看看會館。

會館的功能是用來反制傳聞中某些蟋蟀訓練師常用的不正當伎倆。其中，最聳人聽聞的莫過於下藥，特別是使用上海青少年在舞廳裡常用，一種叫做「搖頭丸」的迷幻藥。[15]任何服用過迷幻藥的人都可以想像，如果蟋蟀被下藥的話，就很可能變成贏家。然而，真正能確保勝利的，也許不是陡生的力氣與自信，或者是蟋蟀會變得更有魅力，或更具吸引力。真正的目標其實是對手。蟋蟀對於任何刺激物都非常敏感（所以賭場裡有不能抽菸與身上不能有味道的規定）。因此只要對手身上有化學物質的味道，牠們可以立刻察覺到，馬上做出顯著的回應：逃跑棄賽。

離開賭場後，車子穿越五光十色的市中心，新種的路樹在螢光燈的照射下顯得閃閃發亮，寬闊的空蕩蕩大道上，一間間工廠都在沉睡，辦公大樓一片漆黑，餐廳仍然燈火通明，卡拉ＯＫ店的霓虹燈令人目眩神迷，一些夜間營業的攤子兜售著蔬菜、DVD與熱食，經過那些我早已見怪不怪的二十四小時工地，我們進入一條條只有一部分地面是鋪好的邊街，旁邊應該是往日的運河遺址，接著抵達一棟破舊的公寓，走進另一扇毫不起眼的門。

車子滑過寂靜街道時，我很喜歡那種有所期待的感受。我又想起了楊老闆與南京賭徒童先生當天稍早在富貴園餐廳的那一席話：成功賭場的要件為何？童先生為了避開南京的圈子才來到這裡，他說那個圈子太小也太專業，蟋蟀太厲害，競爭太激烈。他跟楊老闆說，他在閔行區的贏面大多了，而且與上海市中心的賭局相較，贏面也是較大，言談間全無尷尬神情。

也許不令人意外的是，對於童先生而言，完美的賭場應該令人感到舒服與安全，場子裡充滿一種吸引人的氛圍。在他勾勒出的畫面中，賭場裡應該是鈔票堆積如山，每個賭徒都一派優閒，富有、坦白而開誠佈公，不是那種錙銖必較的傢伙。似乎他把自己想像成王晶的經典電影《賭神》裡的周潤發，或是侯孝賢的《海上花》裡的梁朝偉——又或者那只是我自己對賭博的幻想，不是他的？他說，關鍵在於關係，賭場應該跟成功的賭徒建立關係，鼓勵他們帶更多賭友過來。

楊、孫兩位老闆的賭場吸引的賭徒來自香港、江蘇與他處，也有南京來的。然而，他們倆不想討好賭徒。讓賭場維持和諧的氣氛有其必要：只要爭吵就有能可能會發生命案，讓警方覺得有必要演一齣大戲——但是，楊老闆反駁道，讓賭場大發利市的不二法門，應該是建立公平的聲譽。賭場最重要的特質是莊家與賭客之間的信任關係。應該讓蟋蟀主人、訓練師與賭客（很多人兼具三者身分）都感覺安全，也確信他們的蟋蟀會很安全。

會館是個令人印象深刻的地方。它一方面是個最安全的場所，另一方面則是個診所，預計要到孫老闆的賭場裡比賽的蟋蟀都至少必須去那裡戒毒至少五天，以防先前被下過藥。他說，這種會館在上海有好幾千家，他已經經營多年，但是當然換過好幾個地點。那可不是開玩笑的。風險很高，今晚因為帶我過去，引人注目，風險又增高了。上海去年曾經雷厲風行地掃蕩賭場，幾個莊家於被捕後遭處決，說到這裡，孫老闆的右腿規律地抖著。

會館是一間沒有任何裝潢，經過改建的四房公寓。其中三個房間有好幾道鎖上的鐵門。第四個房間是交誼廳，裡面有沙發、椅子、電視與Play Station電視遊樂器，刷上白漆的牆壁上裝飾著幾張蟋蟀的彩色特寫照，照片充滿魅力。沒有人喝酒或吸菸。兩個有門的房間是上鎖的儲存區，裡面一排排架子我想應該是用來擺放蟋蟀罐。第三個房間沒有上鎖，裡面像賭場一樣燈光很亮。孫老闆帶我們走進去，我看見一張長桌與一排人，他們是主人與訓練師，來這裡照顧蟋蟀，每個人都顧著一個罐子。兩個助手是我在賭場裡看過的，他們分別站在長桌的兩側。其中一個人從身後的櫃子裡拿出貼有標籤的蟋蟀罐，另一個人則仔細盯著訪客們。但是，眼前景象之所以令人感到震驚不已，暫時有點迷惑甚至覺得脫離現實，是因為，正在桌邊靜靜地照顧蟋蟀的那些人都穿著同樣的白色手術袍，也戴著相稱的白色口罩。

生物安全（biosecurity）是最為重要的。訓練師只能餵食蟋蟀會館提供的食物與水，在賭館中也只能使用莊家提供的器具。大家都知道有些訓練師會在蟋蟀草上面沾人參或其他物質的溶液，它們就像拳手在擂台角落使用的嗅鹽，即使是最憔悴的蟋蟀也能活過來。也有人試著在另一隻蟋蟀的食物與水裡面動手腳，或試著用毒氣對付牠們。甚至也有人在蟋蟀草裡面藏小刀，或者在指甲上下毒，企圖接近對手。

儘管如此，會館裡仍會發生作弊的事。當蟋蟀初次進去時就有一個設計上的漏洞。牠們被餵飽後還用電子秤量了體重。體重就寫在罐子的側邊，還有日期與主人的名字，這也成為找出要比賽的蟋蟀之依據。為了讓比賽盡量公平，他們花很多功夫為蟋蟀做配對的工作——同樣的精神也反映在下注的規則上：比賽開始前，必須讓雙方獲得的下注金額一樣高。上海人特別用「斟」這個單位來衡量蟋蟀的體重，如今全中國也都比照採用。一斟大概相當於五分之一公克，而參賽雙方的體重差距不得超過零點二斟。許多訓練師覺得這是個機會，因此學會了如何在蟋蟀的體重上面動手腳。過去，在秤重前，他們會利用三溫暖把蟋蟀身上的水分蒸掉。如今比較常用的手法則是脫水藥物，不但不可能被察覺出來，據說也沒太多副作用。一旦接受餵食，秤過重，住進會館後，蟋蟀至少有五天時間會接受會館員工的照顧，訓練師會趁來訪時幫牠們恢復體力，如果一切按照計畫進行，對手的體重會遠遠低於牠們——你可以想像一下麥克・泰森（Mike Tyson）大戰蜜糖李納德（Sugar Ray Leonard），就是這麼一回事。

沒多久，我們又回到了孫老闆的賭場，一樣坐在我們的特別座上，還是能清楚地看到那些蟋蟀。賭場的專業作風再次讓我感到印象深刻。會館助理拿來的鐵箱有安全措施，裁判動作神速，孫老闆與顧客們親切寒暄，一切都是如此順利。我們搭最後一班火車回城裡時，我想起了午餐時楊老闆與童先生的談話。楊老闆堅稱，最重要的莫過於賭場應該建立起公平的名聲，如今我已經瞭解為什麼。畢竟，只有莊家與他的員工能夠在沒有人監督的情況下接觸蟋蟀。他們能輕易地以各種難以察覺的方式來影響比賽，例如聘請一個偏心的裁判，找實力不相當的蟋蟀來比賽，故意不好好照顧某些人的蟋蟀，或者是對某些蟋蟀特別好（包括莊家自己的蟋蟀，像孫老闆自己很喜歡在這裡鬥蟋蟀）。我還記得楊老闆曾嚴詞為自己的員工辯護，拒絕吳先生的要求，吳先生原本希望他的蟋蟀不用先去住會館。我當然可以看得出這種事絕不能有例外。如果對莊家的廉潔不是有絕對的信任，認為他能創造出一個可以免於暴力與貪污的環境，也不用擔心警察，那就不會有他們這個圈圈，也不用辦活動與賭蟋蟀，大家都無利可圖，也少了樂趣，更別談什麼蟋蟀文化了。

交通大學的李世鈞教授邀請我們去他家。在場的還包括幾個記者、一些蟋蟀專家，可能還有一兩位他的大學同事。我們一定要按照約定的計畫現身。

我很樂於跟李教授見上一面。先前我在安國路上買了一張ＤＶＤ，裡面有他接受電視台訪問的畫面。記者非常樂見李教授正在推動一個把鬥蟋蟀變成高雅文化的運動，不再與賭博有關。「賭博，」在最後旁白中，他說，「毀了鬥蟋蟀的名聲。鬥蟋蟀就像京劇一樣，是我們的國粹。許多外國人把它當成我國文化中最典型的東方元素。我們應該把它帶往一條健康的道路上。」就在我抵達上海的幾天前，李教授才再次成為媒體名人：這次是報上有一篇文章報導了他在市中心主辦的非賭博錦標賽。記者在文中稱呼李教授為「蟋蟀教授」。電視記者則稱他為「可敬的蟋蟀大師」。

李教授的公寓隱身於校園附近一間低矮公寓的角落裡。他是個充滿魅力的主人，熱情而殷勤，已經六十四歲了卻不顯老，鮮明的五官搭配著一頭銀白華髮。我們抵達時已經有幾個人在那裡，他立刻帶我們走進他的辦公室，一路不斷指著他因為畢生的摯愛而獲得的成就：牆上與書櫃上到處都是他與一些朋友們創作的蟋蟀主題畫作、詩歌與書法作品，還有他收藏的大批南方蟋蟀罐（他那四本以蟋蟀為主題的書裡面有一本就是以此為焦點）。[16]

李教授領著我們走進一間大客廳，裡面已經擺好了各種各樣的罐子與用品。他挑了兩個罐子，把它們拿到沙發前一張低矮茶几上。他把罐裡的蟋蟀放進茶几上的鬥盆裡，要我坐到他身邊。他把一根蟋蟀草放進我手裡，跟許多人一樣要我試著逗弄蟋蟀的嘴部。我不太會用蟋蟀草，總是覺得自己只是在折磨那一隻蟋蟀，牠大多只是站著，忍受著我的逗弄。但我還是照著做，盡可能抖動手腕，等到我抬頭一看，發現在場的除了李教授仍然專心盯著蟋蟀，好像房裡只有我們倆，其他人都已經拿出數位相機，排成一列，像電影首映會的狗仔隊一樣照個不停。小胡也一樣！此刻，李教授化身為藝術總監，教我如何使用蟋蟀草，如何擺頭，要看哪裡，還有坐姿應該怎樣……。

也許我對這種事實在是太過愚鈍了，也許我的生意頭腦不夠靈光。過了很久以後，我才發現那是怎麼一回事——當時我已經與小胡一起搭上前往地鐵站的擁擠巴士，同行的還有聰明的年輕記者李晶，李教授曾邀她與我們共進午餐，聊一聊我的研究與我對上海的印象。看來，就連只是想要把那一刻捕捉下來的小胡也覺得我怎麼會如此單純。

幾天後，李晶的文章出現在發行量很大的《新聞晚報》上，標題是：〈人類學家研究「人蟲關係」：美國教授欲為蟋蟀出書〉。照片的標題採用了一句非常有名的成語：「兩個蟋蟀迷一見如故」。[17]

李晶仔細地為李教授勾勒出博學的模樣。她強調他熱心地拿出他書架上的泛黃書籍給我看，願意把我當成他的助手與朋友（當她寫到我對蟋蟀有何反應時，她說我「發起連珠炮彈般地提問」）。她把李教授當成一位現代文人雅士，執意於建立一

今日要闻 Important News
新闻晚报

人类学家研究"人虫关系"　追踪报道

美国教授欲为蟋蟀出书

洋教授大饱眼福

出书介绍虫文化

两个蟋蟀迷一见如故

今晚6点开门迎客？
嘉年华开业时间尚存悬疑

83万帮困金送上门

第五届QQ轿车幸运儿今早抽出

種學問精深的藝術，其內容是長久以來一直被視為斐然的成就，也就是對於蟋蟀的品評與訓練，還有拿牠們來比賽，而這無非是對於我所謂的「自然」進行冥想、欣賞與操弄。[18]她寫道，李教授對我有問必答，就像孔子對學生「傳道解惑」一樣，把古代聖賢的知識傳遞出去，為種種難解之處進行解釋。她讓讀者知道他為了熱愛蟋蟀與抵制賭博而做的那些事都是文化活動，他的作為讓我們得以遠離混亂的當下，前往一個更高的境界，那裡不僅是歷史的避風港，也是未來希望之所繫。而她這麼做的確是對的，因為如果不把這些能力與欲求點出來，其餘一切都沒有意義。

李教授在上海長大，跟我見過的其他同一代上海人一樣，他在很小的時候就有一位兄長讓他迷上了蟋蟀，而且幫他維持興趣。他說，一九四〇年代末期時他每天上學途中都會經過位於城隍廟的大型蟋蟀市場（那市場早已不在了）；他還記得自己會拿零用錢買蟋蟀，還快樂地回想起自己身邊有一群「蟲友」，他們都是與他年紀相仿的男孩，偶爾也會有成年人停下來與他們一起玩。

他在二十歲畢業於上海電影專科學校，接著被派到上海科學教育電影製片廠工作，培養攝影與動畫設計的技能。他在一九八〇年代中期獲聘為交通大學的攝影與動畫藝術教授。

我們沒有多談這段時間的上海歷史，他在書裡面也沒有討論，但誰都知道發生過哪些事：儘管上海這一座國際都會是中國共黨的誕生地，但卻不再受政府寵愛；政府原本打算廢掉上海市，將曾經被腐敗殖民政府統治的人口撤離，但計畫並未實現；大躍進與文化大革命期間，數以百計的工廠、學校與醫院被迫關閉，兩百萬居民受命遷徙；上海市的發展陡然衰退停滯，直到一九九二年的「浦東開發開放」政策被納入早已開始的鄧小平改革計畫中；最後上海終於精彩地重生，令香港相形失色。上海隔著東海，不僅面向西方世界，還對望日本、韓國和東南亞。[19]

這一路走來，李世鈞對於蟋蟀的熱情有增無減。結婚後他養活一家人，承擔責任，事業有成，也擴大了他的蟲友圈，但就是拒絕賭博。他說過去他總是在住家附近閒逛，想要找個夥伴肯跟他鬥蟋蟀，但可以不賭錢的。他一次次遭人拒絕。他提議讓蟋蟀「動一動」就好，純粹當作練習，但是因為缺乏潛在的報酬，沒人願意讓自己的蟋蟀冒險。回家時他覺得沮喪痛苦，大嘆「世風不良」。他老婆眼見他如此苦惱，於是變成他最特別的蟲友，他們倆會獨自在公寓裡鬥蟋蟀。[20]

當時是一九八〇年代，狂躁不安的文化大革命結束後，掀起了另一波改革熱潮。已經可以嗅到一股鬥蟋蟀再度流行起來的味道，後來才有交通與復旦大學兩校各組校隊，在李教授的公寓裡比賽，由他的妻女設宴款待大家（就像款待我一樣），在李教授的資助主辦之下，一個蟋蟀沙龍就此成形，那些都是真正的朋友，他寫道，不像賭友一樣會為錢翻臉，就此永遠形同陌路。跟那些一起到外省去蒐購蟋蟀，一起鬥蟋蟀的賭徒不一樣，因為賭徒會將自己的知識藏私，他們這些蟋蟀愛好者卻會分享經驗。他們是一群因為同樣愛蟋蟀而結合起來的密友，在那圈子裡，他是大家公認的老大哥。

我的腦海一直浮現李教授夫妻的畫面：他們感覺到周遭的一切開始崩壞，於是以上海的公寓為避風港，但是等到鬥蟋蟀開始復興起來時，並非是因為大家想要回到他如此看重的蟋蟀文化的菁英傳統，卻是因為道德尺度開始變鬆，大家一方面有額外收入，但另一方面也很缺錢，賭博風氣就此應運重生，而這就是讓李教授感到如此焦慮之處。這一切對他來講是如此諷刺與困擾，也許還令他迷惑不已。因為，對於李世鈞而言，照顧蟋蟀與鬥蟋蟀是一種「怡情悅性」之事，比較像是一種德性的陶冶，或者是在提升自我之餘也進而提升整個社會。

不管是當面對談時，或者在李教授的書裡面，他都直言不諱。在他所著《中華鬥蟋五十不選》一書的結尾處（所謂五十不選，是指不買嘴型像國字八的蟋蟀，不買翅膀是圓形的蟋蟀，不買只有一支觸角的蟋蟀，不買半公半母的蟋蟀等等），他說社會大眾鄙視鬥蟋蟀這種活動並非秘密。儘管在大學裡他教書時總是穿西裝，打領帶，但是在蟋蟀市場裡，因為身邊都是一些「低等人」，深恐自己看起來很荒謬，他不得不打扮得隨便一點，跟大家一樣穿拖鞋、T恤與短褲。欠缺涵養（他身邊到處都是會抽菸、罵髒話與隨地吐痰的人）不只事關個人：「如果你希望別人尊重你，你就必須先讓自己的舉止得體，」他堅稱。[21]

而且這也不只是禮儀的問題。他所創造出來的那個圈子不只是避風港，也是典範。他說，中國社會存在著一種禮教危機，而鬥蟋蟀這種歷史悠久的優雅藝術是一種教養，一條靈性之路，是陶冶與提升自我的理想方式。因為鬥蟋蟀有其傳統與知識，唯有博學者能為之，因此它是一種稀罕的活動，比較相似於太極，而非麻將。它是一種受賭博之累而被貶低的活動。如此高雅的活動居然淪為墮落的工具，這不是一種夢魘嗎？

自從解放以來，中華人民共和國就一直努力禁賭。儘管警方定期掃蕩，但是共產黨卻不能有效控制賭風蔓延，情況在毛澤東死後的改革開放時期以來尤為嚴重。政府曾經企圖於一九八〇年代立法禁止打麻將，但並未成功；鬥蟋蟀並不相同，因為取締活動向來並不積極；這方面跟明清時期的政策就很像，儘管城裡的專業蟋蟀賭場網路興起後，曾以皇令嚴禁，但是立法禁止的卻是賭博，而非鬥蟋蟀。[22]

即便是在文化大革命期間，鬥蟋蟀也不是正式禁止的活動。然而，方大師與其他人都還記得，無論如何，它都是一種被邊緣化的活動。除了小孩之外，沒有人有時間鬥蟋蟀；文革期間，即便是人命相對而言不受威脅時，成人也都忙著開會。但是對於賭博這種事，就沒有模糊空間了。政府以暴力手段將其宣告為封建餘毒，是中國社會特別根深蒂固的惡行。鬥蟋蟀也因此被牽連：因為它總是與賭博以及菁英階級的墮落脫不了關係，近似於各種各樣男性專有的樂趣，例如酒色、毒品與揮霍金錢，還有豪奢與享樂主義，或者任何一種墮落的姿態。換言之，就像鬥蟋蟀一樣，蟋蟀之所以受到傷害是因為，與牠們有關的種種社會之惡被認為蘊藏在中國文化與歷史的深處，是中國人根深蒂固的個性。

儘管黨的公開立場不能有所妥協，但是跟我聊過的共黨人士都用務實的態度來看待禁賭活動。對於此一議題，記者與學者都以入世知識子的態度回應，爭論焦點在於賭博是不是貧窮的產物，所以當收入增加時，是否就會自行消滅（但是，大家對貧富不均擴大感到焦慮，故此一爭論往往因而模糊掉了），以及賭風之所以重現到底是因為大家的閒錢變多，還是因為國企倒閉導致失業人口長期居高不下。在此一爭論中，鬥蟋蟀具有特別的地位。儘管它因為賭博而徹底變質，但它卻也能夠生產出一種備受珍視的新產品：傳統文化。因為迅速興起的都市中產階級變有錢了，舊有世界的消逝也令他們感到頭昏眼花，所以他們似乎開始出現一種揮之不去的懷舊之感。本國建築、古典繪畫、古代陶器、茶館與其他物質歷史產物都被賦予了新價值。徵兆之一是國內市場裡的古董贗品交易猖獗。沒有任何一個時代比現在更適合從事李教授畢生投入的那種推廣活動，強調鬥蟋蟀的高雅面向。

我們周遭的環境是如此富庶。李教授妻女為午餐準備的十六道美味餐點大多沒有人吃。李教授說，他打算幫助河南省的農夫打進上海的蟋蟀市場，與山東、安徽與各省來的賣家競爭。他為了這個計畫而耗費大筆金錢，投入可觀心力，他甚至到鄉下去捐贈器具，教導村民如何辨別不同的昆蟲種類。他幫助的那一個村莊與寧陽縣位於同一緯度上，因此當地的蟋蟀沒有理由不跟寧陽的一樣強壯。此一先導計畫獲得值得期待的成果。如今唯一的問題在於如何說服買家購買。

我真不知道如果沒有賭博的現金，蟋蟀市場要怎樣存活下去。我想起了孫老闆的賭場裡那些男人，他們各個目光專注，突然陷入一片沉寂，還有燈光下蟋蟀的模糊身影，以及轟聲如雷的大笑。我還想到，儘管賭博顯然有很多危險之處，但它卻提供了非法的樂趣與男人味的保證，它讓人有充分的理由沉迷其中，也讓人有實際的理由想獲取知識，同時它是一種根深蒂固的文化元素，也是商品化的動力，而且它更反映出一個龐大地下經濟體系，這一切都是讓鬥蟋蟀活動得以存續的原因。不管你喜不喜歡，孫老闆與其同事們都是這個世界與其蓬勃傳統的守護者。

我說，賭博不只是經濟性的。賭博是一種文化，它具有社會性以及活生生的歷史；賭博的文化無所不包，能賭的不只是蟋蟀，只不過賭蟋蟀特別吸引人！就像鬥蟋蟀是種傳統文化，賭博也是種傳統文化。就連賈似道也是個賭徒！對此，李教授用平靜的口吻說，政府的目標並非賭博本身，而是賭博所衍生的社會問題。無論如何，不管賭博多麼刺激，他都不會賭。他怎能拿朋友的錢呢？那對於學者來講是不當之舉。他說，問題不在於小賭，湊幾個銅板就能玩幾把，而是在於人們會拿自己的房子與家產下注，把自己的命都賭掉了。當然，我們不可能根除那種在社會如此根深蒂固的東西。但是，假以時日，只要能建立典範，人們就會有另一條路可走。他為未來的上海勾勒出如此的情景：鬥蟋蟀比賽比較像是介於運動錦標賽與寵物秀之間的活動，就像日本社會飼養鍬形蟲和兜蟲那樣，事實上，在那個世界裡，人們有節制又熱情，不分老幼，大家都會研究、收集、喜歡與照顧蟋蟀，到處都有俱樂部，所有人共享知識。他說，他已經在推廣這樣的活動了，許多交大學生都深受吸引。

午餐後過了很久，時間來到了晚上，大家都走了，我已經學了很多，也很享受他的慷慨招待，光是他在河南的計畫就讓我們聊了好幾個小時（他說，蟋蟀能幫那些人脫貧），也聊到他正要改革蟋蟀的分類方式（他說他的方式即便是對於專家而言也很複雜，但也很有趣），還有他深信，蟋蟀文化絕非正在垂死邊緣（但我的其他蟲友不這樣想），反而在年輕人之間也流行了起來，最後，直到我們歷經一大段路程才穿越這個不斷在成長的城市，打道回府，直到李晶在前往地鐵站的巴士上問了我一堆問題，直到我們回到市中心，回到那能夠眺望閃耀市景的飯店房間之後，小胡跟我才有辦法把那天的對話理出頭緒，記得嗎？如今我們不但深入上海的鬥蟋蟀世界，同時也體認它的真實性——我必須同意小胡說的，儘管他對李教授充滿敬意，但是李教授若想透過建立典範來改革蟋蟀文化，只會產生兩種類型的鬥蟋蟀活動：一種是菁英階層專屬的公開活動，以許多經費充足的正式錦標賽為基礎；另一種則是走入地下，一樣有賭博，也是非法的，而且人們持續會對它感到害怕與不屑，但是所採用的蟋蟀品質卻更好，比賽更精彩刺激。而且，小胡說，他認為李教授與其友人也瞭解這一點，他們絕非如此天真。聰明而寬宏大量的他接著說，這也沒有關係。他們只是想要有一個自己的世界而已，而那，他說，不見得是一件多麼糟糕的事。

7

在古代中國人的生活中，蟋蟀的鳴叫總是能引發很多想法，牠們每年都會在家家戶戶出現，令人不致感到寂寥，牠們也因而獲得了特殊的地位，直到過了不知道幾個世紀以後，才有人想到要把蟋蟀擺進罐子裡，以及利用蟋蟀草來鬥蟋蟀。以下這首詩歌選自大概三千年前編撰完成的《詩經》，據其描繪，蟋蟀會找人做伴，設法進入家庭生活的核心：

七月在野，
八月在宇，
九月在户，
十月蟋蟀入我床下。[23]

「蟋友」的歷史悠久無比，指的是因為喜愛蟋蟀而成為朋友的人，而蟋蟀本身也成為人的朋友。不是只有小傳跟我說蟋蟀是他的朋友，他試著讓牠們感到快樂，也能看出牠們是否快樂，他還說蟋蟀能分辨他是否關心牠們，而且他也依循賈似道的建議，比照母親餵食嬰兒的方式，用嚼過的芝麻餵食蟋蟀。但蟋蟀畢竟是朋友，不是嬰兒。而這是所有蟋蟀愛好者都不可能忘記的（跟某些寵物愛好者不一樣）。因為，除了五德之外，他們還有所謂的三反。

還記得能夠反映出蟋蟀很像人的那五德嗎？它們是五種源自於古代的德性：忠、勇、信等等，五種古代英雄們具備，像你我一樣的普通人都能效法的模範德性。五德揭示出人類與蟋蟀之間具有一種本體論層次的深刻關聯，一種人蟲共享的存在方式，人類也因而對蟋蟀充滿依戀與認同，進而讓鬥蟋蟀和賭博維持那麼多世紀。三反則是反映出當代的現實情況：蟋蟀與人類之間的絕對差異。

第一反：鬥敗的蟋蟀不會抗議打鬥之結果；牠只會離開鬥盆，不會咆哮抱怨。

第二反：蟋蟀在打鬥前需要性的刺激才能有更好的表現；比賽前的性行為並不會影響蟋蟀的運動表現（但根據此一原則，人類就會受到影響），反而會提升其體力與注意力，令其鬥興更濃。

第三反：蟋蟀做愛時，母蟋蟀趴在公蟋蟀背上，此一體位對於人類來講是辦不到的（除非有複雜的器具輔助）。此外，昆

蟲學家L．W．西蒙斯（L.W. Simmons）對於第三反所提出的評論，也許是最具關鍵性的：「因為母蟋蟀必須爬到向牠求偶的公蟋蟀背上，因此公蟋蟀脅迫母蟋蟀就範的機會就算存在，應該也微乎其微。」[24]

就像五德一樣，三反是同時具備經驗性與象徵性的，它們都是從近身觀察而來，指出現象以外的大道理。它們都具備心理學、生理學與解剖學的意涵，有系統而且全面性，簡潔無比。合而論之，五德與三反讓我們有辦法與其他動物建立關係，接受牠們與我們既相似又不同的事實——而且不是在某些普遍而抽象的方面，而是一些具體而特定的面向是可以當成關聯性與同理心的基礎，但是在某些部分卻又沒有任何關聯。我覺得，不管你是透過賭博而愛上蟋蟀，抑或打著高雅文化的旗號，致力於禁絕賭博，都沒有關係。我想，五德、三反、五不選與七忌，還有其他很多東西，都是能夠讓我們進入蟋蟀世界的門徑，那是一個被「我們／非我們」這種二元律則主宰的地方，在那裡，「相似／差異」就是一種既存事實，並非一個需要解決的問題。我覺得這樣挺好的，雖然如今這個世界已經不再有多少可資存續的依憑。

我最後一次看到孫老闆時，他邀請我明年一起跟他去一趟山東。他說，我們會在那裡花兩週時間蒐購蟋蟀。他的人面很廣，與當地政府的關係也很好。他的提議讓我心癢難耐。如果能夠再度體驗所謂的「歡樂時光」，那實在太棒了。能夠再度與蟋友們為伍（不管他們是人是蟲），豈不樂哉。即便只是暫時性的，但能夠身處於那個人蟲之間似親非親、既有相同也有所不同的空間裡，確實很美妙。小胡一樣興味濃厚。他說，也許我們一整季都可以跟蟋蟀為伍。我們都同意，如果真能那樣，實在是值得讓我們一再回去。

H

頭部與其使用方式
Head and How to use Them

1

我想念那些蟋蟀。我想念牠們的朋友。打開《紐約時報》後，我更想念他們了。

黑腹果蠅是最完美的實驗用動物，牠對於現代科學史的重要性可能更勝於老鼠。下面幾張從影片擷取下來的圖片驚心動魄，是二〇〇六年在南加州某間腦神經科學實驗室拍攝的。圖中兩隻昆蟲在打架，透過國家科學基金會（National Science Foundation）贊助大筆金錢的美國政府正在賭哪一隻會贏。[1]鏡頭下，藍色的競技場看來非常漂亮。

神經科學研究院（Neurosciences Institute）位於聖地牙哥市，在院裡負責帶領研究人員繁殖好鬥果蠅的，是赫曼．狄瑞克（Herman A. Dierick）與羅夫．葛林斯潘（Ralph J. Greenspan）。他們對《紐約時報》的記者尼可拉斯．韋德（Nicholas Wade）表示，野生果蠅好鬥而具有強烈地域性，一旦被捕後就不像以前那樣性格激烈。狄瑞克與

葛林斯潘在罐子裡裝滿了果蠅的食物，鼓勵公的果蠅保衛自己的食物。他們稱此為「競技場考驗」。他們以「好鬥特質」來幫果蠅分級，判斷標準有四個：打架的頻率、是不是很快就進入戰鬥狀態、兩隻果蠅打鬥的時間，還有打鬥的激烈程度（「看牠們做出幾次像是抓住對方或是把對方摔出去等激烈動作」）。

狄瑞克、葛林斯潘與同事們把最好鬥的果蠅挑出來，由牠們來進行繁殖。他們表示，經過二十一代的繁殖後，就「好鬥特質」的差異性而言，那些好鬥果蠅比對照組的一般實驗室果蠅還要強三十幾倍。「因為好鬥程度很可能深受腦部影響，」所以他們把第二十一代果蠅的頭部切下來磨碎。*他們想知道這些好鬥果蠅的頭部基因是否與牠們新發展出來的好鬥行為有關。「葛林斯潘博士表示，若我們能夠瞭解果蠅的基因如何影響其行為，我們可能就有辦法進一步瞭解刺激果蠅或人類的機制」，韋德寫道。[2]

2

果蠅很能適應實驗室裡的生活。也許適應得太好了。牠們的繁殖速度很快（母果蠅能在十天內完成其繁殖週期，繁衍出四百隻甚或一千隻後代）。牠們的遺傳結構相當簡單（只有四到七個染色體）。而且，跟所有的生物一樣，牠們也會基因突變。

一九一〇年，哥倫比亞大學的基因學家湯瑪斯・杭特・摩根（Thomas Hunt Morgan）於偶然間發現果蠅身上會出現極其明顯的突變現象，而且突變的地方很多。果蠅也因而幾乎立刻就不再只是在曼哈頓上城於夏天期間穿門侵戶，到處聞來聞去，有可能留下來或離開的惱人小蟲。就像幫果蠅立傳的勞勃・柯勒（Robert Kohler）所說，牠們變成了「同事」。[3] 沒多久摩根的實驗室就變成了果蠅的實驗室，也就是國際知名的「果蠅屋」(Fly Room)，摩根與其他研究人員也很快就成為鑽研果蠅的科學家，還自詡為「果蠅人」與「果蠅學家」。

很快地，果蠅也就成為世界各地基因實驗室的標準配備。的確，如同柯勒寫道，要不是果蠅有辦法扮演「生物繁衍反應器」的角色，並且在身上出現大量的突變現象，現代基因學可能也就不會那麼早就誕生了。[4]

早年，當摩根與他的「果蠅人」把果蠅納為實驗對象時，他們發現果蠅的突變能力實在太厲害，讓他們有點招架不住。突變果蠅大量出現，多的不得了。因為新資料的數量實在太大，他們必須採用新的實驗方法，一種以高效能為特色的方法，而這種被稱為「基因圖譜」(gene mapping)的新方法也立刻就成為基因研究的新特色。緊接著，受限於新方法，他們需要一種新的果蠅，一種很穩定的果蠅，好讓他們能夠很有信心地拿來與其

＊譯注：《紐約時報》的報導在此：http://www.nytimes.com/2006/10/10/science/10flies.html?_r=0

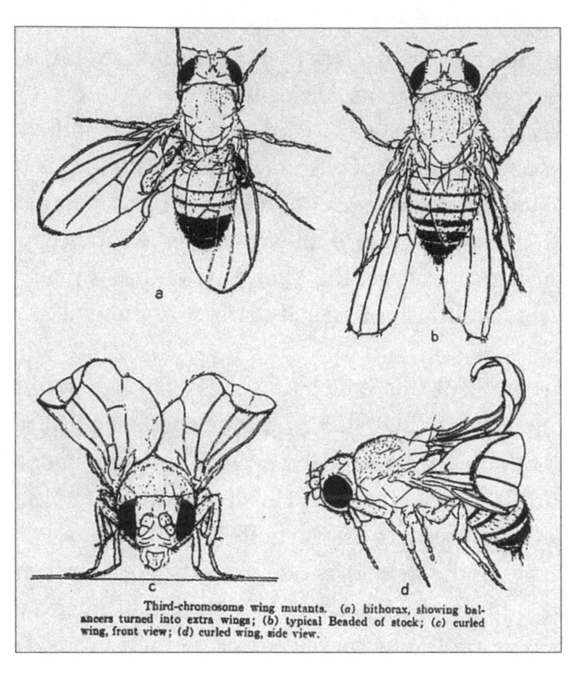

Third-chromosome wing mutants. (*a*) bithorax, showing balancers turned into extra wings; (*b*) typical Beaded of stock; (*c*) curled wing, front view; (*d*) curled wing, side view.

他果蠅做比較。牠不能像實驗室以外的果蠅那樣具有天然的高可變性特色，凡是牠身上出現的變異，就一定是透過實驗而產生的突變，就像柯勒寫道，「他們將那種小小果蠅予以重新設計，打造成一種活生生的全新實驗室利器，就像顯微鏡、電流計或分析試劑一樣。」[5]

一種蠅類就此誕生。只要牠不要跟其他比較不標準的親戚混種，牠就是一種新的動物。研究人員發現，那種最具吸引力的變種果蠅比較適合用來繁殖，牠們的身軀龐大，交配慾望與生殖力都強，而且與「果蠅屋」外面那些飛來飛去的其他果蠅顯然不同。摩根注意到，這些果蠅「不會讓自己淹死或困在食物裡，或是拒絕從培養瓶裡面出來，諸如此類會讓實驗者不開心的行為。」[6]

新品種的果蠅非常合作，牠們樂於接受實驗，配合度高，能夠繳出各種精確的數據。牠們與實驗室外那些只在黎明與黃昏時出現的遠親們越來越不像，整天都很活躍，而且繁殖很準時。牠們大量繁殖，因此可以被用來進行各種各樣的大量實驗。若用最寬的數字來估計，為了在一九一九到一九二三年之間完成一般果蠅的基因圖譜，摩根與同事們「麻醉、檢視、分類與處理過的」果蠅數量，大約在一千三百萬到兩千萬之間。[7]如此不精確的數字同時說明了果蠅地位的低下和這個數字之巨大。

也許你會說：果蠅在進入實驗室之後，牠們的生活獲得保障，過得輕鬆而不缺食物。牠們不再需要覓食或躲避掠食者，幼蟲也不會遭到侵擾。直到進入實驗室之前，果蠅始終跟狗、老鼠、蟑螂與一些家中常見的昆蟲一樣，都是在夾縫中求生，牠們是人類的夥伴，與人類共享歷史，在我們旁邊和我們之間建立他們的家園，既不是全然野生，也非居家的昆蟲（也許「共生」一詞比較適合牠們），在我們吃飯的地方吃飯，在人多的地方繁殖，而且無疑地，就算我們死了，牠們也能活下來。

但是要在實驗室裡討生活也不容易。自從摩根的時代以來，數以十億計的大量果蠅曾接受過誘發性突變的實驗。就像柯妮莉雅．赫塞－何內格所見證的，牠們身上長出來的器官不是太多就是太少，有的是畸形，有的則長在不該長的地方（從眼睛長出腳，或者腳上面再長出另一隻腳，反正就是那麼一回事）。只要略施小技，就能讓牠們罹患亨丁頓氏舞蹈症、帕金森氏症或者阿茲海默症。牠們睡得不好，記憶大亂。牠們也會對乙醇、尼古丁與古柯鹼等物質上癮。簡而言之，就像柯妮莉雅所體悟到的，牠們肩負的任務是幫我們實現健康與長壽的美夢，同時也幫我們承受種種夢魘般的痛苦。

3

實驗室的果蠅變得越來越標準化，與牠們那些野生遠親的差別也越來越大，而就在牠們逐漸成為哥倫比亞大學果蠅研究室的產品時，摩根與其手下的果蠅專家們也越來越喜歡與敬重牠們，甚至跟遺傳學家約翰．霍爾丹（J.B.S. Haldane）一樣尊稱牠們為「高貴的動物」。有鑑於他們在繁殖果蠅的工作上投注那麼多心力，與牠們朝夕相處，而且雙方合作無間，他們會把果蠅擬人化，實在一點也不令人感到意外。但是，儘管如此，像他們那樣殘殺自己喜歡的動物，也是一件有點奇怪的事，不過我們也別忘了，高貴的行徑往往涉及犧牲，而且雙方可說是攜手踏上了一趟偉大的科學發現之旅，而這些犧牲原本就是故事的核心。[8]

也許這點奇怪之處可以讓我們瞭解另一個更奇怪的地方：為什麼這種果蠅能夠與人類如此相似，似乎讓我們理所當然地把牠們當成人類在生物研究上的替身，同時卻又與我們截然不同，因此我們也可以如此自然而然地隨意摧毀牠們，不會有任何悔恨與顧忌？[9]

果蠅打架的影像令人感到困惑。我們實在沒想到，在與上海相距那麼遠的地方，這次不是蟋蟀，而是果蠅被當成一種純粹的實驗工具。果蠅居然會與一種沒有昆蟲相鬥文化的文化有所牽扯，被拍攝下來，還丟了腦袋。上海人在玩蟋蟀時有很清楚的界限，他們與蟋蟀的關係曖昧，喜愛牠們，但也很清楚牠們就只是蟋蟀。在聖地牙哥這裡，界線也很清楚，果蠅就是果蠅，也沒有曖昧的關係。聖地牙哥的實驗室裡，人蟲之間的相似性是可以量化的。即便數字並不是那麼精確無誤，但人類與果蠅之間事實上有很多共同的基因；就細胞的層次而言，人類與牠們有很多一樣的新陳代謝與傳遞訊息的通路；而且，很多腦神經科學家都願意承認，人類與果蠅有很多相同的行為，（而且他們也同意）兩者有很多相同的分子機制（molecular mechanism）。[10]

這件事實在不怎麼美好。動物實驗就只是一種工具而已。透過實驗將生物予以模式化，理由在於我們想要將身體與靈魂加以分離，同時也分離了生物學與意識，還有物理學與形上學。如果我們能確認人蟲之間的相似與相異之處並不屬於同一個層次，就會比較容易下手。也就是我們必須用不同的基礎來分辨相似性與相異性，很清楚人與蟲的相似之處存在於基因裡，而相異之處則根本是不證自明的：斷定人蟲差異的標準來自於遠古的亞里斯多德時代，如今已成常識，顯然根本不須多加思索。我們大可以說牠們就只是昆蟲，人蟲之間的差異無庸置疑，我們也因而可以任意處置牠們。伊利亞斯・卡內提（Elias Canetti）深諳此一道理。他曾寫道，昆蟲是「化外之物」。

> 即便在人類社會裡，摧毀那些小小的生物也是唯一一種不會遭受懲罰的暴力行徑。牠們的血不會讓我們有罪，因為那種血與人血不同。我們不會凝視牠們的呆滯眼神：至少在西方世界裡，牠們也不會因為我們越來越關心生命（不管此一趨勢是否有實效）而獲得好處。[11]

荷蘭哲學家兼人類學家安瑪莉・摩爾（Annemarie Mol）曾研究過動脈粥狀硬化症（atherosclerosis）的社會性，那是一種會讓動脈變窄，阻礙血液循環的疾病，一開始出現在腿部，接著會轉移到心臟去。摩爾是個敏銳的觀察者。她曾經旁觀動脈粥狀硬化症患者被解剖的過程，其中許多死者都是在醫院的療護之下病逝的。她注意到，當病理科醫師把厚厚的肉體劃開，進入屍體的循環系統時，總是會稍候片刻，拿一塊布把屍體的臉部遮住。[12]根據此一動作，摩爾認為，事實上屍體所代表的是兩種存在物：身體只有一個，但卻蘊含兩種存在意義。被切割的身體是生物學上的身體，與人性的形上學無關，是一塊可以隨意支解，無名無姓的肉。但被切割的身體也是另一種存在物，它是一種具有社會性的身體，它有過去的種種經歷，有親友，一種曾經愛過也受苦過的身體，需要他人的謙遜對待，還有尊重與關注。摩爾的重點並不在於我們該去討論解剖桌上的身體是哪一種身體，而是要凸顯出兩種身體其實都在，用布遮臉的舉手之勞儘管簡單，也是對於身體社會性的確認。

也許她所提到的那一塊布正足以指出，儘管兩者都會打鬥，但上海的蟋蟀不同於聖地牙哥的果蠅。也許兩者之間具有一種存在意義上的差異。在上海，每一隻蟋蟀都與許多蟋蟀同在，牠們彈性的身體都承載著許多經歷，許多朋友。牠們的身體讓許多人懷抱夢想，許多計畫就此展開與落空。如果牠們是鬥士，我們也是。至於聖地牙哥的那些果蠅，只是科學性的，是一種「活生生的實驗室利器，就像顯微鏡、電流計或分析試劑一樣」，其目標明確，角色也有清楚定義，不管死活都無關宏旨。

I

無以名狀
The Ineffable

1

我在尤瑞斯・霍夫納格（Joris Hoefnagel）的自然史經典之作《四大元素》（*The Four Elements*）第一卷《火》（*Ignis*）裡面看到了最美麗的昆蟲圖像，該書是這位來自法蘭德斯的微型圖畫畫家所創作的世界動物手冊，完成於一五八二年。[1]

霍夫納格的水粉畫很細緻，栩栩如生，全都畫在只有五又八分之五吋高，七又四分之一吋寬（約十五公分乘以十八公分）的七十八張羊皮紙上面，他筆下很多昆蟲都像是保持不動，但隨時都會有動作，每一隻都彷彿屏息以待，牠們的陰影看來好像幾乎會在平淡的白色地面上晃動似的。其他昆蟲則是被他畫在一個簡簡單單的金黃色圓圈裡，彷彿有魔法，能夠把牠們圈在裡面。也有一些蜘蛛從畫框垂降下來。有時牠們似乎知道彼此的存在，有時似乎不知道。有時候牠們會彼此接觸，但通常不會。有時候牠們看來是那麼近，似乎就存在於賞畫者的時空裡面，我在華盛頓特區國家藝廊（National Gallery of Art）親眼看到如此珍貴作品時就有這種感覺，令我不禁屏息驚嘆——拿畫給我看的人是「繪畫大師版畫與素描畫」*部門的管理員葛瑞格・耶克曼（Greg Jecmen）。

我會那麼詫異我自己也感到奇怪。在那片刻間，我把自己想像成十六世紀的人，因為看到霍夫納格的作品而倒抽一口氣，因為對於當時的人來講，昆蟲很可能還是低級而討人厭的，在亞里斯多德所建構的自然層級裡，牠們是被掩埋在黑暗糞土與腐屍裡的最低等動物，不值得動腦筋去思考牠們——直到霍夫納格的作品出現才改觀，因為牠們在他筆下是如此驚人而完美，而這肯定也是他的創作意圖。

2

「In minimis tota es.」（在最微小的事物中可窺見整體。）倫敦內科醫師湯瑪斯．莫菲特在他的《昆蟲劇場》一書中如此寫道，那是一本研究昆蟲生活與知識的百科全書，與《四大元素》都是在同一年發想與開始寫作，但是直到一六三四年才出版問世。[2]莫菲特筆下的昆蟲在很多重要的方面都是典範。牠們勤奮而繁茂，表現很有秩序，尊敬年老的昆蟲，也悉心照顧後代。牠們的蛻變不只是一種轉變，而是重生。牠們的神奇表現令人敬佩。牠們雖小但卻完美，讓人想要高聲疾呼：「主啊！祢的作品多麼美好！」[3]

《昆蟲劇場》是第二本偉大的昆蟲百科。第一本是波隆

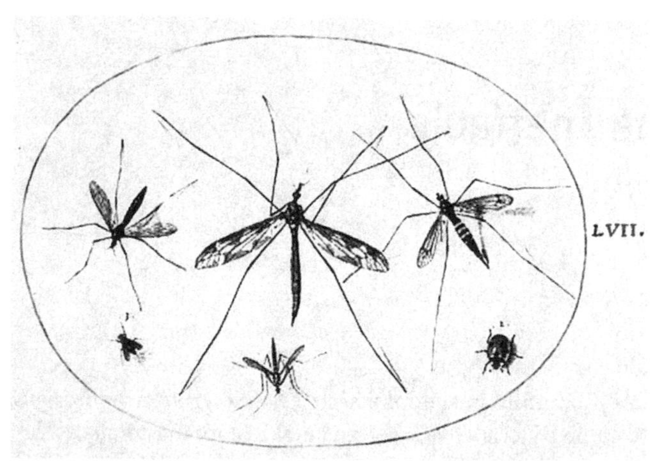

那博物學家兼收藏家烏利塞・阿爾德羅萬迪寫的《論動物》（一六〇二年出版），該書深具權威性與企圖心，也為昆蟲打開了一扇大門，替昆蟲進入自然史的學術研究領域鋪路。[4] 以上兩本書都是在霍夫納格的《火》問世不久後隨之而來，這讓《火》不但變成「為昆蟲學奠基的里程碑之一」，也成為第一本把昆蟲界「當成一個個別王國，而非附屬於其他主要動物綱」的專書。[5] 因為新大陸的探險與航海事業的擴張以及橫跨大陸進行貿易，活絡與豐富了擴及整個歐陸的早期現代自然歷史研究，這三本書在這波研究中占有一席之地。透過無遠弗屆的信件往返網路與危險的旅遊，學者、商人與贊助者們得以互通聲息（三者的功能常常有所重疊），布拉格、法蘭克福、羅馬與其他文藝復興晚期的學習中心因而連成一氣。

莫菲特之所以堅稱「在最微小的事物中可窺見整體」，並非只是在為自己辯護。他其實也是訴諸於一種被時人廣為接受的柏拉圖式宇宙論，主張大與小之間的關係就是小宇宙與大宇宙之間的關係，每件事物都包含著能夠生成出整個宇宙的種子。[6] 這個概念多麼適用於昆蟲的研究啊！昆蟲的小小世界之所以令人驚詫，不只是因為其中包含著極其複雜細微的社會性、生物性與象徵性生活，最重要的是因為我們可以看出一個極大與極小的對比：在那極小的世界裡充斥著如此密集的活動與豐富的意義，而且它與那極大的宇宙之間也具有一種精確而神秘的相應關係。若想要瞭解大宇宙的結構，有什麼研究對象更勝於那最為迷你的小宇宙？有鑑於神奇的現象的重要特色之一就是充滿弔詭，莫菲特有充分的理由可以主張，微小的昆蟲世界裡到處充斥著滿滿的神性，在這方面它遠勝於自然界中其他更為顯眼的現象。這種思維模式強調小宇宙與大宇宙之間的對比，它不但被這些博物學家們所隸屬的人

＊譯注：繪畫大師（Old Master）指十八世紀以前的畫家。

文學圈遵奉不渝，甚至霍夫納格的最後一位贊助者，神聖羅馬帝國皇帝魯道夫二世（Rudolf II）也是根據此一原則在布拉格籌建他那一間全歐洲最大的奇珍收藏室（*Kunstkammer*）——此處就是《四大元素》一書的最後收藏地。[7]

然而，這裡有複雜的動機。儘管莫菲特、霍夫納格與阿爾德羅萬迪都想要讓昆蟲更有德性，他們也同時發展出一種聚焦於觀察的實作，如同藝術史家湯瑪斯・達科斯塔・考夫曼（Thomas DaCosta Kaufmann）寫道，「都是要導向對於物質的研究，導向一種把自然世界的種種過程當成**目的自身**的研究。」[8]在畫昆蟲的同時，霍夫納格也發展出一種補充性的繪畫技巧，後來並因此成為世俗靜物畫發展史上的重要人物。霍夫納格與他所在的荷蘭人文主義學圈的成員一樣，看來都是支持新斯多葛主義（Neo-Stoicism），在政治上走的是溫和路線，在宗教立場上也比路德教派更為溫和，並且自覺地反對當時各教派間由於無法相容而遂行的宗教暴力事件，例如他就親眼看見家鄉安特衛普市遭到西班牙士兵洗劫，他的商人家族因而失散流離，他自己也踏上了漂泊各國的旅程，行經慕尼黑、法蘭克福與布拉格，最後到了威尼斯。

儘管如此，如果你把霍夫納格想像成現代的世俗科學插畫家，那就錯了。他所遵從的工作倫理背後有非常深的宗教意涵，但也因為身處於基督教教派林立的後宗教改革時代，他同時希望能有一個讓各教派和平相處的和解方案。[9]在《四大元素》一書的大多數畫作上面，霍夫納格的確都附上了一些讚頌神啟與神旨的《聖經》警語。然而，這些聖經警語背後所傳達的虔信，對今日的我們來說卻理解不易。我們對於神聖、世俗以及如今所謂的神秘領域雖然有明確界線，但當時卻不那麼清楚。[10]那幾十年恰好是研究的現代模式剛要成形的關鍵時期，但同時也有許多歐洲知識分子欣然擁抱許多秘教知識傳統，宣稱其相應的自然哲學與藝術將能揭露世界的深層秩序。早期現代的學者們利用神秘主義實驗、命理學、徽章符號學以及各種魔法來填補「觀察表象與直觀潛藏真相」之間的鴻溝，藉此把自然的秘密揭發出來。[11]

昆蟲是如此渺小，外觀奇異，繁殖力如此驚人，對歐洲知識分子來講，各類昆蟲之間的差異是非常深奧而令人困擾的，一方面很自然，沒什麼特別，像上帝給定的，但另一方面又不可解。也許這種弔詭的本質足以用來說明為何當時的人都喜歡研究昆蟲，同時也能解釋為何昆蟲的研究活動會在自然哲學的領域裡引發那麼多緊張關係。以法蘭西斯・培根的自然史著作《林中林》（*Sylva sylvarum*，一六二七年出版，他的最後一本作品）為例，他對於「繁殖現象」（vivifaction）的解釋就深具亞里斯多德式的風味。培根是大家廣為接受的經驗哲學之父（也許這種看法太過簡單），他之所以把該書第七部分的絕大多數篇幅都用於論述昆蟲，是因為「渺小的事物通常能更完善地反映出萬物的本質，而非較大的事物來反映本質。」

「針對昆蟲進行思考，已經結出了許多美妙果實，」培根寫道：

> 首先是發現了繁殖現象的起源。其次是發現了形態生成之起源。第三是在完美生物的本質中發現了許多事物，但那些生物還涵藏了更多有待發現的東西。第四則是透過解剖來觀察昆蟲，進而影響對於完美生物的研究。[12]

他對昆蟲本身並無太大興趣。牠們的價值在於能夠透露出有關更高等生物的秘密。即便在這短短的段落裡，我們也可以看出他對於研究對象抱持著一種超然態度，與霍夫納格的親近態度截然不同。

但是，昆蟲可以說是自然界中更大生物的縮影，這種「同中有異」的緊張關係讓培根得以把所有生物的生理現象普遍化，主張有很多基本特色是一樣的。就此看來，他一方面願意把昆蟲當成一種值得認真研究的對象，但卻又進一步貶低牠們，視之為廢物與不完美的生物（就像亞里斯多德學派主張許多昆蟲是自然生成*的一樣），這剛好顯現出莫菲特、霍夫納格與其他愛蟲科學家所面臨的障礙。此一爭端在整個十八世紀始終持續著，讓啟蒙運動時代的學者，例如揚・史瓦姆丹（Jan Swammerdam）與瑞內・安端・費肖・雷奧米爾（René Antoine Ferchault de Réaumur）等第一代的專業昆蟲學家們都備感困擾：儘管他們的科學地位顯赫，但是卻常因為把學術研究的心血投注在如此微不足道的對象上而遭人奚落。[13]

面對這樣的情況，莫菲特的策略是呼籲大家應該針對事實來進行思考：必須藉由事實、軼事、觀察與例證的大量累積，透過證據的力量來強化說服力，因為經驗將引領我們發現更多奇妙難解的自然現象，而非如培根很可能以為的，經驗就能提供解答。莫菲特一再透過驚人的日常語言來說明奇妙的昆蟲世界令他感到詫異不已。某個非常典型的例子是（就在他建議應該使用放大鏡之前），他提出了一個似乎非常令人難以置信的主張（至少對於不熟悉老普林尼〔Pliny，古羅馬學者〕的人而言應該是這樣），而且他的做法是使用簡單的類比式語言，強調昆蟲無所不在，而這也是牠們極為神奇的特性之一。「你可以在蜜蜂身體上，」他用很激動的語調寫道，「找到放花蜜的小瓶，牠們的腳上沾滿了黏性極強，可以用來製作蜂蠟的瀝青……」[14]

與莫非特的昆蟲一樣，霍夫納格的昆蟲是令人同時覺得既熟悉又陌生的。我越是花時間去欣賞他的《火》，就越覺得他顯然就是要把自己的全副心力投注其中，力求將那些昆蟲變成奇妙的生物。在其畫筆之下，無論是甲蟲、飛蛾、蟋蟀、螞蟻、蝴蝶、蜻蜓、一隻蚊子、三隻蚊鷹**、一隻毛茸茸的黑色毛毛蟲、一隻瓢蟲、許多蜜蜂、大量蜘蛛（尺寸與外觀各異），甚至還有一些鼠婦，都被轉化成足以引發文藝復興晚期所謂「讚奇之感」的主角。那是一種特殊的感知經驗，一種結合知識與感覺的「認知的熱情」(cognitive passion)。[15] 在十六世紀的歐洲，適時地知道何時以及如何「讚嘆奇妙」正是一個人教養的展現。

史學家蘿倫・達斯頓（Lorraine Daston）與凱薩琳・帕克（Katherine Park）曾把所謂「奇物」(會在人們心裡引發反應的對象物）描述為「最高貴的自然現象」。透過認同與蒐藏奇珍收藏室裡面那些奇物，歐洲的文化精英階層才得以定義自身。[16] 然而，每隔幾十年，原本奇特的物品卻會變成粗俗不堪，沒有人想蒐藏，太過俗麗，太過不可靠而情緒化，因此無法滿足那逐漸高漲的理性鑑賞標準。[17] 但是在霍夫納格的時代，人們依然四處索求各種能夠把「超凡」與「世俗」兩個不同層面結合起來的東西，不管是自然界的事物，或者是擬仿自然界的巧妙手工物都無所謂（像是霍夫納格的那些昆蟲），因為它們都可以顯現出人類與自然界之間那種相互夾雜交纏的聯繫。透過引發讚奇之感，奇物讓人類進行哲學式的反省，進而導引出對於真實的洞見，而這一點是亞里斯多德在其著作中早就主張的。[18]

剛開始，我以為霍夫納格的畫作之所以吸引我，是因為他的筆觸精細敏銳，美不勝收。但是一旦我回過神來，開始從一個比較平凡、世俗與現代的方式去反省，我所思考的是：我之所以出現那種反應，難道不是因為過去透過學習，我早已熟知當代所重視的生物多樣性美學，以及與其相關的保育倫理？接著我開始體認到，霍夫納格所做的是另一件事。他要求我不能只是用眼睛去看，去注視觀察昆蟲，而是要用一種全新的視角去面對牠們。對於人與蟲在生物構造上的巨大差異，以及昆蟲在人類社

* 譯注：這就是所謂自然發生說（spontaneous generation）的概念，就像中國古代有腐肉生蛆與腐草化螢之說，亞里斯多德認為昆蟲與其他小生物是池底與溪底的泥沙生成的。

** 譯注：mosquito hawks，可指蜻蜓、豆娘或大蚊等昆蟲。

會中的極度邊緣性，我必須學習直接面對並且（既不忽視也不張揚地）安住其中，才有辦法進而找尋同理的可能基礎。我開始瞭解他希望我盡可能與那些昆蟲近距離四目交會，直接交鋒，並且願意在此人蟲相遇的過程中被改變。*

3

《四大元素》的書名已經講得很清楚：動物的世界可以分成四種。每一種被作者寫成獨立的一卷，每一卷都與某種元素息息相關，每一種元素也都有象徵性的意義。《土》之卷寫的是四隻腳的動物與爬蟲類，《水》之卷是水裡的魚類與軟體動物（mollusk），《氣》之卷是鳥類與兩棲動物，而第一卷《火》則顯現出他有意讓人大吃一驚：因為他並未把火與蠑螈聯想在一起（據說蠑螈可以穿越火堆而絲毫不會受傷），而是把該卷命名為「理性動物與昆蟲之卷」，藉著此一全新的分類範疇把昆蟲與充滿聰明才智的人連結起來，因為兩者都是既奇妙又非主流的動物。

霍夫納格不像培根那般忠於亞里斯多德，但他還是把他自己的動物學學說追溯回亞里斯多德。但也許這種說法有所誤導，因為現代早期的歐洲自然哲學（natural philosophy）**與亞里斯多德學派的思想向來有密不可分的聯繫。[19] 亞里斯多德主義的結構式宇宙論都早已被推翻，但亞氏生物學的主要學說卻一直到十八世紀中葉以後仍流行於歐洲，沒有多少人出面挑戰他。而且，對於剛剛才起步的昆蟲學來講，亞里斯多德非常重要，他提供了各種關於昆蟲的觀察與分類法。亞里斯多德所寫的《動物史》（*History of Animals*）、《動物構成論》（*Parts of Animals*）與《動物生成論》（*Generation of Animals*），其學生泰奧弗拉斯托斯（Theophrastus）後來寫了一本有關動植物互動的書，而老普林尼在其《自然史》（*Natural*

History）一書的第十二卷也收錄並且擴充了亞里斯多德。亞里斯多德在其分類法裡面首創了一個叫做「entoma」的範疇，意指有凹口或體節的動物（animals with notches or segments），也因此成為意圖有系統地為昆蟲進行分類與描述工作的史上第一人。[20]在這之前，能夠獲得自然史學者注意的只有那些（主要是在醫學上）具有危險性或功用性的昆蟲。

亞里斯多德從觀察到的形態特徵推演出分類學上的特色，再加上層次不同的差異，藉此構成層級更高的分類階元（taxa）。[21]然而，他並不像林奈（Linnaeus）那樣嚴格地只從形態上的特徵去做區別，而是聚焦在動物的靈魂上，也就是把牠們的主要功能當作為其自身下定義的特色，而非依其身體下定義。而且，儘管他有時的確會採用二分法，例如把昆蟲區分為有翅膀與沒翅膀，但是他辨別昆蟲的原則是去尋找各種獨有的特色，而非二元對立之處。此外，他的分類方法源自於他的本體論學說，兩者都是構築在一個宇宙論信念之上：自然背後的驅動力是一種目的性，能夠印證這一點的，是一個不斷趨近於完美的層級結構，而位居於其中最上層的，想當然耳，就是人類中的男性。史家羅伊德（G.E.R. Lloyd）曾對此提出清楚的解釋，此一龐大的層級結構所預設的是，動物的體液性質、繁殖方式與完美程度之間有密不可分的關聯。羅伊德寫道，「亞里斯多德根據動物的感覺官能、移動方式與繁殖方式來區別不同類別的動物。在他看來，與這些能力密切相關的某些基本性質，像是冷、熱、濕、乾。因此他區分了胎生動物、卵生動物（卵生動物主要還分成兩種，一種是可以生產完美的卵，另一種的卵

＊ 審定者注：作者的意思是，西方的現代性對於人蟲的差異，一直無法妥善處理，不是（負面的無視與）抹消，就是（正面的想要）代言。作者試圖藉由這幾章，透過異文化（如蟋蟀）或者現代性降臨之前的歐洲文化中（如文藝復興），看見對人蟲差異的不同理解可能。

＊＊ 譯注：自然哲學向來被視為自然科學的前身，是一種思考人類與自然的關係的哲學。

則是不完美的）以及生產幼蟲的動物，三者構成了一種趨向於「完美」的層級結構，而且越熱越濕的動物就越完美。」[22]

昆蟲是又冷又乾的，牠們是四大類無血的動物之一。有些有翅膀，而且全都至少有四隻腳，也全都有視覺、嗅覺與味覺，有些有聽覺。如同羅伊德指出的，最重要的是，牠們的繁殖方式是所謂的「自然發生」——在亞里斯多德的四種繁殖方式中，是最不完美的一種。例如，家蠅是從糞便中生成的，跳蚤也是，而虱子則源自於肉，蟲子從累積多時的雪裡長出來，飛蛾來自於又乾又髒的羊毛，其他昆蟲則來自於露水、泥巴、木頭、植物與動物的毛髮。這些例子說明，在沒有透鏡的幫助之下，亞里斯多德使用的是近距離觀察法，並且還採用了一種有點武斷的理論工具。據其觀察，這些小動物都有性別，但牠們的子孫都是比較劣等，比較不完美的有機物：例如，蒼蠅與蝴蝶的後代都是小蟲。[23]而且因為沒有演變，昆蟲無法改善自身，無法從「糞堆」演變成完美的「乙太」(ether)。就每一方面而言，亞里斯多德都認為昆蟲（唯一的例外是備受他重視的蜜蜂）是所有動物裡面與完美距離最遠的一種。[24]

《火》展現出一種反抗亞里斯多德式階層理論的精神。早期的藝術家都聚焦在那些最具象徵性的昆蟲身上，例如鍬形蟲、蜜蜂與蚱蜢，或者把朝聖過程中遇見的當地物種記錄下來，寫入紀念性質的泥金裝飾手抄本中（illuminated text），霍夫納格卻是用《火》一書來提升昆蟲這一類動物的地位。[25]在霍夫納格筆下，昆蟲變得如此重要，昆蟲界的凝聚力如此強大，而且他還隱然主張各種昆蟲之間的平等概念（不管是討厭的蚊子或平凡無奇的鼠婦，還是勤奮不懈的蜜蜂，他都一樣重視），藉此堅持他所謂「insecta」這一類動物的整體價值。

為了支持自己的論點，他求助於亞里斯多德的物理學原則。根據流行於文藝復興時期的宇宙觀，宇宙可以被區分為兩個領域：位居上面的，是完美而不可能遭毀壞的「乙太」，其律動完美而一致，可稱為天堂；而在下面的則是與月球毗鄰的地界，流動不居，由火、土、氣、水等四大地上原質構成。在這四大元素裡，火是地界的表層，它充斥於最高的自然界之中。因為不受任何阻礙，火總是會自然而然地往上衝向天堂，因此就這方面而言，它是與完美最接近的。[26] 霍夫納格把昆蟲跟火連結在一起，而此舉無異於把牠們融入了一種最特殊的元素，這種元素與生滅息息相關，是最為變化多端，充滿動力，深不可測的，而且對於早期現代歐洲的人而言，也是最奇妙的。還有，最重要的是，與《四大元素》一書其他幾卷的邏輯有所不同，火並非昆蟲居住的環境。火所代表的是昆蟲所具備的特質。[27]

4

然而，《火》的卷首所描繪的並非昆蟲，而是一對人類的夫妻。畫面上那個男人的眼神凝視前方，他老婆把手擺在他的肩膀上，像是保護他

的動作，他名為派德羅・龔薩雷斯（Pedro Gonzales），是霍夫納格筆下第一個「理性動物」。

有人在特內里費島（Tenerife）上發現龔薩雷斯後，將他帶回法國，在宮廷接受人文教育，根據霍夫納格在畫上的提詞顯示（也有其他歷史文件記錄此事），後來他成為歐洲社會知名的文人。從服裝與舉止看來，他非常有教養，但是從他的多毛症與他那幾個出現在下一頁，看來也很憂鬱的孩子看來，他向來是被視為荒野之人——能夠進而印證這一點的，是他們在畫裡面也置身於蠻荒景色中。那景色強化了他們夫妻倆的孤寂感，那一個把他們圍起來的金色圈圈看來則像是在諷刺兩人的文明之路。受到因龔薩雷斯生理特徵而來的盛名之累，這對夫婦無疑地過著十分孤寂的生活。如同畫像下方所引的《約伯記》（*Book of Job*）詩文所言：（這是一位）「婦人所生之人，其生也短，其涯也悲。」[28]

但是，是哪一種人？出現在整本《四大元素》裡面的理性動物，就只有龔薩雷斯與其妻女（還有在第三頁裡面只有文字描述，沒被畫出來的巨人與侏儒）。他們位居人性的邊界上，但因為終究算是人類而更彰顯出奇特性，將理性（足以定義人類的特性）與動物性（與人類定義相對的性質）結合在一起，自然層級的概念也因而被動搖了。就身體的層次而言，他們立刻被認定為是所謂「野人」與怪物的一員——這種生物在文藝復興時期歐洲人的想像中，比比皆是，而且時人認為往往只有透過與人類相對的怪獸才能真正瞭解人類的內涵。不過，就文化的層次而言，毫無疑問地，龔薩雷斯的確是人類，而且霍夫納格在其說明文字裡也說得很清楚，他是位人文學者。而正是在這關鍵的一點上，龔薩雷斯的「理性」恰好對當時「人類是理性的動物」此一通說拋出了深刻的挑戰。與此相呼應的是差不多同時的蒙田（Montaigne）〈論食人族〉（On Cannibals）這篇論文中提出的觀點：當巴西原住民與歐洲人在法國宮廷相遇時，同樣對歐洲人的文明優越性拋出了挑戰。[29]

當時，龔薩雷斯一家人的「珍奇感」普遍被意識到。很多人幫他們畫了重要的肖像畫。許多顯赫的內科醫師也被找來看診。阿爾德羅萬迪就曾親自檢視過這一家人，並且在他寫的《怪獸誌》（*Monstrorum histori*）一書裡面擺了他們的畫像。[30]但是，在所有的評論裡面，霍夫納格所說的是最為深入的。如果這一家人是受害者，他們的悲慘處境可說是針對「不寬容」所提出的控訴，而且如同藝術史家李·亨德里克斯（Lee Hendrix）所說，當我們透過這幅作品而認識他們，也應該會想起當時遍及全歐洲、使霍夫納格也淪為受害者與難民的宗教迫害。[31]如果這一家人確實是受害者，那麼他們也正如同宗教迫害的犧牲者一樣，都飽受世人誤解。而這些受害者——或許包括所有的受害者在內——也都曾經引發世人的讚奇之感。他們在浴火後自然而然地擺脫塵世的一切，往天堂高升。那實在是一種深具震撼力的影像，自從我在華盛頓特區的國家藝廊看過一眼後，始終銘記在心。這位奇人的凝視充滿穿透力，緊緊盯著我這位賞畫者。那個悲傷但卻鎮定的女人並未看著她丈夫或者畫家，而是用茫然認命的眼神看著前方某處，也許她才是畫中最令人揮之不去的角色：因為她選擇跨越人獸之間的界線，自願受苦，肩負起調解真正的人類與理性動物之間的差異，但是沒有人為她留下隻字片語，她的名字與生平似乎在所有的紀錄中都付之闕如。

為何霍夫納格要把龔薩雷斯一家人與昆蟲一起擺進他所設想出來的全新自然層級？或者用更精確的方式說來，為什麼他要用這些奇人來為其關於昆蟲的著作定調與起頭？答案也許就在奇人與昆蟲的共通之處：兩者都是如此奇妙，但卻被殘酷地誤解為不完美的生物，被迫居處於自然界的邊緣。如果說龔薩雷斯的位置是在人性的邊界上，那麼昆蟲也是同時站在自然的邊界上與可見世界的邊緣。在那隱而未顯，但卻充滿真理的世界裡，牠們指向自身以外之處，通向未知的深處，帶著顯微鏡發明以前的人類踏上一趟「沒有人探尋過的視覺之旅」。[32]

5

詹姆斯・弗雷澤爵士（Sir James Frazer）熟知早期人類學的各種發展，他曾提到「像順勢療法的巫術」：一種以「相似律」（〔Law of Similarity〕也就是所謂的「龍生龍，鳳生鳳」）為基礎的共感巫術；但我卻過了好一陣子才意識到，《火》這一卷的內容就是這種巫術。[33]先前我就已經知道這位早期現代自然哲學家想做的，就是以「魔法」（*ars magica*）來弭平可見世界與直觀宇宙之間的鴻溝。[34]但為什麼我這麼慢才看出《火》與其中的昆蟲本身其實就是一種魔術的道具？

也許是因為弗雷澤所舉的例子雖然難以勝數（只不過他所舉的例子都帶有二十世紀初社會科學的帝國主義偏見，例證之一是他的這一段話：「毫不令人感到意外的，對文明的進展與擴張做出最大貢獻的，就是那些征服世界的偉大種族」），但卻沒有一個與《火》相符。[35]霍夫納格看起來並不像那一個「歐吉威族印地安人」（Ojebway Indian）能夠藉由「把針插進敵人的木頭雕像的頭部或心臟」來遂行魔法。他也無法讓我聯想到那些「祕魯印地安人把脂肪與穀物混在一起，製造出塑像，外形與不喜歡或害怕的人相似，在他們會經過的路上焚燒塑像，藉此加害他們。」[36]霍夫納格所畫的那些昆蟲如此逼真，因此完全不像那些由木頭與脂肪製成的巫術道具：根據弗雷澤的說法，它們與被害者在外形上的相似性極為薄弱，有時只是在姿勢上具有抽象的相似性，甚或毫不相干。

儘管有所疑慮，但弗雷澤還是同意，如果意圖清楚明顯，那麼「模擬的巫術」（Mimetic Magic）是可以成立的。其實這一點早該讓我有所體悟，如果我不先入為主地認為模仿注定是悲劇、也不認為擬仿者總是無法真正成為模仿對象而注定一再失敗，那我更早就會注意到弗雷澤的話了。我還是可以把霍夫納格當成一位（大幅超前其時代的）超寫實主義者，而他的模擬方法其實是一種干擾戰術，一種故意讓賞畫者情緒不穩的方法，目的是製造出能夠有所體悟的心理狀態。但也許不只是這樣？弗雷澤的用詞讓我想起了華特・班雅明（Walter Benjamin）寫的那一篇奇文，〈論模擬機能〉（On the Mimetic Faculty）：他主張，模仿者的企圖並非總是白費。根據班雅明對於模擬的瞭解，任何模擬都是可能的，以人類學者邁可・陶席格（Michael Taussig）的話來說，如果時機正確的話，對象「會從外在的變成內在的。⋯模仿變成一種內化。」[37]

不只《火》裡面畫的那些昆蟲是奇觀，《火》這冊畫卷本身便是奇觀。透過那些具有高度啟發性的畫面，我們可以看出霍夫納格具備一種讓畫作栩栩如生的驚人能力。即便如此，跟同一時代的大多數畫家一樣，他也是臨摹其他畫家的作品，只不過眾所皆知的是，他有能力超越單純的模仿。在他的筆下，就連德國畫家杜勒（Dürer）名畫中的鍬形蟲也獲得了新生命，其鮮活的外觀讓賞畫者得以驚人地大幅逼近一個未知的世界。[38]

請試著不把這種複製看成只是模仿，而是把它視為一種為了更偉大與更神秘的東西而實踐的哲學性藝術活動。它當然表現出一種虔信之意，因為那些都是上帝創造的生

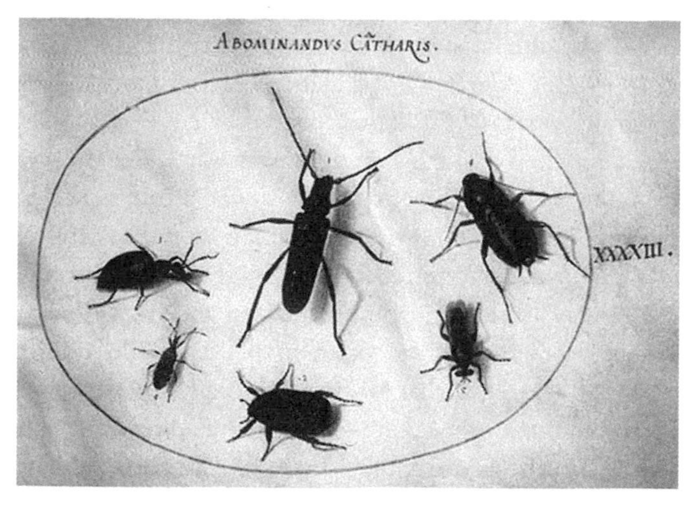

物，但也表達出一種想要往深處探究的相關意圖，想要跨越表象與真實之間的鴻溝，還有羊皮紙與顏料和昆蟲之間，主體與客體之間，人與神之間，還有人與動物之間的諸多鴻溝。霍夫納格所創造出來的相似性與弗雷澤的例子不同，並非要對被模仿者產生影響，而是要讓我們能夠認同那被臨摹的對象。這是一種以內化為企圖的模仿，透過同感（empathy）達成目的——透過創造讚奇的情緒來產生同感，而這些讚奇之感又是來自於霍夫納格許多高超的、令觀者吃驚的繪畫技法（這些手法讓我把霍夫納格想像成早期現代的超寫實主義者）。

關鍵在於賞畫時必須抱持霍夫納格所要求的積極心態。任誰也不可能忽略他筆下那些昆蟲。就像派德羅．龔薩雷斯的凝視眼神讓我們無法忽視他，吸引了我們的目光，堅持要求我們把他當成一個主體（當成一個人，一個公民，一個主題，還有一個受害者），霍夫納格把那些昆蟲畫得如此鉅細靡遺，精確無比，其目的無非在於把牠們的個體性呈現在我們眼前，讓我們專注在那些生物本身，就像鏡頭的作用一樣，引領著我們進入一個神祕而充滿活力的大自然生物界。

戲劇性的呈現手法加強了此一效果：畫作的背景通常是一片空白，產生一種既深邃又平面的感覺（請注意那些精

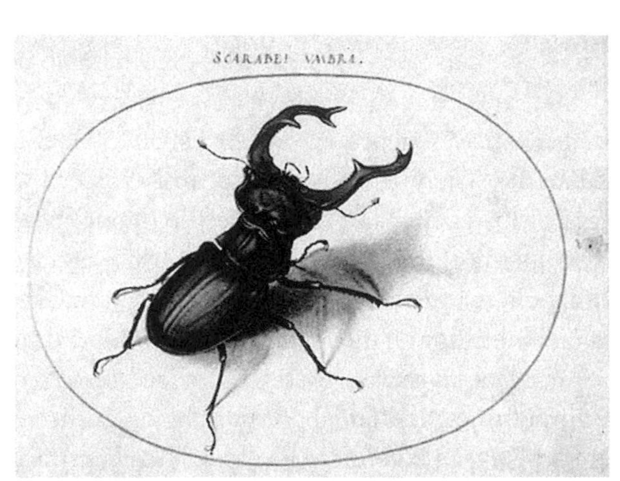

細的陰影），同時又把那些容易讓人分心的脈絡去除掉，讓昆蟲能夠置身於一個獨立而無特色的空間裡——在我看來，那是一個本體論的空間，而非如今很多人可能會認為的生態或歷史的空間。彷彿就在倒抽一口氣的瞬間，這些深邃又平面的空間突然將我們帶進這些微小生物的世界裡。我們好像都穿過了霍夫納格所提供的鏡子，也都變小了。昆蟲之間的身形大小差異（從最小的蒼蠅到最大的蜘蛛都有）令人感到訝異、驚駭，但也興奮。他強調牠們的運動，牠們的目的性，帶我們臨近牠們那充滿驅動力的智能。而這樣的讚奇之感讓我們由衷地謙卑。昆蟲讓我們意識到，人類的理解力是如此侷限，而我們習以為常的生存狀態又是如此貧乏。霍夫納格的「擬蟲魔法」引領他的觀者一步步深入一個秘密之境。越來越深，越來越近，來到一個難以言傳、無以名狀的境地。

6

尚．保羅．蓋提博物館與研究院（J. Paul Getty Museum and Research Institute）位於可以眺望洛杉磯的某座山丘上，它收藏著霍夫納格的另一部大師級作品，《書法寶典》（*Mira calligraphiae monumenta*）：這本手工書籍異常美麗，內容包含了令人難解的雋語。原稿是書法大師格奧格．伯克斯凱（Georg Bocskay）於一五六一到六二年之間完成的。三十多年後，在神聖羅馬帝國皇帝魯道夫二世的要求之下，霍夫納格開始為內文字體進行美化的工作，在伯克斯凱原有的字跡上加上水果與花卉，他筆下的各種完美小蟲在精美的字母之間爬來爬去，待在字體的頂端，從尾端往下滑，穿越字體的花飾，嚙咬著線條交會之處，一方面取笑伯克斯凱透過華麗字體展現的精湛技藝，另一方面也傳達出霍夫納格的信念：視覺影像可以表達文字無法表達的訊息。[39]

儘管《書法寶典》給人一種輕快的感覺，但霍夫納格卻很認真地深信，影像有能力把極其深奧的東西表達出來。就此而言，他讓我聯想到班雅明：因為班雅明一樣也意圖改變人類與他們在其中移動的世界之關係，勉力找出各種詞彙來勾勒出他的「辯證意象」（dialectical images）——一種能掌握生命中所有矛盾，把表象世界轟出一個大洞的意象。[40]在二次世界大戰前夕的歐洲，班雅明發現身為一個猶太人與馬克思主義者（雖然他是個非典型的馬克思主義者）是很危險的，然而他依然虔信文字的力量，相信高度精煉的文字意象足以引爆現實而展現真理。也許有人會認為這想法不太可靠。但我相信這些人是錯的。即便文字的力量來自於意象，即便最勇敢的文字對於世界的影響都是脆弱且暫時的，但此一概念依然堅持：沒有什麼是文字的魔法所不能突破的。*

儘管霍夫納格與班雅明對於文字與意象之關係的觀念有別，但我寧願相信，他們應該能夠瞭解彼此對於哲學家任務的看法。由於他倆各自深受基督教與猶太教虔信傳統之啟發，對於他們來說，批評的工作就是揭露真相的工作。而若想揭露真相，就得以激烈的改變手法來顛覆日常生活。我們或許可以把這種揭露真相的方法稱為模仿性的震驚（mimetic shock）：透過高超的藝術擬真手法，而引發觀者在瞬間產生心理位移。

幾百年後的今天，霍夫納格的昆蟲已經不如當年具有震撼力了。如今能打動賞畫者的，是那些畫作引人入勝的美，不是透過意料之外的視角所迸現而出的差異性。當年造訪國家藝廊的那個早上，在葛瑞格．耶克曼幫我翻書之際，用不了多久我就意識到自己為什麼會倒抽一口氣：令我驚嘆的是霍夫納格的才華，而不是因為我看見了那些昆蟲的全方位具現——而我想，這不會是當初霍夫納格所設想與預期的讀者反應。讓我銘記在心的是他以完美的筆法重現了那些生物，而不是因為那些生物本身讓我感到震驚。而且一開始我並不瞭解他是把擬真視為一種改變世界的魔法。也許，正如班雅明所預見的，對於擬仿物與複製品的熟悉，已經讓我們對原作的魔力感到麻木了。[41]

然而，霍夫納格為自己設定的任務是如此地困難！他所致力的，不只是要完美地再現那些昆蟲，還要捕捉牠們更深刻的特質，一種難以捉摸而且不可見的特質，但是他知道那特質確實存在，同時也深信可以透過模仿的藝術將其呈現出來。這是多麼艱苦的工作啊！畫著如此微小的昆蟲，不只必須力求逼真，還要創作出比真實還要更為真實的作品（甚至比他所臨摹的作品還要真實），這讓他得以超越他所能看見的領域，走入一個未知的內在世界，跨越物種之間的障礙，在模仿的盡頭，他也被帶往一個人蟲之間的差異已經泯滅的內化境界。

他成功了嗎？他的模仿魔法真的是如此強大，足以跨越表象與真實之間，羊皮紙、顏料與奇妙生物之間，人神之間，還有人蟲之間的鴻溝嗎？也許光是看到成功的可能性，看到

＊編注：作者的意思是，「文字可以拯救我們免於苦難」的信念寄託於希望和信念，但想想二十世紀的困境，這樣的信念實在沒有說服力，更遑論班雅明將文字的潛在轉化力侷限於「辯證意象」。但作者仍然願意跟隨班雅明，投注希望在文字語言上，作者並不想一筆勾銷那樣的夢想和可能性。

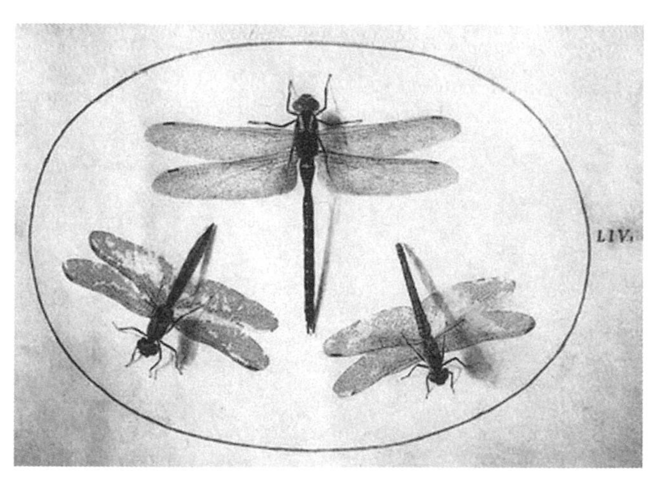

那種美麗畫面曾經擁有過的力量，那就足夠了。也許吧。但我猜想，霍夫納格並不以此為滿足。

耶克曼又翻了一頁，我們倆都注視著第五十四頁。他意識到我並沒注意到，他的手指向畫面上較低處那兩隻蜻蜓身上殘破的翅膀。他跟我說，那是**真的**，是**真正的翅膀**——霍夫納格從他的昆蟲標本上取下來，極其小心謹慎地黏在畫作表面上的。我於是發現，這些翅膀確實有所不同。經過反覆的摩擦與逐漸解體，翅膀已經腐朽了，與中間那隻蜻蜓身上那一對用畫筆臨摹出來的翅膀相較，反而沒那麼栩栩如生。許多中世紀手稿都有這種把發現的實物貼上去的傳統，像是徽章、貝殼或者壓花之類的，它們象徵著見證的事蹟。那些物品可說是某種遺跡，證明作者曾去過某個聖地朝聖，或者是想藉著它們來喚醒自己的記憶。[42]但這翅膀有所不同。我相信霍夫納格是藉著此舉來凝望自己的失敗，凝望所有藝術再現的極限，同時也凝望所有無可名狀之物。我彷彿聽見莫菲特的驚嘆：「主啊！祢的作品多麼美好！」但與其說是歡呼，不如說是一聲嘆息。「主啊！祢的作品多麼美好！」我彷彿聽見霍夫納格附和著，「但我自己的作品是如此無用啊！」

J

猶太人
Jews

反猶太主義就是除蝨。除蝨非關意識形態。重點是要保持乾淨。同樣地，對於我們來講，反猶太主義也無關意識型態，關鍵是在保持清潔，而這正是此刻我們會立刻著手進行的。我們即將要來除蝨了。我們只剩下兩萬隻蝨子，重點是要讓他們在德國全境絕跡。

——海因里希．希姆萊（Heinrich Himmler），一九四三年四月

1

阿哈龍．阿佩菲爾德（Aharon Appelfeld）曾經寫過《鐵軌》（*The Iron Tracks*）這一本尖刻的小說，故事描述者希格包姆（Siegelbaum）行經二戰戰後的殘破中歐，處處都感受到敵意，在一列空蕩蕩的火車上他遇到一個男人，對方毫不猶豫地就發現他是個猶太人。[1] 希格包姆感到很困惑，他問道：你是怎麼看出來的？那個男人淡淡地說，不是從你的身體特徵。是因為你的焦慮感。你有猶太人焦慮感。那種被追捕的罪犯特有的焦慮感。墮落者的焦慮感。他大可以再多加幾句：你有蟑螂竄逃時的那種恐懼感，像蝨子之類的寄生蟲一樣冒冒失失的。不管殺了幾隻，總是會有一些倖存。此刻，不管我們在哪裡看到一隻，我們就知道還有其他許許多多存在。

2

海因里希・希姆萊曾說：「反猶太主義就是除蝨。」[2]身為納粹黨衛軍全國領袖（SS Reichsführer）的他，有時候可能為了把話講得貼切委婉一點而語帶保留，但是他用字精確卻是遠近馳名的。反猶太主義不是**類似**除蝨；也不只是除蝨的**某種形式**。它**就是**除蝨。他是說猶太人的確就是蝨子嗎？還是說，原本是兩種不同的東西，只是剛好有相同的消除方法？？

在美國華盛頓特區的大屠殺紀念博物館（Holocaust Memorial Museum）裡面，希姆萊可以說無所不在。與他那些知名的同僚，包括戈林（Göring）、戈培爾（Goebbels）和希特勒本人相較，他是比較有節制而且自信的人。就像暴風雨中唯一的平靜之處。我曾於二〇〇二年造訪該館，曾在樓下看到博物館把畫家兼宣傳家亞瑟・齊克（Arthur Szyk）的作品展示出來，齊克原本學的是中世紀手稿彩飾，後來成為風格激烈的諷刺畫家，極力鼓吹修正主義，在猶太復國運動中隸屬於漸漸占上風的鷹派。[3]透過畫筆，齊克把這一位黨衛軍指揮官那種如同醫生的冷靜神態畫得栩栩如生。

一九四三年，美國國務院首次用官方立場確認，保守估計被納粹殺掉的猶太人為兩百萬人，幾個月後，在該年年底，流亡到紐約，大力鼓吹應該積極介入救援猶太人的齊克以他慣有的直接，畫了一幅畫。[4]在他的畫裡面，我們看到希姆萊、戈林、戈培爾與希特勒抱怨道：「猶太人快要不夠用了！」一張桌子上擺著蓋世太保的報告：「兩百萬個猶太人被處決了。」右上角則是寫著：「紀念我親愛的母親，她在波蘭猶太隔離區的某處被德國人謀殺了。⋯⋯亞瑟・齊克。」最後這一句話是他的猜想，不過他的確沒錯，他的母親當時在羅茲（Lodz）跟著一大群人被趕上運輸車，運往庫爾姆集中營（Chelmno）。

一年後，也就是到了一九四四年年底，邁丹尼克集中營（Majdanek）已經被解放的時候，齊克再次把那幾個納粹元首畫出來，這次他是為修正式猶太復國主義期刊《解答》（*The Answer*）繪製封面。他畫了一堆頭骨、骨頭與墓碑來代表死者，墓碑上刻了許多集中營的名稱。幾位納粹領袖矗立在骨堆上方，他們衣衫襤褸，即將潰敗，站在最前面的戈培爾一臉不敢置信的樣子，高舉雙手，好像在投降，畫面最下方只見名為亞哈隨魯（Ahasuerus）的傳奇人物「流浪猶太人」（the Wandering Jew）走過，手裡緊握一部象徵著集體倖存的《摩西五經》（*Torah*）。眼前只見一人，但陰影裡還有其他許許多多人。就像封面圖說寫的：猶太人是個永恆的民族。

《解答》是復國運動中彼得．柏格森的支持者們（Bergsonites）創辦的期刊，他們是鷹派的修正主義者，在美國致力於宣傳納粹如何消滅歐洲猶太人。該團體把齊克的畫作當成重要宣傳材料，他的作品展現出一種特殊天分，擅長把政治綱領轉化成複雜但卻又能觸動人心的圖像。在反猶太主義的悠久歷史中，「流浪猶太人」是個帶有矛盾意涵的意象，他因為在耶穌基督扛著十字架赴死的路上曾經取笑祂，因而受到詛咒，必須持續在這世上流浪，直到耶穌再臨，但是在齊克之前就已經有一些猶太藝術家把「流浪猶太人」這個題材重新拿來使用，而他所採用的至少有兩個有名的版本。其中一個是十九、二十世紀交替之際，由舒莫．赫森伯格（Shmuel Hirszenberg）畫的，他筆下的「流浪猶太人」衣衫不整，驚慌失措，幾近精神錯亂，正在逃離一八八一年猶太人遭到大屠殺的恐怖現場，透過明信片與海報在歐洲猶太人之間廣為流傳。令一個來源則是阿佛列・諾席格（Alfred Nossig）的雕刻作品。

諾席格對於猶太人所承受的苦難自有定見，他把赫森伯格筆下猶太人受到創傷的形象予以轉化。下文會更清楚看見，此一猶太民族性的形象以某種詭異的反諷方式，呼應著齊克的猶太英雄形象。[5]

3

蝨子是寄生蟲（猶太人也是）。他們吸我們的血（猶太人也是）。他們進入了我們最私密的部位（猶太人也是）。他們在我們不知不覺的情況下對我們造成傷害（猶太人也是）。他們無所不在（猶太人也是）。他們令人討厭（猶太人也是）。沒有理由讓他們活下去。

4

Der ewige Jude.
Skulptur von Alfred Nossig.

儘管納粹對付猶太人的殘暴手段在史上是前所未見的，但最開始把猶太人趕入人間煉獄的，並非納粹。例如，根據近世法國的規定，「因為與猶太女人交媾無異於與狗雜交」，與猶太異性發生性行為的基督徒最嚴重有可能遭到獸姦罪起訴，被處以死刑，與他們的性伴侶一起被燒死——「從法律與我們的神聖信仰觀之，那種人與禽獸沒有兩樣」（所以應該受到審判與處決）。[6]相較於把猶太人當狗是明顯的主調，比較沒有那麼受到注意的是，日耳曼傳統裡原本就歧視猶太人，而且這個傳統持續影響納粹。[7]

傷害較大，同時也更具暗示性的，是把猶太人跟寄生蟲這種隱喻不明的形象結合在一起，因為寄生蟲不只以明顯與出乎意料的方式侵擾個人的身體與群體，當然也會侵擾整個政體（亦即國家），所以需要用創新的方式予以介入與控制。

猶太人之所以會被當成寄生蟲，是因為有三個潮流匯集在一起，包括現代反猶太主義、民粹的反資本主義，還有透過生物學的概念與隱喻來瞭解這個世界的新式社會科學（優生學就是其中一個例子）。歷史學家艾力克斯・貝因（Alex Bein）認為，在寄生蟲這個形象於現代被人與種族結合在一起以前，它就已經存在了。[8]在古希臘喜劇裡面，他發現寄生蟲早已是個固定的角色：某個利用機智與主人和賓客鬥嘴，故意讓人羞辱，藉此換取一頓溫飽的窮人。接著貝因持續追溯，

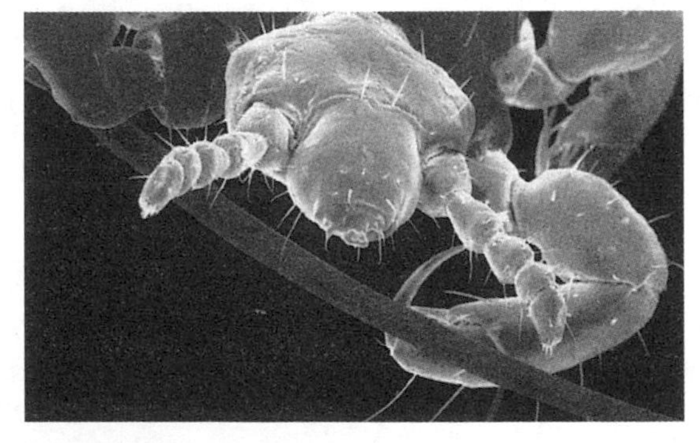

在近代早期人文主義興起、學者回歸希臘羅馬經典後，寄生蟲這個形象如何進入歐洲各地方言。在這幾百年之間，原有的喜劇特質逐漸消失，「寄生蟲」重現後變成一個貶抑之詞，用來形容那些對有錢人搖尾乞憐的傢伙，或者是藉由讓別人做苦工而獲利，但自己不需出力的人。於是，在十八世紀，各種科學紛紛接受了「寄生蟲」一詞，先是植物學，繼而是動物學，最糟糕的是到後來連人文科學也加入了，並為這個詞添上道德評價的意涵。

貝因主張，首先把「寄生蟲」一詞引介到歐洲政治哲學裡面的，是重農學派（十八世紀中葉的自由派政治經濟學家）。他們把社會整齊地區分成三種階級：從事農業的是生產階級（*classe productive*），地主是有產階級，還有不事生產的不生產階級（*classe stérile*），主要包括商人與製造商。貝因認為，就是因為重農學派開始在政治論述裡把不生產階級當成「寄生蟲」，反猶太主義才會在反資本主義中獲得了民粹基礎。

寄生蟲吸走了國家賴以維生的血液。但是，為了要讓這種陳腔濫調具有殺傷力，必須先出現一個關鍵性的轉化過程：必須要有一群人先成為實際上的害蟲，而且就暗喻的角度也是。[9]就像唐娜・哈洛威（Donna Haraway）所說的：「所有生物都是可以被殺害的，但只有人類被殺害才叫做謀殺。」[10]的確，無論用什麼方法，都必須先設法讓人類變成跟動物一樣可以被殺害。人類學家馬穆德・曼達尼（Mahmood Mamdani）設法找出納粹時代德國與盧安達這兩個種族屠殺案例之間的相似性，藉此討論所謂「種族標籤化」（race branding）的概念，就像他所說的：「如此一來，不但可以把一群人予以區隔，讓他們成為敵人，同時在消滅他們的時候，良心上也一點都不會過意不去。」[11]這種「一般的」去人性化（就像曼達尼引述屠殺者所說的：「那些圖西族的『蟑螂』應該知道會發生什麼事，知道他們會消失」[12]）需要兩種聯繫：一方面必須讓某個被鎖定的族群與一種特定的非人類生物產生關聯，另一方面則是要讓那種生物具備某些適當的負面特色。

無疑地，猶太人遭到大屠殺期間就是這樣。但當時的情況並非只是這樣而已。如果能夠解釋當時的情況，才有辦法瞭解猶太人的命運，因為畢竟他們就像昆蟲那樣遭人殺害；事實上，簡直就像蝨子。而且真的是被當成了蝨子。就像希姆萊所說的蝨子。屠殺他們的行動變成了例行公事，劊子手如此冷漠，殺人如麻，而且用的都是同樣的技術。

5

雕刻家諾席格創作出的「流浪猶太人」看來充滿自信。七十九歲時，他於華沙的猶太隔離區遭到後來領導大規模起義行動的猶太反抗組織（ZOB）逮捕。當時是一九四三年二月，蓋世太保剛剛才在一月入侵，人心惶惶，到了四月猶太隔離區就發生了起義行動，而他遭到逮捕的詳細過程並不是很清楚。該組織秘密審判他，他因為叛國而被定罪，遭人草率處決。諾席格死後，人們在他的口袋裡發現一份可以證明他有罪的文件，那是他為德國人準備的報告，用來說明他們的失敗行動帶來的影響，文件也有可能是在他的公寓裡的書桌抽屜中發現的，或實際上根本就沒有那一份文件。沒有人可以確定，而且既然他已經被處決，這一切也都無關緊要了。

諾席格並不只是一位雕刻家。他是個知名的哲學家、政論家、詩人、劇作家、文評家，寫過一部歌劇劇本，也是記者與外交官，博學的他曾在利維夫（Lvov）、蘇黎世與維也納等地方分別接受過法律與經濟學、哲學以及醫學的訓練，就像鑽研猶太復國主義的史學家舒莫．阿爾莫格（Shmuel Almog）所說的，他是一個「各種偉大計畫的構思者」。[13]他是個精力旺盛的神秘人物，總是在進行計劃，提出各種主張，但卻也不斷失敗。在猶太復國主義剛剛興起時，猶太知識分子與激進分子面對的是各種新的意識形態與可能性，還有前所未見的種種危機，他們必須多方激烈角力，設法瞭解自己的處境，曾有數十年的時間他都是那一場激烈爭鬥的核心人物。儘管人數不多，但是猶太反抗組織也處決了其他幾個猶太人，只是其中沒有人像諾席格那樣威名赫赫。[14]在那持久的救贖時刻中＊，怎麼會有一位長者死得如此不明不白？迄今，這是一個仍然無解的道德、政治與歷史問題。

諾席格的流浪猶太人雕像充滿活力，他雖然設法把《摩西五經》與反抗運動結合在一起，但終究因為時機尚未成熟而「很快就被遺忘」。[15]反倒是赫森伯格以畫筆呈現出猶太人的苦難，反映了舊日猶太世界逐步崩毀的過程：沙皇亞歷山大二世（Tsar Alexander II）於一八八一年遇刺身亡，猶太人屢屢遭到惡意屠戮，各地在一九〇三年與之後一再爆發類似事件，因此也促使五十到七十五萬之間的猶太人於一八八一到一九一四年間從猶太隔離區（Pale of Settlement）往西遷居歐洲各地。儘管如此，我們已經知道諾席格的觀念將會在四十三年後重新在齊克的畫作裡出現——也就是認為「苦難為反抗之泉」。

但是，反抗精神有可能以各種奇怪的形式出現。各地都發生屠殺事件時，諾席格主張，反猶太主義之所以日益興盛，是因為猶太人獲得解放，而且也與非猶太人同化，這讓基督徒開始感到不安。跟赫森伯格一樣，他也相信猶太人與基督徒基本上是水火不容的。猶太人已經因為歷史上的「流亡經驗」而發生退化現象。他曾在一八七八年寫道：「一般猶太人在掙扎生存的過程中展現出自己的力量，但是就道德層次而言，卻比非猶太人低下；猶太人比非猶太人更具才智與韌性，但同時也更有野心，更為虛矯，而且沒有良知。」[16]

諾席格的文字作品引發轟動。但不是因為他惹火了大家。反而是因為他提出一個明確的呼籲：歐洲猶太人問題的唯一解決之道，就是讓猶太人在巴勒斯坦重新建立家園，這也讓他成為最頂尖的猶太復國主義論辯家，名氣與一八九六年出版了知名宣言《猶太國》(*Der Judenstaat*)一書的席奧多·赫茨爾(Theodor Herzl)相當。但是，現在回顧起來，真正能夠點出問題的，反而是上述那一種當年遭人忽視的句子。

6

這一切都像電影那樣上演。包括諾席格被逮捕，速審速決，遭到秘密處決，把鏡頭切換到蘇聯邊界，特別行動部隊(*Einsatzgruppen*)動了起來，黨衛軍有系統地屠殺已經被凍僵的烏克蘭人。遍地潔白的景色中，一間間小屋陷入火海，空蕩蕩的天空黑煙密布，清爽的雪地被血染成了紅色。諾席格在二月死於華沙。四月十九日，猶太隔離區起義事件發生，五天後義士們仍然苦撐著，在此同時，希姆萊則是在卡爾科夫(Kharkov)對他的黨衛隊軍官們發表那一番關於蝨子的談話。

那是一段難以理解的歷史，由於聚焦猶太人的大浩劫，以至於之前這段比較複雜的歷史被邊緣化。十九世紀末儘管還有其他關鍵詞，但其中最重要的莫過於以下四個：退化、科學、國族與種族。那是關於猶太人、波蘭人與德國人之間的糾葛。很快地，歐洲與各國的殖民地就會遍地烽火，戰事頻仍。所謂的「猶太人之爭」(*Judenfrage*)**也是「猶太人問題」(the Jewish Problem)，而且新的解決方案已經漸漸露出曙光。諾席格將會周遊列國。在他回到骯髒的猶太隔離區遭人處決以前，他曾在歐陸各

* 編注：這裡指的是前段所提華沙猶太隔離區的反抗事件。通常，猶太人認為這起反抗行動是他們偉大光榮的時刻，也是他們一改過去被動承受當局安排悲慘命運的救贖時刻。

** 譯注：也就是關於猶太人的社會、政治地位，以及該怎樣對待他們的相關爭辯。

地讀書、雕刻、寫書、創作劇本、編輯期刊、創辦博物館、展覽與研究機構、成立一家猶太出版社，並且試圖成立一家猶太大學，在巴黎、維也納、倫敦、柏林與其他許多地方的會議與研討會上演講，成為知名的社會主義自由派份子，積極鼓吹和平，也盡力宣傳猶太人應該移居巴勒斯坦的理念。

他把龐大的精力投注在文化與政治的激進主義活動，強調所謂「介入此世」（*Gegenwartsarbeit*）的精神，也就是著重各種可以改變當下情況的實踐工作。到了快要四十歲的時候，他已經是同世代猶太人裡面最有名氣的。但是他最後的下場卻連「歷史的註腳」都幾乎算不上，他的名字永遠與最糟糕的三個字都脫不了關係：「通敵者」。還有誰的命運比他更糟糕嗎？

諾席格先是槓上了赫茨爾還有政界的猶太復國主義者，繼而直接與猶太復國組織（Zionist Organization）本身發生衝突。他曾與土耳其人、英國人、德國人與波蘭人談判協商。他把自己塑造成一個沒有任何人喜歡或信任的神秘人物，也許帶有惡意，

但是誰也說不準。大家都知道他很有幹勁。只是沒有人瞭解他之所以充滿幹勁，是受到什麼東西的趨使。看起來他好像能感覺到大難即將臨頭的樣子。（但是真的有人感覺到大難即將臨頭嗎？）

大家都不知道該怎麼看待他。他有一種沒有人喜歡，也無法讓人信任的神秘特色。（華沙猶太隔離區猶太議會〔*Judenrat*〕的主席亞當．塞尼亞考〔Adam Czerniakow〕稱他為巫師〔*Tausendkünstler*〕，意思是他彷彿有三頭六臂。[17]）每當他出現在隔離區時，他總是沉默不語，一副高傲自大的模樣。（「想聽他開口講話，實在是難上加難。」[18]）

無論諾席格是什麼樣的人，總之他在現代的社會科學裡占有一席之地。他堅持掌握事實的完整面貌。他似乎覺得，如果能夠瞭解真相，就能抵擋來日大難。他成立了猶太統計學協會（*Verein für jüdische Statistik*），會員囊括了中歐地區許多最為活躍的猶太知識分子。他們希望猶太人能夠更深入自己的民族以及生活方式；他們想要揭露猶太人遭到同化的墮落現象，還有新興的反猶太主義；他們希望能把猶太人團結組織起來，讓猶太人從墮落裡重生。

所以他們出版了許多關於流亡生活的研究，提供統計數據。這就是所謂的「介入此世」。而且諾席格很快就領悟到，猶太人是否能夠生存下去，是個必須從社會衛生學（social hygiene）角度去解答的問題（很多非猶太人也知道這一點）。最重要的關鍵詞就是退化、科學、國族與種族。

7

柏林市向來是德國猶太知識分子的主要聚集地，諾席格善用他的組織天分，在一九〇二年於該市成立了猶太統計學協會，同時他也是該會最早出版物《猶太統計》（*Jüdische Statistik*，一九〇三年出版）的編輯；隔年，他又成立了猶太統計局（*Büro für Statistik der Juden*）。在納粹時代以前，猶太統計局曾經是德國猶太人政治圈與知識界的要角，「直到一九二〇年代中期以前，一直都是歐洲猶太人社會科學活動的焦點。」[19]

「猶太人之爭」出現之後，猶太人企圖建立自己的社會科學，直接回應爭辯。歷史學家約翰．艾弗隆（John Efron）曾經非常簡潔地描述過此一現象：問題的核心在於如何解釋猶太人與德國人之間的身體、文化與社會差異。最重要的議題是，既然猶太人早已於一八一二年普魯士王國時期獲得解放，隨後融入了德國社會，他們也接納了德國文化，但為什麼還是一個如此截然有別，可見度很高，很容易被辨識出來的族群？為什麼他們沒有辦法擺脫既有的猶太人特色？無法擺脫那種很少有人能夠描述得清楚，但卻常常可以觀察得到的本質？[20]

許多非猶太裔的德國人也都非常關切這個問題，這一點我們可以從數量龐大而且極為深入的相關研究看得出來。其中最有名的，也許就是魯道夫．菲爾紹（Rudolf Virchow）於一八七〇年代期間針對將近七百萬德國與猶太裔學童進行的頭顱大小對照研究，研究結果證明，任誰都無法從體相來區分亞利安人與猶太人，進而宣稱種族與國族就是同一群人。[21]

諾席格主張，因為猶太人被同化，他們已經失去了自己在文化上的特殊性，也毀了個別猶太人的特殊身體與整體猶太民族的身體特色。人在流亡時很容易出現身心雙方面的疾病，不管是身體或者精神都需要重新打造。[22]因為不管是猶太的社會科學家或者反猶太的知識分子都深受體質人類學、演化理論與醫學的影響，所以這是一個雙方都認為存在的危機。然而，顯然還是有關鍵的區別存在。特別重要的是，猶太學者以法國博物學家讓．巴蒂斯特．拉馬克（Jean Baptiste Lamarck）為師，強調環境在演化過程中扮演的關鍵角色，他們主張，國族之所以會罹患某些疾病，是因為社會與歷史因素影響，而非生物與種族因素。[23]對於那些主張猶太人應留在歐洲並與非猶太社會同化的同化論者而言，拉馬克的主張幫助他們反駁歐洲社會中反猶主義者要求重新隔離猶太人與非猶太人的聲浪；對於猶太復國者而言，拉馬克等於是向他們承諾，前往一片新的土地之後，就會有一批新的猶太人誕生。

優生學，還有當時德國人用來取代社會衛生學的所謂「種族衛生學」（*Rassenhygiene*），連同現代反猶主義，吸引了政治光譜兩端的許多思想家。[24]如今回顧起來，我們實在很難看得出這種形式的社會工程具有任何理想性。同樣地，我們也不太可能相信種族衛生學的悲慘後果有其偶然性。達爾文主義不見得一定會轉變成一種粗糙的競爭社會學；優生學不一定必須以建立完美國族或是分出種族的高下為目標，而只是單純地希望從科學的角度來改善某些人口的身體條件。[25]但是在這個發展過程中，最令人震驚的是這些意識形態能夠結合在一起，繼而把政治轉化成某種形式的生物科學，而且此一趨勢居然如此勢不可擋，許多人因而被帶領著進入令人緊張不安的境地。

8

退化、科學、國族與種族。一八九七年的第一次猶太復國大會（Congress of 1897）之後，諾席格持續在猶太復國組織（Zionist Organization）裡面待了十年。他全心投入猶太復國運動，但是與他眼中那個充滿菁英主義與反民主的領導階層越來越不對盤。任誰只要有辦法幫猶太人開啟重返巴勒斯坦的大門，他就持續與之建立外交關係。他與英國、波蘭與美國的官員談判協商。不過，與他維持最長久關係的人都是來自當時控制著巴勒斯坦的鄂圖曼土耳其帝國。他不斷參加各種秘密會議，就連他的盟友也因此感到焦慮，他人還沒有回到華沙，大家就已經可以感覺到他的不可靠和危險。更糟的是，在猶太復國運動中，他沒辦法掩飾自己對於敵手的厭惡感，所以樹敵甚多，而且都是一些勢力龐大的敵人，就像他曾在一九〇三於巴塞爾市（Basle）與赫茨爾公開槓上，罵對方是個「放肆的猶太人」。

「所有的國族之所以能夠成立自己的國家，都是必須出兵征服或者努力付出，只有一切都可以買賣的猶太人連自己的家園都是用買來的。」[26]那一年他寫下這句話，終究也只是讓自己的處境更為孤立而已。

此時，諾席格最花時間的一件事就是他的統計工作。第一個任務就是把猶太人都找出來（後來這個任務始終沒有完成），第二個則是把他們的病症記錄下來。猶太人有病：從他們生活在原始的東方就可以看出來（後來的作家則稱同一地區為墮落的西方）。[27]在此，猶太人與反對他們的人又找到了另一個共通點。即便猶太人認為，「有病」意味著重新打造和轉化，而不是處死，但在此，「猶太人有病」是猶太人與反對他們的人的共同認知。[28]

到了一九〇八年，諾席格終於離開了猶太復國組織，因為他越來越不滿該組織的民族主義太過極端且無猶太特色，也不滿他們在面對巴勒斯坦的阿拉伯人的時候，採取一種「拳頭至上」（cult of power）的態度*，不但會產生惡果，也不道德。[29]同時，他也深信該組織忽略了屯墾行動，所以另外建立了一個有很多人共同參與的全新殖民組織，名為全猶太殖民組織（*Allgemeine Jüdische Kolonizations-Organisation*，簡稱AJKO），希望它能夠與猶太復國組織分庭抗體。此刻，許多猶太復國主義者希望在鄂圖曼土耳其帝國的政治架構下建立一個「猶太人的家園」，讓他們感到歡欣鼓舞的是，土耳其政府也在發展某種政策，讓境內某些不同宗教與種族的群體得以取得有限的區域自治權。[30]

第一次世界大戰爆發之前的那幾年，諾席格大動作爭取土耳其人的認同，希望鄂圖曼帝國能接受「全猶太殖民組織」，因為當時他還無法預見鄂圖曼帝國的崩潰與巴勒斯坦落入英國人手裡。儘管德國境內的猶太人團結一致，在第一次世界大戰期間與軸心國站在同一邊，但諾席格仍被視為德國間諜，因為他的激烈行動實在是太高調了——諾席格是德國間諜的耳語一直都在該地區的英美外交界與猶太復國組織內部流傳著，而且等到這個謠言在二十年後重新浮現時，對他更是產生了極度不利的影響。

隨著國際局勢在一九三〇年代持續惡化之際，諾席格也投身提倡和平，他甚至組織了一個以年輕猶太人為主力的和平運動。但是，最後他終究覺得不得不離開柏林，前往布拉格，再次投身於雕刻創作中。歐洲的環境對於猶太人而言越來越不安全，但他還是設法在納粹時代的柏林市舉辦了一次公開展覽：因為他計畫在耶路撒冷的錫安山興建一個紀念碑，他先在柏林把紀念碑的等比例模型展示出來。那是一個叫做「聖山」（The Holy Mountain）的作品，其中包含了二十幾個大型的聖經人物雕像，那是一個象徵猶太文明的地景作品，如今已經遺佚了，但我想他所雕刻出來的人物應該會像他的「流浪猶太人」那樣充滿活力而果決。

此刻諾席格已經七十幾歲，而且就像阿爾莫格所說的，因為他是「資深的猶太復國主義者」，巴勒斯坦為他提供了政治庇護。[31]但是他沒有去。這位畢生都致力於猶太人移民工作的老人不願離開他的雕刻作品。接下來，世人聽到他的消息時，他已經前往華沙，成為難民。

9

華沙猶太隔離區的猶太反抗組織指揮官馬瑞克．艾德曼（Marek Edelman）認為，如果要「讓猶太

＊編注：作者指的是，猶太人不顧當地巴勒斯坦人的處境，想要強行建國。這不但有愧於巴勒斯坦人，也讓猶太人屯墾區的安全堪慮。

族群擺脫一個具有敵意的環境」，那就不得不處決「惡名昭彰的蓋世太保間諜阿佛列．諾席格博士」。[32]讓我覺得有趣的是，艾德曼一方面使用的是極其軍事化的語言，但卻又以博士的頭銜尊稱諾席格，形成的對比透露著不安的訊息。但這也很有可能是他講話時總是官腔官調。

很特別的是，艾德曼並未在起義行動中捐軀。猶太平民區遭到肅清之後，隔幾天他和少數幾位憔悴的同志一起從藏身的下水道現身，他搭乘一輛有軌電車，穿越車水馬龍的華沙市亞利安人地盤，發現眼前出現了自己的圖像。那是一張在起義行動爆發後立刻貼出來的海報，一看到海報，艾德曼就發現自己馬上浮現一個念頭，「真希望自己是個沒有臉的人」。[33]

「猶太人－蝨子－斑疹傷寒」。艾德曼看見海報上有一隻巨大蝨子正爬上一張充滿「猶太味」的畸形醜臉。隔離區被肅清之後，又有很多針對猶太人的負面宣傳活動，那一張海報只是活動的一部分。[34]艾德曼的反應驚慌失措，這也驗證了蝨子的形象符合他。離開隔離區下水道之後，他發現了一個充滿種族歧視的自我形象，那是一隻被迫在大白天現身的寄生蟲，一隻蝨子。這真是一個令人震驚的體認。

我們已經知道在這種恐懼情緒背後有一段段陰暗的歷史，不堪回首。我們也知道蝨子和牠的生物機制。還記得不久前，像艾德曼與諾席格這種猶太人往往把自己想像成「解放之子」，他們繼承了歐洲的科學與人文遺緒。我們也知道他們親眼看著過去的猶太恐懼症變成了一種新的反猶太主義。我們還知道許多猶太人在面對這種新的反猶太主義時，選擇放棄原有的同化美夢，開始緊抓著猶太復國的理想。

我們不知道的是（儘管不知道，但當然也不會太意外，是不是？），面對隨著工業化而來的社會與種族退化現象，為了回應社會大眾的恐懼情緒，德國內科醫生阿佛列．普羅茲（Alfred Ploetz）在一八九五年（也就是諾席格出版《社會衛生學》〔*Social Hygiene*〕那一年）出版了《論我們的種族體能與如何保護弱者》（*Die Tüchtigkeit unsrer Rasse und der Schutz der Schwachen*）一書，這本德國種族衛生學的開創宣言裡，他提出警告：「傳統醫療照護可以幫助個人，但卻會危害種族。」[35]我們也不知道，在一九〇四與一九〇五年（這也是諾席格與他的同事們發起猶太統計協會，並且出版許多著作的時候），普羅茲醫生於柏林創立一本期刊，還有一個用來推動全新種族衛生運動的組織。此刻該回頭看看我們最開始提出的那個問題。為什麼黨衛軍首領希姆萊可以說那些話？你還記得嗎？「反猶太主義……除蝨了。」除蝨非關意識形態。反猶太主義也無關意識型態，關鍵是在保持清潔……而這正是此刻我們會立刻著手進行的。我們即將要來除蝨了。

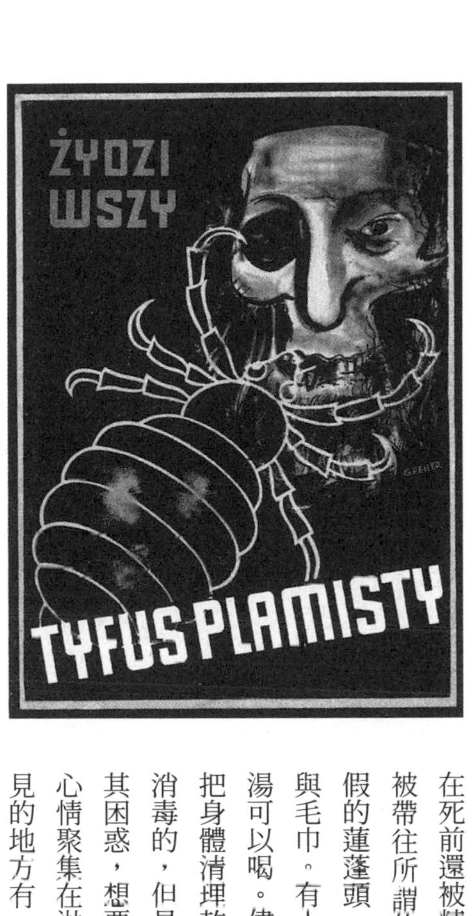

也許希姆萊的內心深處正沉溺在一個反諷裡面，對於手裡的那些猶太人，他自有打算。眾所皆知的是，奧許維茲（Auschwitz）集中營的囚犯在死前還被精心設局。即將遭到處決的囚犯被帶往所謂的「除蝨設施」，裡面裝了許多假的蓮蓬頭。他們被帶進更衣室，領了肥皂與毛巾。有人跟他們說，消毒後他們就有熱湯可以喝。儘管他們對疾病心懷恐懼，也想把身體清理乾淨，還有移民一般也都是這樣消毒的，但是有證據顯示，他們還是覺得極其困惑，想要抵抗。囚犯們懷抱著不確定的心情聚集在淋浴間裡。淋浴間上面他們看不見的地方有一群消毒人員，戴著防毒面具，正在等待囚犯們的裸體讓室溫升高到最恰當的二十五點七度。然後，他們從罐子裡把結晶狀的齊克隆B（〔Zyklon B〕那是一種成分為氰化氫的殺蟲劑，用途是幫房舍與衣服除蝨）倒出來，從天花板上的開口掉下去。最後，因為生前聞到了警示用的臭味劑（臭味添加劑原本的用途是救命），囚犯的屍體扭曲變形，接著被帶往火化場。[36]

在這可怕的啞劇裡面，受害者（別忘了，裡面有些人並非猶太人）從照護的對象變成滅絕的對象。對於生病的人來講，除蝨意味著療癒，意味著他們可以重返社會，重新做人；對於蝨子而言，牠們卻會被毀滅。等到囚犯發現自己只是蝨子的時候，已經太晚了。

在此，生命的政治學等同於死亡的政治學。生命已經被剝奪了所有人性。（儘管在把人類變成蝨子的同時，蝨子也變成了人類。）這種事情之所以能夠成真，不是因為猶太人比較低等（從來沒有人能夠證明他們比較低等：猶太人怎麼可能既強大又低人一等？），而是因為他們具有一

種令人不安的異己性（alterity）。[37]這就是主權與醫學專業人士結合的時刻。當然，我所說的並非諾席格（與艾德曼）之類的猶太醫生，而是在他們之前，早就一樣以科學方式來爭論國族生存問題，論述與他們相似但又不同的其他人。[38]

希姆萊的語言包含了隱喻與委婉的措詞方式，而且我懷疑，在某個層次上，那些話其實是他的信念宣言。紐倫堡大審時，被律師們翻譯成「除」(「除蝨非關意識形態」的「除」)的那一個字，德文原文是*entfernen*，亦即「排除掉或者把某個東西拿遠一點」，這反映出希姆萊講話時習慣使用委婉措詞，讓語意含糊，刻意避開「殺掉」一詞，而是改用「死亡率」、「特別待遇」、「移民」與「既有任務」等比較守法的字眼。[39]

然而，光靠這一點並不能解釋希姆萊在毒氣室講話時為什麼常常直接把猶太人直接等同於蝨子。那的確是一種隱喻與婉語，表達出他的信念，而且也可以說他的寄生蟲反映出一種最具物質性的歷史。在這種歷史中，從體外（包括個人的身體、政體與別人的身體）進入體內的東西與總是留在體內的東西（體內的寄生生物）之間的區別終於消失了。人類與昆蟲之間終於不再有所區別；因為沒有區別，所以可以把人類當蟲子一樣殺掉。

10

對於德國人來講，猶太人與疾病之間的關聯可說是其來有自，讓人想起他們曾把黑死病稱為「猶太熱病」(*Judenfieber*)，一種從東方邊界傳入德國的外來疾病。[40]在所有的現代黑死病裡面，最令人害怕的一種就是由蝨子引起的斑疹傷寒，因為它總是突如其來，死亡率甚高，即便是到了一九〇〇年，斑疹傷寒「已經幾乎絕跡」的時候，那種威脅感還是非常明顯，而且也的確有病例存在：在猶太人、羅姆人（Roma）、斯拉夫人，還有其他與「東方」有關的低等族群身上都還可以找到。[41]

細菌學的興起只是讓德國人更害怕疾病而已。即便羅伯・柯霍（〔Robert Koch〕德國細菌學的先鋒，曾於一九〇五年因為霍亂與結核病的研究而獲頒諾貝爾獎）拒絕宣稱病原體來自於某些種族（他強調傳染的觀念），但是他的研究與種族衛生學這種新出現的意識形態還是完全相容，而且他也主張一種消滅細菌的邏輯，在後來的幾十年內始終獲得廣大迴響。

在這方面，柯霍最重要的遺緒是他建立了一套權威性的作業流程，包括強制檢測、檢疫以及挨家挨戶消毒，這些都是他在德國的非洲殖民地發展出來，並且予以實施的。例如，一九〇三年他在德屬東非（German East Africa）打造了一個用來隔離昏睡病（sleeping sickness）病患的「集中營」。儘管他為後世帶來各種影響，但影響最為深遠的，莫過於他主張應該用鐵腕管制民眾。[42]克勞斯・席林（Claus Schilling）是柯霍手下的助理之一，後來還成為柯霍麾下漢堡研究院（Hamburg Institute）熱帶醫學部門的主管，最後席林因為利用達豪集中營（Dachau）的囚犯進行瘧疾實驗而被處死。[43]

並不是只有德國曾經開發各種控制病原（括細菌、寄生蟲與昆蟲）的技術，並且有所突破。顯然，許多殖民帝國都非常關心各種既競爭又合作的醫療科技研發工作。為了確保殖民地墾拓人員與其牲畜、作物的健康無虞，研究人員才會進行衛生學的調查，試圖瞭解人類、動物與植物疾病的共同病原。

在此同時，歐洲人與美國人因為傳染病的疑慮而加強邊境管制，對於某些特定社會族群進行嚴苛的檢查程序，例如，美國政府特別針對躲避俄國屠殺的猶太人實施檢疫法規，阻止他們入境。[44]因為疾病，政府對於某些特定族群的醫療介入與社會控制變成必要的，而且也更為容易。猶太人與其他族群顯然非常容易感染疾病，由此可以看出他們在文化上比較原始，不需加以證明。[45]因此，我們也許可以認為這種衛生介入手段表現出某種傳教士式的現代性。但是，對特定族群施加的種種清潔措施感覺起來卻像是一種懲罰，而非救贖。這暗示著疾病是某種天生的特色（至少就這些寄生性的人口而言），而不是一種可以治癒的症狀。

在這個時期，我們看見種種疾病控制科技的發展，最終在奧許維茲集中營達到了極致。囚犯一起淋浴、使用細菌學研發出來的肥皂、對他們噴化學毒氣，然後將屍體火化⋯⋯。這些具強迫性的科技也出現在邊防管制站，鞏固德國與俄國、波蘭之間的界線，來自東方的移民看到這些管制站往往不禁把德國視為無情的異國國土。漢堡市在一八九二年爆發嚴重霍亂疫情之後，很多人都把帳算在俄國猶太人身上，德國因而把東邊的邊境關閉，唯一的通融措施是在沿海港口之間建立起一條運輸廊帶，實施衛生管制，讓移民得以從各海港搭船前往紐約的艾利斯島（Ellis Island）。一時之間，原有的邊境管制站被大規模航運公司取代，各家公司大發利市，迅速擴張發展。[46]

一次世界大戰於一九一四年爆發後，難民、部隊、戰俘之間很快就紛紛傳出大規模流行病疫情。塞爾維亞突然爆發斑疹傷寒，六個月內奪走了超過十五萬難民與囚犯的性命。[47]衛生成為政府必須優先解決的問題，相應的公衛措施也變得更加嚴格。戰俘營裡的死亡率高得嚇人，這個問題被歸咎於俄國士兵，而非營裡面的惡劣環境。「東方民族」被貼上了疾病帶原者的標籤，而不是被當成受害者。政府的一切措施都是為了保護平民免於遭到感染（俄國囚犯只會交由俄國醫生來照顧）。

大戰前不久，蝨子才被確證為斑疹傷寒的病原，此一關鍵科學發現導致除蝨產業的發展及其平民化。歷史學家保羅．韋恩德林（Paul Weindling）曾經論述過此一史實有何涵義：

在進行例行程序時，接受除蝨的人必須把衣服脫光，頭髮、皮膚的皺摺，還有「私處」（因為蝨子可能躲在陰毛與股溝裡）都必須特別注意。如果有囚犯拒絕把全身毛髮剃掉（據說常有女囚不從），汽油與尤加利精油等可以殺死蝨子的物質就會派上用場，用於那些比較難以進行衛生控制的身體部位⋯⋯。衣服、寢具與床墊套都必須放在爐子或蒸氣室裡加熱。消毒房間時使用的則是罐裝的硫酸或二氧化硫，或是這兩種物質的蒸氣。價值較低的東西則是直接燒掉。[48]

據韋恩德林的描述，德國的消毒人員在該國占領的波蘭、羅馬尼亞、立陶宛境內大規模採取上述措施，藉此壓制大戰期間爆發的斑疹傷寒疫情。他在書裡面提及猶太人與其他低下的種族逐漸被視為應該為疫情負責。在波蘭境內，猶太人的商店被迫關閉，必須等到老闆除蝨之後才能繼續營業。在猶太人口眾多的羅茲周圍則是設置了三十五個拘留所，用來囚禁疑似遭感染的人。[49]

但是，德國在一九一八年戰敗後，情況徹底逆轉。德國的衛生主管單位發現他們不再需要往那已經被淨化的前殖民地擴張，主管的區域大幅縮小，僅限於本國境內。另外他們也發現國內出現了難民潮（大多是各個不同族裔的德國人和來自東方的猶太人），還有返國的大量傷病軍人，形成難以控制的危機。《凡爾賽條約》簽訂後的幾年內，為了保護再次變得很脆弱的「國民」（*Volk*），避免他們染上來自東方的傳染病，德國政府實施高標準的移民管制措施以及嚴苛的檢疫程序。[50]

儘管德國政府採取上述種種措施，而且俄國內戰期間又發生許多可怕事件（一九一七到一九二三年之間，[51]俄國出現了兩千五百萬個斑疹傷寒病例，死亡人數最多高達三百萬人），日趨明顯的是，真正的危機不再是來自於外部。最早在一九二〇年，柏林與其他城市的警方就開始採取「衛生管控措施」，圍捕來自東方的猶太人，把他們送往設立在國界沿線的傳染病病患集中營。

為了消滅疾病，德國出現了各種關於衛生學的論述（全都是結合了優生學、社會達爾文主義、政治地理學與害蟲生物學的混合物），而且也發展出各種特別的科技和人力，並且建立特殊機構，而這一切很快就轉變成用來消滅人民的手段，兩者彷彿無縫接軌。斑疹傷寒被消滅後，同時也能達成將種族與政體予以淨化的效果（到了一九三〇年代中期，種族與政體之間已經被畫上了等號），一個日益明顯的趨勢是，不管是就功能或者本體論的角度而言，疾病的患者與帶原的蟲媒已經越來越密不可分了。

自從一九一八年以降，此一發展趨勢促使德國國內政界與醫界加速形成一個保守共識，基本上都認為感染與退化現象有直接關聯，在凡爾賽會議遭到羞辱後，德國的國體受損，國民健康變差，受到致命疾病感染，疾病已經長驅直入德國民族的核心，唯有將傳染病的幽靈消滅，才是唯一解決之道。最令人震驚的是，兩次世界大戰期間德國的政治哲學與醫學徹底融合在一起，如此一來，猶太人社區變成了隔離區，可以讓外面的德國人免於被傳染疾病，同時因為隔離區裡的環境惡劣，不可避免地被當成疾病叢生的地方，社會大眾害怕被隔離區裡逃出來的人傳染，所以都非常焦慮。至於其他情形我想都已經是眾所皆知的，無須於此贅述。

11

華沙猶太隔離區猶太議會主席亞當・塞尼亞考的日記裡常常提到當時年紀已經老邁的阿佛列・諾席格。那些日記都寫得艱澀難懂，看得出塞尼亞考被惹惱了，甚至有點鄙夷諾席格。塞尼亞考提到諾尼格從隔離區街上跑去找他閒聊，說他缺錢，說他不斷寫信去煩德國人，還曾經一度被他們趕出辦公室。[52]這一切都讓人懷疑，諾席格真的老糊塗了嗎？[53]塞尼亞考形容他總是用「懇求」的語氣說話，話說得「含糊不清」。他說諾席格有很多「古怪的動作」。他還曾經出言「告誡」諾席格。[54]

顯然，儘管塞尼亞考也許不會認為諾席格有直接的威脅，但還是不相信他。主要是因為他與納粹實在太熟悉了。是德國人把他介紹給猶太議會的（但是議會早就知道有他這一號人物），也是德國人堅持要幫他安插一個職位。恰如其分地，他被指派成為議會的移民官。但那個職務有多荒謬？第三帝國境內所有的猶太隔離區很快就都要被肅清了，諾席格卻還以為當時是一九一四年，跟黨衛軍協商，重新安排猶太人的住處，以為政府還把他們都當成德國人！然而，移民官的工作似乎讓他又重獲幹勁，在那一小段時間裡，就算沒有別人相信，他似乎深信自己真的有可能把華沙的猶太人遷移到德國殖民地馬達加斯加島。

一九四〇年十一月，華沙猶太隔離區被封了起來，但是納粹卻只派諾席格擔任該區的藝術文化部部長。這似乎又是一個荒謬的職務。但是，在委員會的第一次會議上，年邁的諾席格跟以往一樣振振有詞，大談藝術在華沙的猶太人社群裡扮演的角色，儘管當時猶太隔離區已經變成一個令人絕望的地方，而且飢荒的問題日漸嚴重，疾病叢生。據說他在會議上表示：「藝術意味著乾淨，」藉此他又暫時提起了過去那些關於社會衛生措施的殘酷歷史。他堅稱：「我們必須把文化帶到街頭。」他認為，隔離區必須保持清潔，「如此一來我們才不會在那些德國訪客面前丟臉。」[55]

K

卡夫卡
Kafka

現在我願意說了，說出身體如何改變
變成另一種身體。

——泰德・休斯（Ted Hughes），
《奧維德故事集》（*Tales from Ovid*）

1

這故事是家喻戶曉的。毛刺沙泥蜂（*Ammophila hirsuta*）抓住一隻黃地老虎（turnip moth，*Agrotis segetum*）這種蛾的幼蟲，將其癱瘓。牠把幼蟲拖回巢穴，在軟軟的蟲腹上產卵，幼蟲持續揮動虛弱的腳，而卵剛好就在腳無法碰到的地方，產卵後牠就退出來，堵住身後的巢穴。卵孵化了，剛出生的毛刺沙泥蜂幼蟲開始以蛾的幼蟲為食物。越長越肥壯。那毛蟲儘管無法使勁動來動去，但卻仍分辨得出形狀與陰影，感覺得到環境中的大氣與化學變化，也體驗得到痛苦，牠逐漸被吃掉，先從那些不重要的蟲體組織開始，接著是重要器官。

2

今天早上我在書裡面發現一件事：只有不到百分之一的毛蟲蟲卵能夠活到成蟲的階段。牠們必須面對兇猛的掠食者：鳥類、爬蟲類、大大小小的哺乳類；寄生蜂、蒼蠅、螞蟻、蜘蛛、蠼螋與甲蟲；病毒、細菌與真菌。更別提那些園丁了。這可以用來解釋為什麼毛蟲的身體具備了各種驚人的防衛機制：牠們的肉有毒，能夠噴出化學物質，聲音極具侵略性，身上長滿刺毛，色彩鮮豔，嘴巴可以用來咬掠食者，還可以吐絲逃生，氣味不佳的體液在牠們身上反芻著，也可以散發出噁心的臭味，牠們身上的斑紋看來就像眼睛、角、臉，或是具有保護色，毛髮帶刺，能夠擺出各種用來退敵的姿勢，抑或與螞蟻結盟。[1]

儘管如此，還是只有不到百分之一的毛蟲長大變成成蟲，很少能夠像羅貝托・博拉紐（Roberto Bolaño）所說的那樣，在重獲新生的那一刻「露出無畏的微笑」。[2]

3

只有不到百分之一活到成蟲階段？要確證這一個事實肯定很難，理由是原本就沒有合理的數字可供估算，更何況每一隻毛蟲在蛻變期（幼蟲在蛹化之前必須歷經的五、六個階段）的每個階段看來都不太一樣。

簡而言之，有鑑於我們很難用統計的手法來確證有關毛蟲的事實，就像生態學家丹尼爾・詹森（Daniel Janzen）前不久說的，毛蟲是「地球上最後一個我們還不瞭解的龐大群體」。[3]

4

上述那種主張隱含了兩個問題：如何把存活下來的蟲予以量化？如何將成蟲這件事予以概念化？如果說第一個問題困難重重，第二個問題就更是棘手了。

教科書上都是這麼寫的：毛蟲是鱗翅目昆蟲的幼蟲，所有蝴蝶或蛾都必須歷經這種生命循環，在孵化後與化蛹之前，牠們就是毛蟲。走完這個階段之後，牠們就會變化，變成成蟲，在這段期間有些蟲的體積會變成剛出生時的一千倍，而且每次歷經一個蛻期，牠們就會脫一次皮。

史學家兼博物學家朱爾．米榭勒（Jules Michelet）思忖這個想法：昆蟲的漫長蛻變過程有如其他動物從「胚胎期到獨立生命」的發展歷程。他在一八六七年出版的《昆蟲》（*L'Insecte*）一書寫道，與哺乳類動物不同，會蛻變的昆蟲「最後邁向的目的地不僅截然不同，而且是相反，形成強烈對比。」他說，蛻變「不只是狀態的改變」，也不只是為了達到成熟而採取的「溫和策略」。透過蛻變，昆蟲彷彿重獲新生：笨重變成輕盈，只能在路上行走變成能飛，原本急著躲進陰影裡變成受光線吸引，原本嚙食樹葉變成靠吸花蜜為生，原本不受生殖器限制變成性行為頻繁。「腳不再是腳。……頭不再是頭。」米榭勒寫道。據其所見，這種蛻變是「令人困惑，而且幾乎讓我們的想像力感到驚恐。」[4]

無疑地，米榭勒知道「larva」（幼蟲）這一個字被羅馬語族（Romance languages）採用時，本身就帶有一些較為古老，較為邪惡的關聯性。當時，自然現象與日常生活之間常有許多意含豐富的關聯性，人們常在石頭與風暴中尋找跡象，「larva」一詞令人想起沒有身體的幽靈、鬼魂、鬼怪與妖怪，突然間附身於昆蟲之上，找到形體。「larva」一詞的歧義性反映出昆蟲具有的神祕與模糊色彩。林奈率先堅持該把「larva」侷限在較為現代的「幼蟲」含意，也因此造成這個詞在意義與語感上的單薄化，到最後變成只是一個教科書上的用詞，橫更在當代人與「larva」的詭奇存在之間。

幼蟲蛻變成為成蟲。對於七卷巨作《法國革命史》（*Histoire de la Révolution française*）的作者米榭勒而言，這兩種狀態之間的蛻變過程蘊含著某種「革命」，是一個「驚人的傑作」。[5] 儘管林奈剝除了「larva」一詞的鬼魅含意，但完全無損於它本身真正的力量。

5

「Larva」一詞除了很難擺脫原有的妖怪含意，另一個對我們來講仍然有效的概念是，把「larva」當成某種表象，背後潛藏著關於昆蟲的真相。某種生物進入蟲蛹，出來時變成另一種。「過往的一切跟著那表象一起被拋棄，」米榭勒說。「一切都不一樣了。」[6]

《昆蟲》一書出版時，米榭勒已經五十九歲。儘管他又繼續活了十七年才去世，但他的一生可說是早已被死亡的陰影籠罩著。他的大量歷史著作都可以說是「重生」之作，是為了召喚死者而寫。而事實上，死者之於他也確實如影隨形。

他十七歲喪母。六年後他的摯友也死去。他在四十一歲喪妻。七年後，與他同住一屋簷下的父親也死去。五十一歲再婚後，他跟第二任妻子只生了一個兒子，但隔年他的幼子就在出生不久後夭折了。到了他五十七歲時，他那三十一歲的女兒也撒手西歸。[7]

而且他自己的健康狀況也很差。一八四八年，亦即米榭勒五十歲那一年，法國發生二月革命，建立第二共和。後來夏爾・路易・波拿巴（Charles Louis Bonaparte）成為總統，上台執政後又自立為皇帝，成為拿破崙三世。一連串的政治動盪折磨著米榭勒的身心。他期待法國團結，第二共和的階級緊張關係讓他驚恐不已。但諷刺的是，和法布爾一樣，米榭勒的人生是在拿破崙三世的復辟後戲劇性地由順轉逆：他不但被剝奪了法蘭西學院（Le Collège de France）講座教授的尊榮名位，還被迫提前離開巴黎。[8]

死亡已經成為米榭勒人生的一部分。他曾於一八五三年寫道：「我喝了太多死者的黑血。」不過，「重生」仍是深深吸引著他的主題。[9]當然，正因如此，他才會覺得幼蟲是如此引人入勝。

許多人之所以認為蝴蝶比較優越，是因為假設毛蟲實現了牠自己，變成最具誘惑力的動物，就像孩童在自我實現後，就變成了成人（但有可能變得更好，或者更壞）。但米榭勒不相信這種假設。某種意義上，此一假設預告了達爾文式演化目的論的到來：強調生物存在的目的就是為了繁衍後代，所以把性成熟的生物形式當成唯一重要的形式。就另一方面而言，此一假設也是某種更為普遍化的演化論邏輯：不成熟的生物有發展的趨向，在演化的進程中會變得越來越好，每個階段都比前一個階段更先進，更完美，而這種觀念深深植基於在政治、文化、個人生活領域到處可見的十九世紀進步觀；不過，透過在政治、文化與個人生活領域的實際體驗，我們當代人所體驗到的卻是，任誰都無法保證會出現某種向前進步的發展。

但是，米榭勒主張：也許蛻變所蘊含的深意根本不在於目的論式的進化過程，而是生命「剎那即永恆」的本質。「這輩子的每一天，」他寫道，「我都會死一次，也會重生。我歷經了許多痛苦掙扎與吃力的轉變。……會有許多許多次，我從幼蟲變成蟲蛹，然後進入更為完整的狀態；不久後，在其他狀態之下又不完整了，這又促使我完成新一輪的蛻變循環。」許多生命在他身上交會於一瞬。偶爾當他做出某個姿勢，或者發出某個聲調時，他會感覺到他父親活在他的體內。「我們是兩個生命？或一個？喔！這是我的蟲蛹。」[10]

6

時間往前推進一個半世紀，當一六九九年蛻變為一七〇〇年，因為繪製歐洲昆蟲圖畫而聞名的五十二歲畫家瑪麗亞・西碧拉・梅里安（Maria Sibylla Merian）正騎著驢子穿越荷蘭殖民地蘇利南境內的熱帶叢林，身為「十七、八世紀唯一為了進行科學研究而特別到處旅行的歐洲女性」[11]，她具備獨立的經濟能力，但不算富有，曾有過一段二十年的婚姻，後來到西菲仕蘭（West Friesland）地區，在拉巴迪（Jean de Labadie）建立的神祕主義社區度過五年與世隔絕的苦修生活，但那些都過去了，此刻她身邊帶著二十幾歲的女兒，還有美洲印第安奴隸。

梅里安旅行時都帶著奴隸，但是在殖民地的旅人裡面，她算是相當仁慈的，不曾批評過殖民地原住民，甚至她還哀嘆荷蘭來的墾拓者們虐待當地人，同時也特別坦率地承認當地人對於她的收集工作有重大貢獻（不過她只是用一般性的描述帶過，並未指出幫手的姓名）。

梅里安出生於一個藝術家與出版家的世家，她外祖父前一段婚姻的岳父就是版畫家特奧多爾・德・布里（〔Théodore de Bry〕其作品有許多以美洲新大陸為主題，讓大批早期的歐洲人旅遊書寫能夠因為插圖而具有真實感），從小就深受自然研究的吸引，後來也養成了一輩子的研究興趣。十三歲時，她一開始接觸的是蠶（這又是因為另一個家族淵源：她母親第二任丈夫的兄弟是從事絲織貿易），但很快就被毛蟲吸引，特別是其蛻變現象。

後來她曾寫道：蝴蝶與蛾的美「促使我盡可能收集我能找到的毛蟲，藉此研究他們的蛻變現象。」[12]對於一個女孩來講，這挺另類的，但是跟十二世紀日本故事〈蟲姬〉的女主角一樣（這位女主角並未拔眉毛，也沒把牙齒染黑，與當時的仕女截然不同），此一怪癖好也許反映出她的敏銳度與洞見，表示她深具哲學涵養。[13]儘管那些爬來爬去的生物通常會讓人產生不太好的聯想，但事實證明大家都能容忍這種怪癖。

梅里安自小成長於書堆中，常常接觸藝術家，而且還有門道能利用一座館藏豐富的自然史插圖圖書館。她自己也收集昆蟲，從幼蟲開始飼養，觀察牠們的蛻變過程，繪製活蟲的素描畫與油畫。她訓練繪畫技巧的方式是臨摹一些最重要的畫冊，其中包括普受歡迎的《霍夫納格圖文集》（*Archetypa studiaque patris Georgii Hoefnagelii*，一五九二年出版）——此書作者雅各．霍夫納格（Jacob Hoefnagel）承襲其父尤瑞斯．霍夫納格的畫風，書中收錄他的許多版畫作品。[14]但是，時代已經不同了，梅里安也有自己的想法：霍夫納格父子檔所勾勒出來的昆蟲世界燦爛無比，重點是要把牠們的小宇宙呈現出來，但是她所身處的卻已經是一個因為顯微鏡問世而有所不同的新世界，因此新的焦點是要把顯微鏡的觀察與分類結果畫下來。霍夫納格用某種象徵性次序來安排他的昆蟲，梅里安卻幫她的昆蟲建立起某種不同的關係，此一關係的根據，是她自己對於活體昆蟲的研究，並透露出她對於不同昆蟲的分佈時間、地點，以及相互關係的著迷。

她的昆蟲都是色彩鮮豔，透過她自己的主觀觀點重現出來，其畫冊開卷聲明要同時獻給「藝術愛好者」與「昆蟲的愛好者」。梅

里安把昆蟲畫得特別大隻，植物被她縮小，她刻意扭曲比例，不管是昆蟲或植物，「可以感覺到看起來似乎很近，但同時卻具有很大比例的想像成分，也與我們相距甚遠」，好像我們也是透過顯微鏡去看牠們的表面。[15]然而，她的創舉是把蛻變的戲碼一次完整呈現出來。在同一個頁面上，她畫出了幼蟲、蟲蛹、蝴蝶，還有毛蟲賴以為生的植物。（有時候她也會把蟲卵畫出來，這證明她接受了弗朗切斯科・雷迪〔Francesco Redi〕於一六八八年證明的理論：蟲是來自於蟲卵，而非像亞里斯多德主張的那樣，認為蟲的繁殖方式是所謂的自然生成。）蟲的世界充滿動能與互動關係。其原則是蛻變與整體論，屏棄了亞里斯多德、阿爾德羅萬迪與莫菲特先前提出的分類法，亦即把蟲分成「爬行」與「飛行」兩類，因而於無意間將蝴蝶、蛾與牠們的幼蟲視為異屬。

7

米榭勒極其推崇梅里安的畫作。他贊同與他一樣愛蟲成癡的梅里安，儘管兩人相隔一百多年，他覺得自己與她之間有著極為強烈的關聯。他認為，她的畫作不只展現出某種他能預期的女性特質（「植物被畫得柔軟、寬大而飽滿，充滿光澤，滑順而新鮮」），非比尋常的是，也呈顯出「高貴而生動、陽剛而凝重、勇敢而簡單的風格」。[16]

他曾仔細檢視《蘇利南的昆蟲之蛻變》（〔*Metamorphosis insectorum Surinamensium*〕她在一七〇五年於阿姆斯特丹出版的經典之作）裡那些徒手上色的銅板畫。每一幅畫都充滿改變，呈現出昆蟲的多變特質，還有相互間的關聯。儘管她進行創作的領域是一個透過人為安排而井然有序的科學範疇，但卻能把東西畫得充滿活力。

儘管如此，那折磨著他的問題還是無法獲得解答。在不同形式的轉變過程中，在幼蟲蛻變為成蟲的過程中，有什麼本質是不變的？始終持續存在的是什麼？這種生物是什麼？這要算是一種，或是多種生物？

許多世紀之前，那日本故事裡的年輕「蟲姬」平日都在她的花園裡收集毛蟲，為牠們分類，仔細檢視牠們，欣賞牠們，為牠們而讚嘆不已。相較於那些堪稱蝴蝶前身的毛蟲，她比較蔑視蝴蝶，因為毛蟲讓她有絲綢有衣穿。外表不會騙人的東西比較能吸引她。我們愚昧地生活在一個自以為是「真實存在」的世界裡，但其實這世界背後的真實面貌，是一個不斷改變的狀態，這才是令她讚嘆的最根本現象。她說，真正令她感興趣的「事物本質」，是日本佛教所謂的「本地」，在這篇十二世紀名作的匿名作者筆下，這個概念的意思是某種原初的形式、原初狀態，還有原始的表現形式。[17]「人們往往因為喜歡盛開的花與蝴蝶而迷失自我，這實在是愚蠢而令我不解。」蟲姬說。「只有誠摯而且能夠探究事物本質的人才會擁有有趣的心思。」[18]

但是，為了出版自己的繪畫作品而急著騎驢離開蘇利南叢林，搭船返回阿姆斯特丹的梅里安對於昆蟲的思考與前述想法截然不同。她最厲害的地方是觀察力過人，而那些視覺藝術作品可說是她的分析結果。她一定是棄絕了原來熱衷的形上學思考才會離開西菲仕蘭，而且對於隱居這種最徹底的自我否定方式感到厭煩。她的最高原則並非探究萬物本質，而是要發現萬物之美，還有美是如何創造出來的，該怎樣欣賞，並且沉浸在無以言狀的美裡面。對於那些蘇利南昆蟲的版畫，她曾經做出許多冷靜的評論，其中之一寫道：「某天我進入荒野的深處，有許多發現，其中之一是某種被當地人稱為山楂的樹。……這種黃色毛蟲就是我在樹上發現的。……我把這毛蟲帶回家，沒多久牠就變成了一個淡淡原木色的蟲蛹。十四天後，一七〇〇年一月底前後，一隻漂亮的蝴蝶破蛹而出。牠的外表看起來像銀質的，光澤動人，身上到處是青色、綠色與紫色的斑紋；牠的美難以用言語形容。那種美是無法用畫筆呈現出來的。」[19]

米榭勒最在意的，也是要設法掌握蛻變過程的詩意與機制（儘管他掌握的方式不同），不過最後卻發現自己闖入了一個形上學的幽冥地帶。歷史常跟歷史學家玩起了奇怪的遊戲。去過巴黎市中心的知名市集聖圖安跳蚤市場（Puces de Saint-Ouen）嗎？你可以在科里尼安古爾門（Porte de Clignancourt）地鐵站下車，出站後，前往米榭勒大道（Avenue Michelet）與尚-亨利·法布爾街（Rue Jean-Henri Fabre）的交叉路口。

無論你的生命走入什麼境地，你人生中總有某個部分不願跟隨。但話說回來，無論你往哪裡去，卻也常會有一些東西不請自來，跟定了你。卡夫卡（Kafka）筆下的知名猿猴紅彼得（Red Peter）在科學院的集會上對會眾們說：「這地球上每個人走路時都會覺得腳跟癢癢的。」牠被人從原生叢林抓走，用鍊子鎖起來，飄洋過海，有人逼牠做出選擇，看是要住在動物園，或是加入雜耍團，結果牠蛻變成某種新的生物，一部分像人，但卻又比人類高大，而且再也無法回顧描述過去還是猿猴時的種種。[20]卡夫卡的朋友，同時在他死後幫他整理出版遺作的麥克斯·布洛德（Max Brod）曾寫道：「無論你怎麼做，總是會有錯。」儘管這世上有那麼多陳列蝴蝶與蛾的文獻，但是關於任一地區的毛蟲，為什麼直到最近才有人出版了權威性的野生觀察指南？這實在反映出一個大問題。就概念與分類學而言，毛蟲的確是一種讓人充滿疑惑的存在物。儘管牠們身上有許多防衛機制，但能夠存活下來成功蛻變成蝴蝶與蛾的，卻不到百分之一。

L

語言
Language

為了要進行訓練實驗，每當我想要吸引一些蜜蜂時，我通常都是在一張小桌子上擺幾張塗了蜂蜜的紙。然後我往往不得不等個幾小時，有時候要等好幾天，最後有一隻蜜蜂終於發現我要餵他們蜂蜜的地方。但是，只要有一隻蜜蜂發現蜂蜜後，短時間內就會有很多隻出現——也許多達幾百隻。他們跟第一隻蜜蜂來自於同一個蜂巢，顯然是他回家宣佈了自己的發現。

——卡爾·馮·弗里希（Karl von Frisch）

1

卡爾·馮·弗里希因為發現了「蜜蜂的語言」而獲頒一九七三年的諾貝爾獎。那可說是動物行為學（ethology）大放異彩的一年，因為同一個諾貝爾生理學或醫學獎獎項也是頒給動物行為學家康拉德·勞倫茲及其荷蘭籍同事尼可拉斯·丁伯根。他們的研究不是那種晦澀難懂的高深理論。一九七三年的諾貝爾獎頒給了大眾化的研究，得獎人都試圖解開動物存在之謎，而且進一步針對人類的狀況提出深刻而影響深遠的發現。

馮·弗里希說，儘管長久以來語言都被認為是人類獨有的能力，但蜜蜂那麼小，與人類如此不同，卻一樣也有語言。他利用將近半世紀的時間做了一系列的精緻實驗，證明蜜蜂會用一種象徵語言溝通，溝通方式比人類以外的所有動物都還要更為複雜，他們*會根據經驗與記憶來互相傳達訊息給同伴。

他第一次提出這種報告已經是九十年前的事了，但他的發現至今仍令人感到興奮不已。而且，馮・弗里希的論述方式讓他的發現顯得更為引人入勝。他的志向是當個博物學家，也很早就接受了相關訓練，但是他在報告裡所用的語言與當前基因體學（genomics）的那種技術性語言大相逕庭，而是在字裡行間充滿情感，記錄著他對於蜜蜂語言的個人體驗，在他筆下，蜜蜂充滿目的性與意向性，對讀者有吸引力，令人感到熟悉。

馮・弗里希建構的科學讓我們瞭解「動物做些什麼，他們的行為模式，還有理由」，而且這種科學把人類與蜜蜂的差異，還有蜜蜂的永恆之謎視為理所當然，但是同樣也透露出某種我們比較熟悉的，想要尋求發現事物的科學衝動。[1]他不諱言自己與蜜蜂很親近，因此也讓讀者相信他們能夠瞭解蜜蜂的心理與情緒（就像他也讓自己相信他能夠瞭解蜜蜂）。他把他的讀者們變成了動物行為分析師。藉此，他在無意之間讓達爾文又夯了起來，而這種學說的觀念是，除了人類的形態之外，在其他動物身上也可以找到人類賴以生存的行為、道德與情感基礎。[2]馮・弗里希為蜜蜂代言。他也讓他們講話。他不只發現了蜜蜂的語言，還翻譯了出來。還有比這更令人無法抗拒的嗎？

儘管如此，這些人蜂之間的相近性卻也令人充滿擔憂，畢竟當年動物行為學剛剛誕生不久，但卻已經漏洞百出。最常被提起的一個漏洞，是聰明漢斯（Clever Hans）的案例：牠是一隻有名的馬，看來聰明無比，不幸的是牠並非數學很厲害，而是對於訓練師不知不覺中給予的非口語提示有神奇的感應力。一九〇七年，聰明漢斯的假聰明被心理學家奧斯卡・方斯特（Oskar Pfungst）給識破，轟動一時，造成動物的認知能力不具科學正當性，由於心理學的主題仍深具吸引力，動物行為學面臨存續的困境。[3]

動物行為的研究有強大的誘惑力，但那些堅決反對心理學方法的行為學家們並不會落入這個誘惑。只不過，就像馮・弗里希在自己的書裡面所說的，某種誘惑讓他永遠深陷其中，讓他把焦點擺在「心理表現與感官的生理作用之間」的互動。[4]

因為馮・弗里希愛他的蜜蜂，他的愛帶有一種含蓄的熱情。他所照顧餵養的蜜蜂延續好幾個世代。每當冷冽的空氣讓蜜蜂的翅膀變僵，他會把雙手合起來，讓他們在手心裡取暖。他把他們當成自己的「密友」。[5] 這或許就像是早期的人類學者，曾把他們曾經居住過的部落視為是自己的部落。不管是對於蜜蜂或那部落，他們把科學精神、情感與身為所有者的驕傲都混在一起，而且也願意為研究對象的命運承擔起責任。

所以，即便馮・弗里希對於那些小生物的存亡與衰如此小心翼翼，他還是會做一些傷害他們的事，只是心裡帶著愛意（另一種愛意），而且痛苦萬分（而

＊編注：作者在這章特別強調卡爾・馮・弗里希將蜜蜂視為「朋友」，故將動物的 they，譯成「他們」，而非「牠們」。

且還保有身為科學家的耐性），手法細膩（為了確保蜜蜂的安全）：剪掉他們的觸角，把翅膀剪短，削切他們的軀幹，刮掉眼睛四周的刺毛，在他們的胸甲上黏上重物，在他們那不會眨來眨去的眼睛上塗蟲膠，修正他們的身體，毀壞他們的感官，操控他們的行為，這一切都是為了實驗的需求。他兼顧了兩方面：一方面他有人類主宰動物那無需明言的自然權力，另一方面他想將人類與昆蟲之間的巨大鴻溝填補起來。

2

一九三三年四月，納粹掌控之下的德國國會通過了〈公職回復法案〉（Law for the Restoration of the Professional Civil Service）。大學可以依法開除猶太人、猶太人的配偶與政治立場可疑的人士。[6]

那時，馮・弗里希已經是慕尼黑大學動物學研究所（資金由洛克斐勒提供）的所長，也是德國科學界的頂尖人物。根據他在回憶錄中所說，多年前他曾在研究所那一座有圓柱矗立的景觀庭院裡「被蜜蜂的魔力深深吸引，毫無抵抗之力。」[7]

他向來稱呼那些小東西為他的「同志們」，事實上他在更

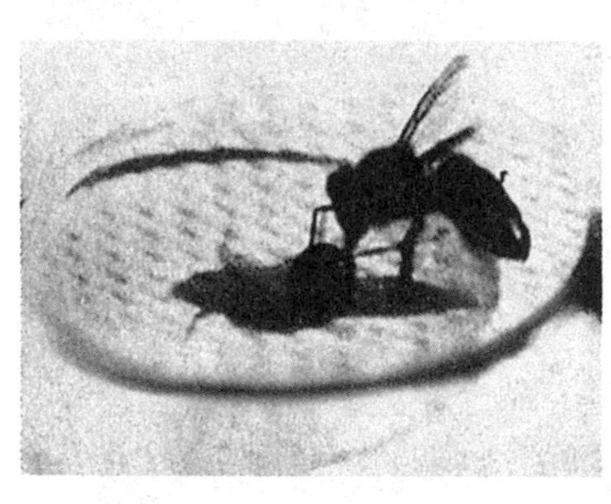

早之前就已經被蜜蜂迷住了。一九一四年，他像是個魔術師似的，公開向大眾證明一件事（如今這已經是個毫不令人意外的事實了）：儘管蜜蜂有紅色盲症，但他們有能力區分幾乎所有的顏色（畢竟，他們必須有辦法區分各種花卉才能夠存活下去）。藉由標準的行為研究法，他用食物犒賞蜜蜂，把他們訓練成可以分辨出藍色盤子。然後他把許多正方形的小張色紙擺到蜜蜂面前，興味盎然地看他們聚集在起來，「好像是聽從他的指揮」，有許多存疑的觀眾在一旁見證。[8]

但是，蜂群第一次為他跳舞的地方，是在慕尼黑大學的那一座庭院裡。「我用一盤糖水引來幾隻蜜蜂，用紅漆在他們身上做記號，然後有一陣子都不再餵他們。等到四周都平靜下來後，我又把盤子裝滿糖水，我看著一隻剛剛喝過糖水的偵察蜂（scout bee）回到蜂巢。我簡直無法相信自己的眼睛。她在蜂巢上方飛舞繞圈，她身邊那些被我做過記號的採蜜蜂全都非常激動，她促使他們全都飛回我餵食糖水的地方。」

儘管幾世紀以來養蜂人與博物學家早已知道蜜蜂彼此之間有溝通能力，可以把食物地點的訊息傳遞出去，但沒有人知道溝通方式為何。是用帶路的方式去有花蜜的地方嗎？還是沿路留下氣味？將近四十年後，馮．弗里希寫道：「我相信，這是對我畢生產生最大影響的一個觀察結果。」[9]

根據〈公職回復法案〉的規定，馮．弗里希與他的學界同事們（還有其他德國公僕）都必須拿出可以證明祖先是雅利安人的東西。先前馮．弗里希曾經幫助過許多論文主題與他專長沒什麼關係的猶太研究生，為此而被人懷疑，新法通過後更是讓他陷入了一個非常危險的兩難處境。[10]他那一位已經去世的外婆是來自布拉格的猶太人，她的父親是個銀行家，丈夫是一個哲學教授。一開始，慕尼黑大學試著保護這位明星級動物學家，為他取得一份安全的分類文件，證明他只有「八分之一」猶太血統。但是，我們不妨想像一下當時的環境：充滿惡意的意識型態與政治野心交雜，開始發酵，再加上學界的層級界線嚴明，許多學者儘管接受過多年的訓練，卻因為教職有限而無法享有具教銜者的禮遇。一九四一年十月，想要把馮．弗里希弄下來的人成功了，導致他被重新分類為「二級混種」，也就是具有四分之一猶太血統，並因此解除他的教職。

我們都知道馮．弗里希逃過了納粹的毒手。不過，過程中歷經了許多波折。深具影響力的同事們為他四處奔走，幫他在剛剛創立的《帝國週報》（〔Das Reich〕週報社論是由納粹宣傳部長戈培爾撰寫的）上發表文章，說明動物學研究所對於國家的經濟有何貢獻，該所的研究工作對於祖國復興是不可或缺的。[11]儘管過程讓人飽受折磨，但最後救他一命的終究還是蜜蜂。一種叫做蜜蜂微孢子蟲（*Nosema apis*）的寄生蟲先前在德國已經肆虐兩年，許多蜂巢因而遭殃。全德國的蜂蜜產量與農作物的授粉都受到威脅。最後有個位居高層的友人出手幫忙，馮．弗里希因而被指派為特別調查員，糧食部已經不知所措，將他從學界除名的命令也就暫緩，宣稱要「一直到戰後」才執行。[12]

儘管蜜蜂不關心政治，但他們並無法避免自己變成納粹的戰爭利器。除了找出微孢子蟲疫情的解決之道，糧食部很快就開始進行研究，希望蜜蜂能夠幫那些具有經濟價值的作物授粉就好。馮．弗里希多年前就曾實驗過氣味引導的方式（把蜜蜂訓練成只對某種氣味有興趣，讓他們在被放出來之後專門找帶有那種氣味的花朵），但是並未引起業界的興趣。這次德國養蜂人協會（Organization of Reich Beekeepers）卻急著要贊助他的研究工作，主要是因為戰爭的大禍將至，全國都對這計畫很有興趣，再加上他們聽說蘇聯也在進行類似的大規模研究計畫。

慕尼黑遭逢密集空襲，這讓馮．弗里希感到身心俱疲，於是便和合作了一輩子的魯特．波伊特勒（Ruth Beutler）撤退到奧地利提洛邦（Tyrol）的布朗溫克村（Brunnwinkl）。那裡是馮．弗里希童年度過暑假的地方，當年醉心自然史的他還在村裡自家房舍旁設了一個小博物館。青少年時期的馮．弗里希還把親友找來當幫手，為他到鄰近森林與海岸線尋找當地植物。他們家在沃夫岡湖（Lake Wolfgang）湖邊有一間老磨坊，他就是在那裡被舅舅親手調教（他舅舅是知名奧地利生物學家席格蒙・艾斯納〔Sigmund Exner〕），學會了古典的觀察研究法與操弄昆蟲的方式，這兩者後來都成為他進行實驗研究時的看家本領。

馮・弗里希也是在這裡與動物相處時而開始「用尊崇的態度面對未知世界」，而這態度與其說是正式的宗教信仰，不如說他所堅信的，是某種泛神論式的相對主義。「所有真誠的信念都值得尊敬，」他堅稱，「除了那種自以為人類心靈是世界上最偉大的放肆主張。」[13] 他來自一個崇尚自由思想的天主教家庭（當時常有奧地利生物學家因為支持演化論而被排擠，但在學術上他們家還是支持自由的思想），他曾經用一種直接但卻常常充滿情感的語氣表示，他們家在那小村莊建立了一個布爾喬亞的避風港，一個可以好好研究科學，進行藝術創作，實現有教養的文化理念的家園，遠離二十世紀初中歐的紛紛擾擾：他母親生氣勃勃，父親雖然稍嫌沉默寡言，但也關愛家人，此外他還有三個哥哥，這裡的時光為他

們四人奠定了日後在學術界平凡而尊榮的一生。

在這充滿了家族回憶的地方，馮．弗里希躲開了盟軍對於慕尼黑與德勒斯登進行的瘋狂轟炸，遠離奧許維茨的死亡威脅，他與波伊特勒利用納粹政府提供的特許權力，重新進行已經荒廢將近二十年的蜜蜂溝通方式研究。

透過早期在動物學研究所庭院裡進行的研究，馮．弗里希辨認出蜜蜂有兩種「舞步」：一種被他稱為環繞舞（round dance），另一種則為八字搖擺舞（waggle dance），當時他做出的結論是，蜜蜂跳環繞舞的時候，表示他們發現了花蜜的來源，搖擺舞則表示他們找到花粉。後來，波伊特勒持續進行研

究，開始懷疑他們當初提出的假設。他們倆在一九四四年繼續做實驗，發現如果餵食盤距離蜂巢超過一百公尺，那麼不管蜜蜂帶什麼東西回去，他們都會跳搖擺舞。所以，他們觀察到的不同飛舞方式並非用來描述蜜蜂發現什麼物質，而是一種用來傳達更複雜資訊的方法，也就是要說明地點。馮．弗里希寫道：這種精確描述距離與方向的能力「似乎太過奇妙，根本不像是真的。」[14]

蜜蜂的行為之所以引人入勝，是因為它們非常複雜。如今，我們都知道蜜蜂具有一種錯綜複雜的社會性（每一個具有自我繁殖功能的「殖民地」裡都住著成千上萬隻蜜蜂），而他們之所以會發展出如此精細的溝通方式，與蜂群的社會性有關，這兩者之間的聯結沒什麼了不起的。但是，二十世紀初

期的動物學研究仍然以生物學家與心理學家的一個信念為主流，這信念認為動物行為可以從簡單的刺激反應模式獲得完整的解釋，例如反射動作與趨性（tropism）。過去著名的心理學家J．B．華森與雅克．洛布（John B. Watson and Jacques Loeb）認為不可能的事，馮．弗里希的蜜蜂卻做到了：他們透過象徵符號進行溝通，藉由形式來傳達訊息（在此，所謂形式是指某種可預測的身體運動模式），而形式與它所代表的事物之所以能緊密聯結在一起，是因為蜂群具有「社會信念、默契，或某種外顯的規範」。[15]更有甚者，就算他們的飛行結束了幾小時，訊息傳遞的功能仍然存在。這種溝通方式必須靠蜜蜂能記得住詳細的飛行，靠他的回憶，當然還要把那有意義的訊息翻譯成舞步，表演出來。此外，這也需要一群看得懂舞步，能夠進行有效互動的蜜蜂。向來致力於推廣「動物具有意識」、同時也是馮．弗里希於一九四九年美國巡迴演講贊助者的唐諾．葛瑞芬（Donald Griffin）主張：「蜜蜂多面向的溝通能力，是動物界中除了人類以外目前已知最顯著的案例」[16]馮．弗里希的主張比葛瑞芬更不加保留。他深信，蜜蜂的這種溝通能力「在整個動物界裡是沒有任何動物可以與之匹配的。」[17]

研究蜜蜂的當代學者們後來又修正了馮．弗里希與波伊特勒在戰時提出的跳舞理論。如今，大多數人都相信那兩種主要飛舞方式所傳達的訊息型態並無不同。[18]兩種飛舞方式都是藉由搖擺身體來傳達關於距離與方向的訊息，而且兩者也都是藉由飛舞的激烈程度來說明食物的品質。相似地，不管是用哪一種方式跳舞，跳舞的蜜蜂身上的香味也會反映出花的種類。

馮．弗里希在慕尼黑曾把餵食蜜蜂的地方放在蜂巢旁邊，如此一來，他那些負責兩種不同工作的助理（一邊的助理負責觀察蜜蜂飛舞的樣子，另一邊駐守在餵食的地方）會比較好溝通。然而，當蜜蜂利用環繞舞來表明附近有食物時，身體搖擺的時間非常短，只有在蜜蜂轉完一圈，要再轉另一個圈圈時身體才會搖擺。馮．弗里希與其團隊並未觀察出這細微的線索，而且可能那些觀看舞蹈的蜂群也沒注意，他們只是靠氣味來找出擺在附近的餵食盤子。但是，每當食物與蜂巢的距離變得較遠（他們大概是把距離改為五十到一百公尺之間，而馮．弗里希用來進行實驗的是卡尼鄂拉蜂〔Carniolan bee〕），蜜蜂回到蜂巢時的飛舞方式會多出一系列的步驟，持續進行，包括腹部「激烈擺動」，這左右擺動的動作每秒可能會重覆十三到十五次。[19] 這特別的持續擺動是用來傳達重要的資訊。返回蜂巢的採蜜蜂在蜂巢裡被馮．弗里希稱為「舞池」的地方跳起舞來，裡面一片黑暗，身體與其他蜜蜂撞來撞去，但有三、四隻蜜蜂跟隨著他們，用頭頂觸角接收藉由跳舞傳達出來的資訊，運用嗅覺（靠香氣來分辨花卉種類）、味覺（藉此判斷食物的品質）、觸覺，還有一種聽覺，讓他們可以藉由空氣的振動來聽見跳舞蜜蜂的翅膀振動。[20]

跳舞的蜜蜂以太陽為參照點。她在蜂巢入口的水平平台上跳舞，日光灑在她的身上，飛舞的動作具有指示的功能，直接指向前方，「就像我們舉起手臂，伸出手指，指著遠方的目標一樣」。[21] 她在開放的空間裡飛舞著，藉由調整身體的角度來確認方向，讓她的身體之於太陽的相對角度，等同於先前她飛往食物時身體相對於太陽的角度。[22]

但是，蜜蜂主要還是都在一片漆黑的蜂巢裡跳舞，在蜂巢內部的垂直平面上。這些條件讓跳舞的蜜蜂遭遇一連串重大問題，問題的解決之道，是她必須重新調整飛舞方式與食物來源之間的指示關聯性。

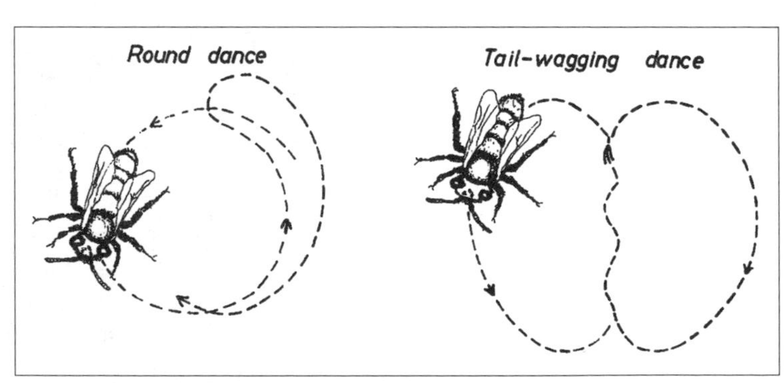

在蜂巢內跳舞時，由於時間與空間都與剛剛不同，故蜜蜂在表達太陽的角度之際（就是因為有太陽可以參照，在外面跳舞時她才可以模仿自己飛行的方向），她所參照的已經變成了重力。為了成功傳達訊息，在從蜂巢往外飛之際，蜜蜂必須憑視覺注意到太陽方向與食物來源之間的角度，把這資訊記下，精確地把資訊轉換成一個可以與重力相對照的角度，在此同時，她還必須考慮時間差的問題，因為太陽的運轉角度在她剛剛往外飛的時候與跳舞的當下並不相同。[23]

如果食物的方向與太陽一樣，蜜蜂會沿著蜂巢內部往上飛；如果食物方向與太陽相反，她就會往下飛。舉例說來，假設食物位於太陽左邊八十度的地方（就像左圖下方編號II，第二種餵食的方式那樣），她在搖擺飛動時身體就會指著垂直線左邊八十度的方向（也就是編號II那一條線的方位），依此類推。[24] 即便太陽被雲遮住了，她還是可以藉由偏光（〔polarized light〕人類肉眼看不見的光線）的模式來辨認太陽的方位。[25]

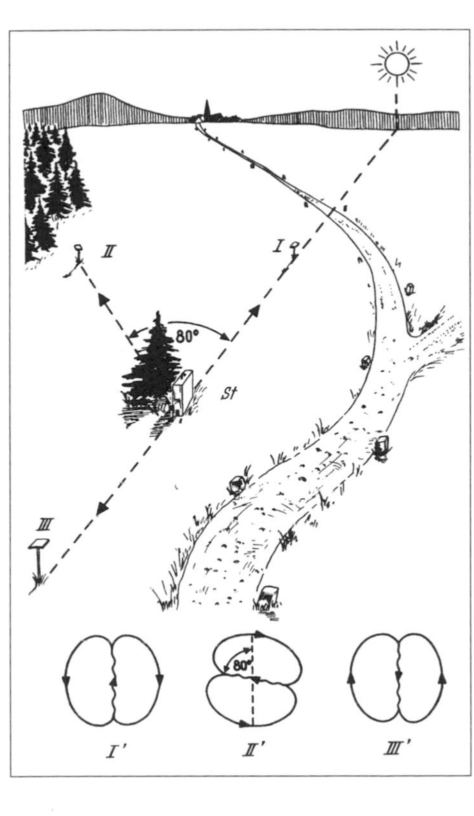

馮・弗里希追蹤那些飛到蜂巢十一公里外去採蜜的蜜蜂，發現他們傳達距離訊息的方式結合了身體擺動的次數、擺動頻率、向前飛動的速度，還有擺動持續了多久。[26] 然而，距離可說是一種「主觀」的性質，蜜蜂判斷距離長短時所根據

的標準，是他們往外飛的時候有多吃力。為了證明這一點，馮．弗里希讓重量各自不同的東西附著在蜜蜂的身體上、要他們逆風飛行，也曾逼使他們用走的。每次碰到這種狀況，他們向其他蜜蜂報告的距離都會比不受阻礙時還要長。[27]

馮．弗里希喜歡與「冷靜又平靜」的蜜蜂合作。[28]他們非常配合，而他也會回報他們，設計出各種符合蜜蜂需求與期望的實驗和工具。蜜蜂會受到風與溫度影響。他們能辨別出的嗅覺與觸覺差異非常細微，令人驚訝不已。每當光線的條件改變時，他們也會有主動的反應。他們認得出不同研究人員。蜜蜂的敏感度令他有所警覺：他所觀察到的蜜蜂行為，是不是剛好反映出實驗的人為特性？他發現自己無法確定答案是否定的，為此他被迫不斷進行各種各樣的實驗，精疲力盡，勉力找出能夠在自然情況之下重複進行對照實驗的方式。等到他覺得發現太過驚人，他甚至懷疑，是不是因為他太過注意蜜蜂，因此創造出「某種科學蜜蜂」。[29]

他所做的第一件事，就是打造出一座可以觀察蜜蜂的蜂巢。這蜂巢就是一般養蜂人用的那一種，只是外面

裝上玻璃，如此一來就可以在不打擾他們的情況下進行觀察。但他很快就發現蜜蜂的飛舞方式會有所改變，因為陽光明亮，而且他們可以看到一部分的天空。所以，他研發出一種與眾不同的蜂巢，蜂巢外面裝著可拆卸的板子，讓他能夠操控實驗的外在條件。

他設計出餵食蜜蜂的地方與特別的食物分配器。他還發明出一種偽裝成花朵的計數器，可以自動計算蜜蜂造訪的次數，每當義工不符實際需求，或者沒有必要使用義工時，就可以拿出來用。

接下來他研發出一種非常巧妙的代號系統，這讓他可以辨認出數百隻蜜蜂。他的做法是，趁蜜蜂在喝糖水時，用一支非常細的漆筆在每一隻蜜蜂身上塗出不同圖案。

但是，馮・弗里希真正的天份還是展現在他那些簡單、有效，而且極度精緻的實驗上面。(例如，為了把蜜蜂透過跳舞傳達的訊息翻譯出來，一開始他的做法是訓練蜜蜂

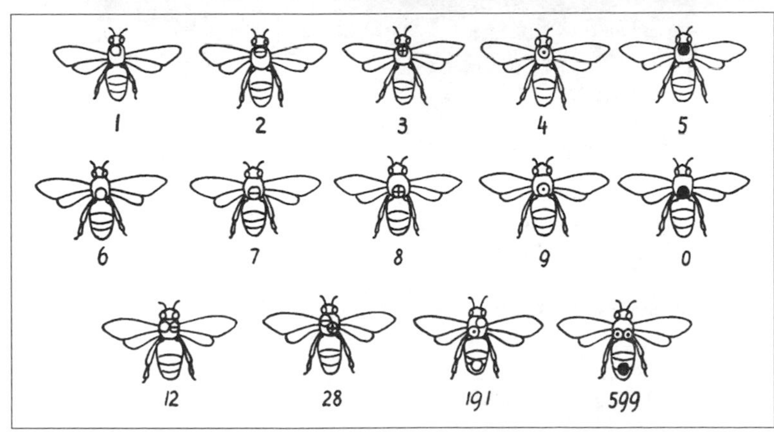

到某個食物來源採蜜，然後逐漸有系統地把蜂巢與食物來源之間的距離加大，接著仔細觀察採蜜蜜蜂回到蜂巢時的跳舞方式。）能夠做到這一點，除了要有耐性，具備自我批判的精神以及有創意的實驗方法，最重要的是他能從自然史的角度去觀察蜜蜂的生態、性格與習性，以及與蜜蜂的存有建立起極其深刻的親密關係，關切一隻蜜蜂的存在（the being of a bee）。

上述一切條件讓他能夠辨認出蜂巢中蜜蜂的個體性，摸熟他們各別的癖好與性格，他們的情緒改變，還有行為的細微不同。無疑地，他簡直是把蜜蜂當成像人一樣了。他曾說他的蜜蜂「機敏」、「急切」、「冷淡」，甚至一度還曾展現出某種「階級意識」。[30]但是，如果你覺得只憑藉著這種擬人化的態度（所謂「擬人化」，在這裡指的是我們往往情不自禁，想要從人類的內心世界去比擬其他生物，認為他們與我們相似）就足以瞭解他的研究成果有何意義，那你就錯了。對於馮．弗里希而言，蜜蜂是他自己的朋友，但是他與蜜蜂之間仍有差異，因此蜜蜂也是極為神祕的。而且就是因為這巨大差異與偶而的跨界（crossing），讓他始終對蜜蜂懷有高度的敬意，卻又一再以實驗控制他

們；透過不懈的研究，他彷彿執意追尋某種足以消解人蜂之隔、使人蜂可以相互理解而歸於同一的救贖，但為此，他又必須在實驗過程中捨得下手來對待他們。

也許這一切與外在世界發生的事件剛好形成某種對照：在那政治上動盪不安，恐怖事件頻傳，人性蕩然無存的歷史時刻中，卻也出現了如此令人興奮的研究成果，所有的發現都是嶄新的。或許我們也可以說這是舊式動物行為學的復活，決心在動物身上找到人類特質。但是，從馮・弗里希自己的評估與研究過程看來，蜜蜂一方面是與他合作，但也受制於他。他用他們做實驗，少數幾次當他們無法展現出敏銳才能，他也毫不掩飾自己的失望之情。但他們同樣也會試驗他：他們逼他不得不設計出各種巧妙實驗，藉此才有辦法約略探究他們那種神祕的存在方式。

馮・弗里希躲回布朗溫克村去做研究，這一躲就好像進入了另一個充滿光輝與深不可測的世界。根據他自己的回憶：「我試著讓自己全心埋首研究，盡可能不去注意發生在我周遭的事。」布朗溫克村外面的世界已經失控了。慕尼黑的動物學研究所變成一堆破碎瓦礫，他家也化為「一個大洞」。學界對他充滿敵意，也令他不解。他勸妻子把日記燒掉。[31]還有誰能信任呢？還有誰在看書？誰會傾聽他的聲音？除了那些蜜蜂……蜜蜂也會「說話」，但他們對政治漠不關心。他們的語言還沒受到第三帝國的腐敗術語汙染。蜜蜂是一種純粹的動物。他們具有一種可理解的理性。蜜蜂為他提供避風港。

我們不知道魯斯・波伊特勒有何感想，但根據馬丁・林道爾（〔Martin Lindauer〕最後他成為馮・弗里希的學生裡面最出色的一個）自己的描述，原本他在俄國戰場前線服役，受了重傷，被送回慕尼黑，他說自己想要研究科學，因此醫生要他去聽馮・弗里希的一場講座，主題是細胞分裂。根據林道爾回憶，那一場講座讓當時年僅二十一歲的他有所頓悟，他覺得自己可以重拾有意義的正常人生——但在那之前，他一直感到困惑不已，因為他曾拒絕參加希特勒的青年團，結果被派去達豪集中營挖地基，而且更早之前他曾經在高中聽過希特勒親衛隊（SS）軍官的演講，決定自願加入德軍。他說，馮・弗里希是一位嚴格導師，「對科學充滿熱忱…無法忍受任何作假…而且非常嚴格。」[32]

林道爾跟他的老師一樣對蜜蜂有很深的情感，也許這一點也不令人意外。當時，集權統治讓全國陷入一陣混亂，科學界的生存空間也崩壞了，但馮・弗里希在沃夫岡湖湖畔建造了一座避風港，在他的蜜蜂身上找到某種規律性，一種有秩序的存在狀態，就像在所有經營完善的研究機構那樣，沒有人需要為不可預測的生活感到恐懼，沒有人需要覺得心神不寧。他們好像又回到了一九一八年革命之前的德國，通貨膨脹嚴重的威瑪共和國尚未誕生，納粹也還沒奪下政權。他們在奧地利的湖畔回到了當年德國和奧地利同處承平時期的家族研究基地裡。「我們在希特勒掌權之下過著毫無意義的生活，無論從什麼角度看來，一切都是如此邪惡、不真誠而錯誤百出，但在那之後，」相隔半世紀之久，林道爾曾經這樣跟某位訪問他的人說：我之所以能夠重獲力量，是因為我開始做起了必須正確無誤，誠實無欺，而且講求客觀性的工作。我走出了物質與精神的崩壞，遠離絕望，在馮・弗里希老師的教導之下，我才有辦法建立起一種新的生活方式。蜜蜂成為我新的家人，而那個蜂巢是我們共同的新家。[33]

3

這不難理解。蜂巢裡有幾萬隻蜜蜂每天過著令人驚嘆的自律與複雜生活，錯綜複雜而不停流動的社會關係、交換活動與勞動分工造就出一種帶有高生產力的秩序。馮・弗里希在《舞蜂》（*The Dancing Bees*，一九五三年出版）一書裡首先就告訴我們，蜜蜂是一種守本分的社會動物，他們進行具有高度整合性的任務，因為合作而互相依賴，所以任何一隻蜜蜂都不可能自外於蜂巢而單獨存活（他說：「最小的單位（就是蜂巢」⋯一隻獨來獨往的蜜蜂很快就會死去。」）。[34]

跟螞蟻、黃蜂還有其他具有社會性的昆蟲一樣，蜜蜂住在昆蟲學家所謂的「種姓」社會（caste societies）裡，動物學家用這類比的方式來說明他們看到一種形態明確無比的職業分類：女王蜂負責產卵，許許多多不事繁衍的雌性工蜂負責工作，幾百隻眼睛大大的肥胖雄蜂只做一件事（就我們目前所知），就是在女王蜂飛出來求偶的時候與他交配，最後到了冬天腳步迫近，食物來源緊縮時，這些雄蜂會被工蜂從蜂巢拖出來，驅離蜂巢，任由他們餓死，如果抵抗的話，就把他們螫死。「從那時候開始，直到隔年春天，」馮．弗里希寫道，「蜂巢裡只剩母蜂，過著沒有人打擾的平靜生活。」[35]這不禁讓我們聯想到夏綠蒂．伯金斯．吉爾曼（Charlotte Perkins Gilman）等作家所提倡的女性主義理想國。

毫不令人意外的是，真正讓研究人員注意的，是工蜂。馮．弗里希與波伊特勒把他們飛舞的情況紀錄分類，對於他們辨識方向的能力也有極其深入的認識。接下來我將在下面描述林道爾承接研究工作後的發現，包括成群飛行的習性、蜂巢的地點，還有選擇蜂巢的奇特過程。他們三個人都針對蜜蜂的勞動分工與時間分配進行了詳細研究，不過研究做得最深入的還是林道爾，他的做法是追蹤一隻代號「一〇七號」的蜜蜂的完整生命史。

第二二〇頁的圖是林道爾初次把蜜蜂勞動分工方式畫下來的結果。圖裡面我們可以看到湯瑪斯．西利（Thomas Seeley）所說的，「一種根據暫時性專業化區分而進行的勞動分工」，圖片引自林道爾的經典名作《社會性蜜蜂之間的溝通方式》（*Communication among Social Bees*，一九六一年出版），該書內容是他

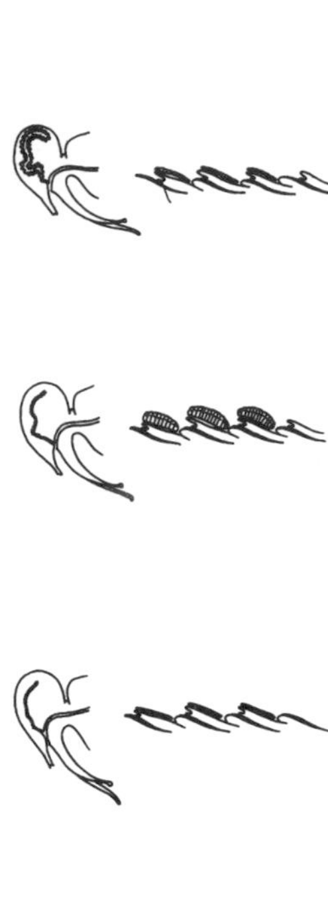

在美國各大學演講的講稿選集。[36]中間那一排數字顯示出蜜蜂出生後的天數。左邊一隻隻怪誕的擬人式蜜蜂所進行的活動，與他們年紀大小息息相關（他們做的事包括清理蜂巢、照顧蜂卵、興建與修復蜂巢、守衛蜂巢、採集花蜜、花粉與水）。畫在右邊的那些東西，是蜜蜂頭部腺體（哺育腺或餵食腺）與腹部腺體（蠟腺）於生命不同階段的模樣。儘管上述的勞動狀況、生理發展與生命週期之間具有緊密的聯繫，林道爾也非常瞭解，如果遇到緊急危難的狀況（例如，突然間食物短缺），這些關係有可能會完全斷絕掉。在這情況之下，蜜蜂的腺體也許就不會繼續生長，蜜蜂在預定的日子之前就開始採蜜。蜜蜂的生理發展與行為是有彈性的，能夠適應環境條件的改變，做出回應。

但並不只是這樣而已。林道爾開始仔細觀察「一〇七號」之後，他發現她不只做一份被分配好的工作，而是花更多時間執行不同任務，而且用來四處晃來晃去的時間也不少（他稱之為「巡邏」，在第二二一頁這張由他繪製的圖裡面，用一頂圓帽與手杖構成的符號來代表），而且有大量時間（事實上，有百分之四十的時間）看來是什麼都沒做（他稱之為「休息」，即圖中用躺椅符號表示的部分）。林道爾設法解釋這些觀察結果。據其推測，所謂「巡邏」是某種監看蜂巢的方式，這讓蜜蜂能夠掌握急迫的需求，據此分配時間。他宣稱，「閒逛」讓蜜蜂裡的「後備部隊」能夠因應情勢需求，立刻展開行動，不過這說法比較不具說服力。[37]

這兩種出乎意料之外的活動都顯示出，在一個缺乏領導者或集中化決策的社會裡，蜜蜂與蜜蜂之間的水平溝通是很重要的。蜜蜂之所以有能力維護蜂巢的內部環境（儘管外在環境有所改變，重要資源取得不易），都是因為返巢的採蜜蜜蜂與蜂巢內的蜜蜂會相互溝通。例如，假使採蜜蜜蜂很快就把帶回來的東西卸下，那表示蜂巢內非常缺乏那種東西。而且，與此有關的並不只是馮．弗里希所辨認出來的那種顯然以符號為基礎的溝通語言。有一些社會生活中更基本的活動也在進行著。蜜蜂彼此之間常有肢體接觸，他們以頭部與觸角互碰，聞一聞彼此身上的味道，壓縮過後的花粉在他們之間傳來傳去，分享與交換彼此肚子裡的含糖物質，感應彼此的身體振動。他們往往是在一片漆黑中交換物質，吸吮反芻，彼此碰觸、感覺、聞嗅、品嚐與感應。他們一起在溫暖的黑暗中彼此碰觸，吸食東

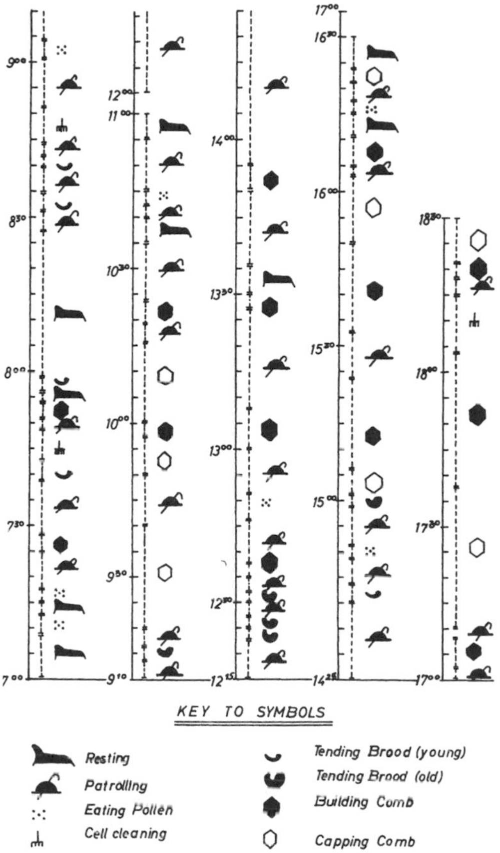

KEY TO SYMBOLS

Resting
Patrolling
Eating Pollen
Cell cleaning
Tending Brood (young)
Tending Brood (old)
Building Comb
Capping Comb

西、感覺彼此，然後再碰觸，繼而聞嗅、品嚐與碰觸。這一切勾勒出另一種蜜蜂的國度。另一種蜜蜂的語言。

透過某種方式，這種語言與人類將動物擬人化的描述有所關聯，包括蜂巢的語言、階級制度與種族的語言、姊妹與半血緣姊妹的語言、蜂后與工蜂的語言，還有舞蹈的語言。這些為了研究其他動物語言的語言，啊，真是煩死人了！這種語言也沒有隨著馮．弗里希與林道爾一起逝去。如今，研究蜜蜂的科學家們也會論及這種語言，只不過他們常常將這種語言轉換成一種生物能量學的機械式語彙。過去擬人化的術語，和如今科學家描繪起來如同機械的生命體之間其呈現方式相差甚大。

如今，在科學家眼裡蜜蜂是一種演化論式的蜜蜂，在這種觀點下，蜜蜂（以及其他所有具有社會性的昆蟲）的社會即個體；個體之於社會就像是細胞之於身體的關係，個體本身並不存在著個體特性。透過這些暗喻我們可以推演出一套關於蜜蜂演化的論述，深具說服力：物競天擇的壓力來自於不同蜂巢之間相互競爭，彼此爭奪食物、採蜜區域與其他資源，而能夠進一步支持這種論述的事實是，我們在蜂巢內部觀察不到緊張關係。[38]

但馮．弗里希所提供的是一種補充性的論述。所有的養蜂人都知道，不是只有蜂巢會展現出不同個性（有些整潔，有些零亂，有些平靜安寧，也有些充滿侵略性）。根據馮．弗里希的說法，在蜜蜂的社會裡，個體與群體之間的交互影響允許個體保有一些可變性，每一隻蜜蜂會因為個別能力與天份不同而為蜂群的集體成就做出不同的貢獻。在他的論點中，一個蜂巢是幾千隻不同蜜蜂的合作成果，它表現出某種合作的文化。

4

恩斯特·貝格多爾特（Ernst Bergdolt）是慕尼黑大學動物學研究所的一位生物學講師，他在一九二二年才二十歲時就加入了納粹黨。他很有遠見，比許多人都更早成為法西斯主義者，一九三七年他成為《全自然科學期刊》（*Journal for the Entire Natural Sciences*）的編輯，而這一份期刊向來是最積極與各種生物科學搏鬥的，希望能夠讓它們服膺納粹的意識形態。[39]想要把馮·弗里希趕出慕尼黑動物學研究所的那一股勢力，就是以貝格多爾特為首，當時他也是德國國家社會主義講師聯盟（German National Socialist Lecturers' League）的領導人物。當時他曾寫信給教育部長，呼籲將馮·弗里希所長解職，以下這段話引自他那一封信：

> 馮·弗里希教授特別厲害的一點，是他有能力把研究成果拿來做政治宣傳，而我們都知道猶太科學家就是有這種能力。相形之下，他完全沒有能力從比較寬廣的角度來做他的研究工作，更別說看到他自己的研究與一個渾然天成的群眾政體之間的關聯，而且人民政體似乎是如此不證自明的，因為他是研究蜜蜂的專家，應該很容易就能看出來。[40]

在這之前，貝格多爾特已經試著用虐待動物的罪名來誣陷馮·弗里希，但並未得逞。[41]在這裡他開的第一槍，差不多就是傳統上所謂「猶太科學」的罪名。但第二項指控就比較特別了。儘管蜂巢內部的秩序為馮·弗里希與林道爾提供了一個避風港，讓他們免於被捲入納粹帝國的紛亂擾嚷中，但是對於貝格多爾特而言，那種系統性剛好體現了納粹主義的烏托邦前景。蜜蜂就是人類的明鏡。雖說弗里希和貝格多爾特用來形容蜜蜂的語言非常直接易懂，也用人類使用語言的方式去想像蜜蜂的語言，這一切看來都很清楚明白，但蜜蜂的生活卻仍有許多模糊不清之處，所以馮．弗里希與貝格多爾特才能夠用兩種顯然互相衝突的方式去想像蜜蜂。不過，在這個情況之下，他們雙方的想像都是立基於同一個狂熱氛圍。

但是，兩種關於「秩序」的不同概念並非唯一重點。對於納粹而言，想要實現秩序，前提是必須用猛烈的手法建立一個具有示範性質的階層結構。然而，在蜂巢裡，階層結構卻是極其模稜兩可的。蜜蜂世界不只是在性別關係上與國家社會主義的理念大相逕庭，而且「蜂后」這個名義上的蜂巢領袖是否具有自主性，令人懷疑，幾乎在各方面都屈從於那些為她服務的工蜂。然而，這些納粹不願面對的事實只是枝微末節，對納粹來講，真正重要的是，蜂群的秩序具有足以發展為寓言的種種可能性：蜂群嚴守紀律，願意服膺「完成大我」的精神，不會繁衍後代的工蜂則是實踐了利他主義的自我犧牲，在群體目標掛帥的情況之下，個體消失了，而且他們能以極有效率的方式把那些不值得繼續存活的蜜蜂處理掉，此外所有蜜蜂也都能全然接受一種蜜蜂文明史詩般的時間性，為此默默付出。還有，蜂巢吸引貝格多爾特的地方，或許也包括那界線明確的世界裡強烈的視覺性，自給自足，紀律嚴明，但卻又充滿活力，讓人一下子就聯想到集權主義的美學。

馮．弗里希與和他共同獲頒諾貝爾獎的康拉德．羅倫茲截然不同：羅倫茲不只是活躍的納粹黨黨員，也是種族政策辦公室（Office for Race Policy）的要角，但是正如貝格多爾看到的，馮．弗里希無意把蜂群拿來比擬人群。[42]當羅倫茲從種族衛生的觀點指出，野生動物被馴化以後的退化就像人類邁入文明以後的衰退，馮．弗里希則通常有所保留，只是讚嘆著蜜蜂的感官能力，不將蜜蜂與人類處境相對應。在這段時期，羅倫茲認為「本能」兩字有特別的含意，而「本能式的行動」（"instinctive action”），無論對人還是其他動物來說，都是使物種得以存續的本能，而且「物種」即等同於民族（*Volk*）。他主張，演化具有某種道德目的論：物競天擇是在社群的層次進行、個體屈從於群體是符合社群利益的，而且社會原本就該淘汰那些「較不具價值」的個體。提倡這些觀念的，還有阿佛列．普羅茲與德國種族衛生學的北歐分支，他們都是為納粹種族政策背書的。羅倫茲的主張更是直接源自於恩斯特．海克爾（Ernst Haeckel）那一本非典型的《人類的演化史》（*Anthropogenie oder Entwickelungsgeschichte des Menschen*，一八七四年出版），在書中海克爾主張公民與國家之間的關係，就該像社會性昆蟲與他們的巢那樣。[43]羅倫茲熱切地用他在科學界的權威來支持這種觀念，也因而獲得適當的回報。[44]

難怪貝格多爾特會對於馮．弗里希的蜜蜂論述感到不滿。馮．弗里希大可以把「本能」說成種族進步的原動力，但他卻只是讓本能潛藏在蜂巢裡，默不作聲。絕大多數時候，他認為蜜蜂的行為不只是基因作祟，而是有意識的介入。[45]羅倫茲則是持續貶低縮減動物的能力（所有看起來具有意向性的行動，最多也只是被他一再地呈現為複雜的機械式反應），相較之下，馮．弗里希的研究工作則是主要聚焦在個體行為的層次，他的研究動機是為各種行為賦予價值，一方面顯示蜜蜂與人類的親近性，另一方面則是讚嘆其行為。（我們可以把他的想法當成一種廣義的人文主義精神，範圍寬廣到足以把非人類的昆蟲也包含進來嗎？）

馮．弗里希會被視為動物行為學的創始人，主要是因為他以一種深具啟發性的方式，為世人探掘了動物的感官世界。他的探掘成果足以用來質疑過去用「刺激—反應」來看待動物行為的簡化模式，而且他把對動物認知能力的思考提升為對感官複雜度性的討論。[46]相較於先前的動物行為學家，馮．弗里希注意的是動物的心智，而不只是侷限在他們的外在行為表現。蜜蜂對他來講是「最完美的昆蟲，具有令人不可置信的純粹本能」，而且他們是有意識、有目標的，有學習能力，也能夠做決定。[47]他對蜜蜂語言的描述絕非偶然形成。幾乎毫無疑問地，他認為蜜蜂是一種具有主體性的物種。這句話說來簡單，但是卻帶有極其複雜的深意。如果想進一步瞭解，最好就是透過馮・弗里希的學生馬丁・林道爾所做的、關於蜜蜂擇巢過程的知名研究。[48]

每當蜜蜂數量成長，蜂巢變得太過擁擠，蜂巢裡有大量花蜜，存糧已滿時，採蜜蜜蜂已經無法卸下他們採回來的東西，蜜蜂就會開始準備要成群搬移。女王蜂不再產卵，照顧幼蟲的工蜂先前已經選好要用來替代女王蜂的幼蟲，此刻開始餵他們吃蜂王漿。至於採蜜蜜蜂，他們則是不再採集食物，開始向外尋找洞穴，到處查看樹上或建築物上的孔洞，或其他任何有可能用來築巢的地點。幾天內，年紀較大的女王蜂會離開蜂巢，有一半的工蜂會跟著她，數量可能高達三萬隻，林道爾在書中寫道：他們把「房屋、蜂巢與食物都留給繼任的女王蜂」。他們通常會遷居附近的樹上，群聚在一起。[49]

採蜜蜜蜂會飛離這個暫時的家園，到外面去執行任務，仍然在一個廣大範圍內搜尋，但是此時他們會根據一些精確的標準來尋找可能的蜂巢所在地：洞穴的大小得宜、入口要小而且位置恰當、必須免於風吹、與原先的蜂巢的距離要夠遠、乾燥、黑暗，而且不會受到螞蟻侵擾。等到他們找到可能的地點之後，會回去與蜂群會合，就像發現食物來源時那樣，他們還是用飛舞的方式來傳達自己的發現，唯一不同之處在於，此刻他們是在一大群蜜蜂聚集而成的蜂體上跳舞。

林道爾觀察到這個行為，他發現返家的採蜜蜜蜂只會跳舞，他們並未交換花蜜或花粉。他找出那些飛舞的蜜蜂，在他們身上做記號，詮釋他們飛舞的方式，把他們表達出來的那些地點畫成地圖，等到自己去一趟之後，發現蜜蜂並不是在採集花粉花蜜，而是「忙著檢視各種位於地面、空心樹幹上的孔洞，或是老舊牆面上的裂縫。」[50]他發現，那些採蜜蜜蜂現在變成了「尋巢蜜蜂」。他用下列這一段文字來描述他們回去與蜂群會合的情形：

如果我們觀察那些尋巢蜜蜂的飛舞方式，把他們表達的地點訊息記錄下來，我們可以得出一個令人非常訝異的結論：他們報告給蜂群的不會只是一個築巢地點，而是方向與距離各自不同的許多地點，這意味著有好幾個可能地點同時被宣布。例如，一九五二年六月二十七日那一天，我就注意到有一群蜜蜂透過飛舞表示南邊三百公尺外有一個築巢地點。幾分鐘後，他們又跳了另一支舞，宣告在東邊一千四百公尺處有另一個築巢地點。接下來的兩個小時內，他們又宣告了另外五個地點，從東北方、北方到西北方都有，距離各自不同，到了那一天晚間，他們宣告了第八個地點，位於東南方一千一百公尺處，是必須去查看的。隔天又新增了十四個可能的築巢地點，所以此刻已經有二十一個不同地點可供選擇了。一眼就能看出那些尋巢蜜蜂去查看過許多地方：有些身上沾滿塵土，因為他們曾鑽進地洞裡；其他則是去過一座廢墟的洞穴，因此滿身紅磚粉末；也曾有某次這些尋巢蜜蜂身上沾滿煤灰，因為他們在一個夏天未被使用的狹窄煙囪裡發現適當的築巢地點。[51]

所以說，他們是怎樣評估這些選項的？因為只有一隻女王蜂（也許她又老又弱，難以飛行），蜂群必須聚在一起。為了避免災難發生，他們不只要做出決定，而且要達成共識。然而這並不總是能辦到的。如果找不到適當地點，蜂群可能就會在空曠的地點築巢，雖然有些會被掠食者吃掉，或死於冬天的第一次霜害，但也只能認命了。話說回來，如果有兩個洞穴的好處不相上下，蜂群也可能會分道揚鑣，分裂成兩個群體，但只有其中一個有女王蜂。最後，另外一群也就別無選擇，讓隊伍轉向，重新加入蜂群，而這通常都是在兩群蜜蜂都還沒有飛抵新家的時候。[52]

在這危急存亡的時刻，蜂群是否能存活，全都取決於尋巢蜜蜂。林道爾發現，蜂巢的選擇還有地點都是由他們來決定。他們同時扮演舞者與追隨者的角色。然而，這些尋巢蜜蜂到底是怎樣從採蜜蜂裡「脫穎而出」，並且成功說服蜂群追隨他們的，至今仍不清楚。[53]

就像在傳達關於花蜜與花粉的訊息時一樣，與飛舞動作強度有直接關聯的，是他們找到的東西的吸引力。如果飛舞的動作激烈，那就表示蜂巢地點的品質優異，而且可能持續飛舞好幾個小時，飛舞時間與激烈度讓一大群尋巢蜜蜂可以看得清楚明白。整個蜂群裡持續有蜜蜂在跳舞，這情況會持續好幾天（甚至長達兩週），被提出的新居選項則逐漸減少。一切順利的話，絕大多數的跳舞蜜蜂最後會提議同一個地點，剩下的「反對者」就會被大家忽略。[54]接著，整個蜂群激奮起來，大家簇擁著女王蜂，一起振翅飛往新家。

但情況不只這樣。一開始，隨著爭辯持續進行，尋巢蜜蜂不斷重新查看與描述他們選擇的洞穴。他們意見有可能會改變。再度飛回去查看時，也許他們會覺得那地點的吸引力已經不如先前，例如因為下雨而漏水，有螞蟻搬了進去，或者風向改變導致那地點不利於築巢。如果是這樣，他們飛舞的熱烈程度就會下降，而且很可能轉而支持另一個選項。

透過觀察那些被他做記號的尋巢蜜蜂，林道爾發現，蜜蜂飛舞時的激烈程度如果原本就比較不高，他們很可能會轉而支持另一個較受歡迎的地點。尋巢蜜蜂是有彈性、願意被說服的，他們在做決定時也相當認真。他們不會聽信其他尋巢蜜蜂的一面之詞，而是會親自造訪好幾個地點，自己查看。而且他們也不會只支持那些最受歡迎的地點。尋巢蜜蜂會注意好幾隻蜜蜂跳的舞，親自造訪他們表達出來的洞穴。只有在親自造訪，有了證據與親眼看過後，他們才會做出最後決定，選出要支持的選項。[55]

對於詹姆斯・顧爾德與其妻卡蘿（James and Carol Gould）而言，這種互動狀況說明了「蜂群的某些活動基本上帶有民主的特質」。[56]至於唐諾・葛瑞芬（Donald Griffin）則是認為，「這些透過跳舞方式進行的溝通交流很像是在對話。」[57]他說，這種交流一來一往，很像委員會開會的方式。在面對這生死交關的決定時，決策過程如此有效而恰當，心思細膩，在在都令我印象深刻。任何人都很難否認，蜂群確實具有決心與確認能力，他們允許改變，也有猶豫懷疑，還願意重新評估，在仔細算計後決定投入或者做出妥協。他們自有一套比較之道。

但這究竟是哪一種語言？以這語言進行的又是哪一類的對話？我們都知道科學家樂於為蜜蜂發言，然而這些小昆蟲能否為自己發言？

5

一九七三年冬天，儘管已經八十七歲，馮．弗里希還是親身前往奧斯陸去接受諾貝爾獎。在頒獎典禮上演講時，他回顧畢生研究工作（包括他的科學、他的蜜蜂與同事們），但完全沒有提及他的「語言中的語言」。唯一能看出一點端倪的，是他的受獎講詞：〈解讀蜜蜂的語言〉（Decoding the Language of the Bee）。[58]

這是他典型的沉默。驚嘆於蜜蜂的能力之餘，他始終對於記錄以外的學術工作有所遲疑（他所備齊的蜜蜂自然史研究也早就足以讓他的蜜蜂成為眾人喜愛的對象），而不願意建立一個較具反思性的理論模式來評估蜜蜂的所有能力，而且結果也可能發現他們的能力有所欠缺。事實上，正是因為他的保留態度，蜜蜂的語言活動才在他的研究中昭然若揭。也正是由於他的沉默，蜜蜂舞蹈與人類語言的類比才變得如此有效而具體——即便他往往透過把「語言」一詞加上引號的方式，表達他對於這種類比的不確定性。

所以，他是很謹慎的。蜜蜂有「語言」，但沒有話語。他的蜜蜂不會說話（儘管他總是傾聽與理解）。林道爾會以亞非兩洲的蜜蜂為研究對象，從演化譜系（evolutionary lineage）的角度去探究蜜蜂的溝通現象，而當馮・弗里希表示，這是一種關於蜜蜂「方言」的「比較語言學」之際，他只是照自己寫出來的劇本去走。所謂「比較語言學」這詞，在這裡是描述性的，因為「比較」始終停留在蜜蜂的世界裡，至於他在此選擇用*Apis*（「蜜蜂」的拉丁文）來表達「蜜蜂」這兩個字，看似裝模作樣，其中卻也包含了頗多自我嘲弄的味道。

不過，雖然有時候他看來像是來自前一個世代的科學家，但是他在理論生物學也很有成就，想法獨到、野心勃勃，並以此處理另一系列的抽象問題。例如，他在一九六五年寫完《舞蹈的語言與蜜蜂的方向性》（*The Dance Language and Orientation of Bees*）一書，概述了他的研究成果。在此他不得不直接面對一個問題：蜜蜂的語言與人的語言是同一種性質的存在物嗎？當時他利用那一本書的序言，以毫不含糊的風格確認了這種語言的類比是有所侷限的：「許多讀者也許會懷疑，把昆蟲的溝通系統稱為『語言』，恰當嗎？在這裡，我們肯定不能誤解『語言』一詞的用法，不要以為蜜蜂能互傳訊息，就像人類可以交談一樣。人類語言的概念豐富，表達方式清晰，因此它是屬於另一個不同層次的。」他的結論可說是他在這議題上所提出的最清楚聲明：儘管蜜蜂的語言「在整個動物王國裡面獨一無二」，但那僅屬於一種「精確並高度特殊化的符號語言。」[59]

但也許這種侷限性實際上並沒有表面上看來那麼高。馮・弗里希曾經寫道，當時許多人認為符號語言是瞭解非語言性心智活動的關鍵。根據這種精神，他製造了一隻木頭材質的假蜜蜂（就像是能幫助他講蜜蜂語言的「義肢」），放進蜂巢裡，操控假蜜蜂的活動，讓它看來就像在說蜜蜂的語言，希望蜂群能夠有所回應。然而假蜜蜂只讓其他蜜蜂感到很好奇，但卻騙不倒他們。「那一隻模型蜜蜂，」馮・

弗里希承認，「顯然欠缺某種重要特色，因此蜜蜂才沒有把它當真。」[60]蜜蜂知道它並非同類。他們攻擊它，不斷螫它。

在此同時，大西洋彼岸專門研究認知發展的夫妻檔心理學家艾倫．賈德納與妻子貝翠斯（Allen and Beatrice Gardner）正在準備將一隻叫做華修（Washoe）的黑猩猩住進他們位於內華達州的家，他們打算把她當成女兒一般養育，教她美國手語。語言哲學家維根斯坦（Wittgenstein）曾有一句名言：「就算獅子會說話，我們也聽不懂他在說什麼」——但他們打算透過經驗觀察來證明這句話是經不起考驗的，賈德納夫婦逆轉馮．弗里希的程序，著手證明原本不會說話的動物也能學會人類的語言，用語言來與同類和訓練師溝通。[61]

但是，就像動物哲學家兼訓練師薇琪．赫恩（Vicki Hearne）所說的，維根斯坦的獅子並不是沒有語言，他只是不說話。[62]他的靜默呈現出他與人類之間具有某種無法消弭的差異，一種不願被馴化的漠然，那是一種完滿而非欠缺，就像赫恩所說的，「那是一種我們無法瞭解的意識」。[63]但是，這現象學式的意識深淵就是馮．弗里希想要橫越的，只不過他所採用的不是破解密碼的方式，而是跟林道爾一樣把他們最親密的渴望投射在蜜蜂身上。因為，當他被迫以科學的語言獻上關於蜜蜂語言的秘密時，就連他也只好以密碼的方式來談論蜜蜂語言。

蜜蜂跟維根斯坦的獅子一樣，並不會跟我們講話。但馮．弗里希教我們竊聽他們的語言。他也低聲跟我們說，即便他們的「舞蹈語言」展現出一種像密碼一樣可以加以破解的特質，換言之，即便能掌握他們的符號語言，我們也不該自認已經瞭解他們所有的溝通活動。

當然，這不只是一個關於「動物說了什麼」的爭論；這個爭論也關乎我們如何定義這些動物，而長期以來語言一直是此一爭論的主戰場。儘管馮・弗里希並非哲學家，但他非常瞭解這個爭論。自從啟蒙運動以降，西方哲學一直都認為，動物就是缺乏語言，所以比人類低等（語言不只是動物與人類之間的差異而已），而就此一問題而言，這個傳統向來都承襲哲學家笛卡兒的立場。[64]馮・弗里希的立場則剛好與此相反，他的「舞蹈語言」概念正是對於上述人類語言優先論的修補，藉此呼籲人類應該培養出一種相互性的倫理態度，試著去瞭解對方，尊重人類以外的動物：無論是一般的動物，或者是那些驚人的蜜蜂。

布朗溫克村的實驗之後不久，心理學家拉岡（Jacques Lacan）寫道：「馮・弗里希花了十年光陰耐心觀察，想要解開（蜜蜂傳達的）訊息，因為那訊息當然是一種密碼，或是一種信號系統，它的一般屬性讓我們無法將它歸類為傳統的訊息。」[65]拉岡想要讓我們瞭解的是，密碼與語言之間的關係，一如自然與文化的關係，還有動物與人類的關係。蜜蜂的特性源自於基因，具有一種不可變動的強迫性，他們所代表的是某種已經規劃好的機械式自然，與人類文化具備的複雜自發性形成生動對比。[66]的確，蜜蜂讓拉岡在動物與人類、自然與文化之間畫下嚴格的界線。

「動物可以用符號傳達訊息，但他們不會說謊」——這論證已屬老生常談。也有人說，他們可以有本能反應，但不能隨機應變。[67]他們可以溝通，但沒辦法進行人類熟悉的第二個層次後設溝通（second order metacommunication）＊。他們不能針對傳達訊息的方式傳達訊息，不能針對思考的方式進行思考，就此而言，他們也不能「用跳舞的方式來表達他們對跳舞這件事的看法」。[68]

以人類為中心的傳統論調向來堅稱動物沒有語言。而且這種論調被侷限在人類的框架裡，因此不可能有人可以證明它是錯的。（不過，對於這種論調我們也可以提出質疑，例如：既然蜂巢是一個相互合作的地方，我們實在很難想像有任何一隻蜜蜂有必要隱瞞餵食幼蟲的地點；總之，難道林道爾之所以會被蜜蜂深深吸引，不就是因為他們「誠實無欺」嗎？）

但重點不在於讓蜜蜂說話，讓他們把自身祕密告訴我們，就像可憐的黑猩猩華修會如賈德納夫婦所願地把她的秘密說出來。重點也不在於我們可以把那些小蜜蜂想像成與我們有點相似，他們的世界與我們的世界在相當程度上也互相符應，而蜜蜂其實跟人類沒什麼不同，只是感官能力不一樣。更不是想像人類與蜜蜂之間具備共有的演化來源，兩者的深層歷史交織在一起，為此也共享相同的存在地位。

認識到蜜蜂的能力遠遠超出功能論解釋或生物化學的可預測性；同時，隨著越來越多研究對蜜蜂的認知與行為有更深入瞭解，機械式的比喻也越來越不具有效力。難道這樣就夠了嗎？是否具備語言，早已不再是一種動物是否具有內心世界的恰當指標。至於把語言（人類的語言）視為一種「前所未見的推論引擎」，這種假設也難逃只是一種語言上的循環論證，只是從語言的角度來建構人類對於動物的想像，而未真正觸及這些學科所想要研究的動物本身。[69]

從這樣的角度出發，我們該如何理解蜜蜂「抽筋般的舞蹈」，那看來「比較像是為跳舞而跳舞，而非某種有效的信號」的舞蹈？而我們又該如何理解馮．弗里希所說的「抖動式舞蹈」，這種「並未向其他蜜蜂傳達任何訊息」，只是在壓力大時出現，看來像是反映出某種「神經官能症」的舞步？還有，我們又該如何理解那種他認為「是用來表達愉悅與滿足」，「搖搖擺擺的飛舞方式」？[70] 同理，我

＊譯注：後設溝通指的是針對溝通的訊息有何意義進行探討與詮釋。

們又該如何理解林道爾所描述的尋巢舞蹈，每一支舞都參與了一個更大的社會性決策過程？

但是，討論這些都是在蹚渾水。我跟馮・弗里希一樣傾向於避開這些既危險又麻煩的語言與認知爭議。大家都太容易受限於字面意義，也太容易把（人與動物的）差異等同於（動物的）缺陷。一切都已經太困難了。

很多人都堅守著密碼與語言之間的界線，例如拉岡，他認為那界線是一種逃脫，讓人可以完全逃脫對動物身分的承諾。與之相對的則是立場寬鬆的葛瑞芬，他用動物行為學來討論認知的問題，企圖以較為謙卑的方法論與理論出發，充滿原則與決心，想要讓動物能重獲尊嚴、能動性與意識，但最後卻發展出一種令人感到困惑的人文主義，一種所謂「把語言能力還給動物」(giving speech back)的論調，賦予動物一種少數族裔般的權利，把他們當成會思考的小孩，而在此十分弔詭地重覆了打造殖民人種階序的歷史。[71]

而這正是馮・弗里希的兩難。他知道自己的蜜蜂不會像人類那樣講話，他知道他們的語言與人類語言相較，既有不足、也有更為豐富之處。還有，他也知道他所建立起來的新學科只看得到那不足之處。在他那講求理性的科學裡面，他找得到任何語言來描述蜜蜂那種同生共死的生活嗎？（一方面強調深刻的共有性，而共死則是一個無法挽救的殘酷事實。）從哪裡他可以找到另一種替代性的語言，用那種語言來描繪一種無法言喻的差異？而他又該去哪裡找來一種語言，可以不把「欠缺語言」這件事當成一種不足與缺憾嗎？

（悲憐那些活在人類陰影裡的動物們，他們被迫只能靠本能反應、而非隨機應變地活著，他們活著只為了替為人類提供血肉、精神，與意義，活著只成為人類生命中的他者。）

6

小說家塞博德（W. G. Sebald）筆下的角色奧斯特利茲（Austerlitz）說：「為什麼次等的生物就沒有感覺敏銳的生活？這種想法實在沒有道理。」[72]在回憶童年的夜晚時，他心想：蛾子會作夢嗎？當他們被火焰誤導，飛進屋裡送命時，他們知道自己迷路了嗎？

馮·弗里希的問題是什麼？蜜蜂能說話嗎？不，不是的。一開始他心想，難道蜜蜂就沒有語言嗎？這實在沒有道理。於是接下來他問：我的小同志啊，她都說了些什麼？

悲憐這些蜜蜂。同情並且保護他們。然而在這裡，就算是他們的漠然也無濟於事。深陷於語言之中，不管蜜蜂或人類都是；雙方有時被歸為一類，有時則被區隔開來。就連馮·弗里希與林道爾也一樣，他們深愛著蜜蜂，藉由蜜蜂，他們才得以在粗暴恐怖的亂世中找到自我救贖之道⋯但是，還記得他們為了證明這些親愛小友的能力曾經做過的事嗎？

但非常弔詭的是，若是認定蜜蜂有自己的語言，那等於是讚揚他們與人類不同，但同時又讓他們陷入註定不可能的困境，讓他們註定只能模仿自己辦不到的事，（誤）把「語言的自我指涉性當成所有自我指涉性的典範。」[73]但是，真正失敗的當然是人類（具體來講，應該是那些科學人，但他們還是人類），因為人類只能夠用類似語言的東西來想像社會性與溝通現象，並且把我們自己放上這種社會性的頂峰。昆蟲是如此古老，如此多樣，他們能做的事這麼多、又活得如此成功，如此美麗、驚人，神祕而未知，如果用他們不可能達到，而且也完全不在乎的標準來要求他們，不是很愚蠢嗎！如果完全忽略他們的成就，只聚焦在他們的所謂缺陷上面，那實在太笨了！真正可悲可憐的，是人類因為自己想像力的貧困，而落得將（如此豐富又驚人的）昆蟲們貶抑為人們自我認識的資源！對此，我至悲無言。

M

我的夢魘
My Nightmare

我們心裡最害怕的那些不為人知之事，總是會發生。

——義大利詩人切薩雷・帕韋斯（Cesare Pavese），一九五〇年八月十八日*

曾有很長一段時間，我只想到蜜蜂。牠們群聚在一起，把其他所有昆蟲排拒在外，而這本書變成只為牠們寫的。這變成一本關於蜜蜂的一切的《蜜蜂全書》。關於牠們身體的所有能力、最細微難察的行為舉止、有關於蜜蜂組織的一切謎團，還有牠們的同志精神，都可以在這本書裡面找到。還有那讓古代世界閃亮輝煌的金黃色蜂蠟。因為蜂蜜而變甜的中世紀歐洲。蜜蜂是人類各種計畫與意識形態的永恆原型。蜜蜂掌控了一切。

但接下來，一群如瘟疫般的飛蟻入侵我的客廳，牠們離開後我陸續想到了蝗蟲與甲蟲，許許多多的甲蟲！然後是石蠶蛾、大蚊、果蠅、馬蠅（膚蠅）、蜻蜓、蜉蝣、家蠅，還有許多其他蠅科昆蟲。然後我又想到黑蟋蟀、螻蛄與耶路撒冷蟋蟀，接著傑西從紐西蘭寄來一隻沙螽給我。接著是那一群十七年蟬在俄亥俄州出現，然後我發現了薊馬與螽斯，想起了加州玫瑰上的蚜蟲，還有那些淹死在裝

* 說完這句話的九天後，切薩雷・帕韋斯就服用過量鎮靜劑自殺身亡了。

水果醬罐裡的夏日胡蜂，然後是白蟻、大黃蜂、蠼螋、蠍子、瓢蟲，還有掠食性昆蟲螳螂，變成螳螂乾在園藝店裡成袋出售。後來又出現了長腿與短腿蚊子，還有種類多到數不完的蝴蝶與天蛾。而我想起了我們都已經知道的一件事：這世上有無數昆蟲，數也數不盡，與牠們相較，我們不過只是塵土，而這還不是最糟的。

這個夢魘與昆蟲的強大繁殖力有關，也與牠們的繁多種類有關。在夢魘裡牠們的身體不受控制，在我們的體內與體外。在夢魘裡，我們身體上的洞穴門戶大開，許多地方都好脆弱。在夢魘裡，我們的血流裡有異體入侵，耳朵、眼睛裡，還有皮膚表面下也一樣。

夢魘裡有成群昆蟲，還有爬來爬去的昆蟲。夢魘裡我們在挖洞，在黑暗中被看見。在夢魘裡，當頭頂的燈光打開時，一片如地毯般的昆蟲往四處逃散。夢魘裡有毫無理由的生物存在，無法溝通。在夢魘裡有生物跑出來抓我們。

在夢魘裡有時我們知道，有時不知道。有些是臉龐看不見的夢魘。也有根本沒有臉龐的夢魘。有些夢魘裡則是肢體太多。也有夢魘包含了上述一切，還有隱形的夢魘。

有些是被昆蟲淹沒的夢魘，有時候則是被群蟲侵擾。有些是被入侵的夢魘，也有些是孤零零的夢魘。有些夢魘與數字有關，或大或小。有些夢魘是關於蛻變，有時候則是堅持不變。有潮濕的夢魘，也有乾燥的。夢魘裡有毒，也有麻痺。有些是穿鞋的夢魘，有時候則是脫掉鞋子。有些夢魘滑滑溜溜，有些則是往後行走。有些夢魘裡萬蟲蠕動，有些則是許多蟲隻被踩扁，發出嘎吱聲響。也有夢魘讓人吃驚，毫無喜悅可言。

有巨大的夢魘，也有生成的夢魘。有被困在其他身體裡的夢魘，無法逃脫，也沒有退路。有些夢魘是放棄，有些則是被社會斷定為死亡了。也有關於被拒絕的夢魘。還有怪誕的夢魘。

有的夢魘裡飛行不太平順，也有些是翅膀發出喀噠喀噠聲響。有些夢魘是毛髮打結了，也有張嘴的夢魘。有些夢魘裡我們看到幾根長長的觸角從洗手間水槽溢流口裡伸出來探路，如果是從馬桶邊緣伸出來就更糟了。有些夢魘裡我們看到漠然的大眼。有些是隨意的夢魘，有些則是沒有防備的時刻。有坐下的夢魘、翻滾的夢魘，還有站起來的夢魘。

我有過一個夢魘，夢裡幾乎所有昆蟲學的基礎研究都是由軍方提供經費，也有夢魘是被探針伸進大腦裡，剃刀伸進眼睛裡，還有個夢魘是發現了關於蝗蟲群聚、蜜蜂導航、與螞蟻覓食的秘密，秘密衍生出更多秘密，夢魘衍生出更多夢魘，蟲蛹衍生出更多蟲蛹，有透過微型植入手術而生長出來的昆蟲，也有半機械半昆蟲的昆蟲，可以被遙控，用來進行跟監任務的武裝化昆蟲，包括肩負任務的天蛾、臥底的甲蟲，更別提昆蟲機器人，在夢魘裡牠們被大量生產出來，派遣出去，進行大規模自殺。

這種夢魘，是關於大戰將至的噩夢，昆蟲的大戰，牠們沒有脆弱的指揮中樞，整隊後散開，聚集後解散，去中心化，形成網絡，這是一場「網戰」，以網絡為中心的戰

爭，沒有死傷的戰爭（至少就人類這一邊而言），一場關於賓拉登（Osama bin Laden）躲在某處洞穴裡的夢。這是一場關於隱形恐怖分子的夢，無數的牠們成群洶湧，入侵私密的地方與沒有防備的時刻。關於我們這個時代的夢魘，浮現的夢魘，邪惡巢穴的夢魘，一窩壞人，一個超越個體的超級有機物，「牠們蜂擁而出，各自行動，從許多地點的各個目標返巢，然後又散開，只為了形成新的蜂群。」[1]語言的夢魘。蜜蜂的語言。夢魘衍生出更多夢魘。蜂群衍生出更多蜂群。幻夢衍生出更多幻夢。恐懼衍生出恐懼。

如今蜂群何在？在牠們的居處跌跌撞撞，在塑膠迷宮中滑來滑去，負責聞嗅是否有爆裂物，吸食糖水，玉米糖漿讓牠們肥胖虛弱，被鎖在機場的小小盒子裡，依照指示伸出舌頭。誰知道這些小蟲子這麼聰明？記者都這麼說。毛茸茸的小傢伙，到處聞來聞去。嗡嗡嗡。嗡嗡嗡。確保我們安全無虞。祝福我們一夜好眠。

N

尼泊爾
Nepal

後來，某天早上醒來時，彷彿仍在夢中，我跟我的朋友葛雷格一起離開倫敦，前往印度北部與尼泊爾。我們計畫一起旅行幾個月，但葛雷格才幾週就回去了，我跟另一個朋友丹繼續我的尼泊爾之旅，丹跟我一樣也是靠著在當地醫院當搬運工賺到車票錢。總計我去了六個月，但如今回想起來，感到驚訝的是，那一趟旅程期間我並未拍任何相片，也沒有留下很多回憶。也許，當我們不為任何目的旅行的時候就會這樣，或者可以說，當時唯一的目的就是一股隱約想要冒險的衝動，而此衝動又來自於一股隱約的優越感。我清楚記得丹喜歡哈草，一旦他加入後，我們倆幾乎可以說是從醒來直抽到睡前。拜藥物之賜，我們的理性或許不太管用，但感官可是異常清晰、活得歷歷分明。

當時，博卡拉市（Pokhara）差不多只是一條位於安納布爾納峰（Amrapurna）旁邊的大街，舉目所及，四處都是一片令人屏息暈眩的高聳大地。雲朵散開時，那山峰讓人覺得隨時會倒塌，掩埋一切。我們住在當地一個類似工寮的地方，過了一、兩夜後決定要前往山區。我已經不太記得經過了，總之我們交了一個年紀與我們相仿的尼泊爾朋友，他同意與我們同行，三個人就這樣開始步行上路。我沒有拍照、寫信或者寫日誌，但是如果我現在回想某個東西，然後再從回憶裡抓起某件事物，然後再接下去另一個東西，我就可以創造記憶。我們看到一個位於斷崖側邊的磅礡瀑布，後來我們發現自己身上都黏上了許多黑色水蛭，接著用菸頭把牠們一隻隻燒死。有個女人殺了一隻雞給我們當晚餐，令我們尷尬的是，她為了這一餐實在付出太多，但卻又不肯收錢。用完晚餐後，我們住在山坡上的一間木屋，有個小伙子打算把他的姊妹跟我送作堆，跟我收取過夜錢。我們吃煎麵包與加了鹽巴與奶油的茶。眼前只見一片寬闊的石頭山谷。一條條西藏經幡在風中飛揚。當我第一次看到韋納・荷索（Werner Herzog）導演的《天譴》（*Aguirre, Wrath of God*），電影開頭令人屏息的情景讓我想起了當時行經山路，我們越過一支騾隊的情景。後來我聽到英國國家廣播電台（ＢＢＣ）表示，信奉毛澤東思想的政權終於入主加德滿都與尼泊爾政府，我想起了當年那些跟我們乞討的婦女，她們說，錢是要用來幫嬰兒治病的，當地衛生站已經關閉，她們把孩子抱給我們看，一個個都無精打采、大腹便便，身上到處是傷口，這讓我們感到自己是如此無助、愚蠢、無知，不該去那裡，而我們的確也是那樣，於是我發誓我再也不要去。

那都是三十年前的往事了，今晚我坐在一輛Ｍ５號巴士的後面，行經曼哈頓的七十二街，司機把車轉進河濱車道（Riverside Drive），巴士馳騁在漆黑的路上，我們右手邊是一間間樓下站著看門人的宏偉大樓，左側是淹沒在黑影中的公園，下方則是有我們看不見的大河與公路，不知道為何此刻我突然想起來當年那種完全異樣的感覺：那幾個早上明亮的陽光普照，我們繞過高山上的彎路，我們一行三人信步走在碎石路上，下方是一大片村莊，四周一座座山峰矗立，高處喜瑪拉雅山上的積雪看來是如此清爽而不真實，一群小孩朝我們走過來，沿路打打鬧鬧，我們猜那些孩子大概是要去撿柴，我記得一個年約十歲的女孩是幾個孩子中年紀最大的，她停在我們身前，伸出手臂，手掌闔了起來，掌心向下，她叫我把手掌伸出去，放在她的手掌下方，在此同時她咯咯笑個不停，不知為何我們也都咯咯笑了起來，直到她打開手掌，把一個球丟在我的手掌上，我發現那是一個縮成小球的生物。球上有好幾個顏色，仍是活生生的，好像一顆石頭那樣停留在我的手上，在閃耀光亮的陽光之下，牠藏頭藏尾，身上那一節節甲殼看來像是一個捲起來的海中生物或者特別的寶石，非常罕見，接下來我才看了一下下，還搞不清楚牠是什麼，也不知道為什麼牠會在我手裡，她就把那仍然捲縮一團的生物一把拿回去，還是咯咯笑個不停，把手臂畫個弧形（我還來不及開口說話），將那生物丟出去，丟得又高又遠，牠在山邊的空中持續旋轉，於稀薄的空氣中往下墜落，從令人暈眩的空中掉進下方的灰棕色山谷裡，而她早已大笑跑開，旋轉個不停，但身體保持挺直，她的年幼朋友們拿著一綑綑的木材，笑個不停，頭也不回地離開了。

O

二〇〇八年一月八日，阿布杜・馬哈瑪內正開車穿越尼阿美

On January 8, 2008, Abdou Mahamane Was Driving through Niamey

1

阿布杜・馬哈瑪內（Abdou Mahamane）是尼日第一家民營廣播電台R&M的執行董事，二〇〇八年一月八日這一天，他正開車穿越該國首都尼阿美市（Niamey）。大約於晚間十點半，就在他進入尼阿美市西邊郊區一個叫做楊塔拉（Yantala）的地方時，他的豐田轎車行經一條沒有鋪柏油的路，輾過了一枚埋藏在地底的地雷。電台的聲明非常直白：「我們的同仁被炸得粉身碎骨。」同車一位女性乘客則是逃過一劫，但身受重傷。

馬哈瑪內遇害之前，卡林跟我才剛剛走下巴士，抵達位於東邊六百七十公里的馬拉迪市（Maradi），在飯店內燈光幽微的酒吧裡跟其他三、四位賓客一起看著新聞報導。卡林用顫抖的聲音說：「那是我每天晚上回家必經的路。」酒吧裡那一台平面大電視上，只見一群人在明亮的燈光下低頭凝望被地雷炸出來的大坑洞，還有已經嚴重變形的車輛殘軀。電視台攝影棚裡面坐著一位政府發言人，他面前有一張汽車還在燃燒的照片，看起來像是用行動電話拍攝出來的，此刻他大肆抨擊一個叫做「尼日正義運動」（Mouvement des Nigériens pour la Justice，簡稱MNJ）的組織，並且呼籲愛國的國民應該把害群之馬徹底消滅掉。MNJ是一個由該國北方圖瓦雷克族（Tuareg）族人於二〇〇七年二月開始發起的一個武裝叛亂組織，該組織指控，地雷根本就是馬瑪杜・坦亞總統（Mamadou Tandja）派人埋設的，目的是為了激化不安與暴力的氛圍。他們還說，總統的不願妥協，讓衝突持續了幾十年。

飯店酒吧裡有人提出質疑，質疑者也被質疑，然後大家都陷入沉思，默然不語。那是發生在首都的第一樁攻擊事件，但是前一個月在馬拉迪市才剛剛有兩個人因為反坦克地雷而遇害，另外在一個叫做塔瓦（Tahoua）的小城則是另有四人受傷。至於在兩個月前，則是在北部大城阿加德茲（Agadez）的郊區有一輛載滿乘客的巴士遇襲。無庸置疑的是，尼日政府對於獨立記者的確充滿敵意：當時有兩名尼日籍記者與兩名法籍記者因為在叛軍出沒的武裝衝突區打探消息而被拘留，無法與外界聯絡。但是，誰知道阿布杜・馬哈瑪內到底是被鎖定的目標，還是無辜受害？而且，無論答案為何，又有誰能確定殺手屬於哪個陣營？電台新聞說，大家都「像是驚弓之鳥」，「深怕自己也被炸得粉身碎骨」。

儘管如此，尼日人都知道，在國內不是只有這件事會讓人被炸得粉身碎骨，令人不安與害怕的事情太多了。地雷與這種恐懼氛圍只是造成不安的兩種元素而已。與我初見面時，卡林就簡介了一下尼日的政局。他說，歡迎光臨尼日啊，這是一個面積很大，但人口很少，天然資源豐富，但卻很貧窮的國家。而且尼日很弱，四周卻是強國環伺。

爆炸案發生前兩三天，我們倆才搭計程車經過美國出資興建的尼阿美市境內尼日河上方甘迺迪大橋（Kennedy Bridge），接著到充滿生氣的阿布杜・穆穆尼大學（Université Abdou Moumouni）校園裡去閒晃了一下。在該校因為學生罷課而在二〇〇一年被暫時關閉以前，他是法律系的學生。事後，他前往奈及利亞與布吉納法索求學。但他在校園裡還是碰到許多朋友，持續停下來與人打招呼。陽光下，一群又一群年輕人聚集在宿舍外聆聽電台廣播，談論政治，還有剪頭髮。許多年輕女孩手挽著手走來走去。

理學院位於一棟兩層樓的紅磚建築裡，植物學教授馬哈瑪內．薩都（Mahamane Saadou）的辦公室位於一樓，裡面到處都是書。來訪前，卡林已經不厭其煩地向我說明國內局勢：因為北部的政局不穩，導致國內屢屢發生沒有由來的暴力事件，人心不安，還有因為北部政局不穩，導致無法妥善開採地底資源（鈾礦與石油），所以經濟發展受限，而且這一切也都讓曾經殖民過尼日的法國，還有利比亞等鄰國有更多機會能夠在尼日發揮地緣政治的負面影響力。薩都教授聽著我撰寫這一本《昆蟲誌》構想，卡林則是向他說明，我們倆要花兩個禮拜的時間一起到尼阿美、馬拉迪與周邊的鄉間與居民討論關於蝗蟲的事，包括牠們做了些什麼事、當地人如何處置牠們、牠們有何意義，還有牠們在尼日造成哪些情況。我們說完後，薩都教授告訴我們，地雷與蝗蟲的共同點是兩者都帶來了恐懼，而且兩者並非個別發揮作用，而是相輔相成。

薩都教授說，因為政治陷入了僵局，還有被綁架的風險的確挺高的，各國贊助成立的蝗蟲蟲害防治團隊都駐紮在阿加德茲的阿伊爾山（Aïr Mountains）山區與逐漸向北擴張的撒哈拉沙漠裡，很少離開基地。他接著說，工作人員若是離開基地，也都只是出去進行短暫的田野調查。他們根本做不好防治工作，而且因為防治與監測工作環環相扣，連帶的也影響到整個薩赫勒荒漠（Sahel）的蝗蟲監測網絡：這個網絡的功能是對尼日的鄰國提出警告，因為該國不只是內亂頻傳，而且也是一個沙漠蝗蟲（［*criquet pèlerin*］薩赫勒地區各種蝗蟲裡面破壞力最強大的一種）四處出沒的地方，牠們會成群飛往西邊與南邊的農業區域。

教授接著表示：事實上，如果我們檢視蝗蟲在沙漠裡的地理分布，仔細看看因為蝗蟲活動而衰退的區域（也就是牠們繁殖聚集的地區，牠們總是從那個地區出發，去尋找更為濕潤翠綠的草原，那是一個面積大約一千六百萬平方公里的寬闊帶狀區域，西邊起始於薩赫勒荒漠，中間經過阿拉伯半島，最遠到達印度，而且唯有在這個區域裡人類才可能有些微機會設法控制蝗蟲的擴張發展），就能一眼看出那個區域裡有許多最重要的地方都是因為長年衝突而變成一般人無法接近的，例如尼日北部、馬利東部、查德北部、茅利塔尼亞、索馬利亞、蘇丹、阿富汗、伊拉克、巴基斯坦西部等等。清單裡的國家很多，國名都是我們熟悉的，這麼長的名單一看就讓人對於蝗蟲防治工作感到沮喪。

校園另一邊，文學與人文科學院的布瑞馬・阿法・嘉多（Boureima Alpha Gado）也跟我們說了一個類似的故事。歷史學家嘉多教授是薩赫勒荒漠饑荒問題的頂尖專家，曾針對這個主題出版過一本權威性的書籍。[1]他說，根據那些收藏於古城廷巴克圖（〔Timbuktu〕伊斯蘭教與伊斯蘭教以前文化與知識的學習中心）的手稿，他找出了最早從十六世紀中葉開始歷次「大浩劫」（*calamités*）的時間點。針對二十世紀的災荒，他則是收集了村民的口述歷史，建構

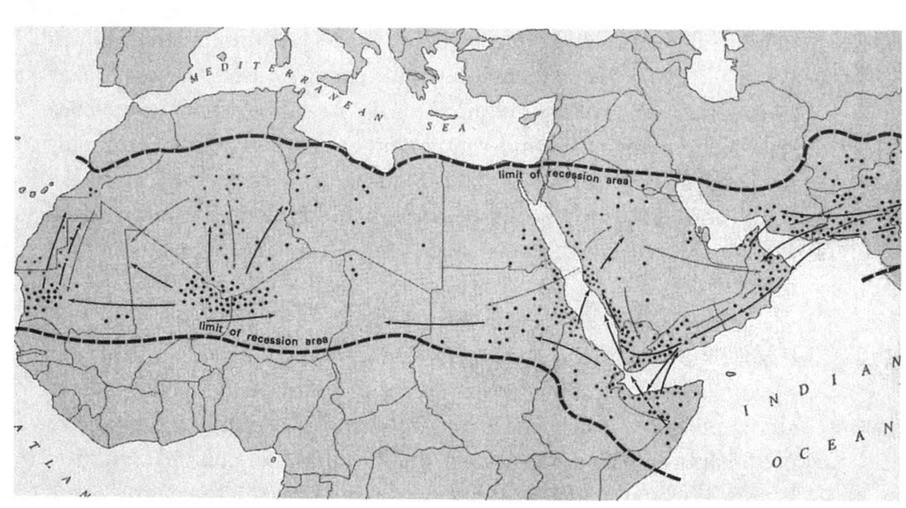

了大規模饑荒的時間表，並且找出關鍵因素（主要包括旱災、蝗災與農業經濟模式的改變），還有各個因素之間不斷改變的交互作用。

嘉多教授的研究揭露出鄉間居民如何與這種根深蒂固的不安全感搏鬥，降雨量時大時小，人類與動物的傳染病也常常爆發，也有昆蟲數量暴增的時刻，但這一切都是他們無力抵抗的。他的研究成果活生生地印證了一個道理：人類社會本來就是如此脆弱而不公平，還要受到「自然災害」的衝擊，而且「自然」本身（就這個案例而言，是指那些荒漠化與氣候變遷帶來的乾旱等現象）根本就不是天真而自然而然的。他一一列舉這些自然災害與當地的社會狀況密切相關：最主要的，就是從殖民政府開始，一直到後殖民時期，許多政策都導致鄉間居民容易受到饑荒影響，也導致當蟲害與疫情發生時，他們沒有原先的韌性去應對。儘管當地社會還是歷經了一些相對來講還算繁榮的時期，但時間都太過短暫，而且當地居民每天都處於一種持續耗損的狀態，只要等到大浩劫來臨了，往往會出現「難以計算」的死亡人數。就像馬哈瑪內・薩都，他所描繪的也是一幅恐懼接踵而來的圖像，居民總是處於危機爆發邊緣，這與其說是一種事件，不如說是某種狀態，某種自有節奏、歷史，同時也造成持續影響的狀態。

2

《分崩離析》（*Things Fall Apart*）是小說家奇努瓦・阿契貝（Chinua Achebe）以十九世紀末為故事背景而創作出來的名著，他描述了英國的殖民主義如何毀掉了尼日河三角洲的鄉間社會，蝗蟲在小說裡面出現了兩次。第一次蝗蟲出現時，他是這樣描寫的：「黑影降臨這世界，彷彿烏雲蔽日」。因為預期到地平線將被黑暗吞噬，整個烏默非亞村（Umuofia）的神經都緊繃了起來。那到底是不是蝗蟲？

工作到一半的歐康闊抬起頭來，讓他納悶的是，難道雨季還沒到就要下雨了？但是，過沒多久四面八方就都傳出了歡呼聲，因為中午的熱氣而整個昏昏沉沉的烏默非亞村也活了過來，忙得不可開交。

到處都有人愉悅歡呼著：「蝗蟲來了！」正在工作或遊玩的男女老幼全都衝到空地去欣賞那不熟悉的景觀。有很多很多年都沒有蝗蟲出現了，只有老人才看過蝗蟲。

一開始，數量不多，「牠們只是探路的，被派來勘查土地。」但很快天上就有一大批蝗蟲蜂擁而來，「如此壯觀，充滿了生命力，實在是太美了。」讓全村都感到愉悅不已的是，蝗蟲決定留下來。「牠們停留在所有的樹木草葉上；牠們停留在屋頂，把空地都遮掩了起來。堅固的樹枝因為待了太多蝗蟲而被壓斷，因為大批飢餓的蝗蟲現身，整個鄉間變成一片棕色大地。」[2]隔天早上，太陽都還來不及溫暖蝗蟲的身體，讓牠們把翅膀張開，所有村民就已經拿出袋子與鍋子來裝蝗蟲，能裝多少就裝多少。接下來的日子他們無憂無慮，持續享用蝗蟲大餐。

但是，奇努瓦．阿契貝所描繪的是一個被毀滅的社會。愉悅消逝無蹤，取而代之的是殘酷的歷史傷痛。烏雲罩頂，烏默非亞村的未來蒙上了一層陰影。所謂「樂極生悲」的道理就應驗在這個村子身上。就在每個村民都還在享用出乎意料的蝗蟲大餐時，一群部族長老來到主角歐康闊的家裡。他們下達嚴厲的命令，要求把歐康闊視如己出的孩子處死，那孩子的死讓他的家族深受傷害。多年後，當蝗蟲再臨時，被長老裁定流放的歐康闊並不在村子裡。

前去拜訪他，把消息帶過去的是他的朋友歐比瑞卡。有個白人在鄰村出現，歐康闊說，「那是個白子」。不，那不是白子。「頭幾個看到他的人跑掉了，」歐比瑞卡說，「長老們請示了神諭，得到的結果是，那個怪人會讓整個部族分崩離析，族人紛紛被毀掉。」歐比瑞卡接著說：「我忘了跟你說，神諭還提到一件事。神諭說，其他白人也要來了。神諭說，他們跟蝗蟲一樣，第一個白人只是來探路的，被派來勘查土地。所以他們就殺了他。」[3]

族人殺了他，但為時已晚。大批白人稍後將會蜂擁而至。這個故事的訊息明確無比。所有的快樂很快就消失無蹤。一切都被摧毀，歷史已預言了命定的結局，與蝗蟲共存的日常生活如此接近死亡，沒有另外的可能。也許你會說（這說法有充分的理由），很難想像他們能擺脫那種恐懼感。牠（他）們蜂擁而至，接下來一切都完全不同了。

3

瑪哈曼與安東妮是非常好客的主人！在他們位於尼阿美市的家裡，我們坐在那豪華的熱帶庭院中談論蝗蟲。我們想要界定一下牠們究竟屬於哪一種食物。我們的共識是，蝗蟲的確是一種很特別的食物，截然不同於瑪哈曼堅持要求卡林和我多吃一點的那種口感特別的酥脆蜂蜜蛋糕（那是他剛剛從衣索匹亞帶回來的）。安東妮說，蝗蟲是一種社會性的食物（social food）。有點像花生，但沒有人在派對上拿蝗蟲出來招待客人。嗯⋯。我們陷入了短暫的沉默。的確，口感是重點：蝗蟲吃起來嘎吱嘎吱的！而且是一種很隨性的食物。怎麼說呢？我們在露天市場買蝗蟲，而不是在超市裡，所以我們每天都去買。買蝗蟲是一種日常的經濟活動。我們在市場上看到蝗蟲，也許心裡就會這麼想：「我要買一些蝗蟲！」我們帶一些蝗蟲回家，用油、紅辣椒與很多鹽烹調一下。真是太⋯好⋯吃⋯啦！那是一種很隨性的小點心。我們覺得有趣，所以吃蝗蟲，那是一種有趣的食物，一種很個人化而且方便的小點。適合與親友一起吃。一種和親友一起享用的食物。我們吃蝗蟲，只是因為覺得想吃。

蝗蟲也是一種尼日特有的食物，瑪哈曼補充了一下。他說，他們家女兒到法國去唸書時，總是要他們寄蝗蟲到學校去。那是她最想念的東西，最奇怪的家鄉口味。的確，卡林也同意，大家都很想念蝗蟲的味道，他說他家姊妹到法國去唸書時，家人也是把蝗蟲用包裹寄過去。他還說，難道我忘記了？那天早上我們在大學附近那個懶洋洋的市場裡看到那些感覺起來酥酥脆脆的銹色蝗蟲時，那個攤商不是跟我說，買回去用鹽煎一下，帶回紐約去跟想家的尼日朋友們分享，他們一定會很高興！

順著這樣的談話內容，我們很快就得出一個結論：跟很多食物一樣，蝗蟲不只能消除我們的飢餓感，還能讓我們的精神感到滿足。吃蝗蟲是一種尼日人的特色。卡林說，查德人也吃蝗蟲，但質感不如尼日的蝗蟲。一般而言，布吉納法索人不吃蝗蟲，但是因為尼日學生到首都瓦加杜古去求學時總是從家裡帶蝗蟲過去，該國首都已經漸漸有人喜歡上那種口味。但有人說，圖瓦雷克族是不吃蝗蟲的，所以讓國族問題顯得更為複雜。而且，此時「社會動力與當地發展實驗室」（簡稱LASDEL，就是負責接待我這次尼日之旅的研究機構）的主任剛好把花園的大門關上，滿臉笑容地走過來，他說的確沒錯，「我們圖瓦雷克族是完全不吃小動物的！」

我們都同意蝗蟲這種食物很特別，透過尼阿美與馬拉迪的市場，一眼就能看出這種狀況。根據聯合國的統計數據顯示，有百分之六十四的尼日人每天的生活費不到一美元。為了掌握國家的主導權，該國政府也掙扎不已。想要維持一國的人口基礎，政府需要龐大資源，問題在於該國每年有百分之五十的歲出預算都要用來還給各個國際開發組織，他們要怎樣才能辦得到？尼日政府並不認同聯合國提出的上述數字，還有各種排名：例如在二〇〇七年，尼日在聯合國的人類發展指數（Human Development Index）中只拿到〇．三七四的分數，於全球一百七十七個國家裡面排行第一百七十四名；此外，對於國際兒童救援組織（Save the Children）於二〇〇七年提出的「母親指數」（Mothers Index）把尼日排在調查中一百四十個國家的最後一名（該組織表示，有百分之四十的尼日兒童營養不良，女性的平均壽命僅僅四十五歲，四個兒童裡面有一個會在五歲生日之前去世），尼國政府也很有意見。尼國媒體把這些數字當成國恥，同時也用更肯定的語氣表示，這印證了國際社會對他們懷有敵意。[4]然而，無論我們如何看待此事，在這種情況之下，就算政府大打危機牌，對他們也沒有好處。有些數字的確可以用該國國情來辯解，因為他們的經濟體系大致上仍是農村式的，並不以現金為交易基礎。但是，任誰都可以看出，除了開發組織員工、事業有成的商人以及政治人物以外，一般尼日人都沒有多少收入可以支配。

儘管如此，根據我在二〇〇八年一月的觀察，尼阿美市許多市場上那些裝在琺瑯臉盆裡面販賣的蝗蟲乾，每一盆的單價卻高達一千中非法郎，遠遠超過聯合國對於大多數尼日民眾每日收入的估計數字。[5]蝗蟲是一種特別的食物，而且也是昂貴的食物。

一月並非蝗蟲買賣的旺季。剛剛過完了宰牲節（Eid al-Adha）、聖誕節與新年的節慶，一般人手頭都沒多少現金，都只會從那些被稱為*tia*的琺瑯臉盆裡面買一點點蝗蟲而已。手頭緊並非唯一的問題。那也不是蝗蟲數量龐大的時節。過了一月，還要等很久才會到雨季快結束的九月，那時蝗蟲數量大，市場裡到處都是蝗蟲攤販，價格也降為五百中非法郎。我們很快就發現此刻鄉村地區的蝗蟲很罕見，再過一個月，也就不會再有人拿蝗蟲進城兜售了。

我們跟尼阿美市所有可以找到的蝗蟲攤商聊一聊。有些人購入蝗蟲存貨的地點是附近的市鎮，例如菲林蓋（Filingué）與提里貝瑞（Tillibéri），有些人則是跟尼阿美市更大市場的商人購買，還有人則是乾脆跟同一個市場裡鄰近攤位大批購入。不過，大多數攤商都說他們的蝗蟲來自馬拉迪，而且他們都說我們該去一趟。蝗蟲都是從那裡運來的，在那裡我們可以找到晨間在草叢裡抓蟲的人，大盤商也都在那裡。

我很喜歡跟卡林一起在尼阿美逛來逛去。可以見識與學習的東西實在太多了。我喜歡市場，於驚訝之餘發現自己只認得市場上販售的一小部分蔬菜。那些植物在成為市場商品之前究竟歷經了怎樣的演化史，我實在很難想像！還有一種商品看起來像動物，也像蔬菜或礦物，我根本猜不出那種東西的功用是什麼，最後卡林才向我解釋，那些看起來像彩色彈珠的東西，其實是一小顆一小顆球狀樹脂，拿來當口香糖嚼很棒，還有那些表面凹凸不平的黑色網球狀物體，則是碾碎後經過壓縮處理的花生，可以加進醬料裡，至於那一瓶瓶烏漆麻黑的黑色液體，則是從奈及利亞走私進來的汽油。

卡林與我忙著探訪各大市場、大學與政府機關，與各種有趣人物見面，不只是學者與攤商，還有政府官員、開發組織員工、昆蟲學家、吃昆蟲的人，或者與人共搭計程車

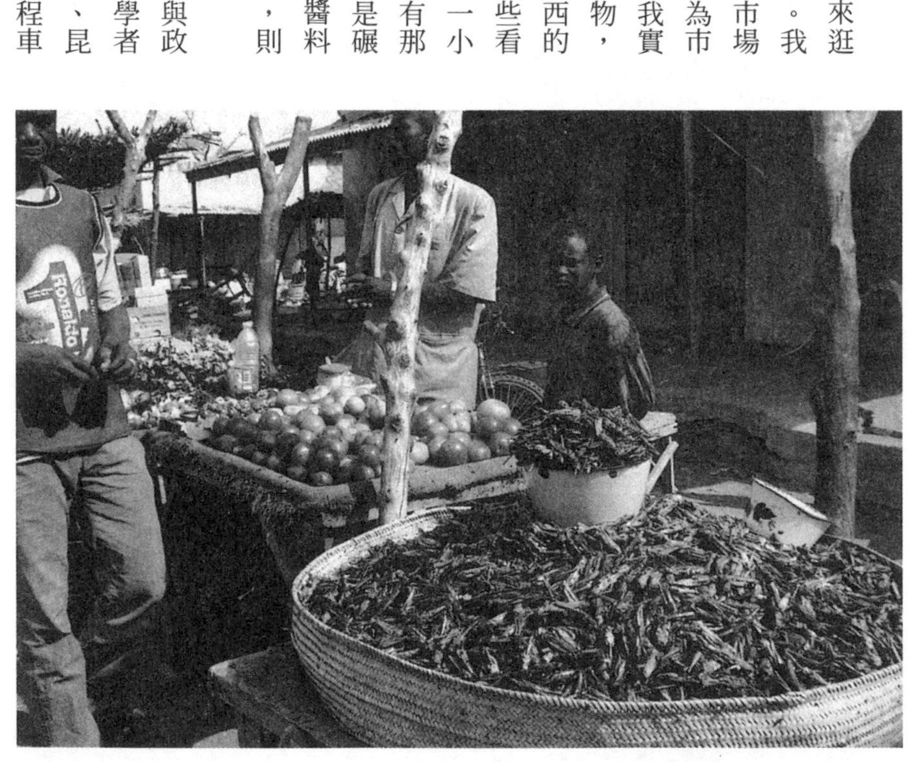

的時候遇到的健談乘客。我們盡情享受瑪哈曼與安東妮的熱情款待。但總不能一直住在他們家。幾天後的凌晨三點半，我們蜷縮在一個擁擠的巴士站裡。又冷又睏、心情也有點糟的我們，當時只覺得開往馬拉迪的巴士好像永遠不會來。

4

在尼阿美的頭幾天我們忙著解答阿契貝提出的弔詭問題：蝗蟲怎麼可能同時為人類帶來盛宴與饑荒呢？牠們怎麼可能同時預示了生與死，同時承載了快樂與痛苦？我們與很多人碰面聊天，過程中我們的問題也改變了。就像嘉多教授曾提出的敏銳暗示，我們很快也開始懷疑，或許這並非某種弔詭，而大家都搞錯了：也許這裡並非只有蝗蟲這種動物；也許牠們並非我們以為的那種動物；也許大家所說的動物並不總是同一種；也許翻譯問題是造成混淆的理由之一。當地人都用法語辭彙 *criquets* 來指稱牠們。在豪薩語（Hausa）裡面，則是「胡阿拉」（*houara*）。我們以為先前我們跟大家談論的是蝗蟲，此刻卻已經不是那麼確定了。

由薩赫勒地帶九個西非國家贊助成立的「農業氣象學及實用水文培訓和應用中心」（簡稱AGRHYMET）在尼阿美市設有幾個辦事處以及一座專家圖書館，圖書館就在大學附近。樂於助人的慷慨圖書館館員送了幾冊精美的口袋平裝書給我們，其中包括了由米·漢恩·勞諾－呂翁（My Hanh Launois-Luong）與米榭·勒考克（Michel Lecoq）合著的《薩赫勒地區蝗蟲手冊》（*Vade-Mecum des Criquets du Sahel*）一書，那是一本介紹了當地八十幾種蝗蟲的指南。其中幾類蝗蟲，包括沙漠蝗蟲（*criquet pèlerin*）、遷徙蝗蟲（*criquet migrateur*）、游牧蝗蟲（*criquet nomade*），還有塞內加爾蝗蟲（*criquet sénégalais*）

都具有眾所皆知的強大破壞力，長期以來是人們深入研究與採取防治措施的對象。其他蝗蟲則是以拉丁學名羅列出來，會在書中被提及只是因為數量龐大，或者相反地，因為並不常見。[6]

《手冊》幾乎把薩赫勒地區所有種類的蝗蟲都列為蝗科（Acrididae）的成員，也就是所謂的草蜢（short-horned grasshopper）。在大約一萬一千種已知的草蜢中，有一萬種屬於蝗科，其中包括二十種的蝗蟲。為什麼蝗蟲如此特別？生物學家之所以認為牠們與其他草蜢不同，是因為在受到群聚現象的刺激之後，牠們有能力改變自己的外形。學名為*Schistocerca gregaria*的沙漠蝗蟲是「埃及十災」*裡的第八災，而且也許是所有蝗蟲裡最具特色的。科學家認為，這種蝗蟲單獨出現時無害，但是在與其他大批蝗蟲接觸後，會受到刺激而進入群聚階段。而促成牠們群聚的要素，則是兩種常常湊在一起、但並非不常見的現象：首先是雨量高於平均雨量的雨季，這會刺激蝗蟲繁殖，接下來因為乾燥季節出現，導致牠們的棲息地數量與食物來源都變少，結果則是會刺激牠們遷移。[7]到了變形階段，這種蝗蟲的外形（頭變寬，身體變大，翅膀變長）、生命史（繁殖時間提早，繁殖力降低，成熟時間變快）、生理狀態（新陳代謝速度變快）與行為都出現了可逆的快速改變，因為在這階段牠們的變化如此之大，過去長期以來許多人都認為處於這兩種不同階段裡的沙漠蝗蟲是兩種不同蝗蟲。

這些具有群聚特性的草蜢幼蟲聚集在一起，每一群以數千甚或數百萬為單位，接著開始遷移。在穿越沙漠的過程中，其他草蜢紛紛加入行列，合併在一起。牠們以直線的隊伍前進，隊伍長度可以長達幾十公里，遷移時歷經五個蛻變期，最後到了變成成蟲才會停下來。

等到蝗蟲的密度過高，到達了臨界點，成年的蝗蟲就會開始升空飛翔。直到最近，科學家都還是認為薩赫勒地區的蝗蟲群都是順著間熱帶輻合區（Inter-Tropical Convergence Zone）的氣流被帶往雨區，也就是適合繁殖的地區。但現在我們已經搞清楚了，蝗蟲並非順著氣流被動移動，牠們可以控制飛行路徑與方向，有導航的能力，可以集體與個別地改變路徑與方向，通常是逆風飛行而非順風，在飛行過程中遇到喜歡的覓食地點。我們也發現，蝗蟲群的飛行顯然主要是一種覓食行為，而非為了遷徙，真正為遷徙而飛行的，都是那些在夜裡進行長距離飛行的個別成年蝗蟲。儘管住在一個整體大環境而言不利生物的生存條件裡，沙漠蝗蟲仍有辦法找到並且善用對牠們有利的棲息地，那是因為牠們擁有各種複雜的能力，包括快速繁殖、聚集、長距離飛行、集體覓食，還有個別遷徙。[8]

大家都知道蝗蟲群的數量驚人，但迄今仍難以理解到底有多少隻。《佛州大學昆蟲記錄集》（〔*The University of Florida Book of Insect Records*〕這本書實在寫得太棒了！）描述一九五四年有一群蝗蟲出現在肯亞境內，牠們覆蓋的面積高達兩百平方公里，每平方公里裡面大約有五千萬隻蝗蟲，蝗蟲群的總數為一百億隻。[9]蝗蟲的數量龐大，胃口也大。一隻蝗蟲每天可以吃掉相當於自己身體大小的蔬菜量；重量也許僅僅兩公克，但如果把這數量乘以百億，你就可以知道後果有多嚴重。我在英國國家廣播公司官網上的某處看到一個驚人的數據：一噸蝗蟲雖然只占整群蝗蟲的一小部分，在二十四小時之內的食量卻相當於兩千五百人（但令人疑惑的是，兩千五百個哪一種人？）。雖然是個明顯的事實，但仍然值得一提的是，蝗蟲帶來的損害遠遠超過上述天文數字，因為牠們的遷徙距離很遠（一季最多可以遷徙三千公里），遷徙範圍大，損害也大，而且牠們願意也有能力吃掉絕大部分的東西，不只是農作物，連塑膠與布料也不放過。只有長在地底的塊莖與根菜類農作物是安全的。

英文非常強調蝗蟲與其他草蜢類昆蟲之間的名稱差異。[10]一提起locust（蝗蟲）這個詞彙，就讓人聯想到掠奪、恐懼與痛苦。相較之下，至少除了那些討厭草蜢的文獻之外，grasshopper（草蜢）一詞

＊譯注：指《聖經・出埃及記》裡面摩西離開埃及之前出現在埃及的十種災難。

很少帶有威脅性。想想看，大衛・卡拉定（David Carradine）在電視劇《功夫》（*Kung Fu*）裡不是就被師父取了「草蜢」的綽號？還有，詩人濟慈（Keats）的詩作不是也把一隻小蚱蜢當成朋友，要牠「在燦爛的夏日中帶路／牠有享用不盡的歡愉」。[11]

一般我們在使用「草蜢」一詞的時候，都不會聯想到「破壞者」的意象。但我們應該那樣聯想。儘管蝗蟲的確可怕，但牠們不是薩赫勒地區唯一恐怖的東西。甚至也不是唯一恐怖的昆蟲。在尼日，另一種最可怕的*criquet*也是草蜢類昆蟲，叫做「塞內加爾車蝗」（*Oedaleus senegalensis*），也就是剛剛說的塞內加爾蝗蟲，牠們被描述為一種非群聚性草蜢，因為牠們的身體不會歷經各階段的改變，儘管牠們還是會聚在一起跳躍，組成比較鬆散的成年蝗蟲群，而且能夠在一夜之間遷徙三百五十公里。[12]過去長期以來塞內加爾蝗蟲持續入侵尼日的農田草地，造成毀壞的規模可以與沙漠蝗蟲相提並論。跟沙漠蝗蟲一樣，這種草蜢對於薩赫勒地區農民的威脅未曾止歇。與沙漠蝗蟲不同的是，這種草蜢類昆蟲的繁殖地與農田很接近，其生命週期與小米緊密相連。這種昆蟲趕也趕不走，令人筋疲力盡，牠們很少離開農田。事實上，常有人主張草蜢的數量之所以會增加，是因為使用殺蟲劑來控制蟲害，但此舉卻也幫草蜢除去了掠食牠們的昆蟲。昆蟲學家羅伯・卻克（Robert Cheke）曾於一篇發表於一九九〇年的文章裡面寫道，「與最具代表性的蝗蟲相較，草蜢對農業帶來的威脅是更為長期而且持續不斷的。」[13]鄉間居民跟我們說，即便塞內加爾蝗蟲並未群聚蜂擁，牠們與其他害蟲所造成的慢性死亡問題仍令人感到恐懼，因為牠們會毀掉日常生活與未來遠景。

然而，就實情而言，大多數確保農作物不被害蟲毀損的研究與防治措施資金仍然是用於沙漠蝗蟲。此現象背後的理由之一是分類學出錯（是命名的問題，以及其後果），所以導致沒有人在乎草蜢這種在所有重要部分都與蝗蟲一樣的昆蟲。儘管沙漠蝗蟲群長期以來引發人類以各種手段介入，誓言消滅牠們，但是直到最近，薩赫勒地區的農業損失，仍被認為是在這樣一個惡劣環境中本應付出的代價。[14] 這現象背後含藏的另一個問題是時間性，以及有限的視野與可見性。草蜢所造成的日常耗損不太容易受到國際組織的重視，獲得人道救援。當蝗蟲驟增就等於危機出現，國際媒體與協助組織隨即動員大批人力。蝗災之所以被視為「巨災」，是由很多複雜元素促成，包括牠們的奇特美味、魅力與名氣，對此不但媒體小題大作，政府也有責任讓民眾看到自己與一個具有指標意義的敵手搏鬥，國際機構也因而有機會在這行政的空窗期中插手介入。

尼日人用於指稱這些動物的辭彙有包山包海的特性。不管是*criquet*（法語）或*houara*（豪薩語），兩者所指稱的都是一個種類繁多的昆蟲社群，牠們彼此之間的共通性遠遠超過差異性。卡林和我未曾有系統地把這個社群界定出來，也未曾搞清楚上述兩個詞彙之間的差異性，但兩者都非常輕易地就囊括了我們所談論的所有昆蟲：包括那種在派對上被當成食物的、那種人們在草叢裡採集的、那種被小孩拿起來玩耍的、那種在市場裡被兜售的、那種用來寄到遠方，一解家人鄉愁的、那種聚集成為龐大群體，具有強大破壞力的、那種並不會群聚，但仍然有破壞力的、那種會歷經許多形變階段與不會變化的、那種被拿來入藥的、那種被拿來施展巫術的、那種讓人覺得有利可圖的，總之就是包括蝗蟲與所有其他草蜢類昆蟲。

我們從馬拉迪市風塵僕僕地開了三個小時車，抵達該市北邊一個叫做瑞吉歐．烏邦達瓦基（Rijio Oubandawaki）的村落，某天早上，一群年紀有大有小的男人在幾分鐘內就說出了十三種不同種類的胡阿拉。因為採集昆蟲是女人的工作，如果她們那時就從田裡回到村子，誰知道我們還可以多認識多少胡阿拉？這十三種胡阿拉裡面有十一種是可以食用的。其中三種對於農作物具有高度危險性。只有一種有群聚蜂擁的特性。那是一個由一間間泥磚矮房構成的大型村落，村子裡的狹窄巷弄以編織出來的圍籬為邊界，還有幾片沙地廣場，以及用混凝土材質蓋的學校建物，有幾個男性村民記得曾於年輕時看過群聚蜂擁的胡阿拉。他們怎麼忘得了？那些蟲子把農作物吃光光，還入侵室內。牠們可能是沙漠蝗蟲嗎？又或者是塞內加爾蝗蟲？也有可能是遷徙蝗蟲（過去這種蝗蟲會讓這個區域的人民感到很恐懼，如今牠們的數量卻已經大幅減少，因為牠們位於馬利境內的群聚地已經歷經了許多環境變遷）。上述問題的答案取決於那些昆蟲出現的時間點。如果是在一九二八到三二年間，就是遷徙蝗蟲；如果是一九五〇到六二年間，就是沙漠蝗蟲；到了一九七四、七五年間，則為塞內加爾蝗蟲。[15] 無論是哪一種，他們用斬釘截鐵的語氣跟我們說，那些胡阿拉再也沒有來訪了。

那些胡阿拉被取了一些非常生動的名字，例如「主廚的刀」、「來自於那一顆莢果樹」、「巫師」、「啦嗟嗟」（狀聲詞），來自城裡的生物學家們肯定無法釐清牠們的法文名稱與拉丁文學名是什麼。生物學家甚至無法幫我們辨認出一種黑色的胡阿拉是什麼——那種昆蟲被稱為「比戴」（*birdé*），瑞吉歐・烏邦達瓦基的每一位村民都很愛吃，牠們以各種具有藥性的植物為食物，所以本身也是一種效力很強的藥，儘管如此，村民看到牠們出現在原野上還是會感到害怕。在所有我們遇到的草蜢裡面，比戴的特性似乎最能幫助我們理解阿契貝小說中描述的弔詭。我們懷疑牠就是*Kraussaria angulifera*：一種具有群聚蜂擁特性的知名草蜢，牠們曾與塞內加爾草蜢於一九八五、八六年之間於西非地區驟增，而且根據《薩赫勒地區蝗蟲手冊》的描述，這種草蜢是整個薩赫勒地區對於小米最具破壞性的草蜢。瑪哈曼・塞都博士（Dr. Mahaman Seidou）是馬拉迪市農作物保護處草蜢防制組的工作人員，身邊貼了一張張殺蟲劑的海報，據他所說，*Kraussaria angulifera*還有另一個身分：牠們是尼日人最愛的兩種昆蟲食物之一。

即便似乎找到了答案，我們卻開始認為，與其說胡阿拉帶來的是弔詭，不如說是變化萬千的存在：牠們有許多身分，以各種形式存在於這世上，過著許多種不同的生活。儘管如此，在這當下，此時此刻，牠們的身份似乎是非常固定的。無論是不是蝗蟲，是否會群聚蜂擁，是否會被拿來當食物，是否能為人們帶來收入，牠們都威脅著這一片土地。即便內容並非完全準確，但我們面對的是許多無可否認的事實。就尼日而言，每年大約有百分之二十到三十的農作物（差不多四十萬噸，而且根據估算，這個數字已經高於該國所欠缺的食物量）都會被昆蟲或其他動物吃掉（主要是鳥類）。而馬拉迪地區的情況與全國其他地方相較，甚或更有利於昆蟲，所以損耗的作物量更是逼近百分之五十。[16]

不過，我們必須思考的是，或許不只是以上的事實讓我們的對話倍感沈重。也許一切還與我們對這問題的興趣有關。另一方面則是因為我們象徵著該國不可或缺的資源——長期以來他們已經習慣於依賴國際援助組織的員工了。在瑞吉歐・烏邦達瓦基的際遇讓我們見識到生命的許多樂趣，還有胡阿拉的種種可能性（牠們是食物、可以拿來玩遊戲、可以拿來當現金使用，也蘊含了許多知識），但那一天可說是稍縱即逝。或許在其他狀況下，我們看到的會是滿足而非匱乏。但是因為我們待得不久，還未贏得信任，眼裡只有當地吸引人的地方，心裡只有求知慾，看到的都只是彼此的表象，也因此只看得到生命最外顯的部分（能見度最高的胡阿拉就是最明顯的）——那就是在這種僅僅足以餬口的生活中，「蝗蟲」讓原本在許多方面就已經沒安全感的村民感到極度焦慮。

「我想問個問題。」有個男人在我們即將離去之際對我說。「你可以教我們一些用來控制胡阿拉的技巧，幫我們保護小米嗎？」我還能怎樣回答他？「恐怕我並非那種事務的專家，」我用尷尬的語氣回答，並且表示等我下個禮拜回到尼阿美市，一定會造訪農作物保護處的總部，把村民面對的問題反映給官員。所有人都陷入了沉默。跟我們談論相關問題的那些人很客氣地謝謝我，但也跟我說，找官員根本沒有任何意義。

發問的那個人提出說明：十五年前曾有一支農業推廣團隊造訪當地。他們訓練村民使用殺蟲劑，並留下一些供村民使用。每個人都按照指示使用化學殺蟲劑，也樂見成效：蟲害大幅減少，作物產量增加，對於作物、人畜似乎都沒有任何傷害。不過，化學殺蟲劑很快就用光了，而且到了十五年後仍然沒有人提供新的殺蟲劑給他們。我們仔細傾聽，他說如今村子裡只有擁地在十公頃以上的富農有能力自費購買化學殺蟲劑。胡阿拉避開富農的田地，盡情享用旁邊田裡的農作物，富農的窮鄰居們就遭殃了。他說：那些可怕的鳥！每年昆蟲與鳥都會吃掉我們的小米、高粱與牛豆，有時候我們的農作物至少有一半以上被牠們吃掉。我們用鐵絲網阻絕鳥類，用火燒胡阿拉。我們也會用火燒鳥。但全都沒有用。此刻他陷入沉默，人群中的另一個男人開口了。他說：你的確應該去一趟農作物保護處。如果你真的去了，認

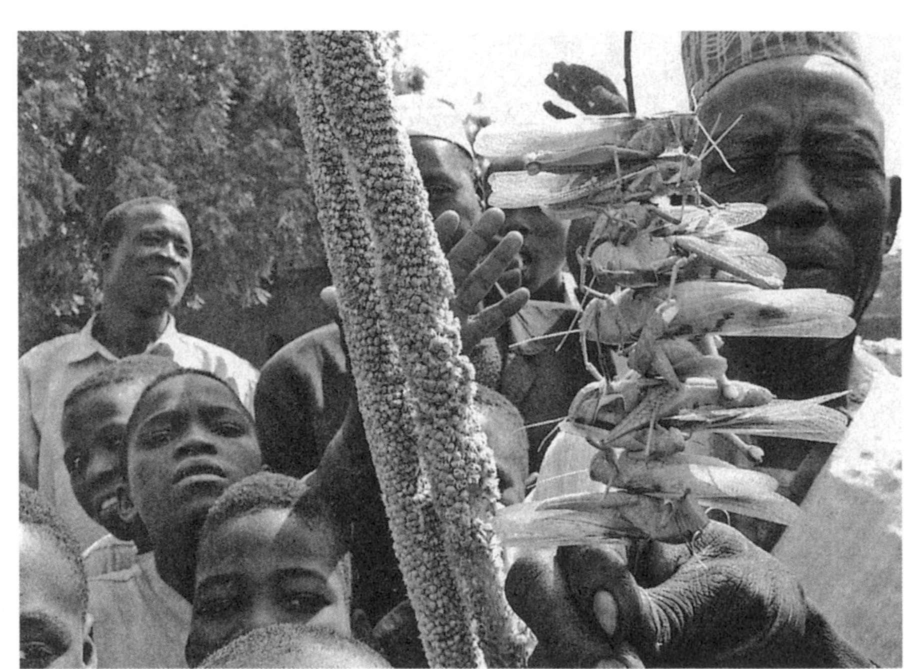

真觀察，你會發現一個厚厚的卷宗夾，裡面都是跟我們這個村莊有關的文件。你應該去一趟，但不必多費唇舌，別跟任何人討論我們的事。你不該認為他們不清楚我們這裡的情況。無論首都的情況是怎樣，總之那裡的人並不是對我們一無所知。

5

巴士來了，我們登車就位。一輪紅日在我們前頭升起，很快我們就離開了尼阿美，穿越烈日烘烤的地景，沿途地勢大致平坦，偶爾會經過一座座低矮圓丘與陡峭的紅土絕壁。接下來的幾個小時內，兩線道公路沿途經過了一個個由泥磚材質長方形民宅構成的黃土色村莊。剛剛收成的小米從優雅的洋蔥狀穀倉溢流出來。村民坐在自宅外面或是路邊的凳子上。許多男人正在建造或者修補牆壁與圍籬，或是修理穀倉，用鋤頭在田裡翻土。女人則是負責打穀，把小米去殼，拿來煮小米粥，或者聚集在村裡的水井四周，身上背負著一堆木柴或小米莖桿，白皙耀眼的棉質衣裳隨著她們的步伐擺動著。孩子們也在撿柴，或是照顧弟妹或山羊羊群。途中我們停靠在擁擠的比爾尼・恩孔尼（Birni N'Koni）巴士站，買了食物後繼續往東邊前進，如果往北走的話，則是可以抵達塔瓦、阿加德茲，還有產鈾的阿爾利特（Arlit）等城鎮。從這裡開始，只見眼前的綠意漸濃，生機處處：我們看到一群又一群大批長角牛隻，還有群聚的駱駝，為了避免牠們走得太遠太快，兩隻前腳都被綁了起來，但綁得不緊，此外還有一群群驢子，然後又是一座座穀倉，一片片農田，還有驚人的一整片有灌溉系統的洋蔥田，看起來黑壓壓。

馬拉迪市熱鬧擾嚷，充滿商業能量，但它是在二次世界大戰結束後才發展成尼日的經濟樞紐。因為地理位置的關係，再加上城裡的供應鏈太弱，所以過去它並不在撒哈拉沙漠商隊的行進路線上，過去曾有許多世紀的時間這些商隊把阿爾及爾、突尼斯、的黎波里與其他地中海沿岸港市跟其他地方連結在一起，首先經過津德爾（Zinder）、卡諾（Kano）以及查德湖附近的一些地方，然後再通往非洲各地。這些撒哈拉地區商隊提供的貨品支撐了十八世紀由豪薩人建立起來的各個城邦，而那些商業大城則是為圖瓦雷克人與阿拉伯商人提供黃金、象牙、鴕鳥羽毛、皮革、散沫花、阿拉伯膠等商品，但利潤最高的還是那些來自撒哈拉沙漠以南的黑奴，阿拉伯商人帶著黑奴北返，再從海岸地區帶回槍枝、軍刀、藍白棉布、毛毯、鹽巴、棗子與泡鹼，還有蠟燭、紙張、硬幣與其他歐洲以及馬格里布地區（Maghrebi）製造的貨物。[17]

到了一九一四年，英國人興建的鐵路穿越奈及利亞，來到卡諾，已經接近尼日邊境。此時，與穿越沙漠的駱駝車隊相較，想要把貨物運送到北邊的拉哥斯（Lagos）與其他大西洋港市，火車已經是較為便宜與安全的方式了。趁著沙漠商隊沒落，再加上突然有運輸工具可以使用，法國殖民政府積極介入，開始把資金與基礎建設投入馬拉迪山谷地區，開始種植落花生，放眼法國國內的花生油市場。到了一九五〇年代中期馬拉迪已經是該區域的落花生交易中心，而在法國人的推動之下，這種作物在塞內加爾與西非其他法國殖民地早已高度商業化，只差還沒攻占尼日的市場。因為被迫用現金向殖民政府繳稅，再加上也想跟來自歐洲的進口商購買商品，馬拉迪的農夫大量購入農地，用來種植落花生，後來到了一九六八與一九七四的長期乾旱與饑荒期間，人們才看出這件事造成了兩個非常深遠的影響：因為落花生大規模取代了用來當主食的作物（尤其是小米），本來就已經不太夠的食物變成嚴重不足，另一方面則是圖瓦雷克人、富拉尼人（Fulani）與其他遊牧民族失去了過去用來當作放牧場地的草地，因為那些地已經被大規模私有化，因此他們不得不把動物驅趕到情況越來越惡劣的土地，隨後也成為飢荒的主要受害者。[18]

一八九八到一九一〇年之間英法兩國召開了許多會議，就此議定了豪薩人領地（Hausaland）、法屬尼日與英屬被保護國北奈及利亞（Northern Nigeria）之間的疆界。儘管豪薩人已經臣服了，但法國人對其忠誠度仍感不安，因此扶植了尼日西部的杰爾馬人（Djerma），並且於一九二六年把尼國首都從津德爾遷移到尼阿美。「儘管〔英國人的〕道路、學校與醫院已經逐漸引進北奈及利亞，」人類學家芭芭拉・庫伯（Barbara Cooper）寫道，「法國人還是忽略了馬拉迪，讓它維持住邊陲殖民地中偏僻不毛之地的角色。雖然的確有基礎建設，但開發卻是斷斷續續的。」[19]

可以預測的是，這些政策並未達到原本想要達成的效果。在殖民時代開始以前，豪薩人領地因為部族內部的暴力對立而分崩離析；儘管如此，被英、法兩國統治的共同殖民經驗，再加上各部落之間在文化、語言與經濟上具有持續的關聯性，仍然讓他們產生一種迄今仍然存在的跨國身分認同。能夠印證上述現象的證據之一，是所謂「哈薩伊」階級（〔*Alhazai*〕這個詞彙源自於穆斯林的男性尊稱「哈吉」〔*Alhaji*〕，意指那些有錢到麥加去朝聖的男人）在馬拉迪的興起：他們都是一些有權有勢的豪薩族商人，一開始從事落花生種植業或者在歐洲人開的貿易公司任職，但很快地透過各種方式善用邊境的商機（有些方式合法，有些則是非法的）。就像庫伯指出的，「哈薩伊」之所以能夠發跡，並且平安度過一九六八到七四年之間的飢荒（他們反而因為饑荒而獲取暴利）與一九九〇年代的奈及利亞貨幣「奈拉」的貶值危機，都是因為他們懂得把英國在北奈及利亞的投資轉化為自己的優勢。

此外，在伊斯蘭世界的全球化過程中，「哈薩伊」也是積極的參與者，他們促成馬拉迪與埃及、摩洛哥等文教重鎮產生關聯，也能與阿布達比、杜拜等資本匯聚的大城建立關係。而且，伊斯蘭世界網絡的重建把馬拉迪與北奈及利亞地區十二個遵奉伊斯蘭律法的州連結在一起，在那網絡中他們扮演著非常引人注目的角色。卡林回想起自己大學時代的左派激進學生身分，當時他們想要抵抗的就是一股新興的伊斯蘭政治勢力，根據過去經驗，他悲觀地預測，都市裡那些領導伊斯蘭組織的年輕知識分子將在二十年內拿下尼日的政權。他們有紀律、廉潔、信仰堅定，這些都是具有強大吸引力的特色，而且他們也擘劃出一個與現狀截然不同的未來：他們不像首都尼阿美的那些政治人物與民間脫節，而且都是機會主義者（就像卡林說的，這是因為沒有意識形態而造成的），同時也能擺脫那些無能的援助組織於後來沾染上的新殖民主義色彩。

透過論述，伊斯蘭激進勢力能輕易地把政治腐敗與道德淪喪混為一談。二〇〇〇年十一月，在聯合國的支持之下，一場名為「國際非洲時尚節」（Festival International de la Mode Africaine）的募款時裝秀於馬拉迪展開，非洲各地與海外的頂尖設計師雲集，但令人震驚的是，這卻在當地引發一連串由伊斯蘭激進分子領導的抗議暴動。參加抗議的人批評單身女性都是娼妓，許多街頭的女性，還有為了躲避伊斯蘭迫害而從奈及利亞逃到當地一個難民營的女難民都成為被攻擊的對象。暴民燒毀了許多妓院、酒吧與投注站。許多基督徒與泛靈論者的社區都遭到入侵。[20]

如今，尼阿美的大眾文化開始出現改變的跡象：兩、三年前，有些商店在穆斯林進行禱告時都還開著，如今選擇暫時關閉；大學校園裡出現大量戴著頭紗的女性。「改革派」與「傳統派」穆斯林、福音派基督徒與不信教的尼日人正在進行一場複雜的鬥爭，馬拉迪是前線戰場。卡林說，此刻的馬拉迪與他九〇年代居住時已經截然不同。儘管如此，某天晚上在城裡一間大型露天電影院看電影時，還是發生了一件讓我們很驚訝的事：銀幕上播放的本來是一齣沒有配音也沒有字幕的盜版北印度語寶萊塢幫派電影，在無預警的情況下突然被人剪入低成本的美國鄉村A片。片刻之間，原本跟銀幕上一樣鬧哄哄的觀眾席突然陷入沉默，在場清一色的男性觀眾都開始陶醉在春夢裡。但那種不真實的感覺很快就消散了，在黑暗的星空下，我們搭上便捷的計程機車，回到旅館。儘管剛剛歷經了露天電影院的奇遇，回到旅館後卡林跟我說，未來的天下是穆斯林的。人們不再相信國際開發組織與它們所帶來的現代性，再加上整個民族國家四分五裂，眼前也看不到任何其他選項，所以時機是對他們有利的。我的答覆是，我不遠千里而來，可不是為了想要幫非洲譜寫哀歌，對此，他則是引述了一句據說是列寧說過的話：事實是無可避免的。

6

跟尼阿美的情況一樣，一月也是馬拉迪的草蜢淡季。儘管如此，就在我們穿越了堡壘似的馬拉迪市大市場（Grand Marché）門口之後，沒多久就開始跟一個友善的年輕人聊了起來，他在市場裡販售少量胡阿拉，其他大多出口到奈及利亞去。他說，奈及利亞人喜歡到馬拉迪來找胡阿拉，因為他們知道這個地區的農夫並不使用殺蟲劑。我們問他去哪裡抓蟲，他對著某個坐在攤子後面聊天的男人叫了一聲。哈米蘇（Hamissou）是長期供貨給這攤子的盤商，害羞的他描述自己過去十年來騎著機車，在馬拉迪市北邊一個個村子蒐購小米、*bissap*（木槿花）與胡阿拉的過程。

兩天後，卡林、哈米蘇、布卑（〔Boubé〕常常幫「無國界醫生組織」開車的司機）與我自己，一行四人離開馬拉迪，車子走在一條看來似乎沒有盡頭的筆直紅土路上，車速很快，但也很小心，以免誤觸地雷。哈米蘇跟我一起坐在後座，他身穿白衣白褲，臉上矇著一條棉質圍巾，用來抵擋塵土。

跟哈米蘇一起造訪各村落很有趣。大家看到他都很興奮。他抵達後所有村民都笑了起來，情緒高昂。很多男人跳起來，假裝要跟他摔角。他們跟他感情很好，故意作弄害羞的他。他的行業充滿歡愉輕鬆的氣氛，沒有爾虞我詐。

那天早上他帶著我們到草叢裡去跟抓蟲的婦女見面。她們早在上午六點禱告後就離開村子，我們在四個小時後才在離家很遠的地方趕上她們。她們帶我們去看低矮草叢裡發現胡阿拉的地方，並且示範抓蟲的方法：先用小米的莖桿戳蟲，接著用敏捷而有把握的動作單手抓蟲，原本活蹦亂跳的蟲被折斷後腿，就無法動彈了，只能任由她們裝進棉袋裡。她們說，每年到了九月，他們每天都可以抓好幾公斤的蟲子，從哈米蘇那裡賺到兩、三千中非法郎，而且還可以留很多下來自己吃。她們說，胡阿拉可以取代肉，這讓我想起了先前在尼阿美的時候，瑪哈曼與安東妮也曾於院子裡這樣跟我說。胡阿拉有豐富的蛋白質，而且另一個跟肉很像的地方是，沒有人會每天吃胡阿拉（也不能吃太多，否則就會嘔吐或是腹瀉）。胡阿拉用鹽下去煎很好吃，也可以磨成粉，拿來製作醬汁，搭配小米一起吃。她們說，每到九月，原野裡的胡阿拉多到她們必須帶孩子們一起來

抓。但是，此刻才一月，早上對孩子們來講人冷了，而且也沒多少胡阿拉。看看她們的收獲有多可憐：要花兩天時間才能裝滿一棉袋，而且也只能賣一百中非法郎。因為捕獲的數量實在太少，就算價格再高也無法彌補她們的損失。

既然回收那麼慢，為何還要花那麼多時間作這種讓人腰痠背痛的工作？我問了一個蠢問題。某位年長的婦女答道：因為我們沒東西吃——說話時根本懶得掩藏對我的蔑視。她說，因為我們沒有錢。因為我們必須買食物、衣服，因為我們必須活下去。因為一個月過後我們連幾隻胡阿拉都抓不到了。因為這個時候我們沒有其他賺錢的方式。因為這讓我們有事做，總比呆坐在家裡好。

她接著說：有時候，整年根本都沒有胡阿拉。但是如果胡阿拉來了，我們手頭就有了本錢。藉由賣蟲的收入，我們可以買食用油、塑膠袋與販賣「油炸小米餅」（*masa*）所需的一切東西。賣餅的盈餘讓我們可以幫孩子購買需要的東西，讓生活安穩一點。她還說，有時候胡阿拉的數量多到讓我們可以買牛。但我們不能把多餘的胡阿拉留著，等肚子餓的時候拿出來吃。胡阿拉是可以保存的，那不是問題，問題在於我們需要現金。

她轉身而去，又開始在沒有任何樹蔭的烈日下抓蟲。我們也照做，沒多久後就開始在塵土裡打滾，追捕胡阿拉。讓我印象最深刻的是，布卑真的很厲害，等到卡林與我早就放棄時，他還在抓，而且他完全不想離開，很快地我們其他三個人就開始在那永遠蔚藍無比的天空下袖手旁觀，看著他在草叢裡挖來挖去，因為抓到蟲而大笑。

幾天後，我們又一行四人一起穿越警察的路障，沿著顛簸不平的紅土路驅車離開馬拉迪。這次哈米蘇有事要忙，陪伴我們的是薩貝魯（Zabeirou）：活力十足的他坐在司機布卑身旁，連珠炮似地用夾雜在一起的豪薩語、法語跟英語跟我們解釋他是怎樣成為販售蝗蟲的大盤商，而且經營規模若非全國第一，也是全馬拉迪市最大的。

一九六八到七四年之間，猛烈的旱災與饑荒伴隨著沙漠蝗蟲蝗災一起爆發，毀掉了尼日的落花生產業。飢餓的農夫不得不放棄種植可以出口的作物，跟以前一樣種起了給自己吃的東西。過去為了出口而改種別的作物讓他們的生活變得極不安穩。整個薩赫勒地區餓死的人數大約在五萬到十萬之間。一九六六年，尼日的落花生產量還有十九萬一千公噸，到了一九七五年大幅下滑為一萬五千公噸。[21]

但是，到了一九七〇年代中期，法國原子能委員會（French Atomic Energy Commission）在阿伊爾山區發現了蘊藏量在全世界名列前茅的鈾礦，幫尼日補足了財政缺口。產量最高時，鈾礦的產值占全國整體出口收入的百分之八十幾，而且也帶動了國家經濟的蓬勃發展。但是到了一九八〇年代初期，因為三哩島（Three Mile Island）核電廠發生核災，再加上歐美反核運動大行其道，鈾礦價格開始持續下滑，直到現在才又出現復甦的跡象。[22]尼日鈾礦出現價量齊跌的時候，該國財政再度陷入危機，這不但加深了他們對許多國際援助組織的依賴度，也被迫接受各組織提出的懲罰性財政方針。

在這惡性循環開始之前，主要由法國人出資成立的鈾礦企業，也就是阿伊爾山礦產公司（SOMAIR），在阿加德茲北方兩百五十公里的沙漠裡蓋了一座名為阿爾利特的鈾礦城，它也被稱為「小巴黎」，因為城裡有許多為了法國僑民而存在的便利設施，例如一些貨物直接來自法國的超市。薩貝魯曾在礦城工作，直到一九九〇年才領了十五萬中非法郎資遣費離開（大約相當於當年的五百五十元美金）。他搬回馬拉迪，回去後開始研究市場。過沒多久他就發現，尼國女性非常喜歡吃蝗蟲，而且跟其他流行商品不一樣的地方在於，那是個還沒有大企業介入的市場。馬拉迪的哈薩伊們無法插手，因為那個市場的主導者都是一些經營規模較小的生意人。

薩貝魯說，他採取了果決的行動，讓自己成為尼日第一個專門做蝗蟲生意的盤商。他把資遣費拿來當本錢，到鄉間去大量收購蝗蟲，累積成存貨。壟斷了市場之後，他以大幅削價的方式逼迫競爭對手退出市場。等到市場上只剩下他一個盤商，他才把價格提高，很快就彌補了損失。

如今，因為競爭更為激烈了，所以薩貝魯的操作手法也越來越細膩。他在尼阿美、塔瓦、馬拉迪與國界另一邊北奈及利亞境內各大城鎮與村莊都有線人，構成了綿密的商情網絡，他手下線人的工作是在淡季時四處尋找胡阿拉。他還派一些來自尼阿美與馬拉迪的採購員到村子裡與市場上去收購胡阿拉，每個人都有三十萬中非法郎的預算。那是個必須謹慎行事的行業。薩貝魯把貨源視為機密。而且他也常常隱瞞自己的行蹤，不讓別人知道自己往來於各地之間，當別人以為他在馬拉迪確認存貨時，實際上他正在尼阿美做生意。他必須小心，但這一門生意獲利豐厚：有時候他一個禮拜可以賺到一百萬中非法郎。

在馬拉迪的時候，薩貝魯通常都是待在「婦女市場」（Kasuwa Mata），那是一個位於該市北方邊緣，由女性商販主導的批發市場。婦女市場是鄉間各種產品的展示間。離開那裡後，那些商品會被運往馬拉迪市大市場或者城裡其他販售地點，然後再被賣到尼日的其他市場，最後由奈及利亞的買家買走。薩貝魯在馬拉迪市有一個存貨充足的攤子，與他打交道的包括哈米蘇這一類中盤商，而以抓蟲為生的村落婦女也會拿胡阿拉去賣給他。

他有四種轉售方式：直接透過攤子，以零售的方式把東西賣出去；用批發的方式賣給婦女市場或馬拉迪市其他市場裡的商人，他們會進一步把東西轉售到當地各個市場；他也可以用卡車把一袋袋蝗蟲載往津德爾、塔瓦或尼阿美，派員工去那裡販售；或者是直接把東西拿到奈及利亞去賣。此刻是每年蝗蟲價格高而且供貨量少的時期，他的許多顧客都是媽媽，她們購入蝗蟲，吩咐家中那些不到十歲的孩子們拿出去兜售，每個人的頭都頂著一個裝滿蝗蟲的鐵盤，看來自信滿滿。辣辣的蝗蟲是很受歡迎的零嘴，一小包五、六隻的售價為二十五中非法郎，他們拿到小學外面去賣給學童，較大包的則可以賣到五十中非法郎，購買者大多是所謂*kabu-kabu*（計程機車）的騎士，站著等客人時可以拿來嘎吱嘎吱地嚼食。

薩貝魯帶我們走進攤子後面一個鎖起來的倉庫，讓我們看看他的存貨。那一袋袋蝗蟲可以賣好幾個月，據他表示，總共價值兩百萬中非法郎。接下來幾週內他會持續補貨，直到鄉間再也抓不到蝗蟲，而且蝗蟲價格開始上漲。接著他才會把存貨釋出到市場上。我們都認為這是一門好生意。

薩貝魯有三個老婆，十個小孩。他還擁有一間婦女市場附近的豪宅，四周以高牆圍住。他很有錢，而且也甚為豪爽。聽到他決定招待我們，卡林和我抱持著審慎而愉悅的態度。上路兩、三個小時後，我們在一個叫做薩邦・馬奇（Sabon Machi）的市鎮逗留，他堅持要請我們吃豪薩米餅當早餐，搭配甜茶。然後再過兩、三個小時，我們就到了丹達塞村（Dandasay）。

薩貝魯的弟弟伊布拉印（Ibrahim）是村子裡三個

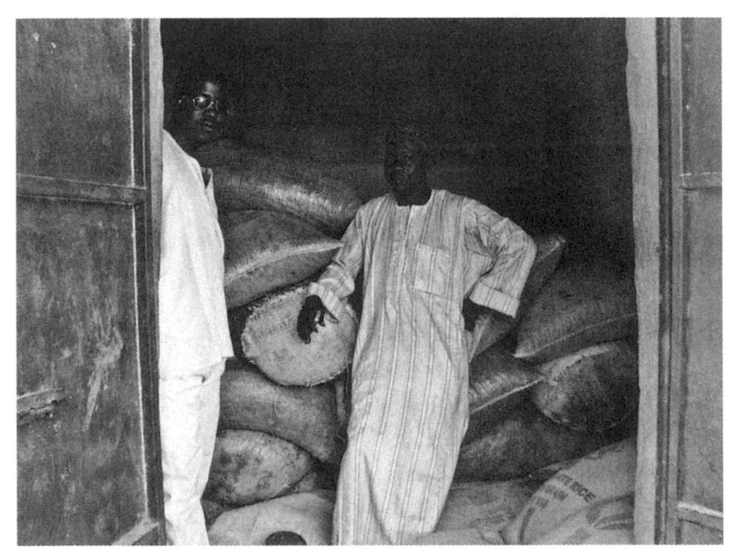

小學老師之一。他的氣質文靜柔和，跟哥哥截然不同。聊天時我發現他是個充滿同情心的老師。他跟我說，村裡的家長都沒有多少現金，所以每當他要跟他們收取十中非法郎的學校雜費時，有時候會覺得很為難。他向我們介紹他那一位長得又高又瘦，而且跟他一樣溫和的同事科曼多（Kommando）。卡林發現薩貝魯未曾來過丹達塞村。我們再度上路，但在這最後一段路程中我們被迫問路好幾次。當我們開車進入村子時，一群孩子衝出來歡迎我們，他吩咐他們趕快去找媽媽，說他要來收購胡阿拉。

結果那一天被搞得很複雜。薩貝魯把自己當成導遊兼導演，自己決定我們該看一下表演：我們該看看胡阿拉在販售之前的加工過程。他開始安排演出，結果才剛剛開始召集演員就發現所有抓蟲的婦女都還沒從草叢回來，村子裡沒有任何人家裡有新鮮的蝗蟲。在此同時，一些婦女接獲孩子們的通知，從家裡拿著用小袋子裝的蝗蟲出來。一般來講，她們都是把蝗蟲拿去附近城鎮柯馬卡（Komaka）的市場去賣，或者去比較大也比較遠的城鎮薩邦・馬奇，如果是禮拜五，甚或可以拿去更大也更遠的瑪拉迪市。通常那些市場會有收購人員在那裡等薩貝魯。但這一天很特別，他就在我們搭乘的卡車後面開起了店鋪，開始做生意。

才開張沒多久，就有一群男人過來邀請我們去參加 *cebe*，也就是新生兒的命名儀式。舉行儀式的地點在村子的另一頭，所以薩貝魯放下手邊生意，我們走過一條條沙子路窄巷，來到一間小屋旁的院子，院裡有個茅草棚子，棚子裡的第一排椅子都是空著的。一群年邁男性中間擺著一張墊子，長老在墊子上就位坐下，許多人在旁邊觀禮，偶爾加入幫賜福新生兒的行列，貴賓則是在嚴肅的儀式中進進出出。現場的氣氛平靜，大家都在沉思，專注傾聽聖歌，不出聲但卻很熱烈。不過，在儀式進行的過程中，我漸漸意識到我們身後開始出現像是激烈爭辯的聲音。一轉身，我發現薩貝魯又在卡車後面就位，與一群等著出售胡阿拉的婦女們討價還價。

我們在村子裡受到熱情款待。儀式結束後，新生兒的父親邀請我們一行人在其他賓客之前先吃東西。卡林、布卑、薩貝魯、伊布拉印與我走進一間小小的圓形樓房，吃了一頓美味的小米與肉。出去之後我們聽說抓蟲的婦女已經回來了。很快她們就在附近的一間房舍外生起了火堆，聚集的人群漸多，有個看起來顯然不慌不忙的年輕婦女在大家的注目之下把一鍋水加熱。薩貝魯為了幫助我們理解，用國家地理雜誌般的方式為我們解說，並且一再提醒我別錯過拍照的機會。等到她們把胡阿拉拿過來的時候，薩貝魯把牠們都丟進熱水裡，拿走年輕婦女手裡的棍子，嘴裡還是講個不停，同時把那些在水裡翻騰的蝗蟲推進鍋底。平常做這件事的那些女人都被隔絕在圈圈外，離開去做一些更急迫的差事。圍成一圈的男人輪流拿棍子往水裡戳，這個他們一定看過無數次的畫面，卻讓我驚訝不已：在滾燙熱水裡翻騰之際，那些褐色的蝗蟲很快就變成粉紅色，看來簡直就像水煮蝦子，而且在那個片刻，一扇對蝦子饕客充滿吸引力、對蝗蟲卻是不幸的大門開了。

蝗蟲就這樣在熱水裡煮了三十分鐘。在此同時，伊布拉印與我跟這個大型村莊的*maigari*（村長），還有其他幾個男人聊了起來。他們說，沙漠蝗蟲曾於六十年前來過這村子，但之後就再也沒來了。這些年紀較大的村民記得當年的蝗災（就像瑞吉歐．烏邦達瓦基的那些男人），但並未把那一件事放在心上。他們比較在意的不是那種一生只能遇到一次的末世浩劫，而是那些比較不具異國風情的胡阿拉（例如「比戴」）：牠們才是吃掉每日糧食安全的害蟲。

科曼多也跟我們一起聊天。談話結束時，他說他曾經在一個叫做丹．馬塔．索華（Dan mata Sohoua）的村子工作，就在這個村子北方大約一百公里處。他說，我們該去一趟。那個村子的村長可以跟我們談一談二〇〇五年的蝗災。真是個精彩的故事。就在此時，我看到薩貝魯穿梭於人群裡。他拿出琺瑯臉盆來計算村婦們抓了多少胡阿拉。讓村婦們感到難過的是，他把那些蝗蟲越堆越高，最後有百分之四十已經高於臉盆邊緣，才算是一盆，然後倒進袋子裡。這一切我都看在眼裡，我想起了他在「婦女市場」販售胡阿拉的時候，都會讓買家「占便宜」，也就是說他會看買家的狀況決定給多少（例如，如果對方是寡婦，也許他就多給一點），所以他給人的胡阿拉都會多到灑出來，只不過，就算他再怎麼慷慨，也不可能堆得像這天一樣高。

回到馬拉迪的路程非常平靜。離開前，負責用滾水煮胡阿拉的那個年輕婦女又被召回，她把煮好的胡阿拉都鋪在一塊藍色防水布上，好讓我們看看牠們被太陽曬乾的情形。薩貝魯說他對那一天的行程很滿意。快要回到馬拉迪的時候，他問我是不是很快就會回去。我無法給他一個明確日期，接著我們就此陷入沉思。到薩貝魯他家時，他的姿態突然改變。他不像一般人那樣離情依依，居然要我們為他提供的服務付錢，顯然完全忘記我們是以異國友人的身分一起出遊，更何況他還從丹達塞村村婦們的身上海撈了一筆。卡林很憤怒，我們開始談判了起來，雙方脾氣都很大，薩貝魯一開始拒絕讓我們離開，直到最後不悅地談好了價碼，才肯放人。

我們三個開車回到馬拉迪市的另一邊，情緒很差。但壞心情並未持續太久。我們決定接受科曼多的建議，隔天早上去一趟丹．馬塔．索華，才又開始覺得有了新目標。

7

根據世界銀行表示，沙漠蝗蟲入侵的地區擴及全世界百分之二十的農田與牧草地，包括六十五個國家境內總計兩千八百萬平方公里的土地。監視預警和噴灑化學藥物是兩種主要的防制措施，首要目標是在衰退區裡面預防蝗災爆發以及消滅蝗蟲，而所謂衰退區是指整個蝗災地區中比較乾燥的中央地帶，面積為一千六百萬平方公里，是蝗蟲的聚集地。這種策略背後的思維很簡單：一旦蝗蟲群在衰退區內歷經最後的蛻變階段，成為有翅膀的成蟲，升空飛行，唯一的選擇就是在種植農作物的地方消滅牠們，但這種作法的成功率很低。先前馬哈瑪內．薩都教授就跟我們說過，如果在村子裡採行保護農作物的措施，那就是表示衰退區裡的預防措施失敗了。這也意味著他們必須在村裡

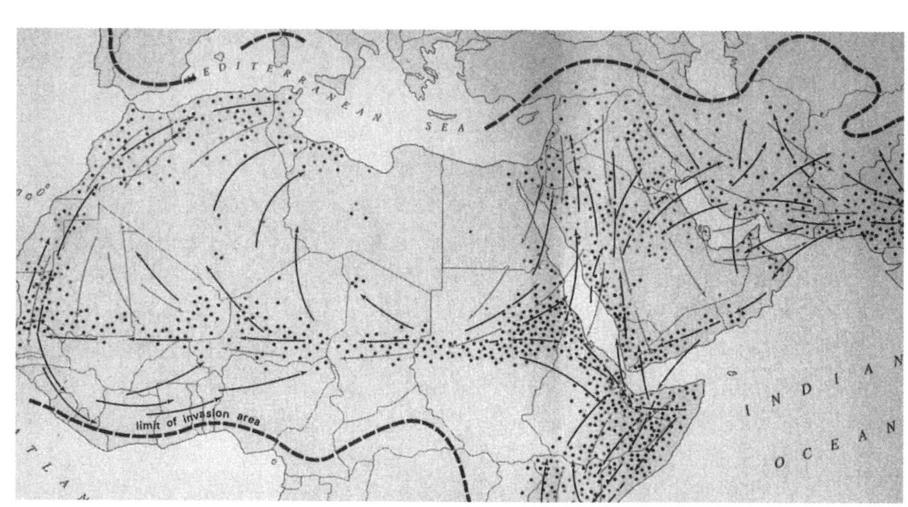

大量使用殺蟲劑（有些是歐美各國禁用的），受到危害的，不只是灑殺蟲劑的村民（他們通常沒有防護衣可以穿，也欠缺適當訓練），也包括整個地區的食物鏈與水源。

科曼多說的沒錯，丹・馬塔・索華的村長樂於與我們分享故事。他說，蝗蟲打西邊過來。當時是十月，雨季剛剛結束。小米已經都熟了，但還沒開始採收，穀物都還在田裡。在這時間點發生蝗災是最糟糕的。

一開始只有幾隻來探路的蝗蟲，就像阿契貝的小說情節一樣，牠們是被派來勘查土地的。牠們在中午左右現身。孩子們從田裡跑回村子，跟大家示警。但是沒有半個大人過去看一看。他們知道為時已晚。在夜幕降臨以前，蝗蟲群已經來了。

隔天早上，整個村子都被入侵了。胡阿拉掩蓋了所有地面。草叢裡也都是。村民看不到地面，也看不到小米。有人試著把牠們趕走，用工具、用手，或者用火燒。也有人試著搶收小米。由於情況緊急，小米穗採下來之後，也只能放在地上、堆得高高，一回過神，上面都爬滿了蝗蟲。

隔天清晨，為了向農業局示警，村長與一群老人去了一趟最近的城鎮達克羅（Dakoro）。村長說，一般而言，農業局並不會理會他們那個村子。但那一天局裡面真的派人過去。視察過後，農業局的人建議村民禱告。他們說，除此之外他們無計可施。

不過，那一天稍晚還是來了一架飛機，在那個地區噴灑殺蟲劑。飛機在空中的時候，胡阿拉升空了。一開始牠們似乎是要離開村子，但結果卻是以飛機為目標。牠們直接朝飛機飛過去，把駕駛艙的外面都掩蓋住了，機翼上也都爬滿胡阿拉，試著強迫飛機改變方向，離開村子。飛行員改變戰術。他無法把飛機飛低。於是他試著朝胡阿拉噴灑化學藥劑，但牠們還是散開了，化學藥劑沒有發揮太大效果。胡阿拉是一種有紀律與組織的昆蟲。看來牠們好像有個指揮官似的，大家都會聽命行事。

好像真的有指揮官似的。每天牠們都是在清晨八點準時上工。不，並不是因為八點以前太冷。所有人都這麼想，以為牠們是在等氣溫上升，讓翅膀暖一點。但不是那樣的，而是因為牠們有工作時間。就像白人一樣。牠們在八點上工，絕不會提早。升空後，牠們飛得很低，只要看到地面有吃的，就會降落，把東西一掃而空。到了下午六點，牠們才停下來。就像有指揮官的部隊。這些昆蟲很聰明。好像牠們有望遠鏡似的。如果牠們遺漏了任何東西，一定會改變方向，飛回去把東西吃掉。如果其中一隻受傷了，牠們也會轉向飛回去，把墜地的同伴吃掉，不會把牠留在路邊。

有人在早上趁牠們集結待命時用火燒牠們。這真是大錯特錯。這種舉動只會激怒牠們。如果牠們有一小部分被燒死了，很快一定會有兩倍的新血加入蝗蟲群，取而代之。村民都不去田裡了。外出時，所有人都要把臉蓋住。大人也會阻止小孩到草叢裡。

到了第三天，蝗蟲離開了。再也沒有小米了。被吃得一乾二淨。但牠們自己留下了一些東西。兩週後，蝗蟲卵孵化，蝗蟲從地底跑出來。這次遠比以前糟糕。

我們坐在一棵樹蔭很舒服的樹下，一個小女孩穿越沙地，朝我們走過來。那天下午的空氣炎熱無風。我們可以聽見遠方傳來啪啪啪的有節奏聲響，是婦女打穀的聲音。村長賣了幾個高湯塊給那個女孩。一個臉龐削瘦的男人坐在一架桌上型縫衣機後面，他接過了話題，而我們，一共六男二女，繼續聽他說下去。

我們不曾看過這種胡阿拉，男人說。就算是百歲老人也沒看過。我們稱呼那種胡阿拉為「毀滅者」（*houara dango*）。牠們的外表是鮮黃色的，裡面則是黑色。如果有人碰到牠們，那黃色就會像掉漆那樣掉下來。牠們真的很奇怪，所以一開始我們以為是白人發明出來的。老人都吩咐孩子們不要去碰牠們。吃蝗蟲的動物會死掉，山羊都流產了，雞也一隻隻暴斃。你以為是因為殺蟲劑，但並不是那樣，而是因為胡阿拉體內的許多小蟲。雞與山羊變成不能吃，必須銷毀掉。胡阿拉進入水井裡，牠們讓水變有毒。就連牛隻也不能喝井水。有另外一個村的村民吃胡阿拉，結果也生病，嘔吐了好幾天。我們不能吃胡阿拉。如果能吃的話，牠們的數量真是多到現在也還吃不完。

現在大家都開始議論紛紛。無疑地，第二波蝗災比第一波更具毀滅性。農業局朝著孵出來的蝗蟲幼蟲灑藥，但沒死的那些又開始吃已死蝗蟲的軀體。田野變得一乾二淨。幼蟲把村子裡一切可以吃的東西都吃掉了。這次牠們待了三週，井然有序地在村子裡移動，不放過任何地方，所到之處的東西都被牠們吃光光，就連死掉的幼蟲也不例外。沒錯，就是這樣，牠們不會留下任何東西，就連自己同伴的死屍也不放過。

穀倉裡沒有小米，田裡也收成無望，丹・馬塔・索華的村民只能完全依賴緊急的食物援助。因為英國國家廣播公司的煽情新聞報導，

尼日與整個薩赫勒地區的情況成為國際要聞。饑荒的魅影緊緊跟隨著蝗災，引發各國民眾矚目，許多人慷慨解囊。對於這一切，馬瑪杜．坦亞總統的政府卻感到驚愕又失望，他們只能看著媒體促成各國介入，各個非政府組織有充分的理由採取行動，它們所代表的是充滿人道精神的全球民眾，但該國政府的能力本來就極其有限，如此一來更是變得處處受制。

有好幾週的時間，無國界醫生組織設在馬拉迪的食物供應中心儼然是「全球最受媒體關注的地方」。[23]儘管沒有人清楚尼日境內其他地方的情況有多嚴重，但是馬拉迪四周鄉間居民的日子的確遠比平常難過（對於北邊的游牧民族也是）。就在村民爭辯著是否該棄村之際，樂施會（Oxfam）帶著四百袋稻米來到丹．馬塔．索華村。這個村莊變成食物配給中心，各地民眾都來這裡領取配額。樂施會承諾他們會運送三批救濟品過來，但是第二批東西的數量大幅減少，第三批則是根本沒有來，當地人都不知道為什麼。

「毀滅者」蝗災爆發之前，丹．馬塔．索華的村民已經向各個開發組織借貸種子，打算收成後以作物償還。小米被吃掉後，他們沒有太多選擇。處於絕對弱勢的他們只能向當地商人求助，把取得的配給稻米變現還債。但後來該來的稻米沒來，因此欠的債又更多了（因為村民沒有拿到稻米，所以沒有援助食物可以變賣。而且援助機構向來痛斥這種行為是牟取暴利，但這種把救濟品拿去賣的行為，對於災民來說是很合理的。）

村民說，歷經兩次收成之後，他們還是沒有把借款還清。而且自從二〇〇五年以來，他們就繳不出稅金了。就像尼日政府陷入了必須長期依賴國際援助的泥淖，無法自拔，在此同時馬拉迪市四周鄉間居民也必須自力救濟，好好把握任何能夠取得的資源。[24]蝗災過後，丹．馬塔．索華又鬧了很久的飢荒，後來農夫與當地非政府組織合作，一起推動「穀物銀行」（*banqueceréalaire*）的計畫：他們借用穀物（而非種子），收成後也是以穀物償還。即便是收成最好的時候，村民都沒有太多餘糧，所以沒有人喜歡這種償還穀物的借貸方式。不過，至少這個計畫讓他們不需要現金，也不用跟薩貝魯打交道。某個人滿懷希望地說，如果收成不錯，而且也沒有蝗災，也許他們再過兩年就能脫困了。

8

搭巴士回馬拉迪的路上，卡林跟我發現車上有一群乘客都是園藝學家，他們要到尼阿美去參加一場害蟲管理的研討會。他們拿出*tchoukou*（一種味道濃烈，鬆脆而且有嚼勁的起司）與我們共享，等到我們在比爾尼・恩孔尼下車活動筋骨時，他們還堅持請我們喝汽水。我們聊到他們正在研發一種能夠抵抗害蟲的小米，這讓我回想起幾天前曾與一位充滿熱忱的年輕研究人員的對話內容，他隸屬於馬拉迪市農作物保護處，正在研發一種防制沙漠蝗蟲的生物學手法，打算以致病真菌（pathogenic fungi）來取代化學殺蟲劑。

隔天清晨，我們回到大學去拜訪知名尼日生物學家烏斯馬內・穆薩・薩卡里教授（Ousmane Moussa Zakari），他向來對於聯合國糧食及農業組織（FAO）的害蟲防制工作多所批評。薩卡里教授說，聯合國糧食及農業組織未曾成功預測過任何一次沙漠蝗蟲蝗災。據其計算，自從一七八〇年以來，尼日已經爆發過十三次重大的蝗災，而且，雖然有些地方損失慘重，但整體來講影響就沒那麼大了。他認為現在的管制措施並不成功，曾與我們聊過的許多研究人員和農夫也都這麼認為。衰退區實在是大到難以掌握，而且蝗蟲的適應力太強，能夠忍耐長期乾旱，只要遇到對牠們有利的情況，也能快速做出反應。他主張，那些動不動就高達上億美元的經費應該挹注在別的地方，例如幫助農夫善用自己的害蟲防制知識，與他們一起開發新的防制技術，例如，小米一年有兩期收成，可以把第一次收成的種植時間延後，藉此阻礙塞內加爾蝗蟲的生長發展。

那天發生了一件事，它充分印證了尼日人必須在一個複雜而脆弱的環境中掙扎求生：津德爾市發生了一件搶劫汽車的案件，受害者是一位法籍援助組織工作人員。兩個男人在路邊裝成需要幫助的模樣，她把車子停了下來。他們倆把她趕下車，開車揚長而去。沒有人受傷，但歹徒與受害者都很倒楣，因為那兩個男人把車開走時，根本不知道那個法國女人的小嬰兒還在車子的後座。

我想卡林也是在那一天跟我說他小時候曾經抓過胡阿拉。我想應該是那一天——不過，也有可能是更早以前，就在我們於夕陽下搭乘巴士離開馬拉迪的時候，或者是在我們一起搭乘計程車經過甘迺迪大橋時（上橋前我們先經過了一個由聯合國豎立，用來宣揚〈兒童權利公約〉的告示牌），抑或是在離開馬拉迪之前，當時我們剛剛去過丹．馬塔．索華村，行經達克羅鎮的唯一一條路，沿路只見一個又一個國際開發組織的招牌（就像美國那些小鎮的主要街道一樣，只不過那一個個招牌都是汽車旅館與速食餐廳的廣告）。總之，就是在上述的某個情況之下，卡林跟我說他小時候曾抓到胡阿拉。事發地點是他從小成長的村莊，與丹達塞村很近。那是孩子們都很喜歡的遊戲，所有的小孩都會玩。他們會點燈吸引胡阿拉，盡可能多抓幾隻，越多越好。村子裡從來不缺胡阿拉，而抓到最多隻的就是遊戲的贏家。他說，那遊戲很簡單，但卻能讓人快樂。

P

升天節的卡斯齊內公園
Il Parco delle Cascine on Ascension Sunday

1

口木的蟋蟀都是在秋天鳴叫，往往讓人感受到秋天總是稍縱即逝，瀰漫著一種令人安心但又憂鬱的氛圍。但是，在佛羅倫斯，民俗學者桃樂絲・葛雷迪斯・史拜塞（Dorothy Gladys Spicer）在她寫的《西歐節慶》（*Festivals of Western Europe*）一書裡面表示，蟋蟀在春天到來，象徵著新生，在蟋蟀叫聲的映襯之下，白晝一天天變長，人們的戶外活動增多，而且在升天節（Ascension Sunday）這一天，卡斯齊內公園（〔Parco delle Cascine〕佛羅倫斯市最重要的公園）也辦起了自己的節慶活動。

桃樂絲・史拜塞是否真的親眼見證過蟋蟀節（*festa del grillo*）？這我們不太清楚，但她的描述的確栩栩如生。升天節是復活節後的第四十三天，是五月底或六月初的某個溫暖星期天，她寫道：「爸媽準備了豐盛的午餐餐盒，帶著孩子們一起湧進卡斯齊內公園。」先前，孩子們一般都是自己抓蟋蟀，但是在她寫書時（一九五八年），他們已經都是在節慶市集購買蟋蟀了。眼前情景是如此五彩繽紛：「數以百計在公園裡捕獲的蟋蟀被關在柳條或鐵絲材質的鮮豔籠子裡，籠子一個個垂吊在攤子旁。」攤商販售各種食物與飲料。紅、綠、橘色的汽球四處飄盪。音樂處處可聞。當然也少不了大量的冰淇淋。她用滑稽的語調評論道：「對於所有人而言，這真是最快樂與歡愉的春季活動——唯有蟋蟀例外！」[1]

從佛羅倫斯市古老的市中心沿著阿諾河（Arno）的無蔭北岸走，不到三十分鐘就可以走到卡斯齊內公園。但是，這裡的景觀不是一般的都市景觀，尤其在夏天，這裡沒有觀光客聚集的老橋（Ponte Vecchio）、聖母百花大教堂（the Duomo）、領主廣場（Piazza delle Signoria），也沒有弗拉・安傑利科（Fra Angelicos）、喬托（Giotto）與米開朗基羅等人的藝術傑作。那些知名的藝術瑰寶每一件都是如此驚人，而且數量如此龐大。難怪來自英國與其他國家的旅客被這裡深深吸引，自從十八世紀的「壯遊風潮」（Grand Tour）以降，任何需要接受文化薰陶的上層階級成員對這裡實在是趨之若鶩，非來不可。幾百年來，佛羅倫斯的許許多多繪畫、雕像還有歷史建物一直都被當成西方文明的重要象徵。後來聯合國教科文組織（UNESCO）憑藉著其真正的啟蒙主義精神，將該市市中心認定為世界遺產（World Heritage Site），可以說是錦上添花。

儘管如此，當桃樂絲・史拜塞在寫那一本書的時候，文化消費的風潮還不像今天這樣狂熱。我之所以能肯定這一點，是因為在她寫書的幾年之前，我爸媽（他們是年輕的猶太人，在

戰後歐洲不知怎麼地感到自在舒適）剛剛去佛羅倫斯度蜜月，他們帶著五十英鎊現鈔出國（那是戰後英國政府允許民眾帶出國的金額），很快就用完了。當年還沒有信用卡，不過他們勉強還能撐下去，他們到郊區菲耶索萊（Fiesole）四周的山丘去野餐，眺望著由屋頂構成的一片寧靜紅海，矗立其中的只有聖母百花大教堂的高聳穹頂。

最近，有個對佛羅倫斯已經厭煩的《紐約時報》旅遊作家稱之為「文藝復興主題樂園」[2]；實則不然，它還是比較像那個拉斯金（Ruskin）、雪萊（Shelley）與亨利．詹姆斯（Henry James）等作家深愛的城市。如今，歷史悠久的市中心還是很棒，但卻有點像是博物館與遊樂園的混合體，完全商業化了。每個人都只能走馬看花，我們也一樣。烏菲茲藝廊（Uffizi Galleries）外面大排長龍，要等三個小時，我和莎朗跟歌德（Goethe）一樣，最後都變成差勁的觀光客（只不過我們留下的遺憾可能比他多）。集偉大作家、科學家與哲學家等身分於一身的歌德也曾到義大利去「壯遊」，佛羅倫斯是他最早去的地方之一，他在一七八六年十月「很快地穿越那個城市」，去看了聖母百花大教堂與聖若望洗禮堂（Battistero）。「一個嶄新的世界再度在我眼前開展，」他在日記中寫道，「但我不想久留。波波里花園（Bobboli Gardens）的地點非常棒。我用最快的速度離開了那個城市。」[3]

2

在賣著手工冰淇淋、手工紙張或手工鞋子的商店之間，隱身著佛羅倫斯的另一項特產：小木偶皮諾丘。其中有些身形高大，遠比卡羅．柯洛迪（Carlo Collodi）那一齣深受喜愛的寓言故事裡變成小男孩的木偶還高。柯洛迪出生於佛羅倫斯，一輩子都在那裡當公僕與記者。他那個刺激的冒險故事剛開始是在一份叫做《寶貝雜誌》(*Giornale per i bambini*)的兒童週刊上連載的(一八八一到八三年之間),融合了各種技法,包括童話故事(柯洛迪曾翻譯過法國童話故事)、口述故事(他是一部佛羅倫斯方言百科全書的編者),還有托斯卡尼故事,徹底翻新之後,讓讀者耳目一新,看到一種敏銳而充滿黑色幽默的風格,處處皆有出乎意料的轉折,而且在炫目的表現之下,也含藏了許多非常嚴肅的主題。

柯洛迪最令人難忘的地方之一,在於他創造出一隻「*grillo parlante*」,也就是會說話的蟋蟀,這個配角後來又被迪士尼電影公司改編成「蟋蟀先生」(Jiminy Cricket)。全世界最有名的一隻蟋蟀就誕生在佛羅倫斯最有名的一本小說裡,這似乎具有重大涵義,但我無法肯定這隻蟋蟀到底是當地文化的產物,或者是源自於整個義大利的故事傳統。蟋蟀讓佛羅倫斯人如此著迷,還特別創辦了「蟋蟀節」,但這大有可能只是顯示出該國,甚或整個南歐地區(或地中海地區)的人民都與昆蟲具有某種親密關係。

幾百年來,當地人一直都有養蟋蟀的習慣。龐貝古城出土的房屋牆壁上甚至還畫著佛羅倫斯蟋蟀節期間販售的那種小小蟋蟀籠。而且,從眾多語言學的證據看來,那些嘈雜

昆蟲的叫聲早已深植於義大利人的生活中。昆蟲鳴叫聲與人類的講話聲是如此密切相關：例如*cicala*（蟬）一詞衍生出許多瑣碎或複雜的講話聲，*cicalare*、*cicalata*、*cicaleccio*、*cicalio*與*cicalino*，都有「閒聊」的意思。[4]這一類證據讓我們能更加瞭解如今蟋蟀具有的地位，但卻也混淆了牠們在過去的文化地位。畢竟，現代義大利文有很大一部分原來只是佛羅倫斯方言，後來因為但丁的作品而成為該國國語，因此我並不確定是否能釐清上述字彙的字源到底是什麼。也許，佛羅倫斯與其蟋蟀的確有其獨一無二之處。無論如何，一個因為十九世紀偉大詩人兼語文學家賈科莫・里奧帕迪（Giacomo Leopardi）而受重視的觀念是，蟲的叫聲並沒有任何傳達訊息的功能（這方面他的看法與南歐哲學家兼詩人和昆蟲愛好者尚－亨利・法布爾一樣），據他表示，無論是蟋蟀或蟬，都跟鳥類一樣，只是因為喜歡鳴叫而鳴叫，因為鳴唱很有樂趣而鳴唱，為了純粹的美而唱。[5]

傳統上，歐洲人往往覺得蟋蟀的叫聲是愚蠢而無意義的，非常惱人，自古以來就是這樣，而且迄今義大利文仍然有一個成語是「*non fare il grillo parlante*」（可以直譯為「別當一隻說話的蟋蟀」），意思是「別說廢話了！」這當然不是唯一的傳統，因為在古典的田園詩裡面，蟋蟀所扮演的是截然不同的固定角色，但是種種形象仍然不脫《伊索寓言》裡那兩則有蟋蟀出現的故事。儘管生活在許多人都非常貧窮的十九世紀，柯洛迪就算沒有變有錢，他也成名了，他對於自己能夠改變命運感到非常高興，而且他筆下那一隻蟋蟀所說的話都毫無疑問地具有深意。與迪士尼公司那一隻快活的蟋蟀先生相較，會說話的蟋蟀的遭遇悲慘多了，而且更能反映出現實世界的殘酷，這非常具有自傳性。雖然改編後的美國經典有時候情節很可怕（例如，「歡樂島」的壞人把小男孩綁架到島上之後，鼓勵他們不用壓抑，可以盡量做壞事，結果這故事因為過於可怕，甚至還在麥可・傑克森〔Michael Jackson〕的戀童癖官司裡面被提及），不過柯洛迪原來的故事卻是更為黑暗，小木偶皮諾丘（Pinocchio）原本是一個自私到極點的木偶男孩，根本沒有意識到他那貧困的父親蓋佩多（Geppetto）被他害得有多慘，後來他遭遇到許多典型的酷刑，例如火燒、油炸、剝皮、溺水、關狗籠，還有較為傳統的橋段，也就是被變成一頭驢。

迪士尼的電影版《木偶奇遇記》於陰鬱的一九四〇年二月上映，世界各地都被戰爭與高失業率的陰影籠罩著。蟋蟀先生又名「道德良知的最高保存者兼遭遇誘惑時的最佳顧問，還有帶你穿越筆直狹路的嚮導」，他在片頭演職員表跑完後出現在銀幕上，充分展現出孜孜不倦的樂觀進取精神與得宜的謙虛儀態，嘴裡唱的是好萊塢電影史上最具永恆民主精神的歌曲，歌詞充分展現出美國夢的空洞、單純與足以安慰人心的力量（我本想引用「當你向星星許願時」這首歌的歌詞，但你知道的，版權所有人會跟我要很多錢。）柯洛迪筆下說話的蟋蟀也是一隻服膺道德標準的昆蟲。牠苦勸皮諾丘別讓父親丟臉，該去上學，努力用功，厲行節約，並且學會各種必要的價值，好在現代社會立足。但是柯洛迪用更嚴苛的方式來對待一個更為堅強的木偶，他的小木偶來自於勞工階級，生活在一個殘酷世界裡，所以在原著第十五章就被作者賜死：被敵人吊死在大橡樹上，但是讀者的抗議信卻如雪片般飛來，有賴一位較為通情達理的編輯介入，要他把故事延續下去。[6]

讀者的義憤救了皮諾丘一命，但救不了蟋蟀。向來有「兩個世界的英雄」（Hero of Two Worlds）*之稱的加里波底（Giuseppe Garibaldi）臨終前躺在薩丁尼亞（Sardinia）外海卡普瑞拉島（Caprera）的病榻上，就在他去世之際，會說話的蟋蟀也正面臨著死亡的命運。病危的加里波底也被稱為「義大利統一運動的利劍」（Sword of Italian Unity），也是該國第一個動物保護協會的創立者，甚至他臨終時還把家人聚集在一起，聆聽從他窗台邊傳來的鳥鳴，而窗台下方就是清澈無比的第勒尼安海（Tyrrhenian Sea）。愛國的柯洛迪也曾以志願軍士兵的身分參加加里波底領導的獨立戰爭，他跟國父加里波底一樣，向來也是嚴詞批評政界的貪污與社會不公現象，還有宗教界的干政，但加里波底的名言是「人類創造上帝，而非上帝創造人類」，而這就是加里波底和柯洛迪之間的歧見所在。為什麼會這樣？也許是因為統一運動不成，連帶地也讓他對社會改革幻滅。也許是因為他自己收入不穩，面臨迅速社會變遷，導致他只能勉強圖個溫飽，生活亂七八糟。抑或是因為他無法抵抗誘惑，選擇了低俗鬧劇常見的暴力橋段。在柯洛迪的故事宇宙裡，每個人都必須為了搶食麵包屑而爭鬥，沒有任何一個物種享有特權。那是個狗吃狗、狗吃木偶、木偶吃狗，男孩變成驢子的世界，沒有人能搞懂到底是誰能保護誰，甚或誰是誰也不太清楚。所以，皮諾丘才會被流氓狐狸與惡貓垂吊在橡樹上。到最後，惡貓瞎了，還被皮諾丘咬掉一隻爪子，狐狸則是快要餓死，被迫賣掉自己的尾巴。那麼，會說話的蟋蟀呢？迪士尼並未把這一幕拍進電影裡面：故事才剛剛開始沒多久，任性的皮諾丘的槌子不小心脫手而出，蟋蟀在沒什麼警覺的情況之下就被槌子「壓扁了，黏在牆上，無法動彈而且沒有了氣息」，當然也不能言語。[7]

3

蟋蟀節其實有一些令人困惑之處，但是，從迪士尼電影與柯洛迪原作故事的共存看來，也許可以幫我們解惑。蟋蟀在當地已經有相當長久的歷史，因此才會贏得了專屬於牠們的節慶；只不過我們不太清楚那活動的目的到底是為了歌頌牠們，或將其妖魔化，就像我們也搞不清楚這個地區的居民到底是深愛或討厭牠們。

某些人認為蟋蟀節的起源有一個精確的日期：一五八二年七月八日，地點是聖馬蒂諾・斯特拉達

＊譯注：加里波底曾在南美洲巴西、烏拉圭從軍，後來又回到歐洲致力於義大利的統一大業，前者是新世界（新大陸），後者是舊世界（舊大陸），因此被稱為兩個世界的英雄。

鎮（San Martino a Strada），位於距離佛羅倫斯不遠的梅樹聖母教區（Santa Maria all'Impruneta）裡。根據阿格斯提諾．拉皮尼（Agostino Lapini）寫的《佛羅倫斯日記》（〔*Diario fiorentino*〕一本詳細記載該市十八世紀歷史的書），該教區有一千名居民於當天挺身而出，阻止田裡的蟋蟀破壞農作物。拉皮尼描述了當時的緊急狀況。一整群居民懷抱著無比決心，在十天內守在原野上的各個角落，把所有蟋蟀都抓起來。他們彷彿在「作樂」（*fare la festa*）：對蟋蟀大開殺戒，那是個殺蟋蟀的節慶，殺戮的嘉年華會。然而，無論他們用多少不同方式殺蟋蟀（甚至大量活埋，還有用水淹），根據拉皮尼所說，「最小的那些還是活得好好的，而且因為地底夠熱，牠們都把蟲卵下在土裡面。」[8]

蟋蟀有兩種形象。壞的蟋蟀是帶來天災，來報復的害蟲，農夫害怕牠們。好蟋蟀象徵著春天與好運，小孩都喜歡牠們。一五八二年群眾集體殘殺蟋蟀的場面怎麼會變成後來每年蟋蟀節的那種家庭戶外聚會，甚至被法蘭西絲．圖爾（Frances Toor）寫進她的《義大利的節慶與民俗》（*Festivals and Folkways of Italy*），接著在五年後桃樂絲．史拜塞也在她的書裡面提及同一個活動？卡斯齊內公園裡人山人海，到處都是汽球、美食醇酒、各種形狀與大小的蟋蟀籠，蟋蟀的鳴叫聲處處可聞，那是令孩子們畢生難忘的日子，「整個蟋蟀節是如此色彩繽紛……一切如此鮮艷。」圖爾寫道：「跟先前的各個民族一樣，他們也認為蟋蟀是來報春的」，而所謂「各個民族」，是指古代的伊特魯里亞人（Etruscans）、希臘人與羅馬人。

佛羅倫斯人都說，如果他們帶回家的蟋蟀很快就會開始鳴叫，那就是好運的象徵。我的朋友們為我選了兩隻公蟋蟀（公蟋蟀的特徵是脖子四周有一條細細的黃色條紋），因為牠們最會叫，而其中一隻蟋蟀果真在我回家路上一直叫個不停。將蟋蟀放生也會帶來好運。雖然我並不知道這件事，但是回家後我立刻就把蟋蟀放到花園裡了。其中一隻快快樂樂，邊跳邊叫著離開，另一隻不叫的似乎受了傷，但牠也一拐一拐地跳走，好像很高興能重獲自由。[9]

放生帶來好運？我實在無法找到任何一個具有說服力的論述能夠把上述兩種場景連繫在一起。我只看到拉皮尼描述的一五八二年大屠殺場景，除此之外一無所有，接下來整個世紀都沒有任何與蟋蟀相關的記錄。（托斯卡尼鄉間是否有更多蟋蟀的天災發生？那些蟋蟀卵孵化了嗎？當地人是否曾舉辦活動來紀念那一次與蟋蟀對決的壯舉？）等到蟋蟀重現時，已經是十七世紀末了，牠們降臨卡斯齊內公園，而且跟那時候佛羅倫斯市的很多東西一樣，牠們也落入了梅迪奇家族（the Medicis）的掌控中。[10]

人稱「小科希莫」（Cosimo the Cosmo I）的第一代托斯卡尼大公爵（first Grand Duke of Tuscany）於一五六〇年代開始進行最早期的造景工作，創造出卡斯齊內公園。他在公園裡多種了一些橡樹、楓樹、榆樹和其他能夠遮蔭的樹叢。這一座位於阿諾河河畔的狹長公園後來變成貴族散步、打獵與進行戶外娛樂活動的場地，也曾有一些記錄顯示他們會抓蟋蟀。梅迪奇家族沒落後，洛林王朝（House of Habsburg-Lorraine）於一七三七年取而代之，卡斯齊內公園也變成國有資產。民眾從什麼時候開始可以進入公園的？我們沒有清楚的答案，但是園內是從十八世紀末開始常常舉辦公開活動（也許包括蟋蟀節在內），當時在位的君主是思想「開明」的彼得・利奧波德大公爵（〔Pietro Leopoldo〕他是神聖羅馬帝國皇帝利奧波德二世，也是法國瑪麗皇后〔Marie Antoinette〕的哥哥），他熱衷於把國家現代化，例證包括他贊助佛羅倫斯的多家科學博物館（助其添購館內收藏的許多精良科學儀器），收藏品包括伽利略的右手中指指骨（托馬索・佩瑞里〔Tommaso Perelli〕為這一件收藏品所寫的銘文是這樣的：「這一根手指來自於那一隻劃過天際的巧手，那隻手指向浩瀚太空，為我們辨識新的星星」），還有他的望遠鏡——也許他就是用這望遠鏡畫出那些月亮表面的墨水畫，給了柯妮莉雅・赫塞－何內格許多靈感。

應該是從十九世紀末開始，蟋蟀節固定出現在每年春季日曆上，這應該沒有多少人會質疑。那是一個很受歡迎的活動，歡迎所有人參加，許多人攜家帶眷去野餐。根據貴族時代的傳統，遊行隊伍的成員都是一些達官顯貴，只不過那些人如今已經被市政府官員取代，遊行活動以為佛羅倫斯祈福的正式儀式畫下句點。人們似乎已經不會自己在公園裡抓蟋蟀，而是直接連同那些色彩鮮豔的籠子一起跟攤商購買，攤商則是都到鳴蟋山（Monte Cantagrilli）與四周山丘去抓蟋蟀。感覺起來，這種從抓蟋蟀改為買蟋蟀的轉變是深具都市特色的。蟋蟀節那種明確的節慶色彩（整個活動都是在歌頌大地回春，祈求好運長壽等等）也一樣，延續了過去那種把節慶當成尋寶遊戲來舉辦的貴族傳統。節慶中有任何元素呈現出農夫生活的不確定性嗎？狂野而危險的大自然在哪裡呢？會說話的蟋蟀已經來了。蟋蟀先生也在路上。不再有任何蝗災。蟋蟀變成人類的朋友。

4

我之所以發現加里波底深愛鳥類與其他生物，是透過一本一九三八年在羅馬出版的小說，出版者是國家法西斯動物保護組織（National Fascist Organization for the Protection of Animals）。向來被視為統一運動領袖的加里波底在書中是動物保護的三大天王之一，另外兩位是阿西西的聖方濟（St. Francis of Assisi），還有墨索里尼（Benito Mussolini）。墨索里尼曾表示應該成立一個獸醫師協會，以「善待動物，因為牠們通常比人類還要有趣」，顯然這不是嘲諷。書的作者費里齊亞諾・菲利浦（Feliciano Philipp）解釋道，剛剛建國的義大利以理性的態度面對動物，既不煽情，也不殘酷。「政府致力於灌輸責任感，要兒童學會照顧年紀較小者或弱者，」他寫道。目標是要讓孩子們「培養出對於較低等生物的溺愛」。[11]

眾所皆知的是，納粹向來也熱衷於促進動物福祉和保護環境，因此我們不難理解其他軸心國成員也一樣熱愛動物。但是，當我們想到二十世紀的歐洲法西斯主義者對於他們眼中的較低等生物是懷抱著溺愛的態度，而非想要消滅他們，仍然會覺得非常吃驚。這看起來是很弔詭的，但也許是源自於一個非常明確的觀念：人類與動物是有所區別的。就這個領域而言，西方思想界巨人馬丁・海德格（Martin Heidegger）剛好可以為他的納粹贊助者們提供寶貴的哲學後盾。他曾在書中寫道，人類與其他存在物不只是在能力上有所差異，「本質也截然不同」。[12]從存有論的角度說來，那基本上是一種不同層級之間的差異：石頭是「無世界的」（worldless）、動物是「貧乏於世界的」（poor in world），而人類則是「建構這個世界」（world-forming）。[13]

海德格所論述的是「動物整體」，但在日常生活中我們所面對的卻是各種各樣動物，以不同面目出現。對於那些法西斯國家的政策制定者們而言，更為難的是要怎樣處置那些低等人類，與其他讓人同情的非人類動物相較，他們雖然也是較為低等，但兩者的劣勢屬於不同層級。猶太人、羅姆人（Roma）、身心障礙人士等等之所以構成了一個特別問題，是因為他們往往會造成範疇的混淆，因為他們和一般人類雖然有很大差別，但卻又如此類似，令人不安，同時也是因為他們會從內部腐化人類（寄生在人類之中），也會從外部造成威脅（侵擾人類）。如我們所知，他們是那種並未受到法西斯國家立法保護或溺愛的生物。因為他們沒有資格活著，他們就跟那些無家可歸的動物一樣，無論在動物界或人類社會中都是害群之馬。

還有另外幾段不同的動物保護史。其中一段向來非常重要的是，當歐洲人於十九世紀初挺身為動物爭取福祉時，剛好廢奴運動（Abolitionist movement）也在同一時期崛起。這兩種運動往往共享組織資源，也有許多人同時參加兩種運動，而且他們跟二十世紀的法西斯主義者一樣，相信人類的存在具有優越性，因此也要承擔家長一般的責任。對於這兩種運動的許多成員，離鄉背井的非洲人與家裡的動物之間沒有太大差別。兩者都會讓懷抱自由主義精神的人感到同情，促使他們採取行動。兩者都需要關懷，甚或溺愛。兩者都沒有能力為自己發言或者代表自己。兩者也都應該獲得有尊嚴的工作機會。[14]

為動物爭取福祉的人並未因為這些過往的歷史而受到阻礙。然而，運動早期留下的陰影仍在，許多難題也都還沒解決，而這至少意味著他們必須小心一件事：就算他們對於其他生物抱持關愛的態度，也不代表他們就能夠站上道德的制高點。也許，該拿出來重新檢討的，是「關愛」、「保護」與「福祉」這些觀念背後根深蒂固的高傲姿態。以撒・辛格（Isaac Bashevis Singer）與其他很多人都主張，以殘暴手段對待動物會腐蝕人的道德，同時也很容易導致我們以相似的暴行對待其他人。不過，我們顯然沒有理由認為善待動物的人一樣也會同情其他人。善待動物的後果，也有可能會造成我們認定某些生命是值得保護的，有些生命則完全沒有繼續下去的價值。

墨索里尼的政府透過許多立法手段來確保各種動物能夠安全無虞，獲得人道的對待，牠們都是一般家庭常見的寵物，還有野生物種（在這之前，這些動物能否獲得法律保護早已成為一個國家現代化與否的標準）。法西斯政權採取的手段之一，就是通過〈野生動物保護法〉，還有〈公共安全法〉（Public Safety Act）的第七十條，藉此禁止「以虐待或殘暴的方式對待動物，讓牠們供人公開賞玩。」[15] 對於我在這裡述說的故事而言，第二道禁令具有重大涵義。因為，義大利各地都常常舉辦以動物為主題的公開活動，蟋蟀節就是其中之一。〈公共安全法〉第七十條具有劃時代的意義。

一九九〇年代期間，義大利舉國上下開始提倡禁止宗教性與其他一般節慶活動使用活的動物，此刻佛羅倫斯發現自己成為眾矢之的。反活體解剖促進會（*Lega Anti-Vivisezione*）的馬烏羅・波提傑里（Mauro Bottigelli）是此一運動的領袖，就像他所說的：「就算是為了向聖靈致敬，為了展現真摯情義，奧爾維耶托（Orvieto）的居民也沒有權力把一隻鴿子釘在十字架上，或是像羅卡瓦爾迪納（Roccavaldina）的人那樣用牛獻祭，而聖盧卡（San Luca）的活山羊被割喉也是不應該發生的事。」[16]

佛羅倫斯的動物保護人士獲得廣泛的支持。在復活節星期日於聖母百花大教堂廣場上舉辦的知名「煙火牛車」活動（〔*Scoppio del Carro*〕是一種精彩的煙火表演）原本都是把活的鴿子固定在噴火的火箭上面，營造出火光四射的效果，後來也改成了機械鴿子。接著，到了一九九九年，佛羅倫斯市通過法案，禁止所有野生動物（或稱之為「原生動物」〔autochthonous animals〕）的交易，此舉具有高度針對性，目標就是在升天節販售蟋蟀的商業行為。（市議員們是否覺得自己就此變成了墨索里尼總理的繼承者？我想他們大多不願跟他扯上關係。不過，如果他們真的往那裡去聯想，有一件事或許會讓他們感到安心一點：法西斯政府對於蟋蟀一點興趣也沒有。費里齊亞諾・菲利浦在那本書裡面唯一提及昆蟲的地方，是一個令人相當懷疑的數據：他說，一對燕子與牠們的雛鳥每天可以吃掉六七二〇隻昆蟲，藉此他想要傳達的訊息是鳥類對於農業與民眾的健康非常重要，而不是昆蟲對於鳥類的健康有多重要。）

結果，蟋蟀節的靈魂是否能夠繼續存在，演變成*animalisti*（動物保護人士）與傳統的保護者之間的爭論。與「煙火牛車」活動對於動物所造成的傷害相較，蟋蟀節也許沒那麼明顯，不過，我想這並不是因為鳥類的痛苦比昆蟲的痛苦更易於理解。問題是更為細微的：因為，佛羅倫斯人與他們的蟋蟀之間存在著某種更為親密的關係。

在這一場爭論中，參與的各方都覺得自己是站在蟋蟀那一方。[17]最後，解決爭議的方式是，市政府採取了一種對蟋蟀最有利的方案，一方面能夠保護活的蟋蟀，另一方面又能夠用假的蟋蟀來延續傳統。新規定禁止攤商販售活蟋蟀，捕捉活蟋蟀者如果被查獲，除了籠子要被沒收，蟋蟀也會被「野放回佛羅倫斯四週山丘，恢復自由」。但是，法令並不禁止販售籠子，而且也不光是賣籠子而已。為了幫籠子的製造商留一條生路，並且保存蟋蟀節活動的文化與歷史形式（儘管內容已經與過去不同），市政府允許攤商販售兩種當地特有的蟋蟀。其中一種特別漂亮，是陶土材質的蟋蟀，由當地藝術家史戴法諾・拉姆諾（Stefano Ramunno）設計；另一種比較聒噪，要裝電池的機器蟋蟀，會發出某種辨識度極高，但感覺起來不太像蟋蟀叫聲的「喀哩喀哩」聲響。藉此我們可以看出政治人物的思維：當地工匠的生計獲得了保護，工作機會甚至更多了，而那些活蟋蟀則是可以整天到處閒晃，沒有被捕被關之虞，至於喜歡蟋蟀的佛羅倫斯人則是可以用最真誠的方式歡慶，讓他們與蟋蟀的親近關係、歷史與文化得以保存下去。

可以預期的是，很快地就出現了蟋蟀交易的黑市，原因是許多爸媽覺得應該讓孩子們體驗一下那種樂趣：除了要挑選一個最炫的籠子，挑選蟋蟀，把那會唱歌的新朋友帶回家，放進住家後院，如果運氣好的話，整個暑假都有蟋蟀作伴，聆聽牠們的鳴叫。這是一種人們難以割捨的深刻樂趣。但是，那些支持這種改變的議員們並不只是拋棄了傳統；他們覺得自己所支持的，是傳統所具有的種種可能性，根據這種積極尋求改變的觀念，與蟋蟀之間的親密關係是如此不合時宜，如此過時。總之，政府官員所顧慮的就只有蟋蟀本身，也就是活生生的蟋蟀，而且蟋蟀節是可以沒有蟋蟀的：他們覺得此一節慶可以在沒有蟋蟀的情況下繼續存在，為了蟋蟀被解放而慶祝，同時也慶祝這種做法背後所蘊含的啟蒙思維。「藉由解放蟋蟀，我們也拋棄了一種並未反映出現代判斷力的過時做法，但卡斯齊內公園原有的活動也不會因而有一丁點走味，」黨籍是綠黨，肩負環保職責的當地市議員文森佐・布格里亞尼（Vincenzo Bugliani）向全國媒體表示。他主張：「傳統是會演化與改善的。」[18]《共和報》（*La Repubblica*）上一則新聞的標題大聲疾呼：「動物保護人士贏了。」

新版蟋蟀節於二〇〇一年春天的升天節問世，搭配著一系列高調的社會教育活動，鼓勵學校的學生能夠瞭解與尊重蟋蟀，向牠們表達敬意。

過了整整五年後，我們來到了佛羅倫斯，離開寄宿的房屋，越過老橋，滿懷期待地沿著阿諾河河畔走到卡斯齊內公園，沿途興致高昂，帶著興奮的心情迎接新的蟋蟀節。那是一個沒有蟋蟀的蟋蟀節。河面水光粼粼，在托斯卡尼的藍天底下，像水池一樣平靜無波。

5

那一天又熱又濕。空氣凝重無風。我們已經在公園裡晃了幾個小時。我們看不到蟋蟀，也聽不見蟋蟀叫聲。沒有陶土蟋蟀、機械蟋蟀，就連活蟋蟀也沒有。史拜塞筆下那種鮮豔的蟋蟀籠也不見蹤影。我們來對了地方嗎？日期有沒有搞錯？

一如預期，我們看到了許多攤販。他們只是不賣蟋蟀而已。他們賣的是玩具、食物、衣服、腰帶、帽子與家用品。攤頭擺了很多假手錶，但就是沒有假蟋蟀。公園裡大道上的兩側擺滿了攤子。正中央有一個大攤子吸引了最多民眾，販賣的是許多關在籠子裡的動物，牠們看來是如此悲傷，有貓狗、奇特的鳥類，沒有任何野生動物、原生動物，或非法販售的動物。

我們又在那一條路上來回走動，然後離開那裡，用更有條理的方式把各個角落都走一遍，以免遺漏了任何與蟋蟀有關的事物。我們碰巧走到了水仙花神噴泉（Fonte di Narciso），那裡就是詩人雪萊創作〈西風頌〉（Ode to the West Wind）的地方（而且在其他作品中他也曾表示昆蟲是他的「血親」），接著還看到一個神秘的金字塔狀巨大建築物，後來才知道那是卡斯齊內公園裡知名的冰庫之一。我們也發現了為了蟋蟀節而搭建起來的遊樂園，還有佛羅倫斯大學農學院，它華麗的正面散發著濃濃十八世紀風味，小說家卡爾維諾（Italo Calvino）曾經在那裡讀過書，後來才去參加地下反抗組織。我們還看到市場旁邊的交通號誌，上面寫著「蟋蟀節舉辦中，禁止通行」，只有透過這些號誌，才能顯示出這裡正在舉辦我們大老遠來到佛羅倫斯參加的活動。

但是，一定不只這樣而已。絕對是我們自己錯過了。在此同時，我們倆也都聯想到二十幾年前某個霧濛濛午後的類似經驗：當時我們站在蒙馬特聖心堂（Basilica of Sacré Cœur）前面的露臺上，眺望著令人感到舒適的一片灰撲撲巴黎市街景，整整看了十分鐘，卻始終找不到艾菲爾鐵塔，最後突然間好像撥雲見日似的，巴黎市最有名的建物突然間現身，高高地矗立在我們倆視野的正中央，令人難以想像為何一直看不到它。就在那一段回憶浮現之際，我們於無意間發現一件事：公園中間那些一塵不染的公廁的管理員來自巴西西阿拉省福塔列沙市（Fortaleza in Ceará），他非常健談，很高興有機會說葡萄牙語。他說，三十年前他在來到佛羅倫斯之前，也曾經路過巴黎市；我們也發現，與當年看到艾菲爾鐵塔的神奇經驗畢竟不同，那天下午我們並不會看到突然出現在眼前的蟋蟀節。

所以，我們只看到了來自福塔列沙市的艾迪納多先生（Seu Edinaldo），他非常活潑，充滿精力，只是帶有異鄉遊子的淡淡哀愁。我不知道他跟妻子是否住在那一棟建築裡面，不過他把室內空間變成一個熱帶風格住家，那是你想像中最漂亮、最神奇的公廁，四周都掛著珠簾，牆壁一白如洗，牆上貼著各種從雜誌上剪下來的鳥類與風景照片，地板擦得亮晶晶，光可鑑人。艾迪納多先生的家人都住在里約與聖保羅，但是想回去已經太晚了。喔，那濃濃的鄉愁與渴望，那逝去的一切。

那麼，蟋蟀呢？他說，幾年前政府修法禁止販售活蟋蟀。唉，此後真正的蟋蟀節就不復存在了。過去的蟋蟀節是多麼特別的日子啊，曾經有數以萬計的男女老幼民眾為此而來，公園被擠得水洩不通。如今⋯他指著市場，還有那一片沒有多少人的草坪。他看出我們的失望，於是接著說：話說回來，如果我們夠幸運，而且仔細尋找，就可以看到過去幾年來攤販在販售的機械蟋蟀。或許也會發現蟋蟀籠，不過他補了一句：他上次看到籠子時已經是好久以

前的事了。

所以，我們也真的再仔細找一找，看到了一件上面印著蜜蜂的T恤，上了色的黏土瓢蟲，以及一支鑲著金剛鑽（又或者是蘇聯鑽）的蝴蝶別針，後來看到幾個綠色與金色籠子，本來以為是裝蟋蟀的，卻發現裡面擺的是幾隻中國製塑膠鳴禽，此外還有一張桌子上面擺著幾個金髮洋娃娃與一些「電子雞」（*tamagotchi*），那些可愛的雞蛋形電子寵物曾經於一九九〇年代末期風靡日本——在那當下，電子雞非常完美地展現它就像是《木偶奇遇記》中會說話的蟋蟀的轉世化身，在那部柯洛迪的經典裡，牠也曾經死而復活，只是作者對此沒有多做解釋。

為什麼完美無比？因為，「電子雞」的支持者都宣稱，它可以促使年輕人學會照顧其他動物，學會如何認識自己以外其他生物的需要，也能早早就親身體驗死亡，體驗生活的不確定性，也獲得各種實際的知識，瞭解自己與其他動物的關係，還有人生的哀樂。能夠在新的蟋蟀節看到這些「電子雞」，實在是太湊巧了，因為支持「電子雞」的那些言論當年也曾由蟋蟀的愛好者們說過，他們喜歡與蟋蟀一起生活，喜歡有蟋蟀當他們傾訴的對象，喜歡聽蟋蟀唱歌，跟蟋蟀玩，餵食牠們，也喜歡與蟋蟀共享房屋，即便他們的壽命只有短短一個夏天。他們用這些理由來反駁另一種蟋蟀愛好者，那些人決心解救蟋蟀，希望牠們能夠擺脫那種充滿占有慾的愛，避免牠們被關起來，失去了自由的天賦權力，那些人把自己視為無私的愛好者，他們的愛是純粹的，不要求回報，如果有一首屬於他們的主題曲，應該就是史汀（Sting）唱的：〈如果你愛某人（就讓他們自由）〉（If You Love Somebody (Set Them Free)）。

但那一場爭論已經結束了，至少目前是這樣。升天節當天的卡斯齊內公園裡再也沒有蟋蟀出現，人與蟋蟀之間的親近關係也已經消逝，我們也少了一種道德教育的素材，少了一種可以在未來懷念的東西。剩下的只有電子雞，而它們乏人問津。

Q

不足為奇的昆蟲酷兒

The Quality of Queerness in Not Strange Enough

1

看看這一張照片。這照片是一九九一年三月十五日拍的，拍攝地點是位於巴西境內亞馬遜河流域西南角的朗多尼亞州（Rondônia），拍攝者是喬治．克里澤克（George Krizek），一位來自佛羅里達的臨床心理醫師兼業餘昆蟲學家。照片左邊是一隻權蛺蝶屬（*Dynamine*）的蝴蝶，右邊則是一隻隱翅蟲（rove beetle）。[1]

當時，克里澤克醫生本來在觀察那一隻隱翅蟲，蝴蝶就突然出現了。他的文章並未交代蝴蝶是公是母，總之牠降落在左邊的葉子上，伸出吻管（proboscis），立刻就開始探索

隱翅蟲那抬起來的屁股。

克里澤克醫生趕緊掏出相機。等到他調好焦距，那看起來挺害羞的蝴蝶已經收回吻管（也許牠不想被拍到與其他昆蟲這麼親密的畫面）。儘管如此，我們還是不難想像本來會出現什麼畫面——要是克里澤克醫生的動作再更快一點就好了。

2

克里澤克醫生那一天在朗多尼亞偶遇的到底是什麼狀況？天知道。但我們姑且將其當成兩種跨物種生物偶然之間在那邊「玩屁股」（實在抱歉，我想不出比較文雅的用詞）。同時，就像克里澤克所認為的那樣，我們也姑且認定那兩種生物的行為並未暗含其他意圖：也就是說，那一隻隱翅蟲並非螳螂，想要把蝴蝶引來當牠下一餐的食物，同時蝴蝶也不是像螞蟻那樣，為了蚜蟲的含糖肛門分泌物（即「蜜露」）而尾隨在後。我們就採信克里澤克醫生的說法好了，把這兩隻小動物的行為當成無害的小動作，只是想要認識彼此，並且樂在其中。

克里澤克對於自己所見沒有任何疑惑。他說，在那六、七秒的親密接觸過程中，兩隻昆蟲都很「平靜」。（事實上，比他還平靜。）根據所有跡象顯示，他們的互動可說是你情我願的。身為一個心理學的臨床工作者，他以帶著些許權威的口吻表示，如果此一跨物種的「口交」關係發生在人類與另一種哺乳類動物身上，肯定會被立刻認定是某種「性倒錯」（sexual paraphilia），換言之就是一種戀物癖。

但是，克里澤克補充了一點，因為國際間只會把精神病學的詞彙套用在人類身上，所以必須為這種互動尋求另一個名字。他的建議是zoophilia。他一定知道zoophilia，根據目前的定義就是所謂「人獸交」的活動，而且是動物愛好者用來取代bestiality（獸姦）。這一張拍攝時間太晚的照片是否能為喜歡進行性探索的各種生物帶來啟發，藉此促成他們開創出一個真正多元的多元美麗新世界？

3

在普魯塔克（Plutarch，西元四十五到一二〇年）的名著《道德論叢》（*Moralia*）裡面，〈禽獸是理性的〉（Beasts Are Rational）是風格最為活潑的篇章之一，作者於文中指出動物之間並無同性戀的現象（他還說，相較於此，「您這種崇高、有能力的高貴人士」之間並不乏同性戀，「其他更低等的人就不用說了」），以此為鐵證，他想要說明的是動物的德性高於人類。[2]自普氏以降，研究人員似乎就開始不太容易找出存在於動物界的同性性行為（包括公的與公的，母的與母的，甚至雜交）。即便如此，如今我們所看到的證據實在是多到令人無法忽視。就像腦神經科學家保羅．瓦西（Paul Vasey）在一篇文章中所說的，「動物界之中的同性性關係越來越多，這讓我們難以將其視為一種例外，一種癖好，或是一種病態」。[3]

倭黑猩猩（bonobo）的性行為模式深具彈性，這是廣為人知的例子，但並非絕無僅有。根據過往的文獻紀錄，許許多多物種都有各種多樣化的性行為模式，從鵝（公鵝之間的伴侶關係）到海豚（自慰與相互撫慰，口交，還有「擁吻」），從蜥蜴（偷窺狂與自我展示）到北美野牛（公牛之間的伴侶關係，還有母牛的伴侶關係）皆然，案例眾多。最早在一九〇九年，義大利昆蟲學家安東尼歐．博勒斯（Antonio Berlese）就曾留下紀錄，表示在許多有他所謂具有「同性變態」的昆蟲裡面，家蠶（學名為*Bombyx mori*）只是一個例子而已。[4]

在過去，曾有很長一段時間，只要偶遇一些怪象（無論是同性性行為或其他行為），動物科學家就會想辦法將其解釋為例外，根本不想正視它們。一開始，他們認為那都是因為被人類豢養，或被禁錮在實驗室籠子裡才會出現的墮落效應，與人類監獄裡的同性性行為相仿。後來，他們發現許多動物即便有異性可以選擇，還是「天生」就會選擇同性伴侶。動物科學家們認為，這些動物若非行為偏差，就是搞錯了。他們就是不懂那些動物其實就是在和同性伴侶調情。

從演化的角度看來，同性性行為與其他不具繁殖效果的行為是否有意義？儘管那些行為顯然違背了「一切都是為了繁殖」的演化鐵律，但是到了一九七〇年代，越來越多生物學家認為上述問題的答案是肯定的。許多研究人員（特別是受到社會生物學與演化心理學影響的人）並未否定那些行為的演化論意義，反而開始試圖在「物競天擇」的理論框架裡為那些表面上看來異常的行為尋求解釋之道。他們的推論是，如果動物的同性性行為的確存在，那肯定跟其他所有行為一樣，也具有適應功能。例如，上述蝴蝶與隱翅蟲「玩屁股」的案例，在他們看來，就是一種可以被當成「社會性的性行為」（socio-sexual behavior）的非繁殖性同性互動，是一種

具有社會功能的行為，只是採用性行為的形式進行。

然而，生物學家即便還沒開始觀察那些行為，即便還不瞭解那些行為的本質，還沒有將其記錄下來，他們就已經認定自己知道那些行為的目的為何。他們主張，同性性行為跟所有行為一樣，其功能都是要讓參與者得以「強化適應性，這是一種社會目標或者繁殖策略」。[5] 用此一方式來瞭解那種現象，就好像是在玩字謎遊戲時，只見題目都是空白的，答案卻都已經出來了一樣——唯一與字謎不同之處在於，任誰都無法保證答案與問題能夠藉由同樣規則聯繫起來（唯一的保證，就只有研究者深信演化論）。如果採用更正統的程序來進行分析，難道理論不會因為新資料的出現而需要改變嗎？

毫不令人意外的是，如果想用這種先把答案預設好的方式來解釋，有時還真曲折得令人痛苦。成熟雄性果蠅之間的性行為普遍地被解釋為一種訓練或練習，藉此為未來的異性性關係探險鋪路。[6] 比較弱的雄性隱翅蟲之所以出現「女性化」的行為（也就是會做出採集糞便或者與雄性性交等等只有雌蟲才會做的事，藉此閃躲那些體型較大，較具攻擊性的雄性隱翅蟲），是為了希望能獲得一些如果牠們不這麼做就無法取得的食物，或無法接近的雌蟲。[7] 雄性潛水蝽（creeping water bug）只要遇到自己的同類，無論雌雄，都會展開追求的行動，跳到對方身上，而這種雙性戀「雜交」行為是有道理的，因為「與其他雄性潛水蝽交媾儘管會多花時間與精力，但這種不放棄對任何潛在伴侶射精的行為的確會帶來好處，對牠們來講還是較為划算」。[8] 雄性日本豆金龜（*Popillia japonica*）同時具有「一夫多妻」與同性戀的傾向，在與雌性在交尾後之所以會擁抱對方兩小時之久，是因為牠們堅決保護自己的「基因投資」，以免雌性日本豆金龜在產卵之前就又被其他雄性射精懷孕。但從另一方面來講，日本豆金龜無論雌雄其實都有與同性進行性行為的習性，這可以說是「個別日本豆金龜在被激發出性慾之後產生的誤導行為」。[9] 就那些會鑽進葡萄的象鼻蟲而言，雌性往往具有雙性戀傾向，而且雌性之間性交的頻率是雄性象鼻蟲之間性交頻率的三倍。沒有人知道原因何在，但研究人員深信很快就能揭露這種行為的「生物功能」為何。[10]

一大堆功能，完全零樂趣。那麼性行為的樂趣就蕩然無存了。你們應該也猜到我的看法了：儘管沒有科學根據，但我直覺地懷疑，如果長久以來大家都認為昆蟲之間欠缺有樂趣的性行為，那也許是因為，除了喬治．克里澤克之外根本沒有人刻意去尋找並研究那種行為。

原因在於，研究昆蟲以外其他動物的生物學家事實上都認為，進行性行為（無論是否具有繁殖成效）的目的通常都只是為了樂趣而已。而且，無可避免地他們也會很快就試著從功能的角度去看待樂趣。許多生物學家說，充滿樂趣的性行為是一種社會潤滑劑。性行為帶來愉悅與情感，藉此化解團體內部的緊張關係。性行為是一種和解的工具。性行為是培養親密感的要素之一，那種親密感可以加強社會關聯性。[11]人類之間的性關係是否也有同樣的功能？我們當然可以主張這問題的答案是肯定的。誰知道呢？搞不好的確就是這樣。但即便如此，光是從樂趣的功能性角度去瞭解，恐怕也無法提供太多解釋，因為性行為可說是關於生物的最複雜故事之一，我們恐怕只能沾到這個故事的一點點邊而已。

4

同性動物之間的性行為總是具有演化的功能嗎？這一點看似如此明白，無須多說，但難道動物就不能跟人類一樣「為性而性」嗎？

至少就某些物種而言，答案是很清楚的。例如，保羅．瓦西就認為，他所研究的那些雌性日本獼猴之所以有性關係，只是因為「相互之間具有性吸引力」。[12]瓦西和他的同事們透過多年觀察發現，牠們會用尾巴拍打自己，並且磨蹭彼此的陰蒂。瓦西認為，這種雌性之間的性遊戲並不具任何適應功能。他說，那應該是異性性行為的副產品，如今已成為母猴之間愉悅且活躍的行為模式了。

瓦西主張，光憑樂趣與慾望應該就足以解釋這一類同性性行為，而且瓦西與其他人還為此援引了演化生物學家史蒂芬・古爾德（Stephen Jay Gould）於將近三十年前推出的著作。在那一系列兼具開創性與爭議性的論文中，古爾德主張美國的演化論界過度強調適應功能。他指出很多生物特徵並非直接選擇而形成，而是其他適應功能的副產品，沒有功能可言（這些特色就是他所謂的「生物性拱肩現象」〔biological spandrels〕）。[13]從演化的角度看來，這些特色往往無優劣可言，對於具有這些特色的生物不會造成劣勢，所以這些特色不會因為演化的壓力而被淘汰。雌性日本獼猴的同性戀就是一個例子。瓦西猜測，這種行為的起因是，為了引誘那些冷淡的公猴與牠們交媾，牠們爬到公猴身上去。結果，母猴喜歡上磨擦公猴身體的那種快感，當然也會馬上發現可以與其他母猴做那件事。原初的異性性行為具有演化功能，但同性性行為只是一種享樂。

沒有人知道瓦西對於這些同性戀獼猴的看法是否正確。但至少他說了一個好故事：他並未主張那些獼猴是搞不清性別才會那麼做，他的故事有趣多了。

5

我們也需要更好的故事來解釋昆蟲為何會有同性性行為。昆蟲學家們，趕快開始寫故事吧！自從笛卡兒以降，幾百年來科學已經習慣於利用機械式的理論模式來進行解釋，真是令人感到挫折。我們必須重新找回樂趣與慾望。即便是那種彷彿螳螂於暗處捕蟲，暨複雜又倒錯的樂趣與慾望也好。事實上，我們特別需要的就是那種樂趣與慾望。

我們需要找出更多的昆蟲同性戀現象！別忘了蜜蜂。我們原來以為雌性蜜蜂都過著無性生活。但實際上牠們在黑暗的蜂巢裡一起吸吮。撫觸擁抱，磨蹭扭動。那濕濕黏黏的世界裡充滿強烈的親密性。

誰知道喬治．克里澤克那一天在朗多尼亞撞見了什麼？如果就把那想成是一場跨物種的玩屁屁遊戲，不也挺有趣的嗎？這小小的動作讓兩隻小動物感到享受，感到愉悅。但如果不是，也無所謂。那種事還是有可能會發生。如果不是在那當下，也會在其他時刻發生。許許多多的可能性都是存在的。我們該要留心。誰知道我們會發現什麼？誰知道我們會有什麼收穫？誰知道新發現能為這個世界帶來多少趣味？

R

沉浸在幻想中

The Deepest of Reveries

箕面是一個以溫泉聞名的小鎮，位於人口稠密的關西平原之尾端，過了箕面之後四周就是一片鬱鬱蔥蔥的群山。如果你搭乘阪急電車，在箕面車站下車，沿著狹窄蜿蜒的小路往上走，途經林立兩旁的小店（店中賣的東西包括醃蘿蔔、海藻茶、充氣的動物玩偶、手工陶器，還有這個秋天賞楓勝地的名產：楓葉搗碎後油炸而成的天婦羅，除此之外也包括其他商品，往往能吸引從大阪來這裡度假，年紀較大、注重健康，喜愛大自然的遊客，或是帶著小孩的年輕夫妻），如果你抗拒得了想要搭乘那二十層樓高電梯的誘惑，不在乎自己不能馬上抵達山坡上那一座已經有點失色，但仍然深具吸引力的溫泉山莊，選擇踏上小河邊那一條越來越窄的路，沿途欣賞著在河床上動來動去，因為河水清澈，可以清楚看出有幾隻的小魚，就這樣在濕熱的暑氣中一直慢慢走，就會經過一座掛著許多紅色節日燈籠的漂亮開放式涼亭，還有優美的木造拱橋，那麼很快地，你即將經過一個山腳下的彎區路段，看見河邊有一塊小小的空地，有人在那邊擺了三張木凳，因為那個人關愛注意這個地方的一切，想讓路過者都有機會遠眺對面河岸上那一片高高拔起而且林木茂盛的山坡。

我們駐足河邊，喝了一點水，拿出甜甜的楓葉天婦羅來吃，不發一語，很快地就沉浸在幻想中，沉浸在那些四處回響的聲音中，被夏蟬的叫聲包圍，牠們的叫聲驚人，彷彿一支夏季的交響樂團。隔壁木凳上坐著一個男人，他脫下鞋子。他把雙腳翹在欄杆上，閉目養神。我們就這樣沉浸在忽大忽小，忽快忽慢而且音符如此清楚的蟬叫聲中（或許蟬叫聲根本沒有音符，只是我們穿鑿附會的想像），過程中有些音樂行家獨唱了起來（我想不出其他的形容方式），有一隻猴子發出尖叫聲，有個孩子在我們身後奔跑大笑，還有小河流經河中巨岩的地方也不斷發出潺潺水聲，旋律與音調如此濃密。「你帶著錄音機嗎？」莎朗低聲對我說。於是我掏出訪談用的數位錄音機，擺在欄杆上端。到如今，只要我們想要幻想著自己重回那個地方，只需把那一段聲音播放出來，那些樹、那條河、那些動物與那個人

就會好像歷歷在目。那是日本大阪府所屬箕面公園的音景（soundscape），採集自一個暑氣氤氳的夏日午後，而那一天是二〇〇五年八月一日。

S

性
Sex

1

根據英國媒體報導，一九九七年年九月，育有二子的四十四歲工人基斯・圖古德（Keith Toogood）在家遭到海關官員逮捕，因為他們在倫敦郵局信件分類室截獲一個可疑包裹。那包裹來自紐約，是一家叫做表現影像（Expressions Videos）的郵購公司寄的，內含十部影片，包括《木屐與青蛙》（*Clogs and Frogs*）、《赤腳重踩》（*Barefoot Crush*）與《踩爛蟾蜍的人》（*Toad Trampler*）等等。十一個月後，圖古德先生現身特爾福德鎮裁判法院（Telford Magistrates Court），認了一項「進口猥褻物品」的罪，法官判他繳交兩千英鎊與訴訟費用。海關發言人比爾・歐賴瑞（Bill O'Leary）表示，幾位已任職二十五年的官員「曾以為自己見多識廣，但這案子讓他們大開眼界」。他說，那些影片「可怕得無法言喻」。西米德蘭茲郡防止虐待動物皇家協會（West Midlands Royal Society for the Prevention of Cruelty to Animals）的麥克・哈特利（Mike Hartley）也同意此一看法。他向《蘇格蘭日報》（*The Scotsman*）的某位記者表示，「那些所謂的『踩爛影片』真是噁心且邪惡到了極點」。[1]

2

四年前，圖古德被逮捕，誰也不知道接下來會有什麼事發生。當時傑夫・偉倫西亞（Jeff Vilencia）正在母親家裡的車庫製作電影，該地位於洛杉磯南邊郊區的雷克伍德鎮（Lakewood）。他拍的兩部短片意外獲得藝術電影般的評價，令他喜不自勝：一部叫做《踩爛》（*Squish*），拍的是一個女人不斷踩爛葡萄的畫面，至於《踩爆》（*Smush*），內容是另一個女人用各種不同方式將一堆蚯蚓踩個稀爛。在播出上述兩部影片的許多電影節裡面，不乏頗有名望者，而且傑夫看起來像是個衝浪高手，笑容可掬，衣著品味出眾，事實證明他是個吸引人的受訪者，充滿魅力、口條清晰，而且因為坦率所以讓人沒有戒心。一位福斯電視台（Fox）日間脫口秀節目主持人在訪問他時還搞不太清楚他想做什麼，但他仍然耐心地解釋，「所謂『踩爛癖』，就是希望自己能夠變得跟昆蟲一樣小，像蟲豸那樣，然後被女人的腳用力踩爛。」

某位現場觀眾想知道他有這種想法已經多久了，他愉悅地答道：「我一直都是個變態！」他說，如果他要當一個怪人，就要有屬於自己的怪癖。他看來如此鎮定而輕鬆，盡情

享受著各方的不同評價。他不是那種沒辦法把女人追到手的傢伙，就這方面而言，他與當天同台的來賓，看起來畏畏縮縮的「派餅人」（Pie Man）截然不同。（傑夫講話的語調有點像性教育影片旁白，又近似於洗衣精廣告的聲音，他說：「性慾有一股力量，而羞辱感則可以把我們連繫在一起——『派餅人』與我之間特別是這樣」。）[2]

什麼叫做「羞辱感」？傑夫並未藉機向現場與電視機前觀眾好好解釋此一問題。他只是表示，自從他在一九九〇年拍攝第一部片以來，在各國三百個同樣具有「踩爛癖」的同伴之間，他已經成為關鍵人物（他說，「順帶一提，他們都是一些紳士，很聰明的人」）。他說，他在位於雷克伍德鎮的自宅裡開設了一家叫作踩爛製片（Squish Productions）的郵購公司，有興趣的人可以跟他連絡，洽購影片或者是他寫的第一本書：《美國踩爛癖實錄》（*The American Journal of the Crush-Freaks*）——與他撰寫出版第二本書的目的一樣，都是為了試著建立一個踩爛癖的社群。

他寫的《實錄》是一本生氣勃勃的書，每一頁都充滿了許多資訊與意見：包括關於踩爛癖的詳盡討論（包括那種怪癖的歷史、樂趣與各種不同種類），也轉載了戀腳癖雜誌《足之戀》（*In Step*）專訪傑夫的長文（接受專訪時，傑夫曾針對他的短片表示，「我們都是有生命的，生命源自於性慾或性行為，而最後的死亡則是一種令人充滿挫折，令人憂鬱的未知境域。然而，偶爾在某種性高潮的意象中，生與死會互相撞擊在一起…」），而傑夫在那雜誌刊出他受訪的專文之後，收到許多信件，他的書除了收錄那些信件（其中一位來信者表示，「我讀了《足之戀》訪問你的專文，樂於發現你也幻想著被女巨人一腳踩爛，原來我不是唯一這樣幻想的人！」），還擺了一篇他根據收到的信件而撰寫的人口分佈研究（據他表示，「一大部分具有踩爛癖的怪人集中在北部與東岸地區，紐約則是有大量的戀足癖」）。書裡面有許許多多措詞肯定可以讓那些有踩爛癖的人感到興奮不已（例如，「我要把你踩爛，爛到從我的腳趾之間冒出來」），此外還有一個書評的單元，專門用來評論各種有殺蟲場景的園藝與昆蟲學書籍，評價從一星（給的評語是，「不怎麼樣耶⋯」）到五星（「太屌了！這作者自己顯然就有踩爛癖，想透過這本書表達出來」）都有，以及一篇專訪J小姐的長文，也就是在影片中頻頻踩爛蟲子那一位女士，讓她大談自己的殺蟲絕技（「我不會去踩那些腿腳細長的小蜘蛛，因為牠們是我的朋友。但如果是小蟲子的話，牠們就只是一些討人厭的小動物，我實在想不出有什麼理由讓我不要踩爛牠們！」）。書裡面還把當初徵求演員的通知以及許多回覆函刊登出來，其中一位演員在信中寫道：「我是個模特兒兼廣告片女演員，過去曾有戲劇演出經驗。我就是你們要找的人了，因為我有一雙大腳！隨函檢附我個人的模特兒經歷，仔細看看我的腳有多大喔⋯」，除此之外還有很多東西。上述種種有些充滿嘻鬧意味，有些滑稽可笑，有些稍嫌可怕，有些帶著一點哀愁，但全都反映出他那種忠於自我而且赤裸裸的書寫風格，此外在書中俯拾可見的，是傑夫的許多踩爛癖幻想、他個人的故事與記憶，全都是由他所謂「踩爛癖的三大敘事要素」組成的：權力、性暴力與偷窺癖。

傑夫的女友蕾伊把他關在一個小罐子裡。她在蓋子上打了四、五個通氣孔。當時是晚上，她正準備要出門去見一對男女，她是透過一本戀足癖廣告認識他們倆的。離家時，他把燈關掉。傑夫在罐中睡著了。

蕾伊返家後，那一對男女把她綁起來，舔她的腳。（「她知道我是無助的，除了旁觀，我什麼也做不了⋯我喜歡在旁邊看！我喜歡變成跟蟲子一樣大，被關起來，被迫在旁邊看。」）接下來他意識到蕾伊把罐子拿起來，像搖晃一罐辣醬那樣搖來搖去。他的頭在罐子內側撞來撞去，他有一種手臂快要斷掉，甚至頭骨要裂開的感覺。她打開蓋子，把他倒到地毯上，用大腳趾把他翻過來。她說，「嘿，你們看我發現了什麼，一隻扭來扭去的小蟲子！」

他們三個矗立在他面前。他想要移動，但卻覺得自己被黏在地板上。「我看起來肯定像一隻扭來扭去的小銀魚，或是一隻特大的白色蠕蟲或蛆。」他只能無助地扭動。蕾伊往下看，她說：「你們看，在地板上的是我男友，我知道他看起來就像一隻怪蟲，但的確是他。」她的新玩伴正要伸手去拿一兩張衛生紙，蕾伊卻說，「不用拿衛生紙了。我們直接把他踩爛就好！」

這一切動作都以極度慢速進行著，我們常常以為那些短命小蟲子過的時間就是這麼慢，在這極端的時刻中，時間進行的速度慢到幾乎停了下來。「她抬起巨大的腳。我試著抬起頭，但是沒有用，因為我動不了。我聽到她說的最後一句話是：『把那一隻小蟲子踩爛！』」[3]

此刻，所有的一切都在這當下發生。他躺在那裡不能動彈，心甘情願被踩，懇求被踩，那一隻腳朝他往下踩，巨大腳掌來到他的正上方，他立刻射精了，而就在下一刻，那一隻黏黏的腳用力踩在他身上，

> 我的內臟全都從體內噴了出來，眼球也掉出眼窩。我體內的物質從我身體上的所有孔洞擠了出來！⋯⋯我身體的側邊裂開，所有腸子像快被壓扁的葡萄一樣流了出來。我變成腳下的一小團肉

球，血肉模糊。那一隻溫暖的腳還前後扭動，藉此確保我的確被踩爛了。我小小的身體有一半碎裂了，緊貼在地毯上。另一半則是卡在她的腳底，像是被踩爛的葡萄皮。[4]

能夠從上述文字獲得共鳴的人，也許只有對那些完全融入這個故事，能瞭解他的訴求的讀者。也許用另一種方式來書寫的話，才更能好好評估這種讓死亡、性與屈從等三大要素相互衝撞的性高潮經驗。又或者我們可以說這個問題是沒有意義的，因為這些故事只具功能性，不具教育性。但是傑夫的藝術電影《踩爛》與《踩爆》的確可以為各種觀眾創造某種經驗，不只是那些有踩爛癖的人能獲得共鳴。也許這能讓我們瞭解紙媒與電影不同媒介之間的差異，他們引發不同的注意力模式。又或者我們可以說這種特定的電影被拍得如此壓縮與精簡，把最純粹的觀念濃縮到片子裡，因此那觀念看來如此無情而毫不含糊。

他拍的藝術短片分別只有五分鐘與八分鐘，是顏色呈現出高反差效果的黑白片。《踩爆》一片的女主角愛芮卡・艾利松朵（Erika Elizondo）身穿一件深色洋裝，身後背景白到發亮。片中重複出現她的特寫鏡頭，只見她那一張帶著嬰兒肥的臉很可愛，表情生動，看來有點無辜，有點精明，有點像在調情，有點令人猜不透，有點令人難以親近，她的腳趾甲修剪得很整齊，多肉的腳跟上沾滿了血肉模糊的蟲屍。

「我的體重一二二磅，腳穿八號半的鞋，」她一開始就這樣說，擺出幾個伸展台上的誇張姿勢。「我喜歡踩爆蠕蟲。我喜歡一開始輕輕地用腳壓牠們⋯」。她講話的語氣很像卡通人物貝蒂娃娃（Betty Boop），音調很高，帶有大量回音。她是在對「你」講話，她知道你喜歡，她要把你喜歡的樣子呈現出來。她不會評斷你，她在調戲你，她在玩你。她咯咯嬌笑，但她才是老大。她皺起鼻子，裝出一副很厭惡的模樣。「讓我覺得很有趣的是，我把那些蟲想像成一堆小小的人。更棒的是，我會想像牠們是我的歷任前男友，這是報仇的時刻。」影片把踩爆小蟲的聲音放大，聽起來像吱吱嘎嘎的尖叫聲。她玩弄那些蟲子，大笑、擺姿勢，換上沒有帶子的有跟黑色女鞋（她說，「這一雙鞋是我媽的。我決定穿這雙鞋，因為她不希望我拍這一部戀腳癖電影！」），八分鐘感覺起來非常漫長。她的赤腳用力踩爛那些亂動的小蟲，牠們的腸液從肛門噴出來，彷彿射精，就像蕾伊的腳把傑夫踩爛，踩到不省人事之前，他也會體驗到那高潮的一刻。愛芮卡．艾利松朵對那些蟲子說，「你們只是一些廢渣，」然後把牠們抹在一張潔白的牛皮紙上。

有踩爛癖的人深愛這兩部電影，它們很快就變成這一類電影中的經典。只要上一些戀物癖的討論版上去看一看，總是會看到有人在找這兩部片。但批評家與電影節的觀眾們在看過之後卻不知道該怎麼回應。赫爾辛基電影節的委員會表示，「電影很迷人，但是…也挑戰了觀眾的忍耐極限。」至於《華盛頓郵報》的記者查爾斯．楚哈特（Charles Trueheart）則是在該報上寫道，「對於這

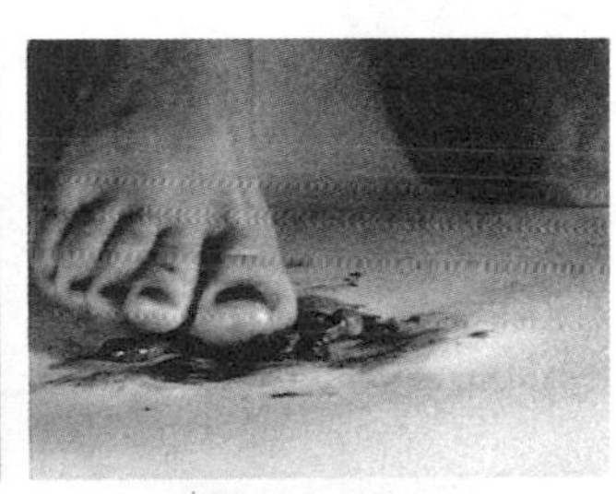

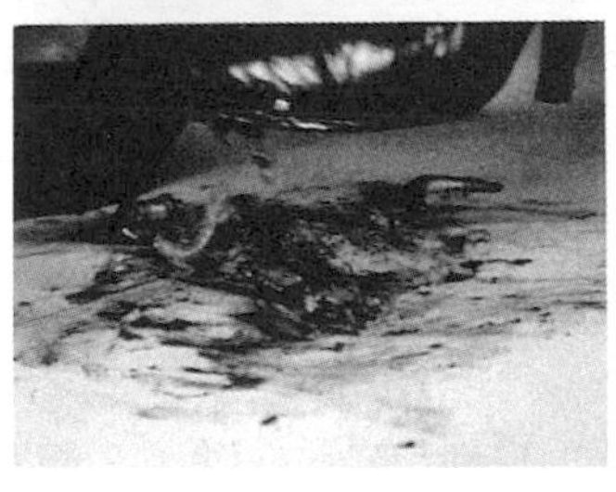

個重視人道精神的社會而言，那實在是一次恐怖的演出。」

對於傑夫．偉倫西亞而言，他的電影、書籍，還有在電視上的曝光，都是為了頌揚並且主張他有權力實現人生的各種可能性。「我喜歡自己，也喜歡我的癖好，而且如果我有選擇的機會，我還是會挑選這種癖好！我喜歡女孩的腳（最好是八號、九號、十號，或更大的！）。我喜歡舔腳底，喜歡吸吮腳趾。我喜歡把自己幻想成一隻蟲，被女孩的腳踩爛！每天我都會利用這種幻想自慰兩次，」他在《美國踩爛癖實錄》裡面如此宣稱。「我們必須能夠自由地談論性慾與感覺，這是一種權力，」他接著表示，「如此一來，所有禁忌都會消失無蹤。……我們的性教育立場應該更進一步，我們必須跟孩子們說，性事、幻想與癖好都是好東西，它們可以為我們創造快樂而健康的性生活，進而改善伴侶之間的關係。如果大家都能更加瞭解性慾與生活經驗的意義，那這世界就能變成一個更棒的地方。無論你有何怪癖，我都希望你能從幻想中獲得快樂。**我們就是踩爛癖——來踩我們吧！**」[5]

3

前不久，我跟傑夫約好在某個晴朗午後見面，地點是洛杉磯郊區的一家星巴克咖啡店，據他表示，基斯．圖古德被捕只是個開始。[6]英國動保團體向位於華盛頓特區的美國人道協會（Humane Society）陳情。接著該會則是要求溫杜拉郡（Ventura County）的地檢署針對他們轄下的製片公司採取行動，該公司名稱就叫做「踩爛牠」（Steponit）。跟英國海關官員的反應一樣，影片內容也讓洛杉磯警方覺得很噁心，但他們無法立案起訴該公司，理由是看不出影片演員是誰，鏡頭只帶到他們的大腿以下；此外，「踩爛牠」製片公司已經停業；而且，該地檢署認定動物保護法規是最有可能將該公司定罪的法源依據，但因為加州的動保法有法律追訴期，他們無法確認影片是不是在三年內製作的。

企圖起訴受挫後，執法部門展開臥底行動。一九九九年一月，溫杜拉郡地檢署的調查員蘇珊・克里德（Susan Creede）以「米妮」的化名加入一個叫做「重踩中心」（Crush.central）的網路論壇，與當地人蓋瑞・湯瑪森（Gary Thomason）取得聯繫，他製作與發行的影片就是以踩爛小動物為內容。他們倆很快就開始上網聊天，「米妮」向湯瑪森表示她有一雙十號尺寸的大腳，很喜歡在男友的車庫裡踩老鼠，而且更重要的是，她很想主演影片。到此刻為止，湯瑪森製作的影片都還只是拿比較小的動物來踩爛，例如蠕蟲、蝸牛、蟋蟀、蚱蜢、淡菜和沙丁魚，因此「米妮」的奇特嗜好讓他嚇了一跳，不過也引發他的興趣。他們倆在二月初碰面，在「米妮」的鼓勵之下，湯瑪森才鼓起勇氣，打算嘗試新的動物。後來他在接受《加州律師》（*California Lawyer*）雜誌記者馬丁・拉斯登（Martin Lasden）訪問時，曾解釋自己為何會有興趣這個提議：「至少有百分之三十的踩爛癖都很喜歡老鼠，因此值得一試。」

拉斯登說，他們之間有一段時間沒有連絡。後來到了五月底，湯瑪森發函告訴「米妮」，說他完成了一部新影片，片中女演員踩死了兩隻大型老鼠，四隻成年的小型老鼠與六隻所謂的「粉仔」（pinkies），也就是幼年的小型老鼠。他寄了一段短片給「米妮」，她在回信中表示：「幹得好」。

三週後，「米妮」與她的朋友「露普」（長灘市警官瑪莉亞・曼德茲—羅培茲（Maria Mendez-Lopez）的化名）依約前往湯瑪森的公寓。湯瑪森去了一趟寵物店。「米妮」請他去拿一些天竺鼠，但是等到他在三十分鐘後返家時，帶回的五個盒子裡面各裝了一隻大型老鼠，是店家平常賣給人用來餵蛇的。他說，天竺鼠太貴了。

接下來，一切都發生得很快。湯瑪森把百葉窗關起來，鎖上前門。他費了一番力氣，最後才把一隻拚命掙扎的老鼠用膠帶黏在一張玻璃桌上（這桌子可是非常有價值的道具，可以讓他從下面拍攝，能讓他在最後以觀點鏡頭（POV shot）拍出女主角腳底血肉模糊的樣子）。根據拉斯登的重建，當時的對話內容如下：

湯瑪森與同事羅伯拿起他們的攝影機。

米妮：「真希望那是我的前夫。」

露普：「是啊，那傢伙是個渾球。」

有人大聲敲門。湯瑪森：「誰啊？」

「警察。」

一陣驚慌失措。湯瑪森試著把老鼠放掉。但在放掉之前，就有八個便衣警察破門而入，拿著槍衝進公寓。「警察！我們是警察！趴下！」

「那些警察真是凶神惡煞，」傑夫向我表示。「他們把他所有的東西都砸爛了。偷了他收集的銅幣。他有個親戚打電話過去，其中一個警察接起來說：『是啊，我們認識蓋瑞。你他媽知道蓋瑞是個變態嗎？』」

警方放過羅伯，但將湯瑪森以三項重罪起訴，罪名是以殘酷手段對待動物，可能要坐三年牢。假釋金定為三萬美金。警方沒收了他的電腦，徹底清查，發現先前那一部電影的女演員是誰。當警方在加州拉普恩特鎮（La Puente）逮到女演員黛安・夏芬（Diane Chaffin）時，她腳上還穿著作案時穿的鞋。

當參議員於一九〇五年草擬《加州刑法》（California Penal Code）不人道對待動物篇章時，他們心裡想到的動物，主要還是農場的牲畜。根據法條內容的定義，動物是指任何「無法說話的生物」，任誰只要「惡意或故意讓活生生的動物變殘廢、肢體不全，或折磨、傷害、惡意或故意殺害牠們，」就必須受到懲罰。在加州州政府控告夏芬與湯瑪森一案中，辯方律師企圖讓控方無法援用此一法條，他們援引的是《衛生安全法》裡面的規定：所有加州居民都有義務消滅家中的嚙齒類動物，手法包括「下毒、以陷阱誘捕或其他任何適切手段」。[7]就法理層次而言，辯方似乎可以主張小型與大型鼠類應該不在動物保護的範圍內（無脊椎動物也是，因為殺害這種動物並不會引發法律爭議），而且受到認可的滅鼠手法應該也包括讓牠們變成肢體不全與折磨牠們。然而，在實務上檢方只要把黛安・夏芬主演的幾支短片拿給法官看就好，辯方就不能夠拿法律規定的細微差異來大做文章了（他們在法庭上播放影片，大家聽到她對著一隻幼鼠說，「嗨，小粉仔。我要讓你學會一件事，我要讓你學會喜愛我的腳後跟」）。[8]

「有人整天都在殺動物，」承辦此案的溫杜拉郡地檢署副檢察長湯姆・康諾斯（Tom Connors）表示。「但他們是在屠宰場裡做那種事情。重點是殺動物的手法。」[9]儘管如此，夏芬最後因為三隻老鼠的死遭到起訴。康諾斯副檢察長並不確定他有沒有辦法證明其他九隻老鼠是被殘殺的。傑夫・偉倫西亞解釋道，這件事實際上所代表的意義是，那些成年的大型鼠類在被殺害的過程中顯然痛苦掙扎，至於那些小小的幼鼠是否有掙扎則不明顯。「你曾聽過這麼錯綜複雜的事嗎？」傑夫問我。

4

《踩爛》與《踩爆》只是傑夫・偉倫西亞許多同類電影作品中的兩部而已。其他作品被他命名為「踩爛劇場」（*Squish Playhouse*）總計有五十六部，是他透過郵購兜售的，買片的人大多是因為口碑，還有他在色情雜誌裡面刊登的廣告。這些影片都沒有跟著影展在戲院巡迴上演，而且他本來就沒打算那麼做。「它們是為有戀物癖的男子，私下自慰而製作的。」

「踩爛劇場」系列電影都是彩色影片，片長也遠勝於那兩部藝術電影，至少都有四十五分鐘。在片中被踩死的動物包括蟋蟀、蝸牛、粉仔，還有蠕蟲。所有影片都沒有拍下傑夫的身影，但在片中他都是扮演儀式主持人與訪問者的角色。任何看過低成本「業餘」春宮片的觀眾都會對於那些影片的情節模式很熟悉，重點是參與演出的女性都必須具有「平凡不奇」的特性，而且要能夠營造出一種所謂「無所不在」的幻想，也就是說讓觀眾幻想著電影中的事件可能發生在任何時間與地點，此刻你的門鈴就可能響了起來，有個願意為你做任何事的女孩就此在門口現身。

那一切看來似乎都是在傑夫的公寓裡發生的。一開始他先訪問女演員，只有聲音，看不到他本人，他的聲音低沉有力，聽起來像是個友善的電台節目主持人。影片以低成本拍成，但卻很專業，儘管他常常大笑，笑聲聽起來很緊張，而且他顯然很興奮。他已經把一切安排好，開始拍了，但還是有一些不確定性存在。

女演員坐在一大塊白色布幕前。「妳身高多少？」他問她。接著又丟出一些問題，「妳幾歲？」「妳的體重多少？」「穿幾號鞋？」他想聽到一些關於踩爛癖的談話。「妳為什麼會被踩爛蟲子的廣告吸引？」他問道。「踩爛劇場」系列第四十二部電影的高挑女主角伊莉莎白留著一頭黑髮，手裡還拿著面紙擤鼻涕，她毫不猶豫地答道：「因為錢！」他們倆都大笑了起來。

女主角有可能是害羞的。傑夫必須誘導她們說出怎麼與他認識的（有人是跟他在停車場裡認識的！），問問看她們對於踩爛癖有多少瞭解，對昆蟲與踩爛昆蟲有何感覺，她們的母親對於女兒做這種事會有何感想，還有對於那些看她們踩爛昆蟲就會有快感的男人，她們有何感想。他會讓她們在尷尬之餘咯咯嬌笑，說出一些殺害昆蟲的往事（傑夫會問道，「那當時妳是穿哪一種鞋呢？」）。他會嘲笑她們（「妳真變態啊！」）。然後她們就上工了。

一般的橋段都是這樣的：在地上鋪一大張方形白紙，有些小動物在上面被踩死，過程中女主角還數度換鞋。踩蟲時，有些人像伊莉莎白那樣畏首畏尾，但也可能跟「踩爛劇場」系列第二十九部電影的女主角蜜雪兒一樣熱衷（傑夫問道，「妳有什麼感覺？」她說，「感覺很藝術。」）。她們會用腳指頭把那些小動物推來推去。在他的指點之下，她們又繼續推。攝影機的鏡頭拉近，聚焦在動作上。她們先把昆蟲微微踩碎，發出嘎吱聲響，接下來信心漸增，甚至開始生牠們的氣，出言威脅、諷刺、嘲笑牠們，因為當下的情境而大笑，用腳玩弄牠們，假裝牠們是自己的前男友（蜜雪兒在片中用一種平淡的奇怪語氣說，「你是個混蛋，王八蛋，你上過我，又去上我的閨蜜，你汙辱了我，你去死吧，應該讓你慘死，讓你死得恐怖、痛苦一點，生不如死，痛苦到極點」），她們故意讓小蟲逃走，又把牠們抓回來，把牠們踢得到處都是，加強腳底的力道，或減小。傑夫把鏡頭拉近，用特寫鏡頭去拍攝一隻頭部從腳趾之間冒出來的蟋蟀（「看看牠扭來扭去的模樣，真酷啊，這樣牠們會更痛苦，」蜜雪兒在片中這樣說）。她們會休息一下，討論在她們鞋底變成一坨稀巴爛的蟲屍。然後又重新來過：換一張新紙，一批新的蟲，有時候還會把衣服跟鞋子都換掉。

影片沒有使用很炫的剪接技術或特效，沒有花招。那是自製的家庭影片，影片中所看到的一切都是真人真事。但到底發生了什麼事？傑夫把鏡頭停在蜜雪兒害臊的臉上，誘導她說出自己在做什麼：

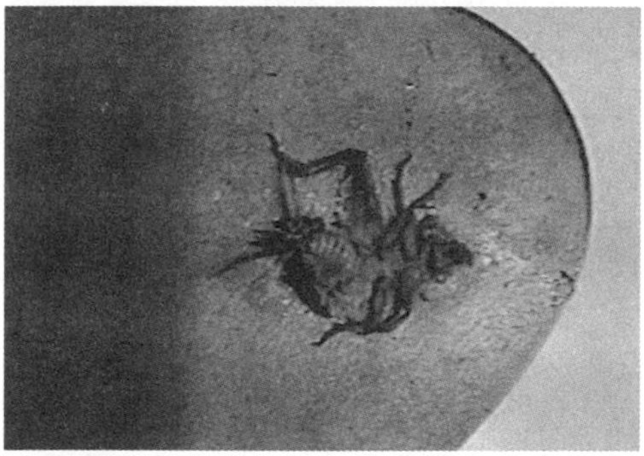

傑夫：有些傢伙會看這一部影片，你知道他們會怎樣，對吧？他們會怎樣？

蜜雪兒：他們會有快感。〔尷尬地大笑。〕

傑夫〔也大笑了起來〕：有快感，然後呢？

蜜雪兒：他們會打手槍！〔兩人都大笑了起來。〕

傑夫：所以，他們會幻想妳踩爛的蟲就是他們。接著他們會變硬，開始打手槍。妳自己的感覺呢？

蜜雪兒：他們會把自己想像成小蟲。〔鏡頭拉近。〕

傑夫：嗯，然後怎樣⋯？

蜜雪兒〔講話的聲音很小〕：我不知道，我想⋯。

傑夫：好吧，他們把自己想像成那些小蟲。

蜜雪兒：嗯，是啊⋯。

傑夫：然後呢⋯？

蜜雪兒：然後我會踩爛他們，感覺起來我踩爛的像是他們，而不是那些小蟲⋯。

傑夫：哇嗚！真是不可思議！你曾經跟任何朋友提起這種踩爛癖嗎？

蜜雪兒告訴傑夫，說她為了準備拍片而細讀了兩集《美國踩爛癖實錄》。傑夫說，他們在拍片時未曾預演過。

蜜雪兒說看片的男人把自己想像成小蟲，我知道她的這個想法是從哪裡來的。我也讀過她讀的那些書，她看的那些電影，而且我猜我自己也曾跟傑夫．偉倫西亞聊過同樣的話題。這似乎是一種很直接的想法：所謂「把自己想像成小蟲」，其實是一種委婉而簡略的說法，意思就是他們在入迷與混亂的當下，對小蟲產生強烈的認同感。但若是精確說來，傑夫與其他踩爛癖怪人所認同的，到底是什麼？

首先，我所想到的，是某種「蛻變」(becoming)，某種跨物種的合併，合併成一種新的「蟲—人／人—蟲」狀態，一種因為狂喜的情緒而誘發，再加上充滿細節的幻想才得以進入的狀態。在我的想像中，進入此一狀態的人暫時變成一種「蟲—人」，他們自認無論從心理或生理的角度而言，他們都進入了昆蟲的生命世界。我喜歡這種觀念，因為這促使我們有可能得以掙脫身為人類的種種侷限，而不再像過往我們所熟悉的那樣，都是為了追求人性的完滿與表現而掙扎。這種人蟲混雜的狀態給人一種不尋常的、搞砸似了的烏托邦感覺。

但接下來我注意到，在傑夫的幻想中（或者可以說，至少在他的踩爛癖故事與電影中），女性總是知道「蟲—人」其實不是蟲。她們很清楚那在地毯上面扭動，像蟲一樣的東西其實是傑夫。她們有時候（事實上應該說常常才對）會找高大強壯的男友（他們常常叫做沙夏）來幫她們踩爛傑夫，沙夏也許根本就不知道那是傑夫，直到她們在事後說出來，有時候也許根本沒有說出來，沙夏也就永遠都不知道。但那些女性永遠都知道故事裡面最重要的是女人，她們是懲罰行動的仲裁者與設計師。

記得傑夫說的那個故事嗎？他幻想著自己被女友蕾伊和她的朋友踩到黏在地毯上。儘管他有很多故事，但橋段卻很少。傑夫總是如此渺小，他動來動去，他令人厭惡，他毫無價值。除了能夠被人踩爛之外，他是個完全無用的廢物。他具有昆蟲的特色，因此被人用對待昆蟲的方式無情虐待也不算冤枉。

這齣戲的演出者都很清楚這一點。傑夫彷彿一隻蟲。但他不是蟲。他並非有一部分是蟲。他也不是介於人蟲之間。他絕對不是半人半蟲。他甚至根本沒有一時半刻是蟲。他只是彷彿一隻蟲。大家都知道，在地毯上被人用力踩踏的，是傑夫：他自己知道，蕾伊知道，舔她的腳的那一對男女也知道。記得蕾伊說了什麼嗎？「你們看，在地板上的是我男友，我知道他看起來就像一隻怪蟲，但的確是他。」

所以，儘管傑夫在簽名時總是喜歡寫：「小蟲傑夫・偉倫西亞」(Jeff "The Bug" Vilencia)，但他的抱負並不遠大，他只是希望自己能擁有小蟲的各種特性：沒有價值、令人厭惡、脆弱，一踩就爛。這並不是多大的轉變。他本來就具有其中大多數特性。而且他也試著在這過程中找到了正面價值：他發現，對他來講，受到羞辱就是滿足了他的欲望。他甚至可以為了被女人從身上踩過去而花錢。但他需要的不只如此。他需要他那些類似昆蟲的特質被人看見，他需要被迫去承受各種後果，一而再，再而三的。

所以，我知道他實際上並非「人—蟲」，也不是「蟲—人」，理由在於，儘管他受苦受難，受到羞辱，他並不會對昆蟲產生同理心或同情心。怎麼可能？因為對他來講，受苦受難是一種樂趣，因為昆蟲只是讓他滿足那種可怕樂趣的工具，如此而已。昆蟲只是一個能夠吸引社會上厭惡目光的黑洞。那是一個無名的黑洞，在那裡面，一切都會毫不間斷地重複。踩爛，踩爛，踩爛，踩爛。就像嬰兒會一再把奶瓶丟到地上，每次有人撿起來給他們，他們還是會不斷丟掉，想要藉此搞清楚一件晦澀難解又空洞的事情。一而再，再而三的。如此而已。

你感覺到了嗎？那才是整件事的重點。別擔心他們為什麼要做那種事，因為即便是那些有踩爛癖的怪人也沒什麼選擇的自由（外界為瞭解釋這種現象，發明所謂「少數人的性慾」(minority sexuality)

這種說法，對他們來講可說是一種詛咒），只能時時感到煩憂。踩爛癖等於是戀足癖的雜種小孩，女巨人癖的棄嬰，踐踏的委靡不振表親，人獸交的同父異母手足（不過早已失聯了），或者是混亂狀態的邪惡雙胞胎。[10]每個人都可以把這種癖好追溯到童年，追溯到一個無意中瞥見的不幸人生插曲，「母親」、「昆蟲」與「腳」是固定的元素。在那大開眼界的片刻之間，一眨眼，某個東西就永遠地被創造出來了，但也有東西則是永遠地失落了。

佛洛伊德說，戀物癖是一種否定，「在兩個邏輯上互不相容的信念之間游移不定」。[11]因為問題永遠不可能解決，造成了一種永恆回歸的狀態，不斷地回歸到腳、昆蟲，回歸到爆炸性的死亡，回歸到壞事發生之前、相隔很遠的時刻。回歸到不在場的女性陽具。但也有可能不是那樣。如果能夠把那種癖好寫下來，看來就似乎不是完全認真的。

不過，並非只有踩爛癖需要明白這一點。我們很快就會明白，每個人都需要一個解釋來龍去脈的前傳（origin story），無論你是在福斯電視台，在地檢署，在人道協會，或是在眾議院司法委員會工作，都一樣。為什麼一定要闡明某種因果關係？為了要確保同樣的狀況不會再發生嗎？為了發展出一種療癒的方式嗎？為了要廢除什麼，證明什麼嗎？為了要進行病理分析，或把什麼給正常化嗎？還是把什麼宣告成一種罪行嗎？無論採用上述哪一種解釋方式，大家的共識是認為這種踩爛癖是一種病徵，反映出某個地方出了錯。唯一沒有人覺得需要被解釋的，是這種一切都需要一個解釋的強迫症。

如同我們大多數人一樣，傑夫也是極度前後不一、自我矛盾的。不過跟我們不同的地方在於，他常會講一些非常適合引述的話。「人生來到了這個時刻，」他在《美國踩爛癖實錄》裡面寫道，「讓我比較感興趣的已經是事物本身，而不是事物的本源。」[12]把小蟲踩爛了。讓那些男人獲得快感。這才是重點。也許你還沒感覺到。但傑夫感覺到了。

在那一本令人獲得許多啟示，而且風格大膽的圖文書《情慾的眼淚》（*The Tears of Eros*）裡面，巴塔耶（Georges Bataille）以一種深具烏托邦宣言的口吻在書的一開頭就宣稱：「最後，我們終於開始發現，情慾與道德之間的任何關聯性必然都是荒謬的。」稍後他又說，「因為有道德的存在，行動的價值才會變成取決於行動的後果。」[13]

一九九九年夏天，加州州政府控告夏芬與湯瑪森一案開庭了，傑夫．偉倫西亞這位唯一曾經上過電視的美國踩爛癖怪人又成為鎂光燈的焦點。但這次，一切都不同了。並不是只有倒楣鬼蓋瑞．湯瑪森登上新聞版面。位於紐約長島市郊區的伊斯利普臺地鎮（Islip Terrace）也有一群踩爛癖把紐約警方搞得忙碌不已。根據前女友提供的線報，警方突襲二十七歲的湯瑪斯．卡普里歐拉（Thomas Capriola），在他的臥室中找到六把半自動槍枝，一張納粹衝鋒隊的海報，一個裝滿老鼠的水族箱，一雙沾滿乾掉血跡的高跟鞋，還有最讓警方感到髮指的是七十一支踩爛癖影片——他們在薩福克郡（Suffolk County）的法庭上宣稱，那些影片都是卡普里歐拉透過他所架設的「踩爛癖女神」（Crush Goddess）網站與春宮雜誌廣告販賣的。[14]

突然間，美國好像被兩面包抄似的。踩爛癖從東西兩岸往美國的心臟地帶進攻，讓人聯想到冷戰時期動畫片中美國被共產黨紅潮淹沒的畫面。有人必須挺身反抗。溫杜拉郡地檢署檢察長麥可．布萊德伯瑞（Michael Bradbury）與桃樂絲．黛動物保護聯盟（Doris Day Animal League）一起召開記者會。記者會在西米谷市（Simi Valley）舉辦，當天陽光普照，他們在背後擺了許多昆蟲、小貓、天竺鼠與老鼠的大型圖片，那些動物全都被女人的腳踩成稀巴爛，在會上展開遊說行動，希望讓一八八七號眾議院決議案（House Resolution 1887）能夠盡速通過，而該案的立法意旨就是為了把踩爛癖影片的製作與散佈變成一種犯罪行為。[15] 該案的發起人是加州選出來的七連任共和黨眾議員艾爾頓・蓋勒格里（Elton Gallegly），過去這位議員最具知名度的政績就是積極地幫柑橘果農與葡萄酒製造業消滅一種叫做玻璃翅葉蟬（glassy-winged sharpshooter leafhopper）的害蟲（而且他對於移民問題採取鷹派立場，因此還獲選成為美國境管局名人堂〔U.S. Border Patrol Hall of Fame〕的成員）。對於踩爛癖，他則是表示，「那是我見過最噁心也最瘋狂的殘殺動物行徑。」

希望一八八七號眾議院決議案趕快通過的人士認為，踩爛癖是一種「入門戀物癖」。他們主張，就像吸了大麻的人最後肯定會吸食古柯鹼，有踩爛癖的人一開始也許會選擇葡萄與蠕蟲這種看來沒有傷害的東西，但逐漸地他們會對「造物主」創造生命階序中的高層生物產生興趣，根據布萊德伯瑞檢察長的可怕預言，過不久就會有人「花一百萬美金請人把某個小孩給踩爛」。[16] 為了強調這一點，他手下某位副檢察長還出面作證，宣稱自己曾在影片中看到有人把洋娃娃踩在腳底。童星起家的七十八歲老演員米基・魯尼（Mickey Rooney）大聲疾呼，懇求大家「挺身阻止踩爛癖影片的氾濫，好嗎？我們要留什麼給後代子孫？難道就是這些踩爛癖

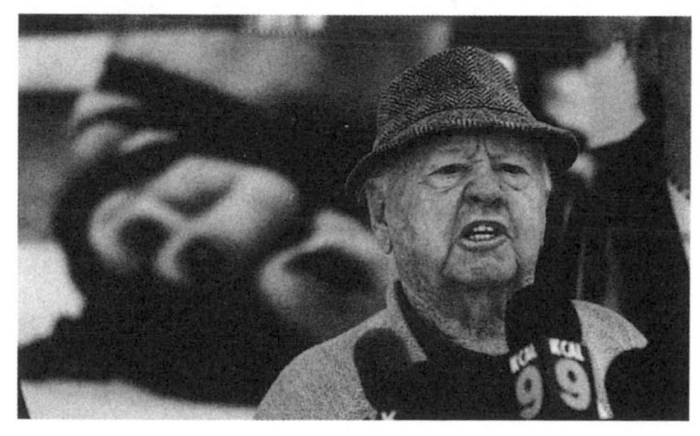

影片嗎？天理不容啊！」[17]

法案送進國會後，傑夫成為所有媒體的諮詢對象。幾週內他接獲了電台節目、雜誌與報社的各種邀約。也許是因為懷抱著特別具有美國特色的理想主義與表現慾，也渴望成為名人，他並未理會律師朋友的建議。又或許是因為生性天真，總之他來者不拒。（他說，「我想那實在是太不公平了，因為我們根本沒有做錯任何事⋯⋯。」）不過，至少一開始他還懂得為自己找一些託詞。在接受訪問時，他聲稱他早已不再製作那種影片了，因為他要等到所有法律問題都解決了再說。他還說他自己片中使用的都是一些「有害的動物」（尤其是昆蟲），截然不同於布萊德伯瑞、蓋勒格里與魯尼他們特別關心的哺乳類動物。他說，他不相信真的有任何人拍攝了家裡的哺乳類動物被踩爛的影片，但如果真的有那種影片，他也不會有興趣。剛開始我認為他所進行的上述那種區別只是一種規避法律責任的手法，目的在自保。但是到後來我才瞭解，這種區別對他的戀物癖有根本的重要性。當然，他堅稱自己對於踩爛家裡的寵物並沒有興趣。他告訴美聯社，即便是嚙齒類動物看起來都「太毛茸茸，動物的模樣太鮮明」。[18]

此刻傑夫所主張的，還是他於一九九三年參加各個脫口秀節目時的那一番說詞。包括溫杜拉郡地檢署副檢察長湯姆．康諾斯在內，這些人宣稱，重點不是在於殺害動物這件事，而是殺害的方法，而傑夫的發言就是以這些人為抨擊目標。在傑夫看來，殺害動物這件事才是真正有問題。跟方法無關。他的批判很有系統。（「你聽我說，」他會告訴我，「有百分之七十五的美國人都嚴重肥胖，而你不會以為他們之所以那麼胖，是光靠吃一些他媽的蔬菜就能辦到吧？」）大量殺害動物是資本主義的特色。他主張，這麼多人跳出來反對踩爛癖影片，但卻恰恰反映出社會的偽善：對於每天都有各種各樣的大量動物被宰殺，大家都視而不見，但是等到有一小群人為了樂趣殺害昆蟲，所有人都感到驚恐絕望。原來，傑夫竟然是一位連奶蛋蜂蜜都不吃的全素食主義者，也是位動物權益的捍衛者。

「那皮革產業呢？漁夫呢？畜牧業呢？」他在接受英國國家廣播電台訪問時問道。「如果是為了食物、運動或者時尚，基本上任誰都可以隨心所欲地殺害各種動物，但若是為了滿足性慾而殺，可就犯了大忌。」[19]他還說，總而言之，老實說鬥牛士與獵人所體驗到的刺激感不也是一種性的刺激感？一種興奮的感覺。他們透過殺害動物體驗到性的快感。問題在於，有踩爛癖的人並未否認這一點。傑夫對我說，「我想我要對這個世界說的是，殺害昆蟲或許是一件該受指責的噁心事，但是與社會上每個人每天都會做的那些事相較，並沒有比較惡劣。」或者，就像他與艾爾頓·蓋勒格里眾議員一起受邀參加電視法庭頻道（Court TV）節目錄影時所說的，「我們的仁慈議員說，可以用比較人道的方式來殺掉害蟲。但那只是一種話術。殺害就是殺害。你可以速戰速決，也可以凌遲他們。不知道眾議員有沒有看過黏鼠板或捕鼠器。那一點也不人道。」[20]

蓋勒格里的法案在國會輕鬆過關，於眾議院以三七二對四十二的懸殊票數通過，到了參議院更是獲得全體參議員鼓掌喝采。儘管如此，許多人對於該法案是否與《美國憲法》第一條修正案相互牴觸，仍有很大疑慮。這是一部把影音內容予以入罪的法案（所謂內容，是指「對於殘殺動物行為的描寫」），所以在正式送進眾議院院會審查以前，在該院司法委員會所屬犯罪活動小組委員會（Subcommittee on Crime）初審時曾經進行過大幅修正，增加了一個例外的條文，因此「若具有嚴肅的宗教、政治、科學、教育、新聞、歷史或藝術價值」，就不在法案規範之列。[21]

儘管如此，以維吉尼亞州參議員羅勃·史考特（Robert Scott）為首的一些國會議員仍提出強烈主張，他們認為法案所規範的範圍還是太廣泛（史考特表示，「動物踩爛片的重點是透過描繪那些行為來傳達訊息，而不是為了動作本身」），而且他們認為這法案無法通過所謂「急迫重大之政府利益」（compelling government interest）的考驗（當初美國最高法院在一九八八年討論一些關於《美國憲法》第一條修正案的案例時，就確立了此一原則，唯有通過此一考驗才沒有違憲之虞）。[22]最高法院的立場是非常明確的：即便有許多動保人士抗議，該院還是推翻了佛羅里達州海厄利亞市（Hialeah）所發出的禁制令，讓桑泰裡亞教派（Santería）的魯庫米・巴巴魯・阿耶（Lukumi Babalu Aye）教會保有用動物獻祭的自由，因此就法律的觀點看來，動物的福祉並未高於言論自由，不足以用來限縮《美國憲法》第一條修正案的規定。[23]

如果是這樣，在那些踩爛癖影片裡，有什麼東西可能足以通過所謂「急迫重大之政府利益」的考驗？不斷有眾議員挺身支持蓋勒格里的法案，他們主張，對動物施暴與對人類施暴是有關聯的。他們訴諸於婚姻暴力、對長者施暴、孩童受虐問題，甚至學校槍擊案，認為這些都與虐待動物有關。阿拉巴馬州眾議員史賓塞・巴克斯（Spencer Bachus）的一番言論可說是以最清楚的方式簡述了此一動物保護法案的邏輯：他向眾議院議長表示，「這事關兒童，不是關於甲蟲。」[24]

但是，讓這件事成為新聞報導題材的，是那些已經成為名人的連續殺人狂。泰德・邦迪（Ted Bundy）、傑佛瑞・丹墨（Jeffrey Dahmer）、綽號「大學炸彈客」的泰德・卡辛斯基（Ted “The Unabomber” Kaczynski）與綽號「山姆之子」的大衛・伯克維茲（David “Son of Sam” Berkowitz）有何共通之處？蓋勒格里的答案是：「他們都曾折磨或殘殺動物，後來才開始殺人」。[25]

這種論證簡易的說法，很容易被人採用，但令我懷疑的是，搞不好連這些政治人物也懷疑踩爛癖影片是否與連續殺人案有關。畢竟，化名「米妮」的溫杜拉郡地檢署臥底調查員蘇珊・克里德曾經受邀到犯罪活動小組委員會去作證，因此許多政治人物都已聽過她對於踩爛癖心態的說明。因為曾經在「重踩中心」網路論壇臥底過一年，所以她是以專家證人的身分去作證的。

她向小組委員會表示，「他們大談自己的癖好，還有自己為何會出現那種癖好，」她還說：

許多人之所以會出現那種癖好，都是因為童年初期的某種視覺體驗，那通常都是在五歲之前發生的。他們大多看過某個女人踩到某種東西。這位女性通常都是他們生命中的重要人士。看到那件事讓他們感到興奮，而且基於某種理由，他們的性慾與那件事就聯結在一起了。

這些男人年紀漸長，女人的腳也成為能夠讓他們產生快感的不可或缺要素。女性踩東西的動作對他們來講具有強大力量與宰制性，重要無比。他們開始把自己幻想成女性腳下的東西。他們幻想著女性的力量，也幻想著如果她們願意的話，能夠用什麼方式能夠把他們自己踩死。其中有許多男人喜歡被女人踐踏。有些喜歡被穿著鞋子或高跟鞋的女人踐踏。其他人則是喜歡被赤腳的女人踐踏。他們喜歡被傷害，而且女人如果對他們的痛苦越無感，他們就越興奮。

我發現，這些男人最極端的性幻想是被某個有力的女人用腳踩死或者壓死。因為這些男人只會有一次這種體驗，所以他們設法將自己的幻想與興奮的情緒予以轉化。他們發現，如果他們看到某個女人把一隻動物或者活的生物踩死，他們就能夠把自己幻想成那死在女人腳下的動物。[26]

蓋勒格里眾議員受邀上電視法庭頻道的節目錄影時，傑夫．偉倫西亞當面對他說了許多話，論調與上述證詞大致相同。蓋勒格里在節目上提出警語，聲稱有踩爛癖的人都是危險的虐待狂，對此傑夫只是冷冷地說，「看的人把自己當成受害者」。他接著表示，踩爛癖「都是自小養成，因為孩童目睹了某個大人把昆蟲踩在腳下，這人通常是女人」，而這說法與抓他的死對頭克里德調查員不謀而合。「這為他們帶來快感的經驗，可以說是非常偶然的，等到他們變成青少年，他們把這種行為轉化成情慾的一部分，成為他們愛情地圖的一部分……」（節目主持人說，「他們的愛情……地圖？」就此打斷傑夫）。

如果沒有這樣的「前傳」，傑夫怎麼反駁蓋勒格里眾議員的想像？怎麼阻止議員繼續主張有踩爛癖的人可能會成為連續殺人狂，有一天他們殺害的不再是昆蟲，而是嬰兒？在那情況之下，他沒辦法提出反駁。當時他已經成為社會大眾激烈爭論的焦點（就像節目主持人所說的，「傑夫・偉倫西亞，對於你自己有可能會被起訴，會不會感到有點害怕？你是製作那些影片的人……」），唯一能做的，就是為自己提出解釋。他必須說明踩爛癖是在他個人成長史中形成的特別癖好，與特定的東西有關，同時那是一種被虐狂，而且就像哲學家德勒茲在討論奧地利小說家薩克－馬索克（Sacher-Masoch）時提出的知名主張，被虐狂並非與虐待狂互補的，而是與虐待狂截然不同。「虐待狂絕對無法忍受任何一個被虐狂的受害者，」德勒茲寫道。「就像被虐狂也沒辦法忍受任何一個真的有虐待狂的施虐者」。兩者之間有許許多多差異：被虐狂需要某種儀式化的幻想，他們會創造出一種充滿焦慮的懸疑氛圍，把自己被羞辱的過程展現出來，同時也需要藉由被處罰來掃除自己的焦慮，強化那種禁忌的樂趣，這個情況與虐待狂相當不同，而應以薩克－馬索克為代表人物。被虐狂與施虐者之間必須要建立起某種具有約束力的契約，透過此一契約（事實上這「契約」就是被虐狂自己設下的條件），施虐者也就成為律法的化身。[27]

但是，如果情況真的有這麼單純就好了。傑夫告訴我，事後反省起來，透過此一事件他所學到的是，「女人跟男人沒什麼不同，只是她們真的很殘酷，很邪惡，」而且他在說這一番話時語氣陰鬱，完全不像在開玩笑。藉此我也發現自己並不是真的瞭解這種點，而且我也不確定德勒茲是否真的瞭解。為了界定兩者的關係與滿足雙方需求，施虐者與受虐者之間有某種契約，而無論那是默契或者說好的共識，難道殘酷不是其中的要素之一嗎？而傑夫之所以用言語逗弄伊莉莎白與蜜雪兒，難道不是為了要探測她們有多殘忍嗎？無可否認地，這也是薩克－馬索克的小說《穿皮裘的維納斯》（*Venus in Furs*）的重點：到了小說結尾處，女主角汪妲（Wanda）任由她的希臘情人用獵鞭使盡全力抽打男主角塞佛林（Severin）。這是既可怕又出人意料的一件事。但這也是她的重要成就，她終於讓塞佛林不再依賴她，其做法是斷然終止他們倆之間的契約。為了讓他們倆重獲自由，但又不至於搞到同歸於盡，汪妲可說是煞費苦心。薩克－馬索克寫道，在遭到那希臘情人抽打之後，塞佛林「蜷曲著，就像一隻被壓爛的蠕蟲」。塞佛林不再覺得被鞭打是詩情畫意的事。等到他們倆的關係終於結束了，他也變成一個完全不同的人。「我們在這世上只能當兩種人，」塞佛林向小說的敘述者表示，「如果不是鐵槌，就是鐵砧。」從今以後，他都會當使鞭的人。[28]

但是這種事也會發生在傑夫身上嗎？情況有不同嗎？福斯電視台的那些憤怒評論是否讓他不再感到樂趣？在社會大眾對他感到如此厭惡之餘，他那種緊張但總是帶有些許戲謔味道的風度是否就此消失殆盡？這不是那種他想要承受的痛苦。遊戲結束了，有人幫他把燈打開。突然間，殘忍的行為就只是殘忍而已。蜜雪兒就只是蜜雪兒，她把昆蟲踩爛，也許也真的喜歡做那件事。但她不再是一位女神，不再令人興奮。只是個惡劣的女人。

我們走了好長的一段路才來到這裡。一條充斥著各種解釋的道路。對於蘇珊・克里德調查員來講，解釋是很單純的。在司法委員會作證時，她的任務只是要塑造出一個可以接受法律制裁的對象。我們不妨把她當成一位負責說明屍體情況的法醫。但對於傑夫・偉倫西亞而言，情況複雜許多。他之所以和蘇珊・克里德採用相同的論述方式來進行解釋，並非只是為了要滿足當下的各種需求。我們第一次見面，進行訪談時，他拿給我許多ＤＶＤ、錄影帶、書籍、錄音帶與並未出版的文字作品，還有剪報資料，其中有一件令人意想不到的東西。那是他寫的一篇文章，篇幅長達三頁，題名為：〈戀物癖／性倒錯／變態〉。那篇文章一開始以提綱挈領的方式寫道：「所謂變態，是指正常的性快感模式出現了異常或者重要的變化。其中一種變化形式就是戀物癖，踩爛癖是其中一個例子。」接著他繼續列出用來解釋戀物癖如何形成的七種理論（包括催產素理論、性別錯亂理論、無法與女性接觸的理論等等），文章還有一個附錄，其內容討論了戀物癖形成過程的十七個可能階段，這可以說是所謂「修正調節理論」（Modified Conditioning Theory）的重點（傑夫與蘇珊・克里德在向蓋勒格里眾議員解釋踩爛癖如何形成時，採用的就都是這種理論。）

當時我還不瞭解傑夫為什麼要給我那一篇文章。我也不懂他為什麼要把《踩爆》一片獻給來自維也納的十九世紀性學始祖克拉夫特－艾賓（〔Richard von Kraft-Ebbing〕，他所寫的《性病態》〔*Psychopathia Sexualis*〕一書從醫學角度記錄了各種各樣「脫序的」性行為）。但是，後來我開始看他在一九九六年出版的《美國踩爛癖實錄》第二集（這一集的副標題是：「在這一切的一切之中，我們到底算什麼？」），傑夫在該書導論中寫道：

> 想像一下，如果你心裡有許多無法向人述說的慾望，那是多麼地丟臉？那可說是這世界上最令人寂寞的一件事。那根本就像是一個人被困在孤島上。
>
> 不過，如今那些陰暗的日子都過去了。在邁向二十一世紀之際，多年來我們已經看到各種標榜不同性取向的團體一一出現，我實在是看不出來我們有何必要再為自己的性慾感到羞愧。……
>
> 如今我們眼前所見的選擇比以往都還多。從小我就有踩爛癖，只是我不知道該稱呼我自己為什

麼。如今我知道自己是誰了，更重要的是，我知道自己為什麼會那樣。

「為什麼」是這裡的關鍵字：「我從小就是個惹禍精。長大後，我非常期待能夠把自己的性癖好向全世界宣告。我願意接受各種批評。我出現在電視、電台節目上，也被各大報與各種成人雜誌報導過。我曾經獲邀到南加州的四間大學去演講。我也製作一些影片給我的踩爛癖同好們，讓他們可以邊看邊自慰。惹禍精來了，他的名字就叫做傑夫．偉倫西亞！」[29]

6

一九九九年十二月九日，美國總統科林頓簽署了一八八七號眾議院決議案，同時他也發表一份聲明，指示司法部在執法時應該盡可能嚴謹，該法只能用來規範那些「為了滿足性慾而施行的惡意虐待動物行為」。[30]多年來，也許是因為擔心法律的缺陷，美國各地檢察官只曾經三度引用該法。而且與科林頓總統的初衷有所不同的是，三位檢察官都是引用一八八七號眾議院決議案來起訴鬥狗影片的發行商。二〇〇八年七月，聯邦上訴法院對該法提出質疑，他們同意羅伯．史考特參議員的看法，認為該決議案與《美國憲法》第一條修正案有所牴觸，根據第一修正案，政府只有權力禁止非法的行為，但是不能夠禁止人民以各種方式描繪那些非法行為。[31]

無論一八八七號眾議院決議案最後的命運如何，對於傑夫．偉倫西亞而言，一九九九年秋天那炎熱無比的幾個星期過後，他再也回不到從前了。傑夫說，廣播與電視節目把他的訪談內容隨意剪輯，藉此將他塑造成一個怪物，事後他把完整的訪談內容播放出來，但是他的家人卻都只相信那些經過剪輯的版本。他還說他的姪女(以她剛出生的寶寶之名)帶著他母親去瀏覽各種以踩爛癖影片為特色,或者猛烈抨擊他的網站。「我失去了朋友,兄弟姊妹⋯。我的意思是,這真是可怕的折磨。我幾乎被社會孤立。我是說,我沒有朋友,沒有人想跟我講話,你知道,我只是覺得⋯你知道⋯」,他的聲音越來越小。他說他已經完全不再製作那種影片了。「我已經到了放棄人生的地步了。」他向我表示,事後他根本找不到工作,因為近年來雇主都會用谷歌搜尋引擎來調查求職者。

他在那一間郊區星巴克咖啡廳的露臺上對我說,這一切讓他學到了兩件事:女人都是一些「真的很殘忍的賤貨」,還有「那些異常的癖好還是別讓人知道比較好」。他還說,有些男人效法他,向女友或妻子坦承自己的癖好,結果他們的人生都因此而毀了。他說他也需要愛,他也找到一個願意愛他的人,只是對方不希望他再提起往事。他緊張地看看我的手錶,躺回椅子裡,眺望著停車場的另一頭,嘆了一口氣之後低聲說:「這一切有如做夢⋯」。

7

你不妨到YouTube網站上去搜尋「踩爛癖影片」(crush videos),看看會得到什麼結果。會有很多影片。那都是一些畫質不佳的自製短片,只見片中有女人把蟋蟀、蠕蟲、蝸牛給踩爛,或者是踩一些濕黏柔軟的水果。有些影片有數萬點閱人次,大部分都有幾千人點閱過,其中有一部的點閱人次是二十萬。無論是與那些昂貴的一九五〇、六〇年代改良版八釐米(Super-8)地下影片,或是與一九八〇、九〇年代那些在黃色雜誌後面刊登廣告販賣的影片相較,品質都差多了。如果YouTube滿足不了你的需求,很簡單:網路上有許多專門販賣踩爛癖影片的網站,他們的作品長度更長也更專業,而且完全無視於蓋勒格里眾議員推動通過的那一部法案。

就連蓋勒格里本人也不反對這種發展。在一八八七號決議案引發爭議之際，他也曾在院會上澄清一個重點：「本案與小蟲、昆蟲與蟑螂等類似的東西無關，」他向同僚們表示。「本案所關切的，是小貓、猴子、倉鼠等各種活生生的動物」。[32] 一時之間，好像大家已經達成了共識。有一些動物是重要的，有一些則不重要。接下來，蓋勒格里眾議員喘了一口氣，很快地他又開始舊調重彈，提起了殺人狂泰德．邦迪、「大學炸彈客」還有孩童的安危。

T

誘惑
Temptation

1

一八七七年八月，沙皇時代俄國男爵卡爾・羅伯・歐斯坦－沙肯（Baron Carl Robert Osten-Sacken）剛剛從駐紐約總領事的職務退休，路過「瑞士伯恩附近的溫泉勝地」，一個叫做固爾尼格爾（Gurnigel）的小鎮。[1]

歐斯坦－沙肯男爵當時四十九歲，正處於人生的轉捩點上。接下來他將在歐洲各處遊歷一年，最後在麻州劍橋市落腳，等於又回到了新世界，只是這次並無帝國的公職在身，他會進入知名的哈佛大學比較動物學博物館（Museum of Comparative Zoology），把餘生用於研究他熱愛的蒼蠅。三十年後，根據他的訃聞作者之描述，他是「昆蟲科學家的美好典範」，訃聞裡也提及他熟稔相關的各國語言，有獨立的謀生能力，社會地位高，記憶力驚人，也有非凡的觀察力，藏書室裡關於雙翅目昆蟲（Diptera）的藏書「幾近完美」，而且當然還寫到他的風範無懈可擊。[2]

某天早上，男爵在飯店後方的阿爾卑斯山森林中漫步，一種新奇的事物吸引了他的目光，他懷疑那是「昆蟲學中的某種獨特現象」。當時還沒十點，但太陽已經高掛天上。一道道陽光從冷杉的樹影之間灑落，光影中只見一群群像小蒼蠅的昆蟲在他頭頂飛來飛去。到了十月，他從法蘭克福寫了一封短信，用興致勃勃的口吻表示，「吸引我的地方是，牠們穿越陽光時會反射出一種罕見的白色或銀色光芒。」

男爵拿起網子開始追，用鑷子夾起其中一隻，他說「令我驚訝的是那種蒼蠅遠比我原先預期的還小，身上完全沒有任何銀色部位可言。」他抓到的蟲子是淡灰色，而且看起來一點也不起眼。

任何小東西都可能會過很久才揭露自身的祕密。但是，憑藉著非凡觀察力，歐斯坦－沙肯男爵得到了一個線索：「我察覺到，鑷子紗布上與那小蒼蠅相距不遠處，有一種薄片狀的不透明白色物體，像是橢圓形的薄膜，長度大約兩毫米，如此輕盈，就算只是最輕微的氣息也能把它吹跑。」他聯想到蜘蛛要凌空而起時所噴出來的細絲。「那東西也可以被比擬為小白花的花瓣，只是它的重量輕多了。」他又抓到另一隻，後來又抓到第三隻，每次他的網子都抓到一隻那種蒼蠅，而且都是公的，牠們把某種半透明物質緊抓在身體下方。他的結論是，它們之所以會反射出白色閃耀光芒，「就是因為那些白色的微小組織，那些東西好像旗子一樣在他們身後揮舞著。」但他不知道那東西到底是什麼，還有牠們為什麼要帶著那東西。

2

後來，那種昆蟲被稱為舞虻（balloon fly），男爵是首先發現牠們的昆蟲學家。但他肯定不是最後一個。在他發現舞虻之後的幾十年之間，出現了越來越多對於那種昆蟲的描述。結果全部都是公的。也全都攜帶著那種東西。他們全都隸屬於舞虻科（Empididae），以大量群聚飛行聞名。

一九五五年，加州科學院（California Academy of Sciences）昆蟲收藏部的副館員愛德華・凱索（Edward

Kessel）寫了一篇關於舞虻的權威性論文，宣稱男爵與其後繼者們的運氣都不太好，因為他們碰巧遇到了一個限定於舞虻的特例＊。[3] 他打了一個比喻，表示那些昆蟲學家好像都是只懂十九世紀末歐洲繪畫，但逛進美術館時卻看見一幅幅馬克．羅斯科（Mark Rothko）的抽象畫。他們碰到一種抽象的東西，一種看不出原始材料為何的神秘物質。確實，在這個狀況下，他們可以把那片薄片白色組織想像成是任何東西，甚至包括約瑟夫．米克（Josef Mik）於一八八八年提出的「航空衝浪板」（aeronautical surfboards）。

但是，凱索寫道，隨著時間過去，觀察舞虻的人注意到，公舞虻總是會把那種白色物質交給母舞虻，不久後雙方就會交尾。昆蟲學家們相當害羞地稱之為「婚配禮」（nuptial gifts），此一委婉語至今仍被人們廣為使用。有一些禮物的外面沒有任何包裝，只是昆蟲的死屍，也有些禮物是昆蟲屍體外面用泡沫狀或絲狀的物質包起來（有時候包得很隨便，有時候包得很仔細），但有時候裡面根本就沒有屍體，而只是那些包裝物本身。

凱索發展出一種舞虻禮物的演化史。據其描述，憑藉著不同的送禮方式，那些昆蟲可以被區分為一種高低有別的物種層級，從原始的到高雅的，從粗魯的到精緻的都有。那是一種有八個階段的演化史，被當成禮物的物體從最為物質性的（食物）到幾乎可以說非物質性的（象徵性禮物）都有，非物質性的禮物是如此微妙而難以捉摸。[4]

舞虻是一種掠食性昆蟲，而且牠跟同為掠食性昆蟲的螳螂與許多種類的蜘蛛一樣，性生活都充滿了困難。如果照凱索所說，公舞虻就是精於算計的憤世嫉俗者，母舞虻則是非常善變，而且非常不巧

＊審定者注：所謂限定於舞虻的特例（limit case），是指舞虻的婚配禮行為在昆蟲生態學上是個極為特別的案例，因此發現他們的人當然會摸不著頭緒，意即這是個超越常識的特別生物學案例。

的是，也很容易分心。令人毫不感到意外的是，凱索認為，只要能夠性交，公舞虻會為母舞虻做任何事。至於母舞虻則都是一些徹頭徹尾的「拜金女」，只要有必要的話，也會為了取得禮物而做出任何事。這實在是充滿了一九五〇年代的風格，就像是昆蟲版的《紳士愛美人》（*Gentlemen Prefer Blondes*），同時也很有黑色電影（film noir）的味道，唯一不同的是，這一切都不是在夜店裡上演，而是發生在生物學家們所謂的「求偶場」（lek）裡面：那就像是個競技場，公的舞虻必須為了被注意到而力求表現，母舞虻則是有機會從聚集在牠身邊的「合格單身漢」裡面進行選擇。

這件事非常重要，牠們可輸不起。凱索筆下的公舞虻都是如此臭屁狡猾，但也急躁而緊張兮兮。他們會為了獲取最大利益而調整自己的作為，並且確保自己只要付出最小代價，就能夠達到最大的誘惑效果。他們是最厲害的舞者。而且牠們總是會注意背後有沒有人要暗算他們。凱索說的沒錯，這一切都是歐斯坦－沙肯男爵永遠不可能料想得到的。

凱索把他觀察到的八個演化階段套用在各種不同舞虻身上。處於最原始階段的公舞虻「不會帶結婚禮物給新娘」，到了第二階段，公舞虻「會帶一隻可口多汁的昆蟲當結婚禮物」，至於第三階段，「公舞虻利用獵物來刺激母舞虻，達成交配的目的」，到了第四階段，「獵物或多或少都會被那種絲線似的物質給包裹起來」。

凱索與他的妻子蓓妲（Berta）在舊金山北邊的馬琳郡（Marin County）發現第五階段的舞虻，並且將其命名為氣泡舞虻（*Empis bullifera*），因為這種舞虻會用一種黏黏的氣泡來包裹禮物。一九四九年，

他們把夏天都用來觀察那些交尾的公、母舞虻，眼見牠們「懶洋洋地飄浮慢飛，在樹林裡的空地上一直改變方向，持續前進後退，每當牠們穿越陽光，身上的白色球狀物體就閃閃發亮。」他們看著那些昆蟲在空中交會擁抱，看著公舞虻把那球狀物體交給母舞虻，裡面可能包著一隻蚊蟲、蜘蛛或是小小的嚙蟲（psocid）。後來他們合寫了一篇文章，宣布他們發現的新物種，文章於一九五一年被《瓦斯曼生物學學刊》（*Wasmann Journal of Biology*）刊登出來。

到了第六、七階段，公舞虻在把禮物送出去之前會將獵物吸乾。母舞虻拿到的只是一具不能食用的蟲殼。儘管如此，我們所熟知的程序還是會繼續往下走：公、母舞虻擁抱在一起，禮物換手（呃⋯⋯應該說「換腳」才對），接著開始性行為。到了最後的第八階段，就是男爵所觀察到的那種現象。就縫蠅（*Hilara sartor*）與少數幾種舞虻而言，牠們的神秘禮物裡完全沒有獵物，就連被吸乾的蟲殼也沒有。

凱索強調不同種類舞虻之間的區別。當代的生物學家們也是這樣，但他們也體認到，即便是同一個物種的昆蟲之間，也會有些差異存在。例如，在同一類舞虻裡，有些給的禮物大，有些小，有的給的禮物能夠食用，有些不能。根據他們的描述，有些舞虻會獵殺其他同類舞虻來當禮物，另外也有舞虻完全不獵殺昆蟲，而是採集其他不同禮物（例如花瓣）。儘管舞虻的行為模式如此多樣化，但基本上這些為數不多的舞虻研究者們仍然謹守凱索那種把舞虻描繪得如同「經濟虻」：在繁衍後代這件事上面，公舞虻的所作所為都是為了追求「用最小力氣獲取最大回報」的目標，無情地把禮物的價值降低，藉此換取盡可能廉價的性行為。

這種把有營養的禮物偷偷換掉，到最後只給「假禮物」的行徑，如今已是眾所皆知所謂「雄性欺騙」（male cheating）現象，不過此一概念能夠成立，並不只是有賴於雄性動物的精明欺騙，雌性動物的後知後覺是另一個關鍵。[5] 即便禮物「毫無價值」，即便禮物只是最劣等的小東西（例如，由進行研

究的生物學家們提供的普通棉球），根據研究人員的描述，那些傻傻的母舞虻還是讓提供禮物者為所欲為，或至少牠們必須要用比較長的時間才能發現禮物是假的，發現牠們根本沒有獲得回報，可是卻已經被公舞虻得逞了。牠們被耍了，被騙了，被上了。一遍，一遍又一遍。

至少那些研究人員所說的故事是這樣的。

3

法國小說家喬治．培瑞克（Georges Perec）曾書寫過埃利斯島（Ellis Island），在書寫時他發現，那些可能發生過的事，那些他所謂的「潛在記憶」（potential memory）是如此讓他魂牽夢縈。

「潛在記憶抓住了我，令我著迷，」他寫道。「我覺得自己與潛在記憶息息相關，也因此對自己提出許多問題。」六歲時，他的母親被逐出巴黎，遣送到奧許維茲集中營，此一往事讓培瑞克心碎，而且他不斷看到一些原本可能是他的遭遇，但卻發生在別人身上的故事，他就像是一個小男孩，走了半條街之後轉進一條只有黑白兩色的小街裡，如他所說，「我不斷看到可能發生在我身上的生命故事」，「就像可能會屬於我的自傳式傳記（autobiobiography）」，「一種本來可能屬於我的記憶」，為此他寫了許多以「缺乏」為主題的書，有一本完全沒有e這個字母的小說，此外在寫某一部中篇小說時他也刻意沒有用a、i、o、u這四個的母音。[6]

這些「可能發生但未發生的個人史」並非純粹想像的遊戲。它們都是真實存在的人生過往，儘管並未發生在我們身上，但卻往往讓我們的當下變得更為沉重。我們都有那種個人史：一些被我們否決掉的決定，事後我們才發現當初如果那樣選擇會有多大影響，那種個人史與我們的真實人生之間有一種在精神上相互呼應的關係。就像莎朗有時會沒來由地打了個冷顫，她總是說：「Some one just walked over my grave.（諺語：表示打了個冷顫）。」

在凱索看來，歐斯坦－沙肯男爵的舞虻並不是只有在森林的空地裡閃閃發亮，牠們也可以是敘事空間裡的亮點，把原先空空如也的空間填補起來。既然沒有上述那種個人史可以憑藉，男爵與其後繼者當然就無法以那些難以理解的薄紗狀物質（看起來像花瓣，但卻沒那麼真實）當作題材，建構出一個故事。如果那些跡象在他們眼裡只是薄紗狀物質，怎麼可能會有任何意義？他們只是覺得那東西好美。但這只會讓情況變得更糟。就連那樣的個人史都沒有，他們怎能瞭解現在與過去可能發生的一切，還有當下的情況？

但是，從另一個極端看來，那樣的個人史過多也會有問題。如果個人史的影響力如此強大，故事強大到沒有另類理解的空間，或變得更龐大，以至於難以理解，那我們又怎麼可能瞭解現在與過去可能發生的一切，還有當下的情況？

當然，公舞虻的確有可能是騙子，母舞虻是笨蛋。但也有可能只是公母舞虻並不總是處於劍拔弩張的狀態，也不總是每天都會上演那種日間肥皂劇的男女關係。

演化生物學家瓊安・洛夫加登（Joan Roughgarden）曾寫道，「也許動物之間的確有爾虞我詐的關係，但生物學家們還沒抓到任何說謊的動物。」[7]她認為，除非我們能證明動物有欺騙的行為，否則牠們就是真誠的；除非我們能證明牠們沒有能力，否則牠們就是有能力的。如果我們採納她的觀點，我們可不可以假設那些母舞虻知道自己在做什麼？有沒有可能那些橢圓形的東西的確是禮物，只是我們不瞭解它們的價值？也許那些小小的東西有一種足以催情的觸感。也許它們摸起來是如此舒適，因此深具誘惑力。也許它們能夠促發某種記憶或食慾。也許它們具有某種珍貴的象徵性，充滿影響力與意義。也許母舞虻就是喜歡那種東西。

我們要怎樣才能避免犯下演化生物學家史蒂芬・傑伊・古爾德犯過的錯，把舞虻的行為模式變成總是如此（just-so）的故事？但是任誰都無法證明那種故事的真假，因為故事是以相信某種機制為前提（就舞虻而言，是某種由性衝突的刺激而產生的性選擇機制），把實驗得來的資料全部都套進先前就已經提出的主張裡。舉例來說，我們是不是可以別急著用各種關係去解釋生物學家所觀察到的多樣化行為？或許我們可以為舞虻之間的關係保留各種可能性。我們是不是可以假定，許多母舞虻之所以願意接受那些被我們視為「沒有價值」的棉球，是因為那棉球具有某種我們並不瞭解的特質？這難道不是很清楚？從舞虻的例子我們再度看出一個道理：在面對與我們如此不同的生物時，如果我們要憑自己的想法去斷定某個東西是什麼，還有它對那種生物有何作用，其實是很危險的。

4

一八七七年八月，人在固爾尼格爾的卡爾・羅伯・歐斯坦－沙肯男爵站在飯店後方的樹林裡，抬頭看著眼前的斑駁陽光，那些在光線中進進出出、時時閃耀著光芒的縫蠅令他讚嘆不已。

到了一九四九年，整個夏天都耗在加州馬琳郡的愛德華・凱索與妻子蓓姐則是常常要保持不動，以免打擾了正在交配的水泡舞虻，尤其是不能妨礙母舞虻檢查那些包裝精美的禮物。

二〇〇四年五月，在蘇格蘭法夫（Fife）的一個農場上，娜塔莎・勒巴（Natasha LeBas）則是用鑷子從一隻母的舞虻（這種舞虻叫做 *Rhamphomyia sulcata*）身上取下一隻被牠緊抓著的昆蟲，而且把那昆蟲獵物換成一小顆棉球，同時心存一線希望，但願沒有打擾公、母舞虻的性事。

到了現在，已經是二〇一〇年年中，或者往後也一樣，我們還是會面對一個兩難的處境：一方面我們總是無可避免把我們對自己的理解硬套在其他生物身上，但另一方面我們還是會意識到自己與其他生物基本上並不相同。此時此刻，我們還是覺得自己肩負瞭解其他生物的使命，老是想要使用我們的方法去進行分析與詮釋，老是把觀察到的行為當成神秘線索，試著要找出客觀原則，並找出其他生物的生活方式。此時此刻我們還是一樣左右為難，不知道到底該採用比較簡化的方式，讓其他生物變得可以理解，還是盡可能保留詮釋的空間，好讓這些生命更為豐富完整。此時此刻，我們又被那些小小的舞虻給吸引住了，我們看了又看，看著牠們的禮物在陽光下閃閃發亮。

U

眼不見為淨
The Unseen

1

有時候在深夜裡我會聽到沙沙聲響。我在樓上房間工作，在頂樓寫這本書，待在屋頂思考昆蟲平口的一舉一動，坐在書桌前，我的斗室外面塗著黑色瀝青，對城裡的雨有防水作用。

窗戶上有花窗格。但另外還有一扇滑門，每當我走出那扇門，把隱約閃耀著銀光的瀝青地板踩得嘎吱作響，往左邊一看，奔騰的哈德遜河令人屏息，尤其是冬天樹上只剩枯枝，河面一片漆黑，只有紐澤西的燈光閃爍時。

在白天，白鷺與紅尾鵟會經過我家飛往中央公園。紅雀、燕雀、冠藍鴉、呱呱鳴叫的哀鴿，還有叫聲刺耳的大鴿子會停在我家的欄杆上。薄暮時分，麻雀會在下面的樹上亂叫亂飛。稍後，莎朗和我會下樓到河濱公園去，經過一條美國國鐵（Amtrak）隧道，那裡是遊民布魯克琳（曾在海軍陸戰隊當過六年兵，在街頭混了二十四年）與她的貓兒和浣熊睡覺的地方，然後在街燈下觀看城裡的野生動物翻垃圾覓食。

萬籟俱寂時，我屋頂的房間總是如此平靜。入夜後，四周公寓的燈光一盞盞熄滅。西邊公路（Westside Highway）上的車流也變小了。最後幾班飛機從空中掠過。夜越來越靜，我們全都陷入一片漆黑中。

人在樓頂的我把桌燈關小。也把筆電的亮度調低。我的眼睛在黑暗中適應了一會兒，稍後才習慣了昏暗的環境。萬物的速度都變慢了。

有時候在濕熱的夏夜裡，夜的寧靜會被沙沙聲響打破。那不是石膏牆板裡的老鼠或排水管裡的松鼠。不是在角落裡疾走的蚰蜒。不是蚊子、反吐麗蠅或那些行蹤飄忽的大蚊（crane fly）。不是那些每年無預警大量出現，然後又突然消失的瓢蟲或飛蟻。不是我們家在大風中擺動的聲音。不是樹葉拍打窗戶的聲音。也不是什麼神秘現象。我知道那是什麼。是那些被稱為美洲家蠊（American cockroaches）的大水蟲在搔抓牆壁，做牠們平常做的事，從排水管上來後走來走去，牠們並非真的想待在我家，只是有點茫然若失，正在找什麼東西。

以禪宗公案為題寫故事的二十世紀作家板谷菊男就與蟑螂生活在一起，他拒絕傷害牠們，任由牠們與他共享自己的家。但即便在日本，他也並非常人。每當殺蟑螂時我總會想起他。我不得不，因為莎朗怕蟑螂，看到就會被嚇個半死，躲起來發抖抽搐。一旦她看到蟑螂，我不能只是裝作殺了蟑螂，以免牠們又從躲藏處跑出來，情況只會比先前更糟。反正，我只要說謊就會被她識破。

當我聽見蟑螂爬過壁緣的聲音，我會把燈關得更暗。我身上的汗毛都緊張得豎了起來。如果她沒看見，我也沒看見，蟑螂就還是不可見的。我不想知道蟑螂在那裡。

但有時候牠們就是騷爬個不停。某晚我因為那個聲音而分神，想都沒想就轉身一看，發現一隻看起來很健康的美洲家蠊停駐在我身後的一堆書上面。我們盯著對方。牠像烏龜一樣把頭伸出來。牠那三角形的臉看來很好奇。事實上，如同卡爾．馮．弗里希曾經評論過的，蟑螂「總是像哲學家那樣挑眉」。[1] 我們的眼神交會，有如動物電影的情節。彷彿不用言語就能相互理解。但我一定是移動得太過突然，把牠嚇跑，我拿起掃把追了過去，一人一蟲瞬間都動了起來，牠被我困在一個凌亂的角落裡，牠的腳刷刷刷地亂動，在那當下我不禁卯起來亂打一陣，直到我意識到自己在發抖，感到噁心困惑，牠已經變成木頭地板上的一團脂肪與幾丁質。如果是《踩爆》一片的女主角愛芮卡・艾利松朵，一定會說：那不過就是一坨油脂而已。

我讓燈光保持昏暗，房間裡處處陰影。我知道房裡有蟑螂，但看不見。如果我看不見牠們，人蟲就彼此相安無事。好像黑夜可以保護我們似的。當沙沙聲響出現時，我不會轉身。如果一切順利，最後那聲音會停下來，不久後，群鳥開始鳴唱，一開始只有幾隻，接著越來越多，也越來越大聲，到黎明來臨後陽光灑進房裡，鳥叫聲更大了。

2

但事實上，這天早上發生了一件新鮮事。淋浴時我像往常一樣，在舒適的熱水中做白日夢，腦袋裡想著該怎樣把〈Q：不足為奇的昆蟲酷兒〉那章收尾，想著那些奇怪的昆蟲，和牠們愛做的怪事，有一隻身長三英寸的大水蟲不知道打哪裡跑出來，從浴室天花板掉到我腳上。

我承認自己當下尖叫了起來。誰不會啊？我把水關了。一會兒過後我才回過神來。突然間，我們一人一蟲就這樣被困住了，都沒有防備，身上滿是香皂泡沫。我注意到那是一隻很大的母蟑螂，我們雙方都按兵不動，直到牠輕巧地爬上毛巾架，停在我眼前，與我的臉相距僅僅幾英寸，牠那漂亮睿智的臉像哲學家一樣挑眉，牠的頭上下動著，像在打量我，看來如此好笑滑稽，彷彿這突如其來的狀況讓牠覺得有趣極了，很想知道接下會怎樣。我們當中只有一方非常冷靜。只、有、一、方。然後畢竟是在浴室裡嘛，牠就這麼小心翼翼地開始整理起自己的觸角。接下來發生什麼事，我就不詳述了。這次會不會連愛芮卡・艾利松朵都感到有點於心不忍呢？我也不確定。

V

視覺
Vision

1

位於加州諾瓦托市（Novato）的學院工作室（Academy Studios）是一家專門設計與搭建展覽館的公司，北卡羅萊納州州立自然科學博物館（Museum of Natural Sciences）所屬節肢動物館的互動式設施就是他們創造出來的。該公司打造出一隻七英尺高的螳螂以及一隻兩側翅膀長達十二英尺的蜻蜓，而且兩者的身體結構精確無比！但是，最吸睛的東西還是照片裡的面罩，看起來正如科幻小說裡的詭異頭盔，就像該公司的宣傳文宣所描述的，「讓參觀者有機會從蜜蜂的眼睛看看這個世界」。

該公司的創意總監矢倉羅

伯（Robert Yagura）向我表示，他們用六角形的露塞樹脂（lucite）模擬出蜜蜂的複眼，而且把一片片樹脂接起來，形成曲面，從頭盔往外看就是破碎的影像。然而，羅伯說，即便有此人造複眼，參觀者還是沒辦法像蜜蜂那樣觀看這世界。首先，如果以電磁波譜（Electromagnetic spectrum）來衡量，蜜蜂能感應到的波長遠比人類能看到的還短。就光譜下端而言，蜜蜂能看到的波長比三八〇奈米更短，包括人類看不到的紫外線；就上端而言，蜜蜂是紅色色盲，紅色在蜜蜂眼裡是一團漆黑，沒有亮光可言。

儘管動物學家查爾斯．亨利．透納（Charles Henry Turner）的名氣不大，但他跟卡爾．馮．弗里希一樣，都是讓世人首度瞭解蜜蜂眼睛的先驅。[1] 透納是第一個取得芝加哥大學博士學位的非裔美國人，曾撰寫過五十幾篇學術論文。他長期在各公立中學擔任自然科學教師，他在執教生涯之初，一九一〇年，就已經於發表了一篇關於蜜蜂視力的論文。馮．弗里希則是在一九一三年完成他的蜜蜂視力相關研究，遠早於他成為慕尼黑動物研究所所長並觀察到蜜蜂以飛舞來傳達訊息。早在當時（一九一三年），馮．弗里希就已經著迷於展現他那些迷你朋友們的各種官能，為此他做了各種研究，最後贏得諾貝爾獎。儘管花朵的顏色令人眼花撩亂，而且億萬年來昆蟲與被子植物（angiosperm）之間又有一種微妙的互賴關係，但是在透納與馮．弗里希在這方面投注心力以前，世人一般都認為昆蟲是全色盲。

馮．弗里希可說是大名鼎鼎，而且他有一個非常優雅的特色：並不依賴高科技設備。他在各色色卡上面擺盤子。在那些顏色濃淡不一的正方形灰色色卡之間，只有一張藍卡上的盤子裝了糖水。他開始訓練他的蜜蜂找出那一張藍卡。然後，在接下來的幾個小時以內，他屢屢更動了藍卡在方陣裡的位置。接下來，他把所有卡片與盤子都拿走，用新的卡片與盤子取代，只不過這次藍卡上的盤子裡並沒有糖水。一如他預期的，蜜蜂還是飛到藍卡上面，只是這次並非被氣味吸引或因為藍卡的位置，而是因為牠們記得顏色。[2] 如同馮．弗里希說明的，此一行為證實蜜蜂「真的能辨認顏色」，而不只是有能力分辨顏色的亮度。他說，如果牠們的視覺是單色的，至少有一些灰色色卡會被牠們誤認為藍色的。[3]

關於昆蟲能夠看見某種顏色這件事，如今已沒有多少爭議。透過一些針對感光細胞進行的電生理學實驗，研究人員已經能輕易證明昆蟲具備彩色視覺的感官。例如，他們觀察到蜜蜂跟人類一樣擁有三色視覺，眼睛有三種感光色素（photosensitive pigment），對光譜上的三個不同部分有最高的吸收率（只不過，人類吸收率最高的是紅、綠、藍三色，蜜蜂則為綠、藍與紫外線波段）。還有，他們也發現，儘管不知實際上有何意義，但蜻蜓與蝴蝶的視覺通常都是五色的，也就是牠們的眼睛有五種感光色素。（他們還發現蝦蛄〔mantid shrimp〕的感光細胞能夠感應到十二種不同波長！）

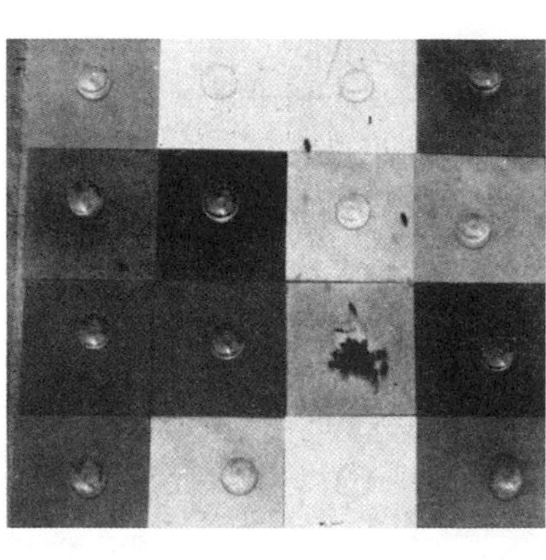

然而，能夠證明動物擁有彩色視覺是一回事，想要呈現出牠們生活在其中的世界是如何地五顏六色，那又是另一回事了。為此，研究人員必須採用行為研究的手段，仍然藉由透納與馮・弗里希首創的那些方法，透過食物獎賞讓牠們辨認出色塊。

但昆蟲有時候是很難搞的研究對象，到目前為止這一類研究工作只曾在蜜蜂、麗蠅與某幾種蝴蝶身上進行過。[4]因為這些動物的感光細胞對於光譜上某些顏色具有高吸收率，我們非常可以確定的是，同樣的物體在牠們與我們眼裡看來是非常不一樣的。例如，如果用紫外線濾色鏡來看許多花朵，外觀就不一樣了。黑心金光菊（*Rudbeckia hirta*）的表面將出現一種像牛眼的圖案，似乎可以藉此引導蜜蜂、黃蜂與其他傳粉昆蟲找到牠們的目標；其他花朵則也會呈現出特色紋路，具有引導作用。

這很簡單，卻如此迷人。我們身邊到處都是一個個不可見的世界，平行的世界。我們熟悉的物體具有不為人知的一面，有些是我們可以直接透過機械設備（例如露塞樹脂碎片與紫外線濾色鏡等）看到，但其他則是迄今仍然無法觀察，甚至無法想像。（誰能想像眼球有十二種感光色素？）我們不僅過著非常盲目的生活，而且總是以為這世界就是我們看到的那個模樣。至少就這方面而言，我們的感官是相當膚淺的，不過我必須承認，無論蜜蜂或蝴蝶，恐怕也跟我們一樣自以為是。

不過，在知道自然世界的其他面貌後，至少我們應該謹慎以對，看到漂亮的花朵時，不要馬上認為它們對於傳粉昆蟲具有同樣的誘惑力。在揭露此一真相後，我們也看出關於視覺的一大重點（不管是我們的或其他生物的視覺）：影像不只是關於觀看者和物體的特質，也牽涉觀看者和物體之間的關係。[5]

2

我們越靠近看，就看得越清楚。蜜蜂頭盔與紫外線照片不僅引人入勝，甚至可說深具誘惑力。類似的設備讓我們懷抱著希望：只要能夠重製昆蟲的視覺器官，我們就能看見牠們眼中的世界。如果我們能看見牠

們眼中的世界，那就：還需要問嗎？那就能夠掌握牠們的觀點。但在我看來，應該有很多人對此抱持懷疑的態度，即便科學家與展覽設計師也不例外。視覺可是一件比器官與機械複雜得多的事情。

蘇聯昆蟲學家喬治・馬佐金－波胥尼亞可夫（Georgii Mazokhin-Porshnyakov）早就呼籲世人注意這一點：「當我們論及視覺時，」他曾於一九五〇年代末期寫道，「我們所說的不只是動物具有區分不同物體的視力（也就是受到外在刺激後可以看見東西），而且也涉及辨認物體的能力」。[6]他認為，光感受（photoreception）的機制本身對於生物體來講沒有太大價值，真正重要的是足以辨認物體，並且為其賦予意義的能力。光感受必須與知覺為前提。昆蟲是用大腦看東西，而不是眼睛。

就這方面而言，昆蟲的視覺與人類無異。跟我們的視覺一樣，昆蟲的視覺是一種複雜的辨認程序，是一種過濾世上各種物體，並將其層級化的方式。視覺是幾種相互依賴的感官之一，也是一種交織而成的知覺要素。

帝博大學（De Paul University）的生物學家斐德烈克・普瑞特（Frederick Prete）研究螳螂的視野，據他指出，直到晚近科學界還是認為昆蟲的視覺是某種排除機制，無論是蜜蜂、蝴蝶、黃蜂、螳螂或其他類似動物，牠們生來就會「忽略眼前一切，只關注少數的特定視覺訊息，例如只有蒼蠅大小，會移動而且與牠們只有幾公釐之遙的東西，或者某種大小的黃花」。普瑞特和他的同事們證明螳螂與許多其他昆蟲處理感官訊息的方式跟人類大同小異，「牠們會把移動中的物體歸類到各種範疇裡，同時也有學習能力，懂得使用複雜演算法來解決困難的問題」。根據普瑞特的描述，人類處理視覺訊息的過程是某種分類學：

> 我們過濾視覺訊息的方式，是辨認身邊事物的特色，並且加以處理，得到資訊後，把看到的事

物當成某一種事物的普遍類別的例子。例如，我們不會因為眼前菜餚看起來不像某類特定的食物就不吃。我們會評估那菜餚的特色（包括味道、顏色、質地與溫度），如果符合某種標準，那就會吃一口看看。這一道新菜就是「可接受菜餚」這個範疇的例子。同樣地，我們也能瞭解，做任何事都是某個普遍範疇的例子：例如，「修補被扯破的窗簾」就隸屬於「把東西縫好」這個普遍範疇。所以，我們一定是先有過各種把東西修好的經驗，然後在初次修補窗簾時，把那些經驗的規則拿出來應用。換言之，在解決這一類特定問題的過程中，我們已經學會如何使用某種演算法，或者「經驗法則」。[7]

普瑞特與其同事卡爾・克瑞爾（Karl Kral）寫道，每隻螳螂每天都會碰到很多可以吃的東西，牠們跟我們一樣，就會創造出一個相關性範疇（據他們表示，所謂範疇是一種「理論的感覺封套」），與「可接受的菜餚」這個想法是相符的。評估某個物體時，動物會以過去經驗為憑藉（所謂經驗是指從過去的事件與遭遇中學到的一切），藉此評估各種「刺激領域」，像是物體的大小（如果物體不大的話）、長度（如果物體還挺長的）、物體與背景之間的對比、物體在螳螂視野中的位置、物體的速度，還有物體整體而言的運動方向。[8]只有在眼前物體符合上述各種標準時，螳螂才會出擊。不過，螳螂的出擊並非某種反射動作，因為眼前物體符合某個門檻就會被刺激觸發：牠們會把某一「刺激領域」中各種不同資料之間的關係列入考慮。普瑞特與克瑞爾把這種算計稱為「感覺演算法」（而且他們還提出一個挺合理的論點：如果這個程序出現在靈長類身上，那就是所謂的抽象思考了）。

除了他們倆之外，其他為數不多的無脊椎動物科學家也會像這樣，把行為研究與神經解剖學結合在一起，進行這種有時候被稱為心理生理學的研究，也就是針對動物行為的心理與生理面向進行關聯性的研究。儘管普瑞特與克瑞爾並未意識到，但他們已經論及動物行為的複雜性，論及昆蟲與脊椎動物（包括人類）以類似的方式理解這個世界，也論及昆蟲的心智。

但是，他們筆下的昆蟲也許稍嫌太會算計，也太像古典經濟學的理性行動理論模式（而且，透過經驗我們也早就知道，沒有人會用那種模式去行動）。也許，這樣的昆蟲不夠活潑，也太過欠缺自發性。誰能確定牠們總是根據獵人的思維模式去算計？也許牠們有其他欲求？或者，也許就只有螳螂是這樣的，而我們沒必要假定其他昆蟲（例如蝴蝶或果蠅）也會這樣處理訊息。無論如何，這都是個發人深省的研究工作：克瑞爾與普瑞特表示，他們發現了一個依賴著生理機制而存在的認知過程，但又不全然是一種生理反應。然而，如果不能把此一認知過程化約為某種電化學功能，那它到底會是什麼？似乎沒有人有確定的答案。[9]

值得一提的是，對於研究人腦的跨學科領域，也就是當代所謂的神經科學而言，這些都是重要的問題。神經科學致力於從生理學的角度來進行解釋，但也深入探討心智的問題，聚焦在許多充滿不確定性的現象上，例如意識、認知與感覺等等，希望能為許多人心目中的本體論甚或形上學問題提供物質性的解答。神經科學的基本公理是：大腦是動物生命的中樞，因此，有篇神經科學的權威文獻以這句話為起頭：「現代神經科學中最關鍵的哲學主題是，所有行為都反映了大腦的功能」。[10] 通常來講，神經科學就是想要從解剖學與生理學的角度來瞭解一些「較為高階的」腦功能，例如後設思考（針對思考進行的思考）與情感。[11]

然而，此一原則看來是如此直接了當，但與此密切相關的感覺模式卻極其精細複雜。感覺往往被視為一系列的腦功能，這種功能深具能動性與互動性，基本上是一種靈活而有彈性的資訊管理工作，包含了過濾、選取，以及決定優先順序等各種過程，此一機制所呈顯出的「神經可塑性」（neuroplasticity）在過去是任誰都無法想像的。以「突顯」（salience）這個腦功能為例，就是指，在一個充滿各種影像的雜亂無章視域中，大腦有辦法在一瞬間把相關的影像分離出來，完全不經過有意識的思考。這種觀念完全符應於克瑞爾與普瑞特在昆蟲身上觀察到的那種感覺演算法（除了他們之外，還有其他人在做這種研究，例如澳洲國立大學的曼戴亞姆・史利尼瓦桑〔Mandyam Srinivasan〕就帶領著他的團隊針對蜜蜂的認知現象進行了二十年的研究）。然而，對於許多神經科學家而言，我想這種強調人蟲相似性的論調應該還是荒謬的，只因為他們認為靈長類人科動物的大腦龐大又複雜（尤其是大腦裡的神經連結數量極多），光憑這一點就能斷定人類在所有動物中的獨特性。

而且，在社會科學與人文科學界，克瑞爾與普瑞特找得到的支持者很可能更少，只是這兩個學界反對他們的理由與神經科學並不相同。文化與歷史在我們這裡所談的視覺研究中占有一席之地，它們是人類眼睛與外在世界之間的中介。[12]對於文化分析家們而言，人類感覺與外在世界之間的關係複雜無比，生理過程只是提供一些可能性而已。人類的觀點與視覺內容往往是被社會與文化史形塑出來的。不管是視覺或者是領域更廣大的感覺，都是會隨著時間改變的，而且各種文化的情況也不相同。[13]視覺等各種感覺都是有歷史的（事實上，應該是有好幾個不同的歷史），因為感覺的理解過程是被區域性與國族的美學文化塑造出來的。往往在特定的視覺科技問世時，就會出現感覺轉變的關鍵時刻。例如，許多學者就會指出，線性透視法（linear perspective）在十五世紀問世普及後歷久不衰，直到十九世紀，西方人才轉而聚焦在平面的形態上，因此到現在我們的生活仍然與物體與身體的平面性息息相關。[14]在這些論述中，視覺被視為人類觀察周遭人事物的方式，深植於這種觀看方式中的，是我們用來將觀察結果予以歸類的各種範疇形式，同時也包含了讓我們反過來被觀看、監看、分類與評估的種種科技手段，而且視覺是我們瞭解自己，也是他人瞭解我們的關鍵。視覺是文化、歷史與社會的起源，也是它們所形塑出來的結果。

這些視覺觀念彼此間的差異頗大！從神經科學的觀點看來，大腦是被隔離的，但置身於社會脈絡裡的大腦卻浸淫在一個意義盈滿的世界裡，這世界裡的所謂自然現象總是同時具有生物物理的與文化歷史的兩種特性，因此如果以顏色為例，我們總是同時可以用波長來衡量它們，並且把它們視為充滿故事性的現象（所以，我們無法迴避的一個事實是，無論我們喜不喜歡粉紅色，但就是會覺得它比海軍藍還可愛）。根據這種觀念，人們必須學習觀看的方式，而這學習過程的形式與內容都是因地與因時制宜的。盲人的視力復原後，必需有人教導他與文化環境相符的觀看方式。一輩子住在封閉森林裡的女人遷居都市後，也必須用一些極端甚至令她難過的方式來調適自己，才有辦法理解都市景觀特有的空間性。[15]

然而，根據定義，這些文化理論家在探究視覺時所依據的歷史、政治、美學等各種關鍵範疇都是人類特有的，而且事實上是典型地為人類所有。儘管人文社會科學認為大腦浸淫在文化中，神經科學則是聚焦在大腦本身的種種功能與複雜的生理過程，雙方幾乎可說沒有共識可言，但若是就人類的獨特性這一點而言，卻可以組成一個堅強的聯盟。而且，這些理論相互衝突競爭，他們的歧異之處肯定也不是什麼雞毛蒜皮的問題。我們要怎樣才能夠同時保有這些理論，並且又拒絕它們所隱含的（人蟲）階層關係？

3

「就算是視力最好的昆蟲，」光學設備發明家亨利・馬洛克（Henry Mallock）曾於一八九四年寫道，

「牠們所看到的畫面也會像是非常粗糙的絨線刺繡作品，而且就好像擺在一呎之外觀看。」馬洛克接著表示，如果複眼具有人類眼睛的解析度，那複眼本身的確就會像眼鏡一樣。根據馬洛克的估計，那一顆複眼的直徑將會高達二十公尺。[16] 為什麼會這麼大呢？因為，為了抵抗光線的繞射（〔diffraction〕也就是光線在通過狹窄缺口時會散開並且變模糊的特性），複眼的每一片晶體都必須像人類的瞳孔一樣大小，也就是兩毫米寬，等於蜜蜂眼睛的八十倍。[17]

根據馬洛克的構想，如果要具備人類眼睛的解析度，昆蟲的頭必須非常大，大到很誇張，但那並不可怕，不用像大衛．柯能堡（David Cronenberg）的「變蠅人」那樣，而這實在是太美妙了，讓我想爬到那一片片露塞樹脂組合而成的超大頭盔後面！即便我知道那樣還是無法讓我自己看到昆蟲眼中的世界，因為視覺並不是如此簡單的一回事，但這還是沒辦法讓我打消念頭，我可沒那麼容易死心。而且有這想法的人絕對不是只有我而已。曾有許多人嘗試過，他們用比較科學的巧妙手法，設法把昆蟲看到的影像直接記錄下來。他們小心翼翼地剖開昆蟲的眼睛，把視網膜拿掉，把角膜清乾淨，用光線、顯微鏡與攝影機來做實驗；實驗結果不像露塞樹脂頭盔那樣給人身歷其境的感覺，但是似乎比較客觀，有一種比較可靠的感覺。這種想要透過另一種生物的眼睛去看世界的衝動是非常強烈的，而且我相信這種衝動是來自於以下兩種視覺觀念巧妙的結合：一方面，自然科學讓我們充滿希望，承諾讓我們理解事物的運作、結構與功能這些最基本但隱晦的事物；而另一方面，人文科學則是向來懷抱著一個無法實現的美夢，也就是去除物我之分的烏托邦幻想，那種想要成為另一個自我但又不可能實現的渴望。那一股強烈的衝動告訴我們，即便是最難懂的神祕現象還是可以被揭密的。一切都能夠被攤在陽光底下。

第一個想到可以透過複眼來觀看這世界的，是安東尼．范．雷文霍克（Antoni van Leeuwenhoek）：

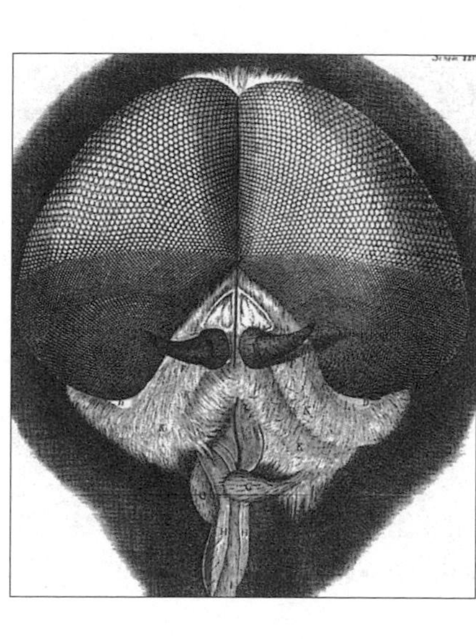

他是細菌、精蟲與血液細胞的發現者，也曾發現蜜蜂的口器與蜂針，水滴裡面有許多微生物，還有其他許多微生物現象。他的做法是，把昆蟲的角膜放在自己發明的金銀材質顯微鏡底下，在旁邊點了一根蠟燭；後來這台顯微鏡跟他的其他許多台顯微鏡都在他去世後被賣掉，如今已經失傳，但羅伯・虎克（Robert Hooke）曾經重製他的顯微鏡，藉此把自己觀察到的影像畫出來，畫作都收錄在他的《微物圖解》（*Micrographia*）一書。虎克的畫作令人大開眼界，而且令人看了深感不安，但因為身為繪圖員，他的畫卻又是精確無比，其中最有名的就是他繪製的蜻蜓頭部版畫，讓世人初次有機會看到那像是帶上面具的惡魔般臉孔，除此之外他還把自己的不可思議發現給記錄了下來，表示蜻蜓複眼上的每一個小眼（facet）都能夠如實反映出他「窗前地景上的種種事物，包括一棵大樹，我可以輕鬆辨認出哪個部分是樹幹或樹梢，同時我也可以清楚地看出窗戶的各個部分，如果我把手擺在窗戶與那角膜之間，我就能看到手與手指」。[18]

透過食蚜蠅（Drone-fly）的角膜，虎克到底觀察到什麼？他曾經大聲驚嘆，「如果我們能夠製作出一個儀器來重現那種感光效果或是重現那麼小的折射角度，那個儀器的各個零件肯定是讓人覺得奇特而微妙」。[19]但事實上複眼的每一個小眼都會各自捕捉影像，所以傳送到腦部的畫面是破碎零散的，而雷文霍克一直要等到三十年後才成為第一個體認到這件事的人。一六九五年，在那個藝術與科學尚未正式分家的時代，雷文霍克寫了一封令人屏息的信給英國皇家學會（Royal Society of London），被該會刊登出來：「透過顯微鏡，」他向其他科學家表示，「我看見一個個顛倒的燭火影像：那影像不是只有一個，而是好幾百個。儘管影像都很小，但我看得出燭火在動」。[20]

將近兩個世紀後，知名生物學家席格蒙・艾斯納（Sigmund Exner）他外甥卡爾・馮・弗里希會在他的幫助之下，一起在沃夫岡湖湖畔的家裡籌設了一間小型自然史博物館）的《昆蟲與甲殼類動物的生理學研究》（*The Physiology of the Compound Eyes of Insects and Crustaceans*）一書：這是關於昆蟲視力的第一本權威專論，是這個研究領域的開創之作，書中許多立論到目前為止都還經得起考驗。[21]艾斯納曾當過恩斯特・布呂克（Ernst Brücke）的助理，而布呂克則是維也納生理學研究院（Vienna Physiological Institute）的生理學教授，就是他勸佛洛伊德不要研究神經科學，應該研究神經學（neurology）。艾斯納與佛洛伊德是該研究院的同事，同時都在接受布呂克指導，跟佛洛伊德一樣，此刻艾斯納也深受視覺問題吸引，醉心於視覺機制的研究。經過一番籌畫與努力，他拍下了螢屬（*Lampyris*）螢火蟲的複眼影像，但他拍出來的照片與雷文霍克看到的大不相同。

複眼的層次複雜零碎，眼球上有那麼多小眼，怎麼可能只看到一個影像？那影像怎麼可能是直立的？難道不是該像食蚜蠅與人類眼睛傳送到大腦的影像那樣，是顛倒的？

儘管從外表看來並不是那麼明顯，但艾斯納知道，複眼實際上有兩

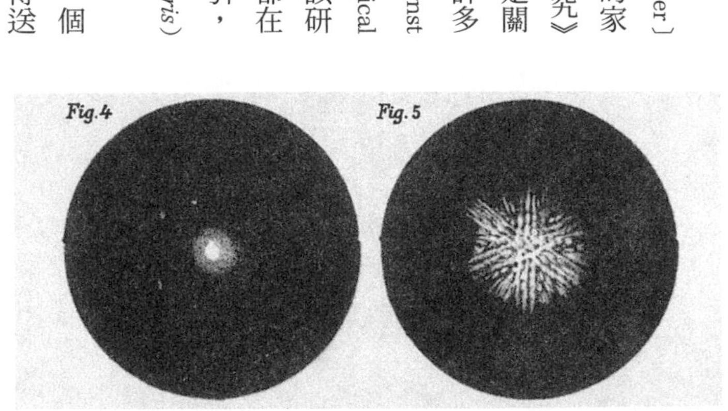

種。雷文霍克所檢視的那種複眼是由一個個細小的獨立感光組織構成，它們叫做小眼（ommatidia），每一個小眼都能在昆蟲視野中的某個狹小範圍內感光。艾斯納發現，就這種所謂並置眼（apposition eyes）而言，光線在通過小眼的六角形晶體之後，進入圓錐晶體（〔crystalline cone〕每一個圓錐晶體都被色素細胞包覆著，因此可以擋住鄰近小眼的環境光線），接著往下穿越那些對光線很敏感的圓柱狀感桿束（〔rhabdom〕每個感桿束裡面有八個視網膜感光細胞），然後直接抵達神經細胞，由神經細胞把影像傳送到視神經節，最後到達大腦。視網膜細胞原本產生的馬賽克式影像是顛倒的，會在大腦裡面被轉換成單一的直立影像。

不過，艾斯納也知道，像飛蛾之類的許多夜行性昆蟲一樣，螢火蟲的複眼是所謂的疊置眼（〔superposition eye〕他那一本在一八九一年出版的《昆蟲與甲殼類動物的生理學研究》收錄了他所觀察到的螢火蟲視網膜影像），這種複眼對於光線的敏感度是日行性昆蟲身上那種並置眼的一百倍。

疊置眼的結構並不是分隔成一個個小眼，它的視網膜是片狀的，位於眼睛的深處，視網膜下方的透明區域是光線聚集的地方。或許我們可以說，疊置眼的小眼是會相互合作的：在視網膜上形成的影像都是好幾個晶體一起製造出來的。[22]

但真正令人疑惑之處在於：接下來，直立的影像是如何在腦海中形成的？儘管整個一八八〇年代都沒有可靠的工具可以進行證明，但艾斯納還

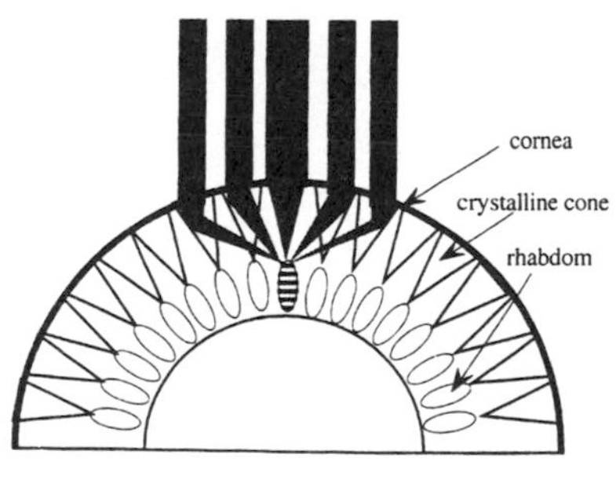

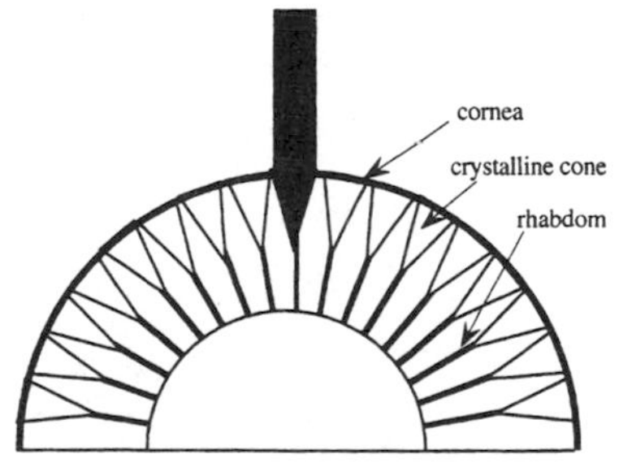

是想出了解答：疊置眼的感桿束具有雙透鏡望遠鏡的功能，能夠重新引導光線的方向，讓它們的圓柱狀感桿束裡面交會在一起，進而將影像翻轉過來。生物學家麥可．蘭德（Michael Land）表示，「顯然，在此我們面對的是相當異常的現象」。[23]蘭德與與丹－艾力克．尼爾森（Dan-Erik Nilsson）設法取得如下圖的影像，證明了兩種不同複眼形成的影像有所不同。食蟲虻的複眼是並置眼，他們透過其角膜取得左圖的顛倒影像；至於右圖，則是螢火蟲眼中的查爾斯．達爾文，影像模糊不已。[24]

複眼上小眼的數量有多有少，視昆蟲而定，有些螞蟻的小眼數量是個位數的，但某些蜻蜓的小眼數量卻可能高達三萬多個。可想而知，小眼數量越多，眼睛影像的解析度就越高。但即便是視力最好的昆蟲也無法聚焦，眼睛無法在眼窩裡轉動（所以必須轉動整個頭才能夠改變眼前影像），而且除非距離很近，否則影像的清晰度是很差的。曾經想要抓蒼蠅或打蚊子的人都很清楚，牠們的強項是對於動作很敏銳。會飛的昆蟲通常都有很寬的視野，最厲害的是兩顆眼睛在頭頂碰在一起的蜻蜓，牠們的視野是三百六十度的。

但牠們之所以對動作很敏銳並不是只因為這一點。昆蟲的「臨界閃光融合頻率」（flicker fusion frequency）在此一頻率之下，移動物體的影像才會變得流暢起來，而不是像手翻書（flip book）的一頁頁影像那樣，每個影像都是個獨立事件）比較快，所以如果我們要拍影片給蒼蠅看（或者牠們

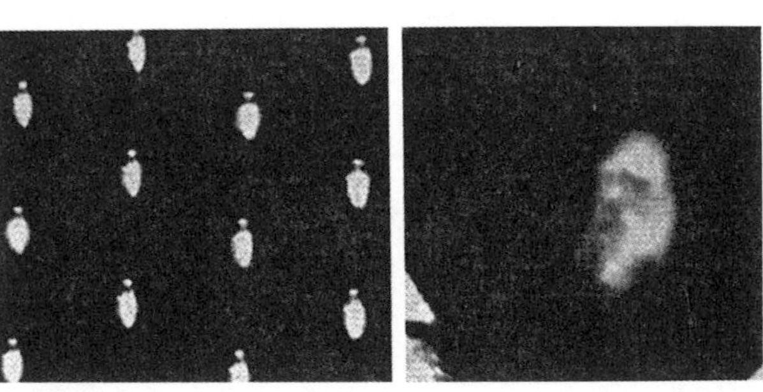

拍給自己看），就不能使用一秒二十四格的標準影片，而是要用速度快五倍的影片。這也表示蒼蠅生活的那個世界遠比我們的世界快速。出生後，蒼蠅會在幾天、幾週或幾個月裡死去，不像人類可以活幾十年。牠們占據的領域與我們的領域截然不同，不只牠們看到的影像清晰度、圖案與顏色與我們看到的不同，牠們對時間與空間覺知方式也與我們大不相同。若是把感官當成自己與周遭世界之間的中介，我們可以思考的一個問題是：那些感官與我們不同的生物（包括人類）會有什麼感覺，如何思考？其情緒又會是怎麼樣的？那些模糊的照片與塑膠面罩只能為這個問題提供部分解答。如果想要獲得另一部分答案，我們必須先把自己對於感覺的確定感拋諸腦後。

4

這個想法可以引導我們得出另一種昆蟲的觀點。這次不是用照片呈現出來的觀點。這是另一種重現昆蟲觀點的方式，而於一九三〇年代提出此一觀念的是愛沙尼亞的偉大生物學家與哲學家雅各·馮·烏也斯庫爾（Jakob von Uexküll）。馮·烏也斯庫爾常在森林裡散步，他覺得那裡面所有有感覺的動物都是主體，占據了他們自己的「周遭世界」（*Umwelt*），也就是一種必須透過牠們的感官的種種侷限與可能性來進行定義的環境。[25]每一種生物也都居住在屬於自己的時空世界裡，因為生物的感官不同，所以獲得的時空體驗與感官經驗也截然有別。「主體支配著自己的世界裡的時間，」馮·烏也斯庫爾寫道。「沒有獨立於主體之外而存在的空間」。[26]

第三七四頁的圖是一隻家蠅所體驗到的房間。馮·烏也斯庫爾認為屋內的東西有各種「功能氛圍」（functional tones）。對於蒼蠅而言，除了盤子、玻璃杯與吊燈之外，所有東西都具有「奔跑氛圍」，也就是具有讓牠們可以在上面奔跑的平面。他認為，吊燈的熱度把蒼蠅吸引到房間裡，桌上的食物與酒讓牠們佈滿「味蕾」的腳離不開桌面。我不相信蒼蠅的世界就這麼平淡乏味，不過這種說法仍然含藏著一個重要的洞見。還記得前面提及的黑心金光菊嗎？「無疑地，」馮・烏也斯庫爾寫道：「我們眼中動物身處的環境是一回事，牠們自己建立起來的「周遭世界」（裡面充滿了牠們自身感覺的對象）又是另一回事，兩者之間充滿對比。」[27]

這個「周遭世界」與我們的世界並不相同，其中有很大一部分由簡單的運動反應構成，也就是法布爾所謂的本能。但另一部分則都是「反覆嘗試與犯錯」的結果、判斷的結果、還有「重複性自身經驗」的結果。這些都是「自由主體創造出來的結果」，跟時間與空間一樣，它們也都是經驗性、且因個體而異的。[28]這似乎不太難懂：世界是多樣化的，而且不同生物的世界各自不同，我們的世界是一回事，牠們的又是另一回事，而當我們與牠們相遇時，就是兩個迥然有別的世界交會在一起的時候。事實上，當我們戴上那塑膠片面具，不就是已經進入了兩個世界的交會處嗎？說到這裡，難道我們終究還看不出重點在哪裡

嗎？那個面具與其承諾了我們有可能進行某種跨物種的溝通與交流，可能看得到牠們眼中的世界，不如說我們與牠們之間的差異事實上像是無法跨越的鴻溝。

不過馮．烏也斯庫爾繼續發揮他的論點：儘管這真實世界中有各種事物客觀存在著，但是在生物的「周遭世界」裡，任何事物都未曾以客觀的面貌出現過。包括人類在內，所有動物都只是把這些客觀事物當成具有「功能氛圍」的感覺線索而已，「儘管在最初的刺激中實際上並沒有功能氛圍，但光憑這一點就能夠讓那些事物變成真正的感覺對象」。於是他又繼續他的長篇大論，講個不停，而且越來越深奧（因為太深奧，所以我不得不持續引述他的話），他說：「我們終於獲得了一個結論，也就是每一個主體都生活在僅僅由主觀現實構成的世界裡，即便周遭世界本身也都是主觀現實」。[29]所有生物，包括我們與所有動物都生活在自己創造出來的世界裡，多多少少是複雜的，多多少少充滿刺激，而且也是主觀的。

馮．烏也斯庫爾好像扯得還不夠遠似的，到這裡他的論述又出現令人意料不到的轉折。他說，動物與人類的世界通常不是由邏輯，而是由奇蹟所主宰的。樹皮下被小蠹蟲（bark beetle）啃出來的一個個小洞可說是一種奇蹟。狗狗的主人對牠們來講也是奇蹟。我們到現在還搞不懂的候鳥飛行路線，同樣也是令人費解的奇蹟。根據他的說明，對於生活在四周的許多不同動物而言，橡樹是不同的東西；而且，同樣是聲波，對於研究無線電頻率的物理學家與對於音樂家而言，也是不同的東西。（「對於前者而言，就只是波長，對於後者來講，就只是聲音。而兩者都沒有錯。」）[30]我想到安瑪莉．摩爾（Annmarie Mol）做的動脈硬化症研究，想到裡面提及病理科醫生拿布把屍體的臉蓋起來，也想到那些頭已經被弄掉，但仍在打鬥的詭異果蠅。「事情正是如此」，馮．烏也斯庫爾如是說，帶著我們進入一個充滿了符號的世界，在這符號世界裡，生物會做出種種主觀的反應，其中充斥著幾乎無限的人類與動物主體性。

我當然喜歡這種論調。但這讓我感到緊張。就像一頭栽進虛無之中。觀看與感覺之間充滿了許許多多可能性。符號的世界也是一個溝通的世界。不同感官之間會相互結合，一起作用，彼此交疊，但彼此間也有許多矛盾。所以我聽到的聲音到底是什麼？來自天外的神奇聲音嗎？是聲音？噪音？還是音樂？那聲音真的很大。那是我透過耳機聽到的。聲音來自新墨西哥州……*

* 譯注：作者是說他正在聆聽大衛．鄧恩錄製的CD專輯《樹木的光明之聲》，詳見下一章。

全球暖化的聲音
The Sound of Global Warming

1 仔細聽。聽那全球暖化的聲音・那聲音越來越大了⋯⋯。

2 閉上雙眼。我們身處在另一個世界裡。一個濕漉漉的世界，充滿水分與回音，也許是一個管子構成的叢林。我們也有可能是置身於宮崎駿作品《風之谷》（宮崎駿這一部生態奇幻動畫的靈感來自於日本的古代故事〈熱愛蟲子的公主〉＊）中娜烏西卡公主的飛船被擊毀後墜落的超大洞穴，但那其實是一個地底的熱帶潟湖：在那充滿預言性的故事中，大地遭到人類荼毒之後，只剩那個處處生機的綠洲還住著許多神祕生物。

我們有可能在任何地方。

那些神秘的聲音是什麼？尖銳的吱吱聲響與低沉的吱嘎聲，像巨大門板移動時發出的低沉吱咯聲響，聲音拖得很長（但不可能是門的聲音），還有如同靜電般的多重節奏霹啪聲響，持續不斷。尖

＊譯注：即「蟲愛づる姫君」，是十三世紀故事集《堤中納言物語》裡面的一篇故事。意即這是個超越常識的特別生物學案例。

銳刺耳的吱喳聲響，斷斷續續，有時突然變小，或者是彷彿海浪拍打灘頭的水聲。砰砰砰，嘶嘶嘶，嘎嘎嘎，嘩嘩嘩，吱吱吱…各種聲音交雜。遠處有爆炸聲。近處則是有某東西站起來，發出憤怒吼叫聲。這裡有動物。哪幾種動物？牠們在做什麼？各種動物吱吱喳喳，多重節奏與聲音彼此對位，相互呼應。這裡有大量的活動。大量的律動。各種節奏。然後又出現更多喀喀聲響，吱吱喳喳，吱嘎吱嘎，嘩啦嘩啦，還有更多回聲。

我們在哪裡？

3

我們在一棵樹裡面。一棵貽貝松（*Pinus edulis*）。我們在它的維管束組織裡，就在外層樹幹的內部，位於韌皮部與形成層裡面。我們被包覆在一個充斥著各種聲音的世界裡：因為我正戴著全罩式耳機，那些聲音只有在大衛・鄧恩（David Dunn）錄製的CD專輯《樹木的光明之聲》（*The Sound of Light in Trees*）裡面才聽得見。[1]

我們置身的樹有可能高達三十英尺。對於某些跟米粒大小差不多的小蟲來講，這樹可說是龐大無比：例如，那些混點齒小蠹（*Ips confusus*）。牠們成群而來，數以千計，在這種堅韌而成長緩慢的松樹上面產下幼蟲，松子是牠們的最愛。新墨西哥州北部有許多粗獷而美麗的松林，樹木散發著香味，裡面除了杜松之外，也矗立著大量的這一類貽貝松。

混點齒小蠹隸屬於小蠹蟲科（Scolytidae）*，只有少數幾種昆蟲能像牠們的成蟲那樣咬穿樹木的樹皮。幾年前，牠們似乎與貽貝松達成了某種共識。探路的公蠹蟲發出訊息，把母蠹蟲吸引到那些虛弱垂死的松樹，挖洞產卵。牠們入侵樹皮，阻斷往上流動的汁液與養分。牠們帶來的青變菌（blue-stain fungus）進一步阻塞了整個維管束系統。虛弱的樹木就此投降。這些樹木的死亡讓森林變得較為稀疏，但同時也強化了森林，因為整體而言這對松林是有益的，減少了種內競爭（intra-specific competition）的壓力，讓其他松樹可以獲得更多陽光、水分與養分。但是，公蠹蟲的分飛（dispersal flight）行為最後只有百分之十到十五以成功繁殖收場，而且樹木如果健康的話，想要抵抗牠們的進逼並非難事。它們大可以排出樹脂來把樹皮上的傷口封閉起來，進而逼走入侵者，或是將牠們困在黏答答的樹脂裡。樹脂裡面含有一種帶著香味的揮發性精油，叫做單松烯類（monoterpenes），具有將青變菌消滅掉的功效。[2]

但是，二十一世紀初美國西南各州鬧旱災時，曾經造成一種新的動態。因為缺少水分，貽貝松的樹脂產量減少，結果細胞內部的含糖濃度增加，引來更多混點齒小蠹。樹汁中的單松烯類從混點齒小蠹在樹皮上留下的洞排出來，因其濃度提高，也吸引了更多昆蟲。因為缺水，樹的內部形成許多真空氣泡，導致木質組織崩解，引發了所謂的空蝕效應（cavitation），此一效應非常強烈，有些樹的氣泡破掉後甚至會發出很大的聲響，變成一種「幾乎連續不斷的超音波音調」，隨後我們將會看到，也許這是一種蠹蟲非常注意的聲音。[3]

在這種情況之下，松樹掙扎著，異常的高溫又助長了混點齒小蠹（以及青變菌）的繁殖和活動力。因為松樹變弱，混點齒小蠹活躍不已，這導致該地的發生大量貽貝松死亡的悲慘現象。二〇〇三年是

* 審定者注：有關小蠹蟲的分類，雖然早期的分類系統將小蠹蟲獨立分成小蠹蟲科（Scolytidae），然而目前最新的鞘翅目（Coleoptera）象鼻蟲總科（Curculionoidea）科級分類系統則將其處理成象鼻蟲科（Curculionidae）下的小蠹蟲亞科（Scolytinae），可參閱Leschen, R.A.B., Beutel, R.G. (eds) (2014) *Handbook of Zoology, Coleoptera Vol. 3: Morphology and Systematics (Phytophaga)*. Walter de Gruyter, Berlin.

蟲災的高峰期，新墨西哥州有超過七十七萬英畝的松林受到影響。數以百萬計的松樹死去，當地人束手無策。美國農業部所屬林業局（Department of Agriculture Forest Service）曾對損害情形進行航空測量，位於該州的洛斯阿拉莫斯國家實驗室（Los Alamos National Laboratory）則在一片貽貝松與杜松森林進行研究，後來亞利桑那大學（University of Arizona）的研究人員以上述航空資料與國家實驗室提供的資料為基礎，計算出該區域的貽貝松死亡率：在二〇〇二到二〇〇三年之間，從新墨西哥州到科羅拉多州、猶他州與亞利桑那州，死亡率在百分之四十到九十之間。[4]假設類似事件不再發生，當地也需要數百年才能夠恢復原有的松林地景。

但是，任誰都知道類似事件與其他不難想像的事件肯定會一再重演。貽貝松大量死亡，當地居民與動物（例如以吃松子為生的藍頭松鴉等等）直接受到嚴重的傷害，而且松樹死亡後造成的殘破地景除了讓人看了心痛之外，也帶來一種不祥的感覺。松林崩壞只是近年來許多驚人「天然」災害之一，其中最可怕的當然還是卡崔娜颶風。當年紐奧良在颶風後的殘破景象深植人心，究其成因，我們可以看出各族群與階級問題，還有官僚體系的無能、政府的不痛不癢，以及氣候變遷的加成效果。貽貝松的大量死亡是昆蟲、菌類與樹木造成的，也肇因於專業知識不足以及氣候因素。從上述兩個事件看來，顯然我們可以發現，一個新的氣候變遷時代已經成形，許多事件的結果都是難以逆料的。未來我們難免會看到許多無法預測的事件爆發，而且事件規模可能驚人不已。[5]所謂「國土安全」只是一個幻影。時代已經改變了。我們知道許多災禍即將來臨，也知道它們會偷襲並擊倒我們。

我們待在新墨西哥州北部的一棵貽貝松裡面。四周都是混點齒小蠹，還有其他不同種類小蠹蟲、甲蟲的幼蟲與弓背蟻。我打電話到大衛・鄧恩位於聖塔菲（Santa Fe）的家裡，他告訴我，那些砰砰砰的聲響是螞蟻造成的。空蝕效應引發了爆炸聲。吱嘎聲響則是貽貝松在風中搖曳的聲音。

《樹木的光明之聲》是一張收錄了「聲景」（soundscape）的專輯，換言之就是把那些「環境音」給錄下來的錄音作品。[6]他的目標，是要讓我們注意到出現在日常生活世界的種種聲音。就像過去人類學家史蒂夫・費爾德（Steve Feld）在開拓聲景這個研究領域時曾說過的，這是要創造出一種「用聲音來瞭解這個世界，並且存在於其中的方式」。[7]在一般的情況下，我們並不能夠聽見貽貝松裡面的環境音。我們需要人造的轉換器才能夠把那些人類耳朵聽不見的低頻音與超音波聲音轉變成聽得見的震動聲響。[8]這又讓那些被錄下來的環境音給人一種更奇怪的感覺，一方面是因為我們知道那些聲音是變化轉換而來的，另一方面是因為我們知道，即便有轉換器扮演中介的角色，但

那還是一個我們難以進入的世界。那些聲音聽起來很稀奇，讓人覺得有點不安，讓人同時能夠融入其中，又覺得很陌生，可以呈現出自然世界與我們近在咫尺，但卻與我們毫不相干，並且也能夠掌握住全球暖化這種新現象的核心：一種另人不安的弔詭感覺。

進入貽貝松內部，我們那些沉睡已久的感官也活了過來。我閉上眼睛，傾聽聲音，發現傾聽那些昆蟲的聲音跟搜集牠們也許大同小異。對我來講，這種傾聽的經驗讓我聯想到日本神經科學家養老孟司的有力論點：他對於發現、捕捉與研究昆蟲種種視覺經驗自有一套看法。養老孟司表示，日本的保育論者主張禁止採集昆蟲，但他們這種短視的做法其實是在幫倒忙。理由是，透過採集昆蟲，人們將學到為什麼該同情他人，還有該怎樣與其他生物共處，而這對於年輕人來講尤其重要。跟這本書裡面許多熱愛昆蟲的人物一樣，養老孟司和他的採集同好們都主張，因為這種活動需要全神貫注在昆蟲這種微小生物身上，所以可以培養出一種特異的觀看與感知方式。同時，因為近距離聚焦在種種細微之處上面，將有助於打破觀察者自己原本對人蟲之間的大小與高低層級觀念，進而轉化成一種（去人類中心）的倫理觀。養老孟司表示，因為聚焦在另一種生物身上，採集者會變得很有耐性，很敏銳，也能夠意識到許多細微變化以及採集活動的其他時間特性（他們會發現，昆蟲的改變是非常緩慢的，運動快速無比，而生命是如此短暫），最後他們善於觀察出各種差異，甚或發現某種存在於這個世界的新方式。

這意味著採集昆蟲不只是觀察（looking）牠們，而是要關注（seeing）——同樣的道理，如果能夠全神貫注貽貝松的聲景，我們也不只是聽到（hearing）那些聲音，而是認真傾聽（listening）。大衛・鄧恩對我表示，進入那些松樹裡面，與種種昆蟲共處後，許多人「不再認為人類是這物質世界的中心」，而且我也發現他跟養老孟司有所不同：與其說他想要培養人們對於昆蟲的熱愛，不如說他是要建立起一種欣賞或理解昆蟲的方式。他並不排除這樣的可能性：當人們仔細聆聽昆蟲聲音以後，會感到焦慮，甚至加深了對昆蟲的反感。[9]畢竟，發生於新墨西哥州的故事裡，昆蟲可不是什麼大英雄。

他錄音錄了兩年，最後把作品濃縮為一小時。他把來自不同樹木的聲音剪輯在一起。所以他不只是錄音而已，更像是作曲，把那些非人類的聲音予以重製改編。這種聲景的先例，最早可以追溯到「具象音樂」(*musique concrète*)的傳統，而這種音樂就是把各種採集而來的聲音變成作品，保留明顯的操縱痕跡，藉此強調並且表現出創作者的介入。但鄧恩的聲景也與「具象音樂」截然不同。[10]大衛．鄧恩告訴我，他的作品是要強調「那些聲音背後的事物本性」，他的目標是「把那些素材本身的時間與空間特性展現出來」，並且藉由聲音來探究各種生物（包括松樹、昆蟲與人類）所創造出來，並且置身其中的更廣大現象。

鄧恩當了三十五年的前衛音樂家與聲音藝術家、理論家、作曲家，同時也從事出版、表演、與人合作等活動，當然也常常必須錄音。現成的錄音工具還是很少。他使用的是自己設計的開放原始碼轉換程式，藉此把那些低頻振動聲與超音波聲音轉化成人類可以聽到的聲音。他會把自己設計的裝置寄給世界各地的甲蟲專家，遠至中國。他也會主持一些兒童營隊，教小朋友如何製作那些裝置。

蠹蟲成災那幾年，大衛．鄧恩跟美國西南各州的許多居民一樣，成天都坐著凝望他家附近的那些貽貝松。他看見樹上的松針從綠色變為紅棕色，然後掉下來。他心裡思考著「松樹的世界之物質性」，想著那些木頭，它們的阻抗性與種種可能性。他把Hallmark牌卡片上的圓形壓電式轉換器拿下來，跟改裝過的肉品溫度計黏在一起，變成自製裝置，擺在垂死貽貝松的樹皮裡面，調整角度，讓它能夠感應到震動。每一棵樹擺一個裝置。每一棵樹花了他不到十美元。

5

科技能夠幫助我們更接近這個世界，大衛・鄧恩告訴我。他接著表示，也許只需要耳機就能夠體會到聲景的豐富性與複雜性，近距離體驗其他生命形式的感官經驗，還有牠們對於環境的特有敏感度。

〈池塘的心靈於混亂中湧現〉（Chaos and the Emergent Mind of the Pond）是鄧恩著名的錄音作品之一，作品全長二十四分鐘，收錄了北美與非洲各地池塘裡水生昆蟲的聲音，展現出「一個由聲音構成的多重宇宙，極其精細而複雜。」[11]

他使用一對陶瓷材質的多方向水中受波器（hydrophone）與一台可攜式數位錄音機來傾聽池塘裡的聲音，結果聽到的是一種複雜無比的節奏，能與之媲美的，只有最精細的電腦合成配樂與最複雜的多節奏非洲鼓音，大多數人類音樂都不能相提並論。

他斷言，會出現那種聲音絕非純屬巧合。那些昆蟲並不是只依據本能行事。「因為我也是個音樂家，所以我不禁聽出了弦外之音。」事實上，因為身為音樂家，他認為人類的音樂與那些聲音有著相似的表現，那些聲音的表現形式讓人們得以趨近與其他生物的溝通方式。音樂不只是一種聲音，也展現出組織，而透過傾聽池塘裡的動靜，他發現裡面「充滿各種相互關聯性，某種智能也就呼之欲出了。」他開始覺得自己在那池塘裡面聽到的是一種超級有機體，由池中各種生物的自主互動構成的一種超驗社會「心靈」。與這種複雜性沒什麼兩樣的，是複雜系統理論家所描繪的那些真社會性昆蟲（eusocial insect）之巢穴，包括螞蟻、白蟻，某些蜜蜂與黃蜂，某些蚜蟲與薊馬都是如此。

上述種種概念都被鄧恩寫在他對〈池塘的心靈於混亂中湧現〉這首作品的說明文字中，打開專輯就能看到，藉此我也開始瞭解到聲景不只是一種採錄到的聲音，甚至也不只是一種創作。它也可以是一種研究方法，與鄧恩的整體論可以說是相得益彰。聲景把與它邂逅的世界當成一個整體來看待。而這與一般的科學調查方式大不相同，因為科學研究的方法起點，就是得先孤立研究對象。既然方法不同，結果當然也就差異甚遠，沒什麼好奇怪的。有些東西從這種全貌觀中浮現了，而對此，我們可不能裝聾作啞。

6

大衛・鄧恩對我說，「長久以來大家都是見樹不見林。」他創作聲景的目標是為了恢復聽眾的感官，讓他們能傾聽自然世界的聲音，刺激他們把往日那些早已不見的敏銳度給找回來，幫助他們與其他生物建立起更為親暱的關係。但氣候變遷也帶來了進一步的改變。因為森林大量垂死，責任的迫切問題又再次浮現。跟許多親身經歷那災害，而且必須面對後果的人一樣，他發現自己有一股難以抗拒的強烈欲望，總是想要做有實際效果的事情，如他所說，「藉此減少自己內心的悲愴與沮喪感。」

貽貝松大量死亡的現象並非特例。過去幾十年來，較冷地帶因為溫度增高，造成昆蟲隨之入侵。甲蟲、蚊子、壁蝨與其他昆蟲成群出現，侵襲很快，而且具有驚人的適應力。牠們善用新的環境條件，拓展新的棲息地，為各地帶來驚人後果。一個廣為人知的負面影響，是在一些沒人預料得到的高緯度或者地勢較高地區出現了昆蟲傳染的疾病，例如在瑞典與捷克共和國出現萊姆病，西尼羅河病毒（West

Nile virus）在美加現身，登革熱也往北邊移動，甚至有病例出現在德州，而東非高原地區則是淪為瘧疾災區。[12] 此外，西伯利亞、阿拉斯加與加拿大的極地森林、美國西南部的針葉林與美國中西部、東北部的溫帶森林也都出現前所未見的大量樹木死亡現象。

儘管各地的細節不同，但卻可以看出一個清楚的模式。雖然過去千百萬年來植物與昆蟲始終維持著共同演化的關係，但因為各地冬天、夏天的氣溫增高，降雨降雪量減少，再加上結凍期縮短，雙方的關係已經失衡。動物的適應速度遠快於樹木。甲蟲的生活步調變快：牠們的食量變大，成長速度更快（有些物種只需一年就可以長為成蟲，而非原先的兩年），繁殖速度加快，存活時間也拉長了。牠們的數量暴增。

樹木也遇到同樣的情況，氣溫變高，雨量降低，但樹木承受不了那種壓力。隨著旱災災情加劇，它們的新陳代謝脫序，防禦能力也變弱。過去不知多少世代以來它們早已建立起一個生存策略，也就是逐步從溫度較高的地區遷出，但這過程實在是太慢了。過去的時間架構已經完全亂掉。森林就此瓦解。樹木的唯一生路就是逃往那些對於昆蟲比較不利的生存環境，但根本來不及，樹木已經大量死去。

結果造成了各種嚴重災害。自從一九九〇年代初期以來，雲衫八齒小蠹蟲（spruce bark beetle）在阿拉斯加極地造成大量樹木死去，面積高達四百四十萬英畝。同一時期，中歐山松大小蠹（mountain pine beetle）已經遷居加拿大卑詩省的三千三百萬英畝林地，也在蒙大拿州、科羅拉多州北部與懷俄明州南部造成嚴重林害。長期下來，我們不難預見一幅末日景象。見微知著，光從北美的一個地區就能看到整個大陸都會被小蠹蟲入侵，從卑詩省到拉布拉多地區（Labrador），然後往南一路蔓延到德州東部的森林。[13]

與大衛．鄧恩進行合作的加州大學物理學家詹姆斯．克拉奇菲爾（James Crutchfield）是非線性複雜系統的專家，根據他們倆的描述，這種現象就是所謂「生物發展模式的同步化失調」（desynchronization of biotic developmental patterns）。[14]根據聲景的邏輯，他們發想出一個新的科學研究計畫，與《樹木的光明之聲》可說有異曲同工之妙，兩者都不是用觀看的方式來研究氣候變遷，而是用聆聽的。

過去幾十年來，昆蟲行為學的研究方法向來是以化學生態學為王道，也就是著重於研究化學訊息（chemical cue）對於生態互動有何影響。湯瑪斯．埃斯納（Thomas Eisner）是此一領域的先驅，也是公認的大師，他畢生與昆蟲為伍，在他那一本引人入勝的書裡面記錄了許多發現。例如，放屁蟲（bombardier beetle）在遭受威脅時就會排放出灼熱的苯醌。妖婦螢屬（*Photuris*）的雌性螢火蟲有吃另一種雄性螢火蟲的習慣，為的是取得某些具有防禦功效的化學物質。美艷的雌性響盒蛾（*Utetheisa ornatrix*）能分辨出費洛蒙的濃度高低，往往選擇濃度最高者為性伴侶。葉蜂幼蟲與蚱蜢遭遇攻擊時會吐出有毒物質。埃斯納說得很清楚，此類案例似乎無窮無盡，因此這可說是個充滿無限可能的研究領域。[15]

事實證明，化學生態學的確是極其豐富的昆蟲研究領域。投注在三種化合物上面的研究能量更是龐大無比：在同種類的昆蟲之間，費洛蒙對於牠們的行為與心理發展有很大影響（例如對於交配與群聚的影響）。阿洛蒙（allomone）是某物種用來保護自己，對付另一物種的利器（例如放屁蟲噴出來的防禦性毒素）。開洛蒙（kairomone）則是在某一物種排放出來後會對另一物種帶來好處（分泌物就是一個例子，松樹的樹皮受傷，排放出單松烯類分泌物，偶然之間引來了寄生蟲或掠食者）。

毫無疑問地，生物生態學的確可以用來解釋很多現象，它所描述的昆蟲世界是如此錯綜複雜，令人詫異。儘管如此，大衛・鄧恩告訴我，這種學說還是無法阻止小蠹蟲往北方的森林蔓延肆虐。在害蟲控制方面，它所提供的主要工具就是費洛蒙誘蟲盒（其功能是誘騙小蠹蟲，擾亂其行為）與殺蟲劑，但事實證明都是無效或者不切實際的。儘管人們做了千百份研究報告，秘而不宣的研究經費數以百萬計，但小蠹蟲未曾停下牠們的腳步。

7

聽啊。牠們來了，那聲音如此喧鬧清楚。那些吱嘎聲響來自於混點齒小蠹。雌蠹蟲的後腦勺有一個又小又硬的梳狀器官，也就是所謂的發音器（*pars stridens*），牠們用來磨擦那位於前胸上端邊緣的前緣鬃（*plectrum*）。雄蠹蟲也會發聲，但沒有人知道牠們如何辦到。

小蠹蟲的發聲器官結構是很重要的。那些聲音的功能也是。我們可以把小蠹蟲這種昆蟲當成社會性的昆蟲。但並非像蜜蜂那種真社會性昆蟲：除了能建造出精緻的蜂窩，還有明確的分工。這是一種廣義的社會性：牠們有群居的習性，鎖定目標後整批移居樹上，而且會調整棲息地之間的距離，避免住得太過密集，有一些小蠹蟲則是會群聚在窩裡。如果不能彼此溝通，肯定不會出現如此複雜的合作行為。

過去，人們在研究小蠹蟲的互動時往往聚焦在化學訊息，聲音只是次要的。[16]未曾有人發表論著，闡述小蠹蟲是怎樣聽見彼此發出的聲音，還有牠們有何聽覺器官，這病徵般地反映昆蟲學研究上對聲音的忽視。[17]

但是，如果鄧恩與克拉奇菲爾的主張真的是對的呢？也就是說，小蠹蟲之所以會受到那些比較脆弱的樹木吸引，不只是因為先發現那些樹的雄性蠹蟲發出費洛蒙，也不只是因為那些樹從傷口排放出含有開洛蒙的樹脂，或許同時也是因為雄性蠹蟲所製造出的生物聽覺訊息（bioacoustic cue），例如空蝕效應發生時樹木內部氣泡破掉而發出的轟隆聲響。我們是否能暫時假設，小蠹蟲跟許多種類的蝴蝶、飛蛾、螳螂、蟋蟀、蚱蜢、蒼蠅與脈翅目（Neuroptera）昆蟲一樣，也聽得到頻率是超音波的聲音？從貽貝松內部如此豐富的聲音世界看來，的確如此。此外也可以印證這一點的，還有近年來許多昆蟲學研究——擁有聽覺的昆蟲遠比我們原來以為的還多。[18]

事實上，在我進入貽貝松裡面與那些小蠹蟲相處片刻，融入牠們的世界以後，有兩件事讓我越來越覺得不可思議：為什麼幾乎沒有人針對小蠹蟲的生物聽覺訊息進行研究？為什麼有人認為樹裡面那些互動性強烈的聲音只是隨意發出的？仔細檢視貽貝松的聲景之後，鄧恩與克拉奇菲爾發現：「我們認為蠹蟲之間具有群體性的行為包括樹木的選擇、聯合攻擊、求偶、爭奪地盤與挖掘雌雄蠹蟲共居的洞穴，但是即便在這些行為早已結束之後，還是可以聽到牠們持續製造出各種各樣的聲音訊號。」「在那些已經完全被蠹蟲占據的樹木裡，」他們寫道，「那些發聲的行為，那些唧唧聲響與卡嗒卡嗒的聲音可以持續幾天甚至幾週，即便其他行為顯然早已結束了。」這有何意義？他們的推斷很謹慎，但也很重要：「這些觀察結果意味著小蠹蟲的社會組織遠比我們先前所猜想的還要複雜細膩，那是一種需要透過聲音與物體（如透過植物、樹木或土壤）內部震動（substrate vibration）進行溝通，才能夠維持下去的組織。」[19]

透過最近研究，哥倫比亞市密蘇里大學（University of Missouri-Columbia）的雷吉諾・柯克羅夫特（Reginald Cocroft）與他的團隊挖掘出另一個問題。柯克羅夫特發現，昆蟲的聲音世界實際上更為多元化，大衛・鄧恩錄到那些低頻與超音速的空氣音只是其中一種元素而已。那些以植物為棲息地的大量昆蟲似乎也會利用牠們的生活環境來進行非聲音性的震動。「某些對於震動非常敏銳的物種，」柯克羅夫特與拉斐爾．羅德里奎茲（Rafael Rodríguez）寫道，「不但會透過監控震動來掌握掠食者的動靜，同時也會在生活環境中取材，透過震動來與同物種的其他昆蟲溝通。」昆蟲可以透過震動植物的根莖葉來傳達有意義的訊息，而且傳到很遠的距離外（以石蠅為例，最遠可以達到八公尺）。由於不再受限於透過空氣音溝通的物理條件，當牠們藉由震動發出低頻訊號時，能模仿那些體型遠比牠們龐大的昆蟲，以達到嚇阻掠食者的效果。某些昆蟲則是利用震動來召喚同伴，表示牠們找到了高品質的食物來源，切葉蟻就是一個例子。其他動物，像是龜金花蟲（tortoiseshell beetle）的幼蟲，則是藉由發出震動訊號來溝通協調，組成防禦的陣形。還有其他昆蟲，例如一種叫做角蟬（thorn bug）的半翅目昆蟲，如果受到威脅時就會一起發出危急訊號，召喚牠們的母親。同時，掠食者當然也會「竊聽」震動訊息，藉此發現獵物的位置（這可以用來說明某些昆蟲所具有的「隱密震動」〔vibrocrypticity〕特色，牠們「移動速度緩慢無比，幾乎不會在生活環境中造成震動，所以才能悄悄經過蜘蛛，不會遭受攻擊」）。會發出震動訊號的昆蟲實在是種類繁多，而且訊號種類千奇百怪，「令人驚嘆不已。」[20]

讓我們以不同方式重新想像聲景的樣貌。就從那些繁忙、嘈雜而充滿音樂性的能量開始，進一步用各種感官去關注。而且我們不該局限於多種感官樣態，也要接受跨感官樣態的可能性：因為這些昆蟲的感官跟人類的感官沒兩樣，個別的感官有其作用，而不同感官的組合還能傳遞更多訊息。

沒錯，昆蟲的世界是個嘈雜的世界，牠們不斷製造出各種聲音，砰砰砰，卡嗒卡嗒，吱吱嘎嘎，唧唧喳喳。

沒錯，那也是個可以透過震動來溝通的世界：牠們是如此敏感，甚至會被微風驚動，一陣暴雨就能毀了整個世界，或把牠們都淹死。

沒錯，那也是個充滿化學物質的世界：牠們可以持續排放出各種不可思議而複雜的誘引劑、忌避劑、藥劑、毒素與有偽裝效果的化學物，充分展現出令人咋舌的創意。

沒錯，就像馮．弗里希的那些蜜蜂一樣，這些昆蟲也有很親密的身體關係：牠們彼此觸摸、接觸，分享各種物質，牠們的世界裡也充滿了各種視覺訊息。

那是一個互動性很強的世界，在那個地景中，許多相同物種或不同物種的昆蟲彼此有所關聯，也會相互溝通。

仔細聽。你聽得見嗎？透過聲景，我們可以試著去探索一個更寬廣，更豐富的世界。

8

但是，那聲景除了是樹中生物的聲音之外，也是災禍之聲。鄧恩與克拉奇菲爾表示，那些小蠹蟲的嘈雜聲不只是全球暖化的徵兆，同時也是原因。鄧恩與克拉奇菲爾認為，森林生態是一種控制論式的回饋迴路（cybernetic feedback loop），因為氣候變遷而加速運轉。那些昆蟲持續應變成功，數量大增，也因此打破了原有生態系的平衡狀態。由於小蠹蟲在樹木大量死亡的過程中扮演關鍵角色，而死亡後的樹木會將成長時儲存的碳全部釋放出來，牠們被鄧恩與克拉奇菲爾視為「昆蟲促成的氣候變遷」（entomogenic climate change）的加速器。[21]

這是個引人入勝的洞見。但事實上，對於小蠹蟲與其他各種可以咬穿樹皮的昆蟲來講，這種說法可能與先前的說法沒什麼差別。在北美各地許多樹木大量死亡後，對於「蠹蟲必須為此負責」的說法，幾乎沒有人會有所猶豫，而牠們的行為也被當成「蟲災」與「入侵」(與這種焦慮情緒相似的是，我們對於外來移民也都抱持著根深蒂固的恐懼態度)，人們也致力去滅蟲。

仔細聽。這些聲音引來了複雜的回應。樹木內部的生態是如此美麗豐富，韌皮部中有各種音樂。那是一個完備獨立的世界，對外界漠不關心，裡面的聲音預示著嚴重災禍。那些小蠹蟲都是溝通高手，牠們的「周遭世界」高度社會化。我們不該與牠們為敵。我們的國家打著生物安全問題的大旗，廣設陷阱，起用起多樹木專家，開設種種課程來教育大眾，在各個州郡採取檢疫措施，但幾乎都沒有用。我們都知道，第一個說出「哪裡有壓迫，哪裡就有反抗」這句名言的，是毛澤東。不過他並非因為觀察了昆蟲才會說出這句話。但我們倒是可以把這句話應用在自然界。早在二十五年前，挪威人與瑞典人為了阻止雲杉八齒小蠹蟲入侵森林，用費洛蒙誘蟲盒抓到了七十億隻蠹蟲。[22]在那七十億隻之後，還是不斷有蠹蟲入侵。這壓迫策略顯然無效。我們必須找出某種能與昆蟲共生的方式。某種與牠們交朋友的方式。

X

書中軼事
Ex Libris, Exempla

超越

一九三四年十二月二十六日。在超現實主義的歷史上，這天發生了一件大事。在巴黎的某一間咖啡廳裡，安德烈·布勒東（André Breton）與新秀作家羅傑·凱窪（Roger Caillois）為了兩顆墨西哥跳豆而爭論了起來。

三年後，凱窪與其他兩位超現實主義異議分子，也就是喬治·巴代伊（Georges Bataille）與人類學家米歇爾·雷希斯（Michel Leiris）一起創辦了社會學學院（Collège de Sociologie）。巴代伊是個充滿領袖魅力的作家，他成立了一個叫做「無頭身體」（*Acéphale*）的秘密組織，成員不多，凱窪是其中之一，但參與得並不積極。據說這組織主張以人類獻祭，也在成員裡面找到幾個自願當祭品的人，只是沒有人願意下手。[1]再過兩年，因為納粹占領了法國，凱窪前往阿根廷避禍。九年後他開始進入聯合國教科文組織工作，成為一個文化官僚。二十三年後，他獲選為法蘭西學院院士。這一路走來他寫過很多博學又有獨到見解，但沒多少人記得的書，內容都是一些奇怪的主題，而昆蟲在其中占有特別的一席之地，尤其是螳螂、提燈蟲

（lantern-fly）與其他擅於擬態（mimicry）的物種。

十二月二十七日那天，當時年僅二十一的凱窪也許還在宿醉，他寫信給布勒東，表示要與超現實主義決裂。「原本我曾希望，」他寫道，「我們的立場可以不要有那麼大的差異，但經過昨晚的一席對談後，我的希望落空了」。[2]

那神秘的跳豆正安坐在他兩人面前的桌上。跳豆為什麼會跳？難道裡面暗藏某種奇怪而懸疑的生命原力，才會偶爾不規則地抽動？凱窪拿刀出來，想要剖開跳豆。就年紀而言，當時才剛被逐出法國共產黨的布勒東幾乎是他的兩倍年長，是法國知識界的要角，還曾經寫過幾篇超現實主義運動的宣言。布勒東命令他停手。

他們都知道每顆豆子裡面有一隻跳豆小卷蛾（*Laspeyresia saltitans*）*的幼蟲，因為蟲子在空心的豆子裡抽動，才會叫做跳豆。但布勒東不想用這種方式確認。凱窪寫道，「你說，用刀一剖，那神秘現象就被毀了」。[3]

凱窪把這件事描繪為詩歌與科學之間的爭論。但即便是在當時，他所

謂的科學還是非常具有詩意的。他在信中寫道，他認為當代世界最大的特色在於，「人們看不出某些事其實是顯而易見的」，因此「一切變得混亂無比」，而這也是最需要解決的問題。[4]他認為混亂召喚著科學家的系統性研究。然而他想發展的並非一般的科學，而是他所稱的「對角性科學」（diagonal science）**，也就是一種「超越知識的科學」，他的科學裡面也包括了「一般科學不想瞭解的東西」。[5]他在寫給布勒東的信裡面表示，揭露跳豆裡的幼蟲並不會毀掉那個神秘現象，因為「我們眼前的奇蹟並不懼怕知識，反而會因為知識而蓬勃興旺」。[6]

自然世界裡處處是奇蹟。畫家兼探險家瑪麗亞・西碧拉・梅里安就在蘇利南發現了一個奇蹟。她發現，學名為*Laternaria phosphorea****的提燈蟲可以發出很亮的光，「就算書籍字體跟《荷蘭雙週報》（*Gazete de Hollande*）裡面的字一樣小」，[7]也看得清楚。但事實上她錯了：提燈蟲並不會發出（磷）光。這個詭奇的誤解卻透過拉丁學名與提燈蟲牽連一百多年，直到後來提燈蟲才被改名為*Fulgora laternaria*。凱窪主張，這是因為提燈蟲的外觀，尤其那個燈箱似的頭部，使梅里安過於驚訝，因此她才會不自覺地以另一個不相關的奇怪現象（昆蟲會發光）來解釋眼前的現象。

* 審定者注：本種在生物分類上已被處理為是*Cydia deshaisiana* (Lucas, 1858) 的同物異名，故現行學名組合是*Cydia deshaisiana*。

** 編注：這是一種基進的分類學，主張透過類比和呼應、可見和不可見的事物、所有類型的調查過程（科學、詩歌、美學等等），將原本相異的動物和植物歸類在一起。

*** 審訂者注：本種在生物分類上已被處理為是*Fulgora laternaria* (Linnaeus, 1758) 的同物異名，故現行學名組合是*Fulgora laternaria*。

提燈蟲的確是一種驚人的動物。跟螳螂一樣，世界各地都有關於牠們的神話、故事與傳說。曾在亞馬遜盆地居住十一年的英國博物學家亨利．沃爾特．貝茲（Henry Walter Bates）是許多事物的發現者，其中一種蝴蝶的擬態行為是達爾文在提出「物競天擇」理論時的重要例證，同時他也曾轉述過當地許多關於提燈蟲的傳說，甚至表示河面上的提燈蟲會攻擊並且殺死人類。貝茲表示，提燈蟲在當地方言中被稱為「鱷魚頭」，因為那種蟲的頭部有一個長長的吻，看似鱷魚口鼻。[8]提燈蟲的臉部以下就像是個空盒，牠們會「精確地模仿鱷魚頭，」凱窪寫道（不過，從生物地理學的角度看來，他的描述並不精確），「顏色與花紋讓人誤以為看到有力的鱷魚嘴和粗暴的牙齒」。這種視覺效果「如此荒謬甚至可笑，」但卻沒人能否認。[9]這種棲息於樹木之間的小蟲居然能夠看似鱷魚頭，因而如此嚇人，真是一件怪事。

凱窪主張，自然界「有一套嚇人外觀的固定劇碼」，幾種原型，而無論鱷魚或提燈蟲的嚇人外表都是從那些原型而來。擬態的重點不是要讓自己消失，把自己憑空變不見。更常見的狀況是某種重現的能力，讓自己突然以另一種面貌出現，就像戴上了海達族（Haida）印地安人的面具一樣，產生威嚇的效果。螳螂就常常突然憑空出現，在獵物面前高高矗立著，露出那兩顆嚇人的大眼睛，發出邪惡的聲音。獵物就此定住不動，像癱瘓或被催眠，沒辦法從螳螂面前逃走，這讓螳螂看似「具有超自然力量，彷彿並非現實世界的一部分，而是來自另一個世界」。[10]

提燈蟲也是一樣。除了那個「看似很人，其實很小的」鱷魚般「假頭」之外，凱窪辨認出牠還有另一個頭：「就是尋常昆蟲的頭」，「上面有兩個黑黑亮亮，幾近微小的點，是牠的眼睛」。[11] 那鱷魚臉是個面具，跟薩滿巫師戴的面具有異曲同工之妙，效果與方法一樣。提燈蟲「的行徑就像是個施咒者，一位魔法師，一個擅用面具的人」。[12]

凱窪很喜歡收集大大小小的石頭。到了晚年，他出版了《石頭之書》（*The Writing of Stones*），書裡面有很多精美插圖，每一張都是他精選的收藏品照片，而他用來描述那些石頭的文字則是充滿個人風格，融合了理性的生物學描述與類比性的詩意。他因為擬態特性而迷戀昆蟲，同時他也在石頭上面發現那種特性。就像昆蟲的擬態行為相似於魔法師的顯著特色，動物身上的模仿性飾紋與薩滿巫師的面具有一樣的功效，貓頭鷹蝶（Caligo butterfly）翅膀上的眼睛狀花紋讓人聯想到邪惡之眼（凱窪表示，「在整個動物王國裡，那眼睛是最能讓人入迷的東西」），而同樣地，凱窪所收藏的那些奇石（「除了那些石頭之外，各種植物的根、背殼、翅膀，還有大自然的所有密碼與創造物也都一樣」）與人類的藝術品具有相同的「普遍語法」，藉此與「宇宙的美學」有所關聯。[13]

科學思考的第一步總是先將事物分門別類，凱窪的世界則相反；它總是逸出那些分類。那是一個所有邊界全都消解的世界，沒有我他之分，也不必區別什麼是身體，什麼是動物、蔬菜與礦物。一切都融合於天地之間。在他最有名的一篇散文裡，凱窪引述了福婁拜小說《聖安東尼的誘惑》（*The Temptation of St. Anthony*）最後狂喜的段落，藉此展現一種「令隱士折服的普遍擬態奇觀」。

「植物與動物不再有所區別。…昆蟲與樹叢中的玫瑰花瓣沒有兩樣。…而植物與石頭也被搞混了。岩石看來像大腦，鐘乳石彷彿胸部，鐵礦礦脈宛如帶有人物飾紋的掛毯。」

凱窪寫道：安東尼想要從自身抽離出來，「完完全全與萬物同在，滲入每個原子裡面，下沉到物質的底層，成為物質」。[14]

碧玉與瑪瑙的光滑表面看來墨色氤氳，色彩鮮明，它們可以把凱窪帶到那個境界。一隻被激怒的飛蛾，一隻突然站起來的螳螂，還有一隻提燈蟲也都可以。「誰說昆蟲沒有魔法？」他寫道。「任何人都不該說這種話。」[15]

勒索

聖芳濟教士兼編年史家胡安．德．托爾克馬達（Juan de Torquemada）在如今被稱為墨西哥市的地方撰寫史書，描述了一件發生在一五二〇年的事：艾爾南．柯特斯（Hernán Cortés）征服阿茲特克帝國後，帝國統治者蒙特祖馬二世（Moctezuma）被囚禁在自己的宮殿裡，征服者柯特斯允許手下在皇城裡四處探查。托爾克馬達寫道，西班牙人搜出很多東西，其中有幾個小袋子，一看到時他們以為裡面裝的是金粉。

把袋子割開後，那些西班牙人發現裡面並非金粉，而是許多蝨子，為此失望透頂。根據托爾克馬達的說法，故事主角是柯特斯手下的兩個副官，而那一袋袋蝨子則是反映出阿茲特克人對於他們的君主懷抱著非常強烈的責任感：即便是沒有東西可以奉獻的窮苦老百姓也會獻出蝨子。[16]

托爾克馬達表示，發現袋子的人之一是烏拉巴城（Urabá）總督阿隆索・德・奧赫達（Alonso de Ojeda），他的統治手段殘暴，聲名狼藉，而且在哥倫布第二次前往西印度群島時，他曾是船上人員之一。但事實上奧赫達早在五年以前就已經去世了：當時卡塔赫納（Cartagena）的印地安人把他的部隊擊潰，後來在返回聖多明哥（Santo Domingo）時死於船難。托爾克馬達在寫書時已經與那事件相隔一世紀，如果他誤以為發現袋子的人是奧赫達，或許他也把其他細節給搞錯了？

———

在這個故事的另一個版本中，蒙特祖馬二世徵召了一些老人，要他們設法把蝨子弄進宮殿。因為那些老先生、老太太沒辦法幹更粗重的活，他們奉命造訪鄰居的屋舍，幫鄰居除蝨，然後把抓到的蝨子帶到阿茲特克都城特諾奇提特蘭（Tenochtitlan）。在一九三一年於梵諦岡發現的一五五二年《阿茲特克法典》裡面，我們可以看到全美洲歷史最悠久的醫療文獻，裡面記錄了各種原住民的草藥配方，是用來治療頭蝨、蝨病（蝨子寄生在眼睫毛上）與「蝨瘟熱」（lousy distemper）。有鑑於此，老人捕抓蝨子之舉有可能是該帝國的公衛措施之一。[17]

———

阿茲特克帝國西南方的遠處，印加帝國的統治者瓦伊納・卡帕克（Huayna Capac）正在巡視帝國境內各地。他來到帝國邊境軍事基地帕斯托（［Pasto］位於今天的哥倫比亞與秘魯的邊界附近），在那裡監督防禦工程，並且向當地的領導人指出，因為把大量財力都投注在他們的福利事項上，因此帝國現在已經負債累累。根據印加帝國編年史的最重要作者之一，也就是來自西班牙的佩德羅・德・西耶薩・

德・雷昂（Pedro de Cieza de León）表示，當地顯貴的答覆是，他們完全沒辦法繳納那些新規定的賦稅。瓦伊納・卡帕克打定主意，要讓這些帕斯托的權貴們搞清楚自己的處境，於是發布命令：「當地每位居民每四個月都要上繳一大籃活的蝨子」。西耶薩・德・雷昂說，當地的貴族們聽到此一指令時，全都哈哈大笑。但很快他們就發現，無論他們怎樣努力抓蟲，就是沒辦法依規定用蝨子把籃子裝滿。西耶薩・德・雷昂寫道，隨後瓦伊納・卡帕克為帕斯托提供綿羊，過沒多久當地人就開始向帝國首都庫斯科（Cuzco）進貢羊毛與蔬菜。[18]*

此時，為了不想被印加帝國征服，烏魯族（Urus）族人則是逃往更南方的提提卡卡湖（Lake Titicaca），定居在湖面上，以那些用蘆葦編織而成的小小漂島為家。（那些人工小島與島上的住家如今已經成為當地吸引觀光客的主要景點。）根據許多編年史作者的說法，印加人把烏魯族當成非常低賤的民族，因此用印加語裡面的「蛆蟲」一詞來稱呼他們。那些編年史裡面也記載著印加人向烏魯族強徵蝨子，只因印加人認為他們只配用那種東西來納貢。[19]

在哥倫布時代以前的歷史中，無論是瓦里（Wari）、馬雅（Maya）、米斯特克（Mixtec）、薩波特克（Zapotec），或者其他任何帝國，都不曾像前述的阿茲特克與印加帝國那樣，留下這一類歷史記錄。不過，史料本來就常常少得可憐。然而，據說馬雅人曾經在打仗時利用昆蟲造成敵軍的軍心大亂：他們用於攻擊敵軍的「昆蟲砲彈」並非以蝨子為材質，而是蜂窩，裡面還有活生生的黃蜂。[20]

流放

廣西柳州地勢多山，唐代大詩人兼哲學家柳宗元曾寄居當地偏遠鄉間，在那裡留下一些描述長角蛉（owlfly）幼蟲的文字。

長角蛉是一種古老的生物。曾有人在多明尼加共和國發現一顆四千五百多萬年以前的琥珀，裡面就有長角蛉。[21]牠們的成蟲看似蜻蜓，但幼蟲看起來卻像蟻蛉的幼蟲（蟻獅〔antlion〕），橢圓形的身體是深褐色的，體外有甲殼，身長大約一英吋，大顎非常有力，長得像鉗子。不過，蟻蛉幼蟲會在沙土裡設下淺淺的陷阱，趴在裡面，等待螞蟻或其他獵物掉下去，但長角蛉的幼蟲卻是把沙土鋪在自己身上，形成保護色，藉此匿蹤。只有那一對巨大的大顎不會被蓋起來。只要有昆蟲靠得太近，一對鉗子般的顎骨就收起來，困住獵物的身體，將其吸乾。

柳宗元因為參加「永貞革新」，革新運動失敗後在西元八〇五年（唐順宗永貞元年）遭流放，離開當時是唐帝國首都的國際大城長安（即現在的西安）。為柳宗元立傳的陳弱水寫道：柳宗元對長安這個「故鄉」朝思暮想，但終究無法如願返鄉。[22]

＊編注：帕斯托的貴族以為抓蝨子易如反掌，沒想到事情並不如想像中順利。於是，他們很快便接受帝國政府提供的牲畜：羊群，並且願意養羊、進貢羊毛，因為與抓蝨子相較，這樣做容易多了。

被貶至永州（今湖南省永州市）後，柳宗元於西元八〇九到八一二年（唐憲宗元和四年到七年）之間，完成所謂的「永州八記」，這些作品向來被評價為「開啟了抒情旅行文學之先河」，在其中一篇〈始得西山宴遊記〉中他寫道：

自余為僇人，居是州，恆惴慄。其隙也，則施施而行，漫漫而遊。日與其徒上高山，入深林，窮迴谿，幽泉怪石，無遠不到。到則披草而坐，傾壺而醉。醉則更相枕以臥，臥而夢。[23]

西元八一九年（唐憲宗元和十四年），柳宗元逝世，年僅四十六歲。五百多年後明朝開始出現了「唐宋古文八大家」的稱號，他也名列其中。

柳宗元在去世那一年（西元八一九年）寫下了〈蝜蝂傳〉一文。他在文中描述了長角蛉的幼蟲如何捕捉獵物，捉到後用「卬其首負之」的姿勢來搬運獵物。

背愈重，雖困劇不止也。其背甚澀，物積因不散，卒躓僕不能起。人或憐之，為去其負。苟能行，又持取如故。[24]

在遭到流放的那些年頭，柳宗元曾透過〈天說〉一文來思考所謂「天」的本質與人類的責任，他在文中問道：假而有能去其攻穴者，是物也，其能有報乎？蕃而息之者，其能有怒乎？

對此，他的答案是：當然不能。他認為，事實上應該是「功者自功，禍者自禍」。此時他被流放到蠻荒之地已經是第十四年，也是最後一年了。於〈天說〉中他最後寫道：慾望其賞罰者，大謬矣……。子而信子之仁義以遊其內，生而死爾。[25]

滅絕

納粹敗亡後，卡爾・馮・弗里希回到慕尼黑，再度擔任動物學研究所所長一職。一九四七年，他出版了一本叫做《十個小室友》（*Ten Little Housemates*）的科普小書，向一般讀者傳達他的觀念：「即便是最討人厭，最被鄙視的動物也有其美好之處」。[26]

他從家蠅開始介紹起（他說牠們是「整潔俐落的小動物」），然後是蚊子（他承認，「沒有人喜歡牠們」），還有跳蚤（「任何成年人若想跟跳蚤比拼彈跳能力，必須能夠跳高大概一百公尺，跳遠大概三百公尺。……可以一口氣從西敏橋（Westminster Bridge）跳到大笨鐘（Big Ben）頂端」）、床蝨（「別忘了，從生命法則的觀點看來，所有生物都是平等的；人類並未比老鼠高等，床蝨也沒有比人類高等」）、蝨子（「光靠前腳，任何一隻蝨子都可以舉起比自己重兩百倍的東西，而且持續一分鐘。牠們根本就是比最強壯的運動員還要厲害；牠們就像可以用雙手舉重一百五十公噸的人！」）、蟑螂（「牠們是一個在這世界上源遠流傳的族群」）、衣魚（「學名是*Lepisma saccharina*，綽號『甜食控』（sugar guest）。牠們是對人無害的小小室友」）、蜘蛛（「令人吃驚的是，蜘蛛的結網技巧是一種本能，但卻沒有嚴格的

系統性，不但各地的蜘蛛有不同的行為，每一隻蜘蛛的特色也各不相同」）與壁蝨（「雌性壁蝨喜歡吸血，但有充分的理由，我們不該苛責牠們。如果你必須生產幾千顆蟲卵，肯定也會想要好好吃一餐」）。

———

馮．弗里希把書中篇幅較長的幾章之一獻給他的第十種室友，也就是衣蛾（clothes moth）。他從毛毛蟲開始寫起。跟糞金龜（dung beetle）一樣，這種蛾的毛蟲基本上也是靠腐食為生，以地球上為數龐大的但又沒有用處的毛髮、羽毛和毛皮為食物。與石蠶蛾（caddis fly）幼蟲一樣，衣蛾的幼蟲會製作出一層「蓑衣」把自己保護起來，也就是把自己包覆在一條看似絲質的管狀物體中，那物體彷彿一隻迷你的厚襪，材料來自於周遭世界的許多角質碎屑。吃東西時，幼蟲會從管子裡探頭出來，在管子的開口四周覓食。等到附近的東西都吃光了，牠就會設法把管子往毛屑堆裡面移動。

毛蟲很快就會完全長大了，離開那管子。成蟲會掙扎著移動到一個新地點，讓自己在變成飛蛾後能夠輕易飛走。也許是你祖母的毛皮外套的表面，或是你最喜歡的冬季毛衣上。一旦找到新家後，毛蟲又在自己的身上編織出一套新的「蓑衣」，跟往常一樣把自己包起來，準備結成蟲蛹。

———

跟許多鱗翅目昆蟲一樣，衣蛾成體無法吃喝。變成蛾之後，牠們只有短短數週的壽命，全靠毛蟲時期累積的能量過活，過程中會減少百分之五十到七十五的重量。雌性衣蛾的體型笨重，因為牠們最多會身懷一百顆蟲卵，所以不願意高飛，白天都躲在暗處。馮．弗里希對於人們無知的暴力而感到又氣又好笑「若是有蛾在房間裡飛來飛去，」他說，「不需要勞師動眾全家追殺。因為那只是雄性衣蛾。牠們的數量很多，事實上是雌性的兩倍。如果只有幾隻雄性衣蛾被殺掉，是不會影響生育率的。」[27]

———

卡爾．馮．弗里希的小小室友們不僅令人嘆為觀止，而且每一位都有不同的特別之處。他費心探究那些昆蟲生態的最為極端之處，向世人解釋為什麼會有那麼多蟲，描繪出牠們生氣勃勃的活動，拒絕誇大不實，讚揚牠們的越軌之舉。他的文字維持一貫的精確精神，除了描述自己做的那些實驗之外，也擴及種種實際經驗。他長篇大論地離題漫談，往往找一些題外話來幫小蟲的過量找藉口，找理由辯護。儘管如此，在每章結束之處他總會推薦一些「根除」那些小小室友的妙方，也就是消滅牠們的方法。＊

家蠅該用捕蚊紙捕捉，或是毒殺。衣蛾容易受到石油環烷與樟腦影響。衣魚可以用ＤＤＴ殺蟲劑來控制（他說，「如果用量合理，同時遵照指示使用，這種殺蟲劑並不會對人類或家畜造成傷害」）。蝨子就該用氫氰酸與其衍生物來控制，以蒸燻的方式大量毒殺（「那是戰時製造出來的有用產品」）。如果是蚊子，就必須採用比較激烈的手段了：把牠們的潮濕棲息地弄乾，灌汽油進去，或是在牠們繁殖的水池裡養吃蚊子的魚。蟑螂也應該用ＤＤＴ來消滅。

「我懷疑昆蟲會跟我們一樣感到痛苦，」馮．弗里希說。他還說了一個故事來印證自己的諸多主張。

＊編注：在作者的巧思下，原文裡，這一段的動詞、名詞、形容詞都是EX開頭，呼應這章的英文篇名Ex Libris, Exempla。

此刻他回歸到那些他摯愛的蜜蜂，也就是他成年後與之朝夕相處的小小同伴們。一開始他是這樣寫的：「如果你用一支銳利的剪刀把蜜蜂剪成兩半，取一滴糖水，小心別驚動牠，牠還是會吃糖水」。[28]

他那平穩溫和的敘述語調始終沒有改變。羅傑．凱窪也碰到類似這樣的狀況：死亡、樂趣與痛苦三者狹路相逢的狀況。但凱窪把自己貢獻給另一種科學，忠於他的昆蟲，「螳螂即便死了，應該還是有辦法裝死。不過，我想這一點不但很難言傳，也無法意會，於是我刻意用一種迂迴的方式來表達，」他在書中如此寫道，藉此試著說明螳螂的特殊力量。[29]

但蜜蜂只是持續喝著糖水而已。牠似乎不會讓我們聯想到實驗以外的問題。牠似乎已經失去了魔力。牠的「樂趣甚或還能延續下去（如果牠感受得到的話），」馮．弗里希表示。「牠不可能喝得飽，因為身體已經斷了，不管牠喝多少，都會從後面流出來，所以牠反而有很長一段時間可以盡情享受那甜味，最後枯竭而亡」。[30]這一切已經超乎動物的境界，全是他的肺腑之言。他盡情發揮、陳述與探究。蜜蜂排泄、呼氣、死去。

但我們可別忘記，除了從知識的角度去瞭解各種奇妙的現象之外，其實知識也只是奇妙現象的一部分而已。還有，這世界上有人低估各種低賤的生物，但也有人深知那些低賤生物其實含藏了各種不同面向的力量。而且，有人拿死板板的實驗來研究動物，但也有人同情牠們，設法免除牠們的負擔，只不過牠們還是會很快地將那負擔一肩挑起。

Y

渴望

Yearnings

1

川崎三矢（「三矢」為音譯）在網路上販售甲蟲。我的朋友佐塚志保發現他的網站，知道我會有興趣，就把連結寄給了我。幾週後，我前往大阪市郊區的和歌山縣，在好友鈴木ＣＪ的陪伴下，坐在川崎先生家中那個擺滿了昆蟲的客廳裡，跟他聊起了他販售的日本大鍬形蟲。

不久前川崎三矢才辭去了醫院放射師的工作，但他告訴我們，賣鍬形蟲賺不了錢。他打開一些罐了，說是因為喜愛鍬形蟲才做這一行。他的網站上面可以看到他的許多詩作。有些寫得很蠢，有些很可愛，也有的魯莽激烈，甚至憤怒。大部分是藉著「中年大叔的幻滅」與「純真年輕人的無限可能」的對照性主題哀嘆抒懷。（「他看著天空，那湛藍留在他眼裡。／孩童的雙眼如玻璃珠，如實反映世界。／成人之眼已失去光芒，／如一池死水般混濁。」）[1]

川崎說，他的使命是修復社會上的家庭關係。他想讓男人敞開心胸，與兒子親近。現在的父親都過於冷漠，無法同情與體貼。他們的生命正在枯竭。他們對自己的小孩沒有興趣。他們對親子關係無感。人們可以透過網站跟他借用鍬形蟲，他不收費。也許那些昆蟲朋友們可以讓家人凝聚在一起。他還記得，小時候他非常喜愛在和歌山縣四周的山區抓甲蟲。他說：「我想滋潤他們的心靈。」

川崎三矢在網路上使用「鍬仔」這個名字，其實是爸媽對於喜歡昆蟲的小孩之暱稱（「鍬」當然是源自於鍬形蟲一詞，而「仔」則是很常見的暱稱）。打開他的網站首頁，就能看到最上面有一個顏色鮮豔的卡通人物，是個帶著完整抓蟲配備的小男孩。回憶中，他自己在一九七〇年代就是那樣的「鍬仔」：頭戴白帽，腳穿登山靴，脖子上掛著水壺與採集盒，手裡的捕蝶網在風中飛揚，彷彿旗子，桿子插在地上。那卡通人物「鍬仔」站在小丘上，背對著我們，他的臉仰望藍天，對著充滿無限可能的世界張開雙臂。

幾天前，CJ和我曾去東京郊外山區的箱根町待了一天，那裡是個很受歡迎的溫泉名勝。我們是去那裡拜訪神經解剖學家養老孟司，他同時也是評論時事的暢銷書作家和昆蟲收藏家。跟「鍬仔」一樣，養老孟司也邀請我們去他家坐一坐，當天聊了各種話題。養老先生年近七十，但收集昆蟲的熱情仍然像個年輕人，累積出大量的收藏品，多次前往不丹尋找象鼻蟲還有更為珍貴的毛大象大兜蟲*。CJ和我到他家時，他正在用高科技顯微鏡與螢幕檢視一些深橘色陰莖標本，那是一批從倫敦自然史博物館（Natural History Museum）借來的模式標本，藉此瞭解各物種之間的形態差異，那時我則是畢生第初次冒出一個想法：在這方面，那些物種實在是比人類厲害太多。

養老先生跟「鍬仔」一樣，也是從小就深愛昆蟲。跟「鍬仔」一樣，他也說昆蟲對他有深遠影響。身為資深的昆蟲收藏家，如今他已經培養出一對「蟲眼」，懂得從昆蟲的觀點去觀察大自然。每棵樹都自成一個世界，每一片樹葉也都不一樣。因為長年與蟲為伍，他深知「昆蟲」、「樹木」、「樹葉」等

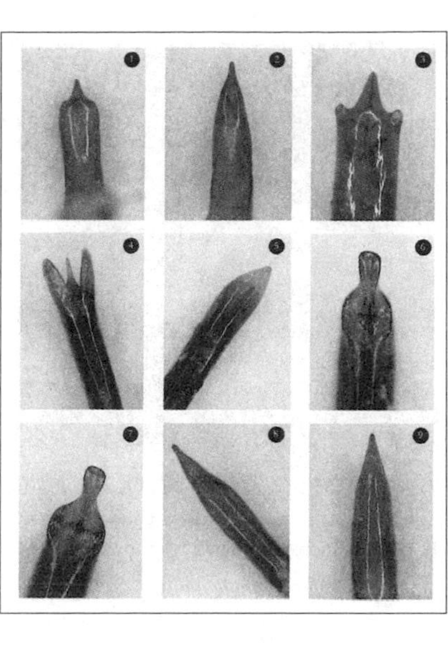

等集合名詞讓我們無法對細節保持敏銳，「自然」尤其如此。對於大自然，我們除了言行粗暴，這種集合名詞更讓我們連觀念都很粗暴。我們常說，「喔，有一隻蟲」，但在我們眼裡卻往往只有「蟲」這個名目，而對面前這隻真正的蟲視而不見。

回到東京後，CJ和我偶然間看到這張照片，印證了養老先生跟「鍬仔」一樣，也曾是日本人所謂的「昆蟲少年」。照片是在二次大戰結束後不久拍的，當時日本可說是百廢待興，大家都在挨餓，但他卻看來充滿決心，正要前往鎌倉的山區，可見當時的青少年仍然保有探險與自由的精神。

我們與養老先生見面的地方，是他只有週末去度假的新家，那古怪的建築狀似穀倉，是由「超現實主義」建築家藤森照信設計，屋頂頂端長出了一片牧草，讓人同時聯想到影集《清秀佳人》（*Anne of Green Gables*）與卡通《傑森一家》（*Jetsons*）裡面的房子。這種不協調的房屋風格也常常可以在宮崎駿的許多史詩動畫電影中看見，像是《神隱少女》與《霍爾的移動城堡》等等，彷彿屋內藏有一個不知屬於哪個時空、也不為人知的精細宇宙，但不知為何，一看到仍覺得熟悉。

這些聯想可不是天馬行空的。原來，養老先生與宮崎駿不但是好友，而且宮崎駿本身也從小就很

＊審定者注：作者可能是搞錯了，不丹並非毛大象大兜蟲的天然分布產地，本種主要分布於中、南美洲。

愛昆蟲，是個「昆蟲少年」。宮崎駿似乎也喜歡跟前衛風格的建築師合作。他與藝術家兼建築師荒川修作合作，為一個烏托邦式的虛構城鎮畫了許多平面圖，圖裡的房屋很像養老先生那一間位於箱根町，用來收藏昆蟲標本的房舍。他們的社會工程觀念充滿嬉皮風格，而且跟「鍬仔」一樣，讓他們念茲在茲的，同樣是疏離的問題，是一種想要隸屬於某個共同體的渴望。他們認為日本的社會被媒體滲透得太厲害，人際關係太過疏離，那城鎮是孩子們的世外桃源，可以在裡面重新體驗充滿童趣的黃金時光，在大自然中進行實驗與探險，無論小孩或大人都可以再次學會如何觀看、感覺，把感官的能力培養起來。[2]

ＣＪ和我在日本遇到許許多多昆蟲少年，「鍬仔」、養老先生與宮崎駿只是其中三位而已。不管我們到哪裡去，似乎都會遇到昆蟲少年，各個年齡層的都有。寶塚市是知名純女性表演團體寶塚歌劇團的所在地，該團培育出大量走紅多年的偶像，並且有無數死忠的女粉絲，但那裡也是一個大名鼎鼎的昆蟲少年的故鄉。我們弄不到寶塚的票，沒去看戲，不過無所謂。我們去參觀城裡的另一個名勝：手塚治虫紀念館。那是個麻雀雖小，五臟俱全的博物館，用來紀念人稱「漫

畫之神」(同時也是動畫的革新者),已經於一九八九年去世的手塚治虫,展出品都與其生平和作品有關。

如果說宮崎駿是目前動畫界的超級巨星,那麼手塚治虫就是一個藝術天才,他利用電影的敘事技巧來革新紙本漫畫的內容,讓各種我們想得出來的主題與人類情感躍然紙上,充滿令人暈眩的動感。身為昆蟲收藏家,他是如此熱情,因此把自己開的第一家公司命名為「虫製作公司」,而且他使用「虫」這個漢字作為他的簽名,看來就像歪七扭八的蟲子,故事中充滿了蝴蝶人、好色的飛蛾和機械甲蟲,還有各種各樣與蛻變和重生有關的故事情節。為此我們不難想像為什麼會在紀念館的介紹影片中看到這樣的照片:照片裡,還是個昆蟲少年的手塚治虫帶著完整的配備,準備要去探險,看起來與「原子小金剛」(Astro Boy)還有幾分相似——到日前為止,這個由人類改造而成的超級英雄仍是他筆下所有人物中商機最大的(而且,根據他自己的回憶,《原子小金剛》是由好幾個作者共同創造出來的,其靈感則是源自於迪士尼公司的蟋蟀先生,它又是另一種融合了人類與昆蟲的角色)。

我們看到影片上出現手塚治虫寫的文字,背景夾雜著大鍵琴的樂聲與鳥類、蟋蟀的叫聲:「這裡是個太空站,是個給探險家探險的秘密叢林」。這個地方「能夠讓想像力無限延伸,直到永遠」。蔚藍的天空如夢如幻,手塚治虫用深褐色(sepia)畫的小男孩一個個從我們眼前溜過去,CJ持續把他的話翻譯給我聽:「小時候我曾被霸凌,後來又遇上了戰爭。說實話,當年的一切並非都能如我所願,而且我也不想沉湎在過去。只是,現在回想起來,我很感激自己有機會能夠被自然的環境包圍。我在那山河之間,在那些草原之上自由奔跑，專心地收集昆蟲，這經驗讓我留下難忘的記憶，讓我的身心都埋藏著一種懷舊的感覺。」

手塚治虫並未沉溺在過去，但他也沒有忘掉那種懷舊的心情，那種因為不可能回到過去而在心裡有的酸酸甜甜。但想要複製那過往的場景卻是如此容易，只要畫出一片藍天與深褐色的男孩就可以。想要填補那心中的缺口也不怎麼難：若不想用郵購的方式購買鍬形蟲，那就找一天下午去捕蟲。

離開昆蟲博物館時，CJ和我用手為眼睛遮陽，走進明治之森箕面國定公園，這裡就是手塚治虫還是昆蟲少年時，剛開始與玩伴們一起收集昆蟲的地方。在蔚藍無比的天空下，我們被一對對父子包圍（也有少見的幾個女人與女孩，只是她們不常出現在昆蟲少年的記憶與渴望裡）。這些裝備齊全的昆蟲少年們置身於明亮的午後驕陽之下，在淺淺的河流沿岸一字排開，全都在尋找昆蟲，有水黽、水蠆，還有螃蟹，他們看來如此嚴肅，但又快樂，一個個站在石頭上，勉強維持身體的平衡，或把腳趾浸在冰涼的水裡，水花四濺，拿出網子裡捕獲的東西給家長們看（但收穫不多，因為夏天才剛來臨）。

這些孩子是為了暑假作業而在採集昆蟲標本，爸爸們從旁協助，一樣也是穿著短褲，帶著帽子，手裡也拿著他們花了兩千日圓（二十美元）買的網子和桶子——那些錢除了用來買裝備，也包括使用實驗室，他們可以在那裡把昆蟲用昆蟲針釘起來，根據全彩昆蟲圖鑑標上種類名稱，製作成標本。這是一個艷陽高照的「家庭作業日」。鍬仔那些詩作的諾言在此得以實現，男孩們用網子捕抓到的是一輩子的回憶，男人則是回想起當年與父親的感情，藉此再度學會如何當個父親。

說到父子關係，在第四一三頁左方的這照片裡又是另一名昆蟲少年。他站在父親剛剛在夏日節慶活動上幫他買的充氣長戟大兜蟲玩偶後面。夜深了，正要回家的父子倆站在位於東京市東北角的三之輪地鐵站外面，街燈燈光灑在他們身上，他們停下來跟路人聊天，擺姿勢拍照。

因為拍照時相機晃動，加上長時間曝光，所以照片變成這樣。小男孩和他的巨大長戟大兜蟲看似

不在相片裡，他好像融入了燈光，已經不可觸及，已經變成了讓人欲求、渴望與感到遺憾的對象。

2

ＣＪ和我到日本的目的，是為了瞭解過去二十年來當地人是如何熱衷於繁殖與飼養鍬形蟲與兜蟲。我們用一般的方式做準備：花了太多時間用Google搜尋日本的昆蟲網站（這種網站很多），也跟朋友們聊一聊，閱讀他們推薦的書籍與文章。等到我們在東京會合時，我們發現，那些外表亮晶晶的大型昆蟲（很容易讓人聯想到一九八〇年代中期曾於美國風行的日本製矮壯機器人）除了讓很多人感到興味盎然，卻也有許多生態學家、動物保育人士，還有備受尊崇的日本昆蟲收藏家對此感到焦慮。

只是，先前我們並沒有發現，這甲蟲熱潮其實是某個更廣泛現象的一部分而已。這些昆蟲少年只是那個現象的徵兆而已。我們花了三週暢遊東京與大阪四周的關西地區，當地生活中人蟲關係的豐富與多樣化實在令我們瞠目結舌。CJ先前在加州待了四年後回到東京，旅途中他充當我的研究伙伴、翻譯兼萬能旅伴，連他都承認，儘管他有大半輩子肯定都生活在一個充斥昆蟲的世界裡，但以前他就是看不到那個世界的存在。

昆蟲真是無所不在！那是一種我未曾想像得到的昆蟲文化。昆蟲已經滲透到日常生活中。CJ和我打開封面亮晶晶的昆蟲主題雜誌，裡面有華麗的跨頁甲蟲廣告、幽默風趣的建議專欄，還有異國採集探險之旅的多彩多姿描述。我們仔細研究只有口袋大小的展示品，閱讀那些從郊區昆蟲迷俱樂部影印出來的過期俱樂部通訊。我們也造訪了東京市秋葉原電子商場，看到許多賣東西給宅男電腦高手們的攤販，攤子上除了有女僕與蘿莉公仔之外，居然也有昂貴的塑膠甲蟲玩具。我們低著頭從地鐵車廂的廣告海報下面經過，海報上畫的是「甲蟲王者」（MushiKing）世嘉（SEGA）遊戲公司開發出來的戰鬥甲蟲電子遊戲，還有遊戲卡片，非常受歡迎），到了市中心的百貨公司裡，也看到孩子們正在「甲蟲王者」的機台前面對戰，但玩得很節制。到便利商店買汽水時，我們希望可以拿到汽水附贈的法布爾《昆蟲記》免費公仔。全日本有許許多多昆蟲館，我們去了幾家，那些玻璃與鋼鐵材質的蝴蝶屋讓我們看得瞠目結舌，它們不但是一九九〇年代日本泡沫經濟的證據，也印證了日本人有多熱愛昆蟲。我們坐在煙霧瀰漫的咖啡廳裡，或在有空調的子彈列車上閱讀暢銷的漫畫雙周刊，裡面有連載的作品，像是《名偵探法布爾》還有《昆蟲教授事件簿》，這些作品不只是繼承了手塚治虫對於昆蟲的迷戀，也深受另一位漫畫先驅松本零士影響，而松本最負盛名的，莫過於他以精細無比的方式呈現未來科技

（無論是城市、太空船，還有鋼鐵材質的機械昆蟲）。我們用YouTube搜尋兒童卡通影片《鍬形蟲少女》，影片主角是超級可愛的混種少女，父親是一隻鍬形蟲，母親是人類。（別問我為什麼！）我們也到東京澀谷區去探訪全日本歷史最悠久的昆蟲店「志賀昆蟲普及社」，店裡賣的專業捕蟲裝備都是他們自己設計的，包括可拆卸式捕蝶網、手工製作的標本木箱，品質舉世無雙。雖然沒辦法親自造訪，但我們還得知有些官方指定的「螢火蟲城鎮」努力塑造生物螢光的魅力，把螢火蟲當成當地觀光特色來經營，當河邊棲息地減少導致螢火蟲數量銳減時，還特別引入資金來做保育工作。（在日本，我們很難忘卻螢火蟲的魅力，因為商家與博物館每天晚上關門打烊時，都會播放〈螢之光〉這首歌曲，歌詞裡的故事主角是東晉時期中國學者車胤，窮苦的他把螢火蟲裝進袋子裡，藉著螢光看書。這首歌似乎是每個日本人都知道的，而它所使用的旋律來自於一首好像所有英國人都會唱的歌，也就是〈友誼萬歲〉〔Auld Lang Syne〕。）

我們造訪了附近許多昆蟲專賣店，店裡總是擺滿了許許多多裝著活鍬形蟲與兜蟲（即獨角仙）的壓克力盒，也販售各種用來照顧牠們的物品（例如乾飼料、補給品、墊子與藥品等等），用來裝那些東西的可愛小盒子上通常都畫著有趣小蟲，牠們的大眼充滿感情，擺出各種可笑的小動作。當然我們也趁機與那些店裡的人聊一聊。至於我們在百貨公司裡看到的盒子就悲慘多了：裡面裝著太多被激怒的小小甲蟲，還有被稱為「鈴蟲」的某種瘦小蟋蟀，全都是賤價出售的。某天深夜，我們碰巧在某個郊區火車站大廳裡看到許多活的甲蟲被放在一個玻璃箱裡展出，眼前景象感覺起來是如此不真實，因為四下寂靜無聲，那些甲蟲不斷抓著玻璃，發出聲音，再加上我們意識到一件事：除了我們和那些不斷往燈罩撲過去的飛蛾之外，現場只有那些甲蟲是生物⋯⋯我們應該把牠們放出來嗎？我們本來還想去參加一個「蟲送祭」，以便見識一下日本人用什麼方式把蟲趕出稻田。此一儀式本來於二十世紀初在明治時期被視為不科學的迷信之舉，因此遭政府禁止。但是，隨著國家不斷都市化，日本表現出他們注重反省的一面，後來又開始把「蟲送祭」當成一個鄉間傳統，重新予以發揚光大。只是，離我們最近的「蟲送祭」地點在遠眺著日本海的島根縣，位於該縣的石見町，實在是路途遙遠，而且我們要做的事又那麼多，於是「蟲送祭」也成為我們想做卻沒做的事情之一。

因為知道我們對昆蟲感到有興趣，大家都樂於跟我們聊日本這國家有多喜愛昆蟲。他們總是說：只要看看四周就好！這世界上還有哪個地方比日本更敬重螢火蟲、蜻蜓、蟋蟀與甲蟲？你們知道日本的古名「秋津島」就是意指「蜻蜓島」嗎？你們聽過日本童謠〈紅蜻蜓〉嗎？你們知道嗎？過去在德川幕府掌權的江戶時代，人們會特地去某些地方（例如，東京市中心的御茶之水地區），只是為了在那裡聽蟋蟀鳴叫，欣賞亮晶晶的螢火蟲。你們有看過古典文學作品嗎？出版於西元八世紀的《萬葉集》裡面，有七首詩歌都是以會唱歌的昆蟲為主題。還有，平安時代女作家清少納言寫的隨筆集《枕草子》與紫式部的小說《源氏物語》裡面有許多蝴蝶、螢火蟲、蜉蝣與蟋蟀。蟋蟀是秋天的象徵。蟋蟀的歌曲總是離不開曇花一現的人生，聽來如此憂鬱。蟬聲則是被視為夏天的聲音。他們總是問道，你知道俳句嗎？松尾芭蕉寫道：「沉默／蟬的聲音／穿石而過。」[3]你知道〈熱愛蟲子的公主〉嗎？她可說是人類史上第一位昆蟲學家。西元十二世紀的昆蟲學家耶！你知道宮崎駿受到她的啟發，寫出了知名的娜烏西卡公主嗎？你知道川端康成寫過一個叫做〈蝗蟲與金琵琶〉（「金琵琶」即鈴蟲）故事嗎？故事內容綜合了兩隻小蟲的回憶。你讀過小泉八雲那些關於日本昆蟲的作品嗎？也許你聽過他的英文名字，其實就是拉夫卡迪歐・赫恩（Lafcadio Hearn）。他父親是英國人，但後來他到美國去當記者。接著他到日本去，歸化為公民，於一九〇四年死於日本。在他那一篇關於蟬的知名散文裡，他寫道：「東方的智慧能聽到一切東西。獲得東方智慧的人可以聽到蟲語。」[4]（幾天後，我跟文學教授奥本大三郎在東京市中心喝咖啡，同時身為昆蟲收藏家與法布爾推廣者的他引述自己寫的書，口氣相當酸，但可能也不失公允：他認為赫恩可以當之無愧地被稱為「日本通」與東方學家，譯過權威版本的福婁拜《聖安東尼的誘惑》，還說「任何人無法在別人身上找到自己身上也欠缺的東西」。）請一定要去奈良！你一定要去參觀古蹟法隆寺裡的「玉蟲厨子」神社。那一座神社建造於西元六世紀，材質居然是九千隻金龜子*的甲殼！

上述的最後建議來自於博學而充滿活力的志工解說員杉浦哲也，他工作的地方是在橿原市昆蟲館，不遠處就是那有許多古廟的奈良市。杉浦告訴我們，他年輕時曾到尼泊爾與巴西去採集蝴蝶。不久前他才把自己製作的標本捐給了他工作的昆蟲館，他還說他隨時想看那些標本都可以。他表示他原本傾向於把標本捐給更大而且參觀群眾更多的機構，像是東京的兩家動物園：上野動物園，或者更恰當的多摩動物園，因為那裡有一間外型像蝴蝶的昆蟲館。不過，令他失望的是，兩者都已經沒有空間接受他的捐贈。

我們發現，原本橿原市打算建造的是水族館，但因為太貴而作罷，後來就是杉浦哲也向市長建議，該市才會建造出昆蟲博物館與蝴蝶館。他對我們很好，用整個下午為我們講解館內的豐富收藏品，後來又寄了一個包裹到紐約給我，裡面是他挑的幾本小泉八雲的昆蟲著作，還有一些討論相關古物的文章，其中一篇是用來描述某個精美的昆蟲盒與一些蟲膠（介殼蟲的分泌物）材質的物品，自從西元七五六年就一直收藏在皇室的正倉院（位於奈良市東大寺裡面），至今仍然保存得完美無缺。

* 審定者注：該物應是以俗稱玉蟲的吉丁蟲科（Buprestidae）的彩豔吉丁蟲（*Chrysochroa fulgidissima*〔Schönherr, 1817〕）的翅鞘所製成。

經過長時間的導覽後，杉浦先生帶我們來到博物館的最後一個展覽室，停在一個櫃子前，櫃裡的展出品是關於泰國人吃蟲的習慣，他說日本人來參觀時都會因此感到噁心，因為覺得泰國人太野蠻而大叫，學童尤其如此。接著他面不改色地繼續說，他還記得很清楚當年自己曾與同學們到山裡去捕捉蝗蟲，帶回學校去用醬油烹煮。他說，當年他們也會吃煮熟的蠶寶寶，後來等到絲織產業於一九六〇年代沒落，沒有蟲子可吃才沒繼續吃。那是因為時局艱困才會吃的食物，但也是美食。那曾是他們吃的東西，但現代人已經不可能瞭解那種情況了。他說那是庶民文化的一部分，一種很少被記錄下來，而且總是會被遺忘的文化。

3

對於鍬形蟲與兜蟲的流行現象，杉浦哲也有許多疑慮。他樂見有那麼多小孩與家庭前往橿原市昆蟲館，他也知道這熱潮會被帶動起來，是因為大家開始養甲蟲寵物，還有「甲蟲王者」遊戲大受歡迎，他不想要掃興。但是，跟我們遇到的大多數昆蟲收藏家與昆蟲館人員一樣，他很

焦慮。沒錯，他認為如果大家迷上了鍬形蟲與獨角仙，那就表示整個國家掀起了一股昆蟲熱（或有助於熱潮成形）。但這現象也帶來了許多問題。

我和CJ在附近的兵庫縣伊丹市昆蟲館恰巧遇上了一場「昆蟲嘉年華」。在一間自然研究圖書館的樓上，有一群興高采烈的孩子與大人正在製作令人印象深刻的複雜摺紙藝術品。我們停在一張主題為「跟蟑螂做朋友」的桌子邊，學會了如何處理那些身形頗大的蟑螂：輕拍牠們的背部，用大拇指與食指把牠們小心拿起來，放在手掌上。負責布置四周牆面的是當地的各個愛蟲社，上面貼著社團通訊裡的跨頁廣告、關於環境問題與解決之道的圖文並茂報導，還有到野外捕蟲時拍的照片，社員們各個笑容可掬（年紀有大有小，因為志同道合而聚在一起）。

在樓下，館員們把展場獻給了鍬形蟲與兜蟲。但他們也藉此展現出自身天馬行空的想像力。CJ把展示櫃上面的標題唸給我聽：「世界上的美妙昆蟲」、「世界上的奇異昆蟲」、「世界上的美麗昆蟲」，還有「世界上的忍者昆蟲」。展示間的另一邊有個櫃子寫著「令人驚訝的關西昆蟲」。「美麗昆蟲」被排成了精美的曼陀羅狀，「忍者昆蟲」（擅於使用保護色的昆蟲）則是化身成為「提基面具」＊。兩隻展出的竹葉蟲被穿上了紙製和服，一群大藍閃蝶飄浮在某個玻璃櫃裡，聚光燈打在牠們身上，藉此強調牠們的虹彩色。我們認為，任誰都很難不喜歡那個地方。那是個把科學館、美術館與園遊會融合在一

＊譯注：Tiki mask：太平洋地區島民製作的原始面具。

起的展場。那地方能把我們內心對於昆蟲的喜愛給喚醒。

就在〈螢之光〉這首閉館歌曲即將再度出現時，我們在走廊上巧遇一位博物館解說員與策展人。他們的論調跟杉浦哲也一樣，相同的矛盾心情困擾著他們。讓他們感到不安的是，民眾特別關注那些外貌引人注目的進口昆蟲。但是，儘管他們覺得那會貶損日本甲蟲的地位，他們還是不得不推廣那些外國的巨大甲蟲。

到這裡，該有人把整件事的來龍去脈向我們交代一下。適合做這件事的，是飯島和彥（「和彥」為音譯），他是東京最大最有名昆蟲寵物店「蟲社」的員工。大部分這一類昆蟲專賣店跟寵物店沒什麼兩樣，裡面擺滿了各類甲蟲以及飼養牠們所需的裝備。這一類商店的主顧大多是小學生、寵愛學童的媽媽（或者是長久以來都在忍耐著），還有少數中年男子，他們都買比較貴的蟲。這種店大多是在一九九九年之後問世，也就是目前這「甲蟲熱」真正燒起來那一年。

但是，飯島和彥解釋道，「蟲社」與此一類型的昆蟲專賣店不太相符。它聯結了兩個昆蟲世界，顧客除了有那些還不到十歲的「甲蟲王者」遊戲粉絲之外，還有杉浦哲也與養老孟司這一類學者級收藏家。打從一九七一年開始營業以來，「蟲社」持續發行《蟲月刊》（月刊むし），它早已是一本備受尊崇的昆蟲學學刊，同時只販賣標本，還有盒子與捕蟲工具。早年，「蟲社」的顧客大多是認真的業餘者以及專業昆蟲學家，這些「昆蟲少年」無論年紀大小，主要都是靠自己捕捉昆蟲來擴充收藏量。

一直到一九八〇年代，「蟲社」才開始販售活的昆蟲。飯島先生說，當時他們賣的是日本大鍬形蟲（鍬仔飼養販售的那種甲蟲），銷路非常好。那種蟲早就很難在都會區捕獲，但鄉間仍然算是常見，因此常被鄉下小孩當寵物飼養。有一些鍬形蟲住在山區，大多在大阪、佐賀市、山梨縣。但牠們的棲息地大多是在日本人所謂的「里山」地區，也就是與農村接壤的山腳地帶，亦即人們用來採集磨菇、食用植物，或者可以取得木材、堆肥與木炭等有用物質的大片樹林。[5] 飯島說，那些用來製造木炭的灌木經過焚燒後，逐漸會變得看來像是黑色樹瘤，鍬形蟲就住在那種樹的洞裡。他對我們表示，「里山」是鍬形蟲很喜歡的棲息地，因為牠們喜歡接近人類。

飯島解釋道，一九八〇年代之所以會出現鍬形蟲與兜蟲的飼養熱潮，理由在於那還是泡沫經濟崩潰之前，所以城市居民手邊有很多閒錢，來自鄉村的昆蟲供應量也有增加。村民體認到都市出現大量需求的徵兆，故發展出更有效的捕蟲技巧，向東京輸入甲蟲，賣給百貨公司與寵物店。有些都市裡的蟲迷則是反其道而行，他們變得更加喜歡到鄉間親自捕蟲（藉此也把一些鄉村旅店發展成一種非正式的網絡，如今它們在打廣告時標榜著自己就是捕蟲人的基地）。也有人發展出繁殖蟲的興趣。幼蟲與成蟲都可以買得到，有興趣的人開始花時間研發，改進較大昆蟲的飼養技巧。飯島說，這種從捕蟲到繁殖蟲的轉變是個很重要的創新。想當年，沒有人養出來的甲蟲能夠像「里山」與山區發現的甲蟲那麼大隻，但許多人還是一肩挑起這個挑戰。毫不令人意外的是，日本大多數昆蟲館的開設都是在那一個成長的年代裡——成長的不只是經濟，也包括大家對甲蟲的熱情。

當時，日本的房市一片欣欣向榮，也改變了鄉村地區。對於木炭的需求下降，營建業也不再使用木材，改用磚頭，因此有人管理的林地也開始欠缺維護。還有，因為住宅持續往山區擴張，「里山」的範圍也越來越小。到了一九九〇年代初期，就連鄉下人也很難在山野裡找到鍬形蟲。對於都市人來講，就更困難了。野生昆蟲的價格飆漲，到此時全國各地已經出現一種飼養甲蟲的次文化，像「鍬仔」那種業餘專家開始對各種受歡迎的甲蟲瞭若指掌，包括牠們的生命週期與習性，而且也發展出許多複雜但卻容易學會的技術，並且廣為流傳，懂得如何把蟲卵培育為成蟲。[6]

整個來龍去脈很複雜，但飯島和彥說故事時很有耐性。跟我們在「蟲社」遇到的每個人一樣，他

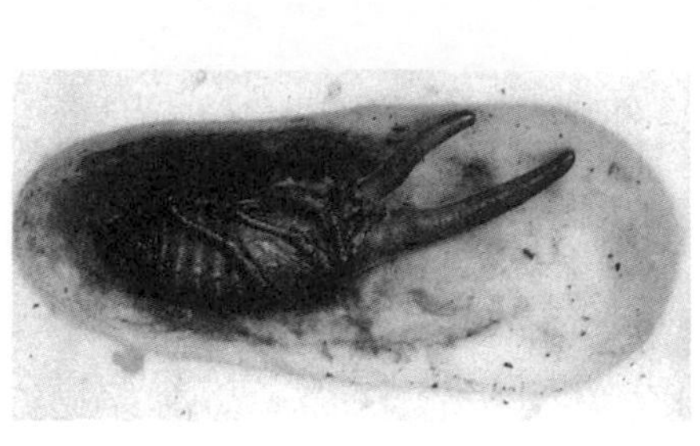

年輕而友善，對這一行的各個面向都很瞭解，也都是蟲迷。我們站在店鋪的後面，眼前一個大樹櫃裡擺滿了來自世界各地的各種優質標本，旁邊擺了一疊疊《蟲月刊》、《蟲誌》季刊（*BE-KUWA*）與《鍬形蟲雜誌》（くわがたマガジン）與其他華麗而昂貴的專門出版品。店裡各個牆面都矗立著一個個架子，上面擺了裝著鍬形蟲與獨角仙的許許多多壓克力盒，蟲子的大小、性別與價格不一。飯島從櫃檯後面拿出一個裡面有泡棉襯墊的盒子。盒子裡有一隻已經化蛹的長戟大兜蟲（*Dynastes hercules*）蟲蛹，那隻大蟲全身柔軟而沒有防備，躺在那裡完全無法動彈。那是一隻公的長戟大兜蟲，是兜蟲之中體型最大的，根據紀錄顯示，成蟲的身體最長可達一七八毫米（比七英寸多一點），價值一千多美金。一小群顧客靠過來欣賞，嘖嘖稱奇。

把盒子放回去以後，飯島和彥接著表示，一九九〇年代期間有三種蟲迷。有一種是自己到山裡去抓甲蟲，他們遵循傳統的採蟲方式，唯一的差別在於，想要找到甲蟲遠比以往困難。第二種大多是中小學生，他們購買便宜的活蟲，當寵物養。第三種蟲迷則是購買幼蟲或者買一對，他們為了好玩而養蟲，或養來賣，而且他們通常會試著把蟲養大一點，藉此創下紀錄。他說，到了這時候，無論是鍬形蟲或兜蟲，養蟲都遠比抓蟲容易多了。

野生甲蟲數量變少，牠們的棲息地被毀掉，但飼養甲蟲的風氣反而因此而興盛。一種活躍的企業文化於焉成形，這文化服務的對象包括新一代蟲迷，還有許多年紀越來越大，但重新振作精神的甲蟲專家。幾天後，ＣＪ與我又和奧本大三郎碰面，奧本教授樂於為我們解釋過去日本人為何這麼風靡甲蟲。他的理由其實我們已經從其他蟲迷那邊聽過了。他們的說法不外乎就是日本人特別喜愛大自然，還有所謂的「日本人論」：那是一種歷久不衰的優越意識，跟許多民族主義論述一樣，他們也深信自己有一種自古皆然的獨特民族性。[7]

奧本說，日本人本來就特別喜歡親近大自然，甲蟲熱潮只是這種精神的一個展現形式而已。他說，日本這個島國的生態系統具有高度的特有性，他們有各種獨特的動植物，其中昆蟲特別是這樣，這也養成了日本人獨具的感受性。他還說，因為連年地震與颱風，大家對於這一類事件也培養出某種熟悉的敏感度。據他表示，儘管整體而言日本人的宗教性下滑了，時至今日，泛靈論（animism）、神道教與佛教精神還是影響著他們那種深入日常生活的自然環境倫理觀。他也提及視聽檢查師角田忠信於一九七〇年代進行的爭議性研究，結果顯示日本人的腦部對於蟋蟀叫聲等大自然的聲音特別敏銳。[8]他的研究引述了一些文學與繪畫作品，用來說明日本人深愛昆蟲，還以優異的方式透過高雅文化表達出來。他把我的筆記本借走，畫了一個圖，用來說明日本人理想中的生活方式，稍後由CJ幫我詳解圖中文字的意義。

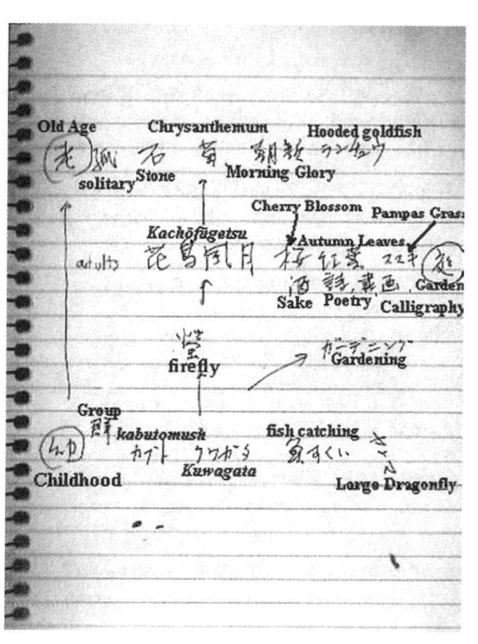

這是一種完人的理想生活，符合學者或貴族的理想，一種永恆而經典的理想。奧本教授認為他畫出來的是歷久不衰的民族傳統，儘管圖式優雅而簡約，但卻囊括了某個複雜的意識形態。根據他的圖，人的一生歷經幼年到老年的三個階段，幼時無憂無慮，與朋友一起追逐蜻蜓，撈捕金魚，到了暮年則是獨處沉思。據其描述，每個階段都有相應的自我養成形式，因此有不同目標與活動（幼年時抓獨角仙與螢火蟲，到成年時與「花鳥風月」為伍，沉思大自然的許多維妙之處，最後在晚年開始照料菊花）。他對我們解釋道，即便只是用非常粗淺的方式去做這些簡單的事情，還是能夠創造出一種別具意義的日本式人生。

在奧本教授的言談之間，我和CJ有一種感覺：這些玩樂、文化與冥想的形式都是一種志向，彷彿一個足以充實與完滿生命的許諾，將我們一路上遇見的蟲迷們緊緊牽繫在一起。他那一張圖讓我們想起了「鍬仔」所寫那許多昆蟲詩的中心思想：對於純粹情感的渴望。在那一張圖裡面，昆蟲之愛的故事被視為發展完整人格時不可或缺的。昆蟲之愛與都市化與官僚化的現代世界站在對立面，即便大多數人在童年都無法得到，即便那種愛可說是生活形式的典範，但它的功能主要還是批判性的。昆蟲之愛是許多理想化的昆蟲故事之要素，包括宮崎駿筆下的嬉皮風格小鎮、手塚治虫的秘密叢林、鍬仔的詩歌，還有那些讓人充滿希望的週末家庭作業日。跟那些故事一樣，昆蟲之愛有助於我們進一步瞭解為什麼日本人會在昆蟲身上投注那麼多情感，還有牠們為何成為某些慾望的投射對象。

4

一九九九年以前，日本蟲迷們大多只有透過雜誌、電視與博物館來瞭解外國的鍬形蟲與兜蟲。這些外國昆蟲通常比當地物種更大，也更壯觀，其中許多蟲子頭上的角和身體都比較長，顏色也比較鮮豔。但是，根據一九五〇年通過的《植物防疫法》，如果有收藏家私自把外國昆蟲帶進日本，那就是觸法。然而，一旦那些受到管制的昆蟲入境後，無論是擁有或販賣牠們，都沒有罰則，而這奇怪的規定也造就出一個活躍的黑市，外國昆蟲變得奇貨可居，據說走私活動都是由黑道把持的，因為利潤豐厚。不過，相對來講，外國昆蟲的數量還是很少，而且只有頂級的收藏家才有門路。

《植物防疫法》列出了許多對本土植物與農業「有害」的動物。該法採用的是較為少見的防衛性原則：除非是經過植物防疫所的認證，否則所有物種都會先被當成「有害」，不能入境。到了一九九九年，因為收藏家們急於知道哪些甲蟲可以獲准入境，對政府施壓，所以日本政府的農林水產省才在官網上公布了被視為「無害」的昆蟲清單，總計有四八五種鍬形蟲與五十三種兜蟲。[9] 接下來兩年內，總共有九十萬隻鍬形蟲與兜蟲被進口到日本境內。[10] 即便如此，農林水產省還是持續開放更多種類的進口，因此直到二〇〇三年，全球已知的大約一千兩百種鍬形蟲裡面，已經有五〇五種被核准進口了。針對這種狀況，昆蟲學家五箇公一、小島啟史與岡部貴美子曾用不無諷刺的語氣評論道：「就鍬形蟲而言，這世界上最具生物多樣性的棲息地是日本的寵物店。」[11] 據他們估計，進口甲蟲的總值高達百億日圓（大約一億美元）。體型較大的品種深受喜愛，一隻在東京最多可以賣到三千三百美元。[12]

完全沒有人預料到活甲蟲的進口量會如此大幅成長。飯島和彥告訴我們，農林水產省不理會環境省的警告，但是政府完全不知道此一解禁措施會有何效應。他還說，在解禁前政府本應好好斟酌，因為過去已有很多眾所皆知的先例：像是黑鱸魚、浣熊、食蛇獴與歐洲熊蜂在日本都是惡名昭彰的動物，因為牠們對當地的環境適應得太好了。但是，就那些外國甲蟲而言，因為大多來自東南亞、中南美的亞熱帶與熱帶地區，無論是政府決策者或者科學家都深信牠們熬不過日本的酷寒冬天。到後來他們才知道許多外國甲蟲的棲息地其實都是在氣溫較涼爽的高海拔地區。[13]

甲蟲的進口熱潮很快就達到最高點。到了二〇〇一年，進口數量與高峰時相較已經大幅下滑，而且由於供給量增加，那些最罕見（同時體型也最大）甲蟲的售價也開始下跌。[14] 即便進口數量減少，這一股熱潮顯然已經廣泛地讓日本人開始培養出養蟲的嗜好。許多新的昆蟲店開門營業，既有店家則是擴大規模。大百貨公司也把進口甲蟲擺出來賣。曾有一段時間，就連販賣機也能買到甲蟲。為了讓飼養與照顧甲蟲變得更簡單也更吸引人，市面上出現各式各樣的產品（像是一份份裝好的果凍狀食物、用來養甲蟲幼蟲的「菌瓶」、除臭粉，還有可愛的攜帶盒）。最重要的是，儘管數量不明，但據說這時期出現了非常龐大的養蟲族群。從一九九七年到二○○一年間，總計有七本專業雜誌在市面上販售，它們為養蟲人提供建議、舉辦競賽、刊登各種關於甲蟲達人的專題報導、培養人們對於甲蟲的鑑賞力，並且營造出一個個方興未艾的蟲迷社群。[15]

為什麼日本人對於甲蟲寵物的興趣會突然大增？在日本貿易振興機構於二○○四年出版的《交易指南》（*Marketing Guidebook for Major Imported Products*）的「昆蟲」章節裡面，作者

就非常努力地想要試著解釋此一現象，指出是因為甲蟲「不需太多時間與精力去照顧。飼主不用特別找一個地方餵食，牠們的窩只需要桌面上的一點空間就好。牠們不會吵鬧，也不需要帶牠們到戶外去運動。」[16]這種解釋即便過於膚淺，似乎也不太具有爭議性，但是其中一個相關的說法令人存疑：因為甲蟲是一種不需費力照顧的伴侶，深受都會地區二十幾歲的女性歡迎，而這是市場擴張的一大原因。飼養甲蟲顯然是一種人人都能負擔得起的嗜好，就連某些中小學女生也樂於在暑假期間參加一些昆蟲活動，宮崎駿筆下的娜烏西卡公主就是她們的蟲迷典範，甚至世嘉遊戲公司還舉辦了僅限女生參加的戰鬥甲蟲電子遊戲活動，但根據飯島和彥的估計，即便女性蟲迷的總人數越來越多的，「蟲社」的顧客裡面仍然只有百分之一是女性，多年來這數字都沒有改變，而且其他和CJ與我聊過的人也都是這麼說的。飯島說，會到店裡去的女性大多只是陪兒子過去。反而因為女性蟲迷少得可憐，《蟲誌》季刊裡面的專欄能夠營造出諷刺的調性，據說其作者就是一位宛如影集《慾望城市》女主角的控制狂都會女性（那專欄作者署名「祥子小姐」，是一位充滿魅力的女士，但很不搭軋的是她熱愛昆蟲，而這也是專欄的笑點所在）。

不過，無庸置疑的是，整體的蟲迷人數還是正在快速增加。他們的人數多到讓那些專業的昆蟲專家開始懷念起往日的平靜。過去曾有一段時間甲蟲的價格號稱由黑道管控，但似乎已不再那麼絕對。據說有家庭開車出城，把他們養的鍬形蟲回歸山林，原因是養膩了，或是覺得不該把牠們關在塑膠盒裡。也有報導指出，有人在鄉間發現大批被棄置的進口甲蟲：棄置者可能是存貨過多的飼養業者，或者是擴張速度太快的受害店家。（鍬仔跟我們說，「能夠存活下來的，只有像我這種人，我們是因為喜歡甲蟲而幹這一行，而不是為了錢」。）

更尷尬的是一些引人矚目的案例：屢屢有日本人因為走私從台灣、澳洲與東南亞各國來的那些禁止出口的甲蟲而被逮捕，這顯示出日本政府的開放政策只強化了走私的動機與可能性。相似的情況是，根據調查顯示，有大量日本昆蟲店販售的甲蟲不僅在原產的國家是禁止捕捉的，而且根據日本的《植物防疫法》，也是不准進口，有些甚至早已名列《瀕臨絕種野生動植物國際貿易公約》（Convention on International Trade in Endangered Species）。[17]

對於許多保育論者而言，他們擔憂的是日本國內市場擴張導致甲蟲原產地受到環境衝擊。但他們也發現，進口國外甲蟲可能會對日本造成三個問題。[18]首先，鍬形蟲與兜蟲的成蟲都是素食動物，牠們靠樹木與植物的汁液過活。在森林分解過程的最早階段裡，幼蟲與成蟲扮演了重要角色：牠們會讓已經腐爛的木頭變碎，為微生物製造出一個可以發揮分解作用的環境。不過，除了這一點之外，對於蟲子與森林的生態我們實在不太瞭解。一個顯而易見的可能性是，如果來了強而有力的外來種甲蟲，牠們喜歡上新環境，將會搶走日本當地甲蟲的食物與棲息地，造成威脅。其次，五箇公一與其同事們擔心的是，外國甲蟲會把不知名的寄生性蟎類帶到日本，可能導致當地甲蟲滅絕，就像過去日本把蜂巢出口到歐洲時也曾把蜜蜂蟹蟎（varroa mite）帶過去，導致當地大量蜜蜂死亡。最後，他們也擔心不同種類的甲蟲進行雜交繁殖之後，會減少原有的基因多樣性。他們曾在實驗室裡培育出所謂的「科學怪人鍬形蟲」，實驗使用的是雌性蘇門答臘扁鍬形蟲（扁鍬形蟲〔*Dorcus titanus*〕，一種很受歡迎的寵物），以及一隻雄性的日本扁鍬形蟲（是日本產扁鍬形蟲特有的十二個亞種之一）。交配的過程不太雅觀，用幾位科學家的話說來，那來自印尼的雌性鍬形蟲「強暴了」不太情願的雄性日本甲蟲。但牠們生下來的幼蟲會變成生育力強大的大型甲蟲，與他們後來在野外捕獲的雜種日本甲蟲很像，大家擔憂的外來基因入侵問題也就此成真。[19]

就在甲蟲熱潮似乎退燒之際，世嘉遊戲公司於二〇〇三推出了戰鬥甲蟲電子遊戲——甲蟲王者。

該公司鎖定的客群是小學生，遊戲刺激而容易上癮，簡潔優雅，而且能有效地讓人熱愛大型甲蟲，迷上收集與比賽，還有那花俏的畫面。沒多久，甲蟲王者就成為「寶可夢」（Pokémon）以來最暢銷的遊戲（而且很快地把生意拓展到韓國、台灣、馬來西亞、香港、新加坡，還有菲律賓。）

世嘉遊戲公司的行銷手段極為有效率。他們舉辦好幾萬場巡迴賽與表演賽。他們在百貨公司裡擺設遊戲機台。全國各地都能看到大量的「甲蟲王者」廣告。到了二〇〇五年，他們又推出了任天堂DS、Game Boy等各種掌上遊戲機可以使用的「甲蟲王者」遊戲。同一年，他們又與東京電視台（Tokyo TV）合作，推出「甲蟲王者」卡通連續劇。二〇〇六年，「戰鬥甲蟲」的電影問世，各方都預期它會成為賣座鉅片。

無疑地，「甲蟲王者」的確能有效助長鍬形蟲與兜蟲的商業化。而且，這遊戲肯定也會讓大家的內心感到更加矛盾。造訪伊丹市昆蟲館時，在走廊上遇到館員與解說員，一提到甲蟲王者，他們都露

出無奈的微笑，聊天時跟其他人提到，反應也一樣。這是二〇〇五年夏天，甲蟲王者最夯的時候，而且顯然它最能夠反映出一個問題：對於許多蟲迷而言，這種形式的甲蟲熱讓他們有所疑慮。他們當然也很想讓社會大眾愛上甲蟲，也樂見孩子們走進昆蟲館與寵物店時表現出興奮的模樣，但他們不喜歡的是那遊戲強調了甲蟲的好鬥性格，也擔心甲蟲被塑造出那種最為呆板的形象，更怕孩子們把甲蟲當成強悍的玩具，而不是活生生的動物。

A long time ago, there was a lush, green forest.
Many beetles lived in peacefully in the forest.

However, a terrible thing was happening
in this peaceful forest.
Beetles that humans had brought from countries
far away had escaped from their cages, and entered
into the forest.

但是，世嘉遊戲公司早就料到有些人會感到不安。面對這種憂慮中夾雜著希望的諷刺情境，他們用一種近似嘲弄的方式來包裝「甲蟲王者」。那遊戲不只是緊張刺激而已。遊戲情節其實是個帶有環保主題的寓言，與蟲迷們想要試著跟社會大眾述說的經典故事一樣。

在「甲蟲王者」遊戲中，因為種類不明的進口甲蟲大量入侵，原生的日本甲蟲物種相（fauna）幾近滅絕。於是，遊戲號召日本的孩童們挺身挽救那些瀕臨絕種的日本甲蟲。過去在一九六〇年代中期鍬形蟲與兜蟲剛開始流行起來時，各種怪獸電影與電視節目也都是採用這種末世論式的故事模式，「甲蟲王者」只是遵循傳統而已。一經主流媒體報導，「甲蟲王者」這種辨識度很高的故事情節馬上獲得認同，而且人們發現科學家也是引用相同的題材。世嘉遊戲公司與昆蟲學家們說的是同一個故事。兩者訴求的群眾也是一樣的。而且，世嘉遊戲公司的故事手法顯然更加吸引人。

5

矢島稔還是個十四歲昆蟲少年時，「甲蟲王者」尚未問世，當時沒有《植物防疫法》，沒有「蟲社」，沒有夏日節慶時可以買到的充氣獨角仙，沒有秋葉原販賣的那些昆蟲公仔，沒有伊丹市昆蟲館裡那一張以「跟蟑螂做朋友」為名的展示桌，杉浦先生還沒有從巴西帶一堆蝴蝶標本回國，手塚治虫還沒把「蟋蟀先生」變成原子小金剛，宮崎駿尚未將〈熱愛蟲子的公主〉改編成娜烏西卡公主的故事，鍬仔還沒辭去全職工作，開始販賣鍬形蟲，養老孟司與他的中學友人還沒到鎌倉山區裡去抓蟲——在這一切都還沒發生之前，其實日本已經歷經了許多悲慘遭遇，而少年時代的矢島稔跌跌撞撞地走過那一段惡夢般的歲月，不管是他個人或整個日本社會都身心受創。美軍戰地指揮官羅伯．麥納瑪拉（Robert McNamara）一聲令下，當時的東京差一點被轟炸到灰飛煙滅，四處都只剩殘破的木屋，矢島稔站在一個水坑邊緣，不遠處有個彈坑，彈坑邊緣有許多人為了勉強求生而在廢墟中翻找任何可用的東西，他看著漂浮在水面的木頭碎片，上面有一隻蜻蜓停駐著，好像一切都沒改變似的，牠就在那一灘死水裡產卵。「那蜻蜓不在乎四周的許多死屍，」他在五十年後寫道，往事彷彿歷歷在目。「她不理會那可怕的環境，即便周遭發生了那麼多事，牠還是如此有活力而堅強。」[20]

矢島先生是戰爭的倖存者，但也差點死掉。他把自己的見證寫下，一切彷彿創傷夢境，直線式的時間裡面包藏著許多奇怪的皺摺。他看過幾千具腐爛的焦屍。他看過焦黑田裡的一個少婦，抱著兩包東西，一邊腋下夾著她的鮮豔和服，另一邊則是她小孩的焦屍。東京陷入一片「火海」。他看到砲彈碎片在他工作的工廠外面爆開，眼前一切好像用慢動作播放的。他看到許多人在地上挖出淺淺的壕溝，但是沒有用，他們根本不知道B－29轟炸機有多厲害。一九四二年東京大空襲（Great Tokyo Air Raid）的那個夜裡，死亡的東京人比原子彈炸死的廣島人都還多，他目睹倖存者把一具具焦屍堆在一起。一架美國飛機掃射火車站的人群，大家彼此推擠踐踏，他被困在裡面，有個被射死的男人倒在他身上。

矢島先生小時候體弱多病。二戰正式爆發之前，他得了黃疸病，在家裡待了很久，都沒辦法上學。每天他都從收音機聽到日軍戰勝的消息。他身邊的人都士氣高昂。上了中學，老師說他們不再是小孩。他們被迫接受軍訓。他認識的所有人都渴望為國家犧牲生命，並以此為榮。他們說，他的病體印證了他是個意志薄弱的人。等到他再度染病，學校不准他請假。軍國主義的氛圍日益高漲，但他的健康卻持續惡化。

他在戰後染上肺病。他的叔父因為空襲而得了炮彈驚嚇症，先前已經搬到東京郊外的崎玉市，那是個充滿鄉村風味的平靜環境。矢島稔到那裡去探掘鄉間，恢復了與大自然之間的關係，像小學時那樣與蜻蜓、蝌蚪、蟻獅與蟬等等動物為伍。到了秋天，因為美國人給的救濟麵包與醃漬牛肉罐頭實在是品質不佳，他還到稻田裡去抓蝗蟲，給家人打牙祭。如今他說，如果我們好好觀察蝗蟲，會發現牠們的眼睛真的很可愛，而且每當牠們看到有人靠近，就會挪動一下，走到稻稈的另一邊。不過，想當年那是個飢不擇食的年代，他只是把昆蟲當食物，盡可能設陷阱多抓幾隻。

一九四六年，他的醫生囑咐他休息一年。矢島稔搬回東京，發現了大杉榮翻譯的法布爾《昆蟲記》。法布爾對昆蟲鉅細靡遺的描述，還有書中的類比思考方式讓他感到十分著迷。「昆蟲詩人」法布爾在名為「荒石園」的自家庭院裡與各種生物相遇，提出許多問題，在在都讓矢島稔印象深刻，而且法布爾的字裡行間充滿好奇心與活力，讓欠島稔感動不已，把他帶進一個昆蟲的世界裡，這在那當下也是他急切需要的。

受此感召，他花了五個月的時間研究他家附近那些鳳蝶的自然史。不久前，一大群火車上的學生才剛剛因為美軍飛機而喪生。他常常只是坐在那裡，盯著鳳蝶在慘案現場翩翩飛舞，牠們的生命力與美感讓他看得出神，就像當年在戰時他也曾望著彈坑水面上的蜻蜓發呆。此刻回想起來，他覺得那讓他沉浸其中的鳳蝶有一種強制性的療癒作用，他才能忘掉戰爭與戰後生活是如此沉重。

也許跟我一樣，這故事也會讓你聯想到卡爾・馮・弗里希、馬丁・林道爾、柯妮莉雅・赫塞─何內格、李世鈞教授、尤瑞斯・霍夫納格與法布爾本人，還有其他許多人，他們都曾在昆蟲世界中發現一個意想不到的世外桃源。也許，如果我們換個方式來說，這些是一群進入了昆蟲的世界、同時也讓昆蟲進入他們世界的人。有時候他們會被昆蟲的世界吞噬，有時候他們會在昆蟲世界中發現自己的定位，以至於這世界上的一般比例，還有各種存在物之間的標準層級關係再也沒有辦法成為他們的行動或意義之基礎（原本，就是因為那些比例與層級關係，我們才知道有些動物比我們小，因為牠們的體型較小，也知道有些動物不如我們，因為牠們欠缺我們的能力。）他們也因此才發現自己的生命無限廣大，他們的生命中有另一種尺度，有另一個世界存在，一個無法以大小來估計、並因此而受限的世界。

矢島稔就這樣孤孤單單地觀察著鳳蝶，在那幾個月之間，某天他下定決心，要把一生獻給昆蟲研究。將近六十年後，我與ＣＪ跟他約在東京都廳舍（東京的雙塔市政大樓）的自助餐廳吃午餐。當時他已經是日本最顯赫的生物學家之一，曾經創建全世界第一間蝴蝶館，也是暢銷自然主題影片的製片，頂尖的保育人士，許多昆蟲繁殖規定都是由他草擬的，而且他也是個科學教育家，特別喜歡跟孩子們分享他對昆蟲的愛。他精力十足，興致勃勃地跟我們聊起了他最近的一個計畫，也就是群馬昆蟲森林公園（裡面有一棟壯觀的蝴蝶館，由建築大師安藤忠雄設計），還有一大片由當地人一起復育的里山地區。公園隔天就要開幕，但ＣＪ與我沒有時間去參觀，為此我們三人都很失望。矢島先生很客氣，沒有架子，也很慷慨地撥出時間，他的正面力量感染了我們。我們聊了很久，事後還一起拍照，在那巨大的市政大樓前面，我們像螞蟻一樣渺小。

6

東京市本來有蓬勃發展的昆蟲商業文化，但卻跟著都市一起被毀掉了。「我們又回到一開始的型態，」歷史學家小西正泰寫道。所謂一開始的型態，是指那種賣蟲的流動攤販，那種人最開始於十七世紀末出現在大阪與江戶（東京舊稱），後來又在二次大戰後重現，在殘破首都的街頭帶著籠子賣蟲。[21]

我們不難想像昆蟲在那當下有多特別與重要：牠們的鳴叫聲讓人覺得悲喜交加，感到憂愁與人生的稍縱即逝，感到牠們與人類在文化上的親暱，無論如何都會陪伴在人類身邊。但這些蟲販會上街賣蟲是因為沒有選擇。東京的昆蟲店都被炸毀了，儘管賣蟲的人很快就設法在銀座購物區的街道邊擺攤，但一切都回到了從前：因為繁殖設施都已經毀了，戰後的蟲販又跟古代一樣，只能從田野裡抓蟲來賣。

到了十八世紀末，日本的蟲販已經知道如何繁殖鈴蟲與其他受歡迎的昆蟲。他們也發現，把蟋蟀幼蟲養在陶罐裡可以加速牠們的發育速度，增加歌者蟋蟀的供給量，他們發明的技巧至今仍有人在使用（例如，上海的蟋蟀繁殖戶仍遵循那些古法）。根據小西正泰的描述，德川幕府時代（一六〇三到一八六八年）曾有過豐富動人的昆蟲文化，而那一段漫長的年代裡，相對來講，日本始終處於鎖國的狀態，國民很少有機會出國，外國人能獲准入境的唯一地方就只有長崎。他還指出，名古屋與富山縣等地方都有政府官員組成的動植物同好會。據其描述，那兩百多年間日本的封建領主們（在當時被稱為「大名」）都住在江戶，許多達官顯貴與他們的策士每逢閒暇時，都會聚在領主的宅邸裡捕捉昆蟲，辨認牠們的種類，進行分類。他還討論長期以來學者始終都很有興趣的是所謂的「本草」療法（中藥的療法），除了使用植物與礦物，也把昆蟲與其他動物納為藥材。[22]這些蟲迷不像歐洲的博物學家那樣，會把昆蟲製作成標本，而是會把自己收藏的蟲繪製為圖畫，在上面註明觀察結果、抓到的日期與地點。圓山應舉（一七三三－九五年）、森島中良（一七五四－一八一〇年）與栗本丹洲（一七五六－一八三四年；他的畫作《千蟲譜》是那個時代遺留下來的無價之寶）等知名藝術家臨摹活生生的昆蟲與其他動物，繪製成畫作，作品細緻而且精確，以系列的形式推出，可說是如今昆蟲圖鑑的前身。

小西正泰把德川幕府時代稱為日本昆蟲研究的「幼生期」。他表示，儘管當時的蟲迷非常投入也有獨創性，但是並未持續與西方博物學家進行交流，只能說是醞釀他們的熱情，等待外界刺激，才會帶來改變。小西正泰認為，一直要等到明治時代（一八六八—一九一二年），所有的能量才真正被釋放出來，日本人開始樂於引進並且吸收西方新知，而日本的昆蟲之愛才進入了現代世界，來到「成熟期」。現代昆蟲研究可以追溯到一八九七年，當時是因為一種叫做「浮塵子」的葉蟬危害全國稻作而需要明治時代的政府做出回應。因此，跟歐洲與北美的情況一樣，日本的「昆蟲學」（根據西方的科學原則來研究昆蟲的學科）從一開始就與害蟲控制密切相關，對人類與農作物的健康有深遠影響。

從純粹的熱愛發展到昆蟲學的出現，這個轉變遵循著日本科學與科技的標準敘事：起跑非常晚，但很快就跟上腳步。這種從黑暗到光明的過程也與兩世紀前歐洲啟蒙時代科學革命的發展敘事雷同。如同許多學者都曾指出的，無論是啟蒙時代或明治時期，以上史觀都深信科學優於其他各種形式的知識，但是也太容易就認定科學與其他知識有所不同。其實，早期的自然觀與所謂「現代的」自然觀之間有種種持續性存在，卻被他們給低估了，而且他們也忽略了一個事實：熱愛與實用性是可以並存，通常不會相互矛盾或衝突，而且就存在於同一間寵物店、同一本雜

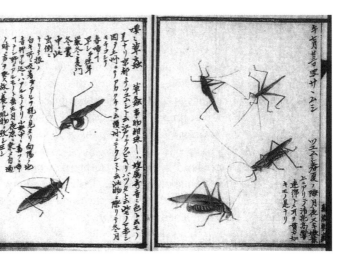

誌、同一間實驗室裡面，甚至是在同一個人身上。[23]

就另一方面而言，昆蟲之愛的能量在明治時期突然爆發出來後，結果無疑是把那能量投注在昆蟲學研究上，而且有各種新興機構在背後支持著。根據小西正泰的描述，在剛剛成立的東京大學裡（一八七七年成立），「甲蟲熱」與「蝴蝶熱」於生物學學生之間延燒開來。東京上野動物園的創辦人兼知名學者田中芳男則是出版了史無前例的《採蟲指南》（一八八三年）一書，是一本教人採蟲、保存標本與繁殖昆蟲的手冊（資料主要來自於西方）。同時，橫濱市也開了三家店，專門把來自沖繩島與台灣的蝴蝶賣給水手與其他外國訪客。

半世紀後，那些蝴蝶專賣店顧客的後代會把整個蓬勃發展的昆蟲產業炸毀，打回十八世紀時的雛形。不過，就像當年在明治維新後日本人很快就吸收了西方科學，二戰後日本的昆蟲文化也是恢復神速。躲過一九四五年大毀滅的倖存者們設法從創傷中汲取力量。矢島先生看到蜻蜓在彈坑的水面上產卵，就想到牠蘊含著龐大生命力。創辦全日本最知名昆蟲專賣店的志賀卯助，則是這樣描述他的遭遇：他把他那些心愛的標本針埋在某個東京防空洞裡面，戰後發現那些蟲針都已經生鏽，不能使用，於是他才立志要設計出更耐用的設備，多年後成功製造出不鏽鋼儀器。

7

一九〇三年，志賀卯助生於新潟縣山區的一個無地農民家庭。[24]跟矢島稔一樣，志賀卯助也曾是個病童，很多時間都無法出門，不過他的病因是營養不良。五歲時，他因為小感冒而發燒，居然就失明了。每週父親都背著他走六公里路，去找最近的醫生就診。志賀卯助終究恢復了右眼的視力，但左眼就此瞎掉。

儘管身體欠佳，志賀卯助還是必須幫家人工作，但他是個傑出的學生，為此還被送到東京去讀中學。跟CJ與我遇過的其他蟲迷不同，他不會是個昆蟲少年。據他在書裡面表示，事實上他對自家週遭環境不太瞭解，也不記得小時候曾經去抓過蟲。他說這是因為他貧病交加，而且總是忙著工作，但他很快就對自己提出質疑：難道貧病只是藉口嗎？他還說，會不會他當年其實就是對大自然無感而已，就跟當年他身邊的所有人一樣？

他平安度過了中學時代。他在校長家工作，於十五歲畢業。畢業後他在東京的平山昆蟲標本製作所找到工作，那是當時東京市少數幾間幫收藏家製作標本的店家之一。

平山昆蟲標本製作所聘了兩名員工。一名是店員，另一名被派到老闆家裡工作。志賀卯助就是那個男僕，必需做烹飪、採買與打掃等家事。儘管如此，他還是很快就開始注意到店裡的收藏品。因為身邊到處是昆蟲，他對這世界的看法已經跟以往都不一樣了。他仔細觀看，觀察各種昆蟲在顏色、形狀與紋理等各種細節上的不同。他發現自己觀察得更為仔細了，他開始覺得那些標本更為有趣，因為料想不到它們會那麼漂亮，所以很興奮。很快地，他就決定了畢生職志：成為一個昆蟲專家。過沒多久，他就用糖果賄賂標本店的學徒，要學徒教他怎樣採蟲（當時，城市裡的房舍四周總是圍繞著綠地，抓蟲很容易），還有製作標本。不過，即便各種各樣的昆蟲讓他感到入迷，對他來講也是很大的壓力。他能夠企盼自己有一天能專精於這個領域嗎？平山昆蟲標本製作所裡面沒有書，也沒有優質圖鑑供他參考，店主也沒打算成全他的企圖心。志賀卯助只能靠自己了，他偷偷找時間研究店裡的收藏品，記下各種昆蟲的物種名，並且依其翅斑的數量與圖案樣式以及身上斑紋的大小與形狀去連結他們種類的名字。

平山昆蟲標本製作所的昆蟲讓他置身夢想世界中。透過手裡的放大鏡看來，每一個標本都令他震驚不已，尤其是那些蝴蝶。不過，回到人世間，情況就截然不同了。他常常挨罵：大家都問他，為什麼要把時間虛擲在沒有用的事情上面？那不屑的態度讓他害怕，有壓迫感。即便他父親也反對他幹那一行——但事實上他父親是個很開明的人，因為家境貧寒，曾靠修理雨傘、製作氣球來養活家人，也曾當過按摩師、針灸師、算命師，也是個有名的助產士（一般而言，男人是不能當助產士的）。一般人只用兩種標準來評斷昆蟲：是否有用？是否危險？看到蟲子只要殺掉就好，何必收集？志賀卯助回憶道，除了在店裡面，他覺得自己好像也只是一隻蟲子。

想當年，會採集昆蟲的只有一小部分社會菁英。平山昆蟲標本製作所的顧客主要都是一些華族子弟，他們來自於明治時代以降的貴族家庭。德川時代的那些「大名」總是自己抓蟲，但那些世家子弟則是直接到標本店裡去訂購。他們把標本當成某種文化資本，認為自己繼承了歐洲貴族的教養，把昆蟲標本跟其他珍貴物品擺在一起，於自家客廳裡展示出來。在此同時，全國各地都有青年男性組成的昆蟲研究同好會成立，這象徵著政府支持昆蟲學的科學研究，研究興趣也開始普及起來了。然而，因為採集盒都是從德國進口，捕蟲網是絲質的，這些重要工具仍然昂貴無比。

一九三一年，志賀卯助離開平山昆蟲標本製作所，自行創業。會做出此一決定，一方面是因為必須擺脫店家的剝削，另一方面則是他打定主意，想讓普羅大眾都可以進入那個昆蟲的世界，不再由有錢人獨占。而且，跟矢島稔一樣，他特別希望能把這興趣推廣給孩子們。他如此清楚地申明己志：如果人在小時候能夠喜愛昆蟲，長大就能養成一種關懷萬物的品德，在意的不會只是大自然與昆蟲那種小生物，而是擴及身邊所有人類與動物。他把自己成立的標本店命名為「志賀昆蟲普及社」，以科學稱謂的「昆蟲」取代日文口語中的「蟲子」，藉此同時傳達了現代感與科學教育的意圖。

志賀卯助把所有創意與精力都投注在自己的新事業上。為了吸引路人，他在店外人行道上擺桌，示範標本的製作方式。他對觀眾人數感到不滿意，還與東京的四大百貨公司合作——而百貨公司本來就是一種非常進步與現代化的場所，與他正在推廣的新科學精神不謀而合。他與友人磯部（此姓氏為音譯）在四家百貨公司的文具部門輪流待上一週，在昆蟲諮詢攤位回答問題，也展示志賀昆蟲普及社自製的工具：包括低成本的「志賀式摺疊式口袋型昆蟲採集網」，還有前所未見的銅、鎳、鋅合金材質標本針，全都是他自己設計的。展示活動很快就變得大受歡迎。孩子們趨之若鶩，各個踴躍提問。眼見示範時他們都緊盯著他的手，志賀卯助想起了自己剛剛進入平山昆蟲標本製作所工作的那一段日子，為此感到很高興。

那是一九三三年。從那一年開始，一本叫做《昆蟲界》（コンチュウカイ）的新雜誌*刊登了許多全國各地中學生投稿的田野研究報告。差不多從這時間點開始，志賀卯助也陸續收到許多學校要求訂製標本的訂單（但都被他拒絕了，因為他覺得學生應該自己製作標本，而不光是欣賞現成的標本，這樣才能學到更多東西）。那些年陸續有許多昆蟲專賣店、雜誌、昆蟲學同好會與學會、專業與業餘收藏家的連絡網路與大學的昆蟲學系成立，而且情況並不限於東京、大阪與京

都，也包括一些小鎮，全國各地都一樣。顯然，昆蟲研究越來越普及，相關的文化與體制也趨於成熟。事實上，跟昆蟲相關的商業活動之所以能在戰爭慘敗之後那麼快就恢復起來，都是因為戰前的昆蟲迷已經人口眾多，相關體制也都已經發展成熟。

不過，對於志賀卯助而言，儘管這種昆蟲文化在戰前就興盛了起來，但是仍然無法改變昆蟲採集活動帶有的菁英特質。也許有更多小孩自製標本，但在他看來，他們仍然都是來自富裕家庭的名校學生。CJ與我從奧本大三郎與其他人那裡聽來的故事，都是關於全日本有多喜歡昆蟲，但根據志賀卯助的描述，採蟲卻是一種有階級差別的活動，而且對於昆蟲的喜愛與厭惡會隨著時間改變（較受青睞的，包括蟋蟀、吉丁蟲、鍬形蟲、蜻蜓、螢火蟲與家蠅）。有些活動，例如捕捉蜻蜓與聆聽蟋蟀叫聲和蟬鳴等等，是行家與一般民眾都喜歡做的。如同杉浦哲也所說，有些事情過去僅限於某些地方的窮苦人家才會做（例如吃蟲），這時候也沒有人繼續做了。有些活動則是變得比較沒那麼普遍：用昆蟲來治療疾病就是一例（像是用蟑螂來治療凍瘡與腦膜炎，還有用來消毒），因為明治時代開始政府就明令禁止了源自於中國草本醫療的「漢方」療法，到了後來才解禁，跟對抗療法（allopathic medicine）一樣，變成某種補充性的治療方式。志賀卯助、養老孟司、杉浦哲也與奧本大三郎一樣以做學問的態度採蟲，他們直接承襲的是德川幕府時代那些尊榮「大名」的採蟲傳統，也多少受到歐洲殖民帝國仕紳階級的自然史研究傳統影響，以及法布爾徹底破除舊習的風範，採蟲活動真正開始普及起來，已經是日本戰後經濟擴張，媒體流行文化興起，還有有錢有閒的新中產階級出現的時候了。除了採蟲以外，最重要的顯然莫過於繁殖與飼養鍬形蟲與獨角仙，但這種活動的出現卻是比較新穎而令人感到

＊譯注：這本雜誌創辦於一九三二年，是加藤正世創辦的「昆蟲趣味之會」的會刊。

憂慮的，而且會做這種事的，是另一種新型態的昆蟲少年，他們擁有新的經驗與昆蟲設備（包括漫畫、動畫與充氣昆蟲），而且他們對於「昆蟲對於自己的人生與家庭生活有何意義？」這個問題，也有比較複雜的新見解。

戰後因為經濟發展，除了大家可以揮金如土之外，隨之而來的還包括沒有人預料到的環境災害，其中最惡名昭彰的就數一九五六年熊本縣水俁市的汞中毒問題，後來於一九六五年又在新潟縣出現同樣問題。由於日本人對工業發展主義的普遍失望，他們開始以新的方式來欣賞與保護大自然。第一波昆蟲熱可說是新消費主義與新環保主義的混合體，出現在一九六〇年代中期。昆蟲熱的主角包括蝴蝶、鍬形蟲與獨角仙，主要是因為「怪獸電影」的流行（像蝴蝶又像飛蛾的摩斯拉就特別受歡迎，牠往往用超能力來幫助人類），還有「超人力霸王」（又譯「鹹蛋超人」）之類的「特攝片」，以及手塚治虫與其他漫畫先驅創作的昆蟲主角。幾世紀來，那些大型甲蟲往往被視為醜陋無比，而這是歷史上的頭一遭：甲蟲比鈴蟲與其他會唱歌的蟲子更受歡迎。

那些年頭市面上出現了許多價格不貴的昆蟲百科全書、高品質野外採蟲指南還有新的採蟲雜誌，後來東京多摩動物園的蝴蝶造型昆蟲館又在一九六四年問世（那是矢島稔早期完成的重大計畫之一）。也許，最能反映出昆蟲熱的一件事，莫過於採蟲就是在那些年頭成為中小學固定的暑假作業。

志賀卯助也是在那個年代向日本文部省提出陳情，希望能禁止百貨公司販售活的蝴蝶與甲蟲——過沒多久，他就獲得了裕仁天皇頒發的獎章，藉以表彰他製作出優質的採蟲工具，他說這是他初次感覺到在那個專業領域裡獲得肯定。他說，這不是鼓勵學童作弊嗎？他們只要去買蟲就好，不用真正去做暑假作業。老師無法分辨哪些蟲是在百貨公司買的，哪些來自於野外。志賀卯助還說，事實上，那些買來的蟲反而會獲得較高分數，因為牠們看來比較漂亮。那些蟲子如果只是商品，學生哪能從中學到任何東西呢？文部大臣接受陳情，因此百貨公司又開始跟以往一樣，只能賣標本，也販售志賀卯助出品的那些漂亮又有創意的採蟲工具。百貨公司後來又開始把活生生的甲蟲擺到架子上去賣，已經是一九九〇年代初期的事情了，那是個昆蟲寵物店林立的年代，除了甲蟲進口解禁與蟲類交易高度商業化之外，大家也早已把志賀卯助那成功一時、最後仍不敵大勢所趨的行動給淡忘了。

8

世嘉遊戲公司推出「甲蟲王者」之後不久，日本環境省就為了推動保育新法而開始舉辦一系列的公聽會。《外來生物法》的立法意旨，是為了彌補《植物防疫法》的諸多漏洞，因為該法已經讓黑鱸魚、歐洲熊蜂與其他不受歡迎的物種入境。跟大多數的這類爭論一樣，這次的公聽會上也立刻以「本土物種」與「入侵物種」的區分為基礎。同樣的語彙五箇公一還有與他一起做研究的學者也使用過：用來描繪那隻被他們強迫與印尼母扁鍬形蟲交配的日本公扁鍬形蟲。有鑑於日本的大自然常常被視為足以定義民族性與個人性格的要素，因此我們不難理解這次立法爭論為何會如此激烈。

更具爭議性的問題之一是：鍬形蟲與兜蟲是否會被《外來生物法》列為禁止進口的物種？保育人士擔心甲蟲進口會持續造成一些效應，也擔心一般採蟲活動帶來的必然後果，主張列入管制。長期以來，他們主張採蟲會對原生物種造成傷害，因為有些人會用砍樹與其他盲目的方法來採蟲，破壞了棲息地，而且如果抓走正在繁殖的甲蟲將會導致野外甲蟲數量變少。此外，如果將外國甲蟲野放，也會造成一些潛在的衝擊。

業界派出的代表組織嚴謹。畢竟，他們是損失最大的一個族群。在發行《蟲誌》雜誌的東海媒體

（Tokai Media）的資助之下，一個叫做里山協會（Satoyama Society）的非營利組織致力於把整個產業動員起來，先發制人，進行保育教育活動，活動內容包括在昆蟲雜誌裡刊登文章，透過演講、海報與傳單來宣導，表示應該採取更謹慎的甲蟲管理措施，同時還在各地發起採蟲同好會。演講的人都有錢可以拿，而且宣導教育活動也會帶來更多顧客。

一些「蟲社」的員工以專家證人的身分到公聽會上發言。根據他們的估計，全日本大概有一、兩萬個在繁殖甲蟲的業餘人士，飼養甲蟲的人則是有十萬人（大多是中年男子），此外更有幾百萬個孩童把蟲卵養成甲蟲。他們主張，目前最多已經有五十億隻非原生甲蟲待在日本境內，因此討論進口管制是沒有意義的。真正危險的並非進口的甲蟲，而是已經在境內的那些。管制進口只會全然抹煞了採蟲的教育與教化意義。跟他們的盟友里山協會一樣，他們也建議，如果想要把情況控制住，該做的應該是教育他們的顧客，讓大家知道隨意丟棄甲蟲的後果不堪設想。

外国の生き物を 野山に放さないで！
〜日本の自然を守るために〜
1999年11月11日，外国のカブトムシ・クワガタムシの輸入が部分的に解禁となりました。今後，夏を中心にして，ペットショップなどで，比較的安価で盛大に売り出されることが予想されます。手軽に，生きている実物に触れることができるのは喜ばしいことです。
しかし，これが大きな危険をはらんでいることを忘れてはなりません。外国産の虫を飼う人々にモラルの徹底が急がれますが，なかなか追いつかず，すでに関東地方などでは，野外で沖縄やインドネシアのクワガタが見つかっています。
夏が過ぎると，飼っていた虫を「かわいそうだから逃がしてあげよう」と，野外に放す人がいますが，それによって次のような困ったことが起こります。
①餌を占領してしまう
－競争相手になる可能性－
もともと日本にいるカブトムシやクワガタムシの，餌を奪ってしまう可能性があります。南国の虫だから寒さに弱いとはかぎりません。夏ならまったく平気です。
②地域差がなくなってしまう
－遺伝子汚染の可能性－
例えば，南国（台湾やタイ，ラオスなど）のオオクワガタが日本で放されて，地元のオオクワガタと出会ったとします。産地はちがっても同じ種類ですから，交尾・産卵は行われます。しかし，たとえ種類が同じでも，地域によって生態が少しずつ違っています。日本のものは冬の寒さに耐えることができますが，南国のものに同じ性質があるとはかぎりません。外国ばかりでなく，九州や関西のものでさえ，他の地方に放すことは大きな問題になるのです。
外見にまったく違いがなくても，生き物は，それぞれの土地で環境に合わせて独特の生活をしています。食べ物も，成長する季節も，地方によって違います。それらの習性は，長い年月をかけて身につけてきたもので，遺伝子に組み込まれているものです。人間が勝手に乱してはなりません。
池や川の魚が，ブラックバスのために大きな打撃を受けています。クワガタでも同じ過ちを繰り返さないよう，みんながしっかりとルールを守らなくてはなりません。
いちど飼い始めた虫は
絶対に野外に放さない
ということを守ってください。親切のつもりでも，虫にとっては大迷惑。手遅れになる前に，ちょっと考えてみませんか。みんなの心がけでひとつで，たくさんの日本の虫たちが救われます。

等到第三次公聽會進行時，業界人士與他們的盟友顯然已經贏了。最後的法案只把某幾類甲蟲納入，而且出現

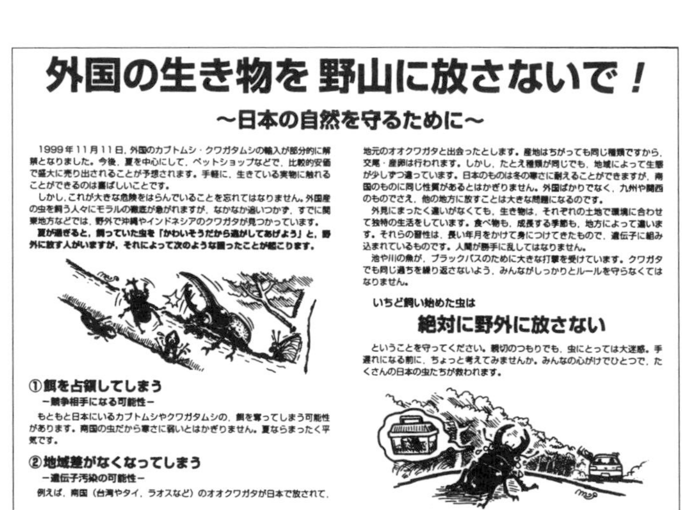

在法案中的那幾種，也只是被列在非限制「只需要申請憑證」的欄位裡。[25]然而，保育人士要抗爭的對象不只是業界。許多保育人士也不喜歡養老孟司那種學者，因為他們坐擁大批私人收藏，為了收藏而殺蟲實在是無謂之舉。他們認為，這無異於認可那些人殺害動物，會對小孩的生命教育帶來不良影響。他們努力了好多年，設法勸阻學校把採蟲列為暑假作業，在東京與許多其他地方都奏效了。

一聽到這件事，首先閃過我腦海的，是鍬仔，還有他那促進父子關係的夢想，還有父子一起抓鍬形蟲的「家庭作業日」。但是，養老孟司與奧本大三郎等等收藏家也想要為自己辯解。畢竟，他們不都是跟法布爾一樣，不但是科學家，也是愛蟲人士？對於那一股甲蟲熱，他們不是也抱持著懷疑的態度？難道他們不是致力於培養世人對於大自然的愛（尤其是小孩），用敏銳而有創意的方式去呵護大自然？而且在這方面也許他們比保育人士還做得更多？

他們也同意，鍬形蟲的商業化的確帶來很大傷害，但鍬形蟲的數量之所以減少，除了過度採蟲之外，同樣也是因為土地開發造成棲息地銳減。但是，一般而言，如果是其他種類的昆蟲，就算被採集也不會有所影響：因為牠們的數量實在太多，而且繁殖速度太快。比較嚴重的問題是跟殺蟲有關。對於養老孟司和他的朋友們而言，唯有藉由物種之間的互動（而不是分離），才能產生真正的深刻關係。為了建立關係，真正該做的是要培養出那種難得的「蟲眼」，才能夠造成想法的極端改變，而不是用「以上對下」的「管理」之名放棄人蟲之間的溝通。任誰都必須要瞭解昆蟲，設法深入體會牠們的生存模式，才有辦法找到牠們。想要進入牠們的生活，就必須透過訓練而培養出一種專注力，而那訓練不只是哲學的訓練，也是昆蟲學的訓練。唯有專注，才能夠獲得某種關於自然的知識，這種知識裡面必定含有喜愛大自然的成分，同時也把人類世界往自然界延伸。殺蟲是痛苦的，但也有其意義。呼應著柯妮莉雅·赫塞－何內格曾說過的話，養老孟司也對我們說，他擁有的昆蟲已經夠多了。他不再殺

蟲了。奧本大三郎則是說他不曾殺蟲，只會採集活生生的蟲，等到牠們自然死亡後，再製作成標本。

志賀卯助也曾體驗過這種不安的情緒。在志賀昆蟲普及社某年周年慶那一天，他邀請了一個來自山裡的和尚，到東京去舉辦「供養」法會，藉此安慰離世的昆蟲。法會擺的不是死者的照片，而是標本。他供奉的並非人類的食物，而是昆蟲的。這件事發生在一九三〇年代期間，已經是七十年前的往事。他寫道，因殺戮其他生命所衍生的罪惡感，意識到殺生是不對的信念，從來不是什麼新鮮事。他試著別想太多，但無法擺脫那想法。讓他常常思索的一個問題是：蜉蝣到底是應該只活一天，還是以標本的形式存在幾百年？何者對牠們比較好？

矢島稔說，我很高興自己這麼瞭解昆蟲。志賀卯助也有相同感覺，他還說，想要瞭解昆蟲並不難。任誰只要手拿放大鏡與捕蟲網，都能辦到（也許，你可以選用志賀卯助發明的那種低價折疊式口袋型捕蟲網）。

志賀先生寫道，任誰只要開始觀察小蟲，就會變得對大自然更有興趣，也會覺得周遭世界更加有趣，更令人滿足。事實上，認識昆蟲可說是這世界上最棒的事。他說，人類與大自然之間的關係始於昆蟲，也靠昆蟲畫上句點。然後他又補了一句話：這就是我一輩子的寫照。

Z

禪宗與沉睡的哲學

Zen and the Art of Zzz's

1

一九九八年，我有幸取得加州大學聖塔克魯茲分校的教職，那是一個位於北加州的濱海城鎮。我完全沒想到會有那個工作機會，機會來時我又驚又喜。莎朗和我都是在都市長大，除了我待在亞馬遜河流域的那一大段時間之外，我們倆都沒什麼小鎮生活的經驗。先前我們住在紐約市中心曼哈頓地區的公寓裡，儘管暖氣不怎麼管用，而且樓下冷凍倉庫的冷氣常常會滲透我家地板，讓我們感到寒氣刺骨，我們還是很快樂。但是加州似乎是個冒險天堂，是一個全新的世界。我們打包行李，租了一輛車就出發了，就像兩個拓荒客，心裡試著想像我們穿越紐約的荷蘭隧道之後會有什麼發現。

2

到了聖塔克魯茲之後，我們最喜愛的一片海灘「三哩海灘」（Three Mile Beach），就位於懷爾德牧場州立公園（Wilder Ranch State Park）裡面。我們總是沿著蒙特瑞灣（Monterey Bay）北端那一片眺望太平洋的斷崖散步，走到那公園裡。因為懷爾德牧場裡面沒什麼遮蔽物，所以風通常很大，而且往往比兩三英哩外的聖塔克魯茲本身還要冷，因為聖塔克魯茲有蒙特瑞灣的屏障，所以和煦的天氣讓人覺得像是奇蹟。

沿著斷崖散步必須忍受狂風吹襲，但景色美得驚人。我們百看不膩。太平洋跟其他所有的大江大海一樣，每天看起來都不一樣，而且海水的色調總是令我們驚嘆。我們總是穩穩地站在斷崖邊緣，遠眺著在下方遠處大浪裡翻滾的海獺、海豹與海獅。莎朗的目光銳利，總是能找到鯨魚，常常用手指出灰鯨與座頭鯨噴水的地方，有時候與岸邊非常接近。為了觀看一群群鵜鶘飛翔的英姿，我們總是不斷把脖子往後仰，然後看見牠們從刺眼的陽光中飛出來，在藍到不能再藍的天際翱翔，留下白到不能再白的身影，那可說是最讓人心醉的景象。

3

某次我們偶遇一具鯨屍。加州一號公路（Highway 1）靠海的那一邊，沿線都是洋薊田，有好幾天我們開車經過時，都會聞到腐屍臭味。因為實在太臭了，儘管時值夏天，我們那一部日產達特桑（Datsun）小貨車沒有空調，我們還是把窗戶緊閉了好幾英哩。後來當我們又再訪懷爾德牧場公園時，才發現原

來臭味的來源就在附近。我們往外走到斷崖上，那臭味變得更為強烈，直到我們走到路的盡頭，來到一個狹窄小海灣上方，往下一看，只見一具已褪色的巨物，形貌不清，最後才慢慢看出那是鯨魚。

那個動物正在融化，分解成黏黏的液體，一張大嘴是張開的。牠那巨大的陰莖埋在沙土中，看來如此不堪。有關於牠的一切都是如此不堪。一切都不對勁。牠的黏滑皮膚藍綠相間，逐漸脫落。屍體四周到處是群蠅飛舞。

4

等到天氣夠暖，海風也不會往上席捲沙灘了，我們會坐在「三哩海灘」上面讀書。那海灘通常都沒有人，有時候我會脫掉衣服，在海裡游一小段距離，小心注意海裡的橫流與激浪潮，我暖熱的皮膚感覺到海水好冰。

那是一片口袋狀的海灘，是兩個斷崖之間的小海灣，一邊是一道往海裡延伸的緩坡，另一邊的盡頭則是一大片濕地。海灘上到處是金黃細沙，遍布著一堆堆堅韌的沼地草叢。我們往往在海灘上一待就是好幾個小時，有時伸伸懶腰，深深吸幾口有太陽味道的空氣，頭頂的天空是如此開闊，身邊是海浪拍岸時的潮聲，以及退潮時細石的滾動低語。

5

儘管如此，「三哩海灘」往往是個讓人難以放鬆的地方。海灘上有許多小小的蒼蠅，也許就是圍繞在鯨屍四周的那種。牠們的移動速度很快，而且各個都是死硬派，趕也趕不走。每幾秒就會有一隻停在我們露在衣褲外面的皮膚上，讓我們感到刺刺的，然後就飛走了。那感覺又刺又痛。牠們不會留下痕跡，皮膚也不會變紅，但那使我們很難好好坐上一會兒，更不可能睡一回覺。

6

根據研究顯示，昆蟲是會睡覺的。或者說，牠們跟大多數生物一樣，至少會有固定的作息時間，每當休息不動時，牠們對於外界刺激的反應能力就會大幅下降。[1] 如果我們知道那些蒼蠅何時休息，就可以挑那時間去海灘，但那似乎不太可能。

那一份睡眠研究並未調查昆蟲是否會作夢。對於生物學家來講，此刻那還是有點太過異想天開了。也許是他們還不知道要用什麼方式去研究昆蟲是否會做夢。但如果他們知道了呢……牠們會夢到什麼？這又是另一個無法解答的問題。

7

此刻，我身邊到處是昆蟲。牠們知道這本書已近尾聲。牠們正在說：「別離開我們！別忘掉我們！」我努力試著把所有昆蟲都放進這本書。但老實說，昆蟲的種類實在太多了。任何一本昆蟲圖誌就算再怎樣野心勃勃、圖片眾多，也不可能有足夠的篇幅。就連文森．瑞許（Vincent Resh）與林恩．卡戴（Cardé's）寫的那一本劃時代鉅作《昆蟲百科全書》（*Encyclopedia of Insects*）也必須對內容有所取捨。

「三哩海灘」的蒼蠅搞得我們不能睡覺。被牠們咬到會感到一陣刺痛。牠們不願放過我們。牠們用自己的方式來展現出加州的特色。牠們持續傳達的訊息，頗像是一個「四段真言」：這也是我們的海灘。學習與不完美共存吧。萬物皆與彼此同在。一扇小小的窄門，將開啟一整個大千世界。

誌謝
Acknowlegments

研究撰寫此書的年間，我幾乎一直都處於自己的專攻領域之外，經常有賴他人慷慨相助。有許許多多的人曾經幫過我，某些人的助力來自個別文章，某些人幫的忙則是在整段過程中提供建言和鼓勵。對於大部份人士，我僅能列出他們的姓名，並且很簡單地說一句：這幾年裡面，最愉快的一件事情，便是有機會向這許多人領教到這麼多事物。

一如既往，我頭一個要最深深感謝的，是我最親愛的朋友和「共謀」莎朗（Sharon Simpson）。本書的每一個概念和感覺，都在我們之間不停地往返。要是沒有她，這本書不只會變成別的樣子，而且根本就不會出現。

對於夠相信我、願意讓我記敘其生命的諸位人士，我也要致上感激與謝意。特別是要感謝Cornelia Hesse-Honegger, David Dunn, Fang Dali, Jeff Vilencia, Kawasaki Mitsuya, Li Shijun, Sugiura Tetsuya, Yajima Minoru, Yoro Takeshi。

同樣重要的是我擁有熱心又有才華的三位研究夥伴，他們現在已成了我的朋友，田野研究的主要章節基本上是由他們與我共同撰寫的：在中國的小胡、在日本的鈴木ＣＪ、在尼日的卡林。

若是沒有其他舊雨新知一些特殊的照料，上述田野工作不可能進行。就此，尤其要感謝Mei Zhan, Huang Jingying, Tyler

Rooker, Ding Xiaoqian, Mahamane Tidjani Alou, Nassirou Bako Arifari, Shiho Satsuka, Gavin Whitelaw, Thomas Bierschenk。

在美國的時候，這幾位人士高明的書目、翻譯、詮釋性作品，對我大有裨益：Steve Connell, Ling Chen, Hisae Kawamori, Gabrielle Popoff, Yumiko Iwasaki。

十分感激我的文稿經紀人Denise Shannon她的幽默感、耐心與智慧，以及我在眾神出版社的編輯Dan Frank，他不但鼓勵我走自己的路，更溫和地堅持我當如此。也謝謝眾神出版社的Michiko Clark, Altie Karper, Jill Verrillo, Abigail Winograd。

感謝「新學院」給了我一個令人振奮的工作環境，還有它的支票和研究基金使得這一切能夠出現，感謝耶魯大學農業研究學程的Jim Scott和Kay Mansfield當年讓我得到獎學金和一同努力的夥伴，有機會發展出此項計劃的雛形。

若不是有下列這些人士（我相信還有更多人是我不小心遺漏了）本書將會遜色許多：Adriana Aquino, Al Lingis, Alan Christy, Alex Bick, Alexei Yurchak, Alondra Nelson, Amber Benezra, Anand Pandian, Ann Stoler, Anna Tsing, Anne-Marie Slézec, Annemarie Mol, Antoinette Tidjani Alou, Arjun Appadurai, Arun Agrawal, Ayako Furuta, Barrett Klein, Ben Orlove, Beth Povinelli, Bill Maurer, Boureima Alpha Gado, Brantley Bardin, Bruce Braun, Carla Freccero, Carol Breckenridge, Charles Whitcroft, Charlie Piot, Christine Padoch, Claudio Lomnitz, Dan Linger, David Porter, Dejan Lukic, Dieter Hall, Dilip Menon, Ding Xuewen, Don Kulick, Don Moore, Donna Haraway, Ed Kamens, Emily Martin, Eric Hamilton, Eric Worby, Ernst-August Seyfarth, Faisal Devji, Fatema Ahmed, Federico Finchelstein, Fred Appel, Fu Shui Miao, Fu Zhou Liang, Gabriel Vignoli, Gail Hershatter, Gary

Shapiro, Graham Burnett, Grzegorz Sokol, Heather Watson, Hoon Song, Hsiung Ping-chen, Hylton White, Iijima Kazuhiko, Ilana Gershon, I-Yi Hsieh, Jacek Nowakowski, Jake Kosek, Janelle Lamoreaux, Janet Roitman, Janet Sturgeon, Jean-Yves Durand, Jim Clifford, Jin Xingbao, Jody Greene, Joe Masco, John Marlovits, Jonathan Bach, June Howard, Karen Davidson, Katharine Gates, Kimio Honda, Larry Hirschfeld, Lawrence Cohen, Leander Schneider, Lee Hendrix, Li Jun, Lisa Rofel, Louise Fortmann, Martin Lasden, Matt Wolf-Meyer, Maya Gautschi, Mick Taussig, Miguel Pinedo-Vásquez, Miriam Ticktin, Monica Phillipo, Nancy Jacobs, Nancy Peluso, Nataki Hewlett, Natasha Copeland, Neferti Tadiar, Niki Labruto, Noriko Aso, Norma Field, Oana Mateescu, Ohira Hiroshi, Okumoto Daizaburo, Orit Halpern, Paolo Palladino, Paul Gilroy, Peter Lindner, Ralph Litzinger, Rebecca Hardin, Rebecca Solnit, Rebecca Stein, Reiko Matsumiya, Rhea Rahman, Riccardo Innocenti, Roberto Koshikawa, Rotem Geva, Saba Mahmood, Sally Heckel, Shao Honghua, Sina Najafi, Stefan Helmreich, Stuart McLean, Susan Harding, Susan O' Donovan, Susanna Hecht, Tao Zhi Qing, Tim Choy, Tjitske Holtrop, Tom Baione, Toni Schlesinger, Vicky Hattam, Vron Ware, Vyjayanthi Rao, Wang Yuegen, Wendy Yu, Wulan, Yangtian Feng, Yen-ling Tsai, Yi Yinjiong, Yukiko Koga。

最後，本書當中有為數不少的人士，由於種種緣故，我以化名稱之。其中一些是在上海與我在不安全的情況下談話的人。其他人則是我完全不知道他們的姓名，他們在市場中、商店裡、博物館、馬路轉角，以及昆蟲找到方法進入我們生命的各個地點，分享與昆蟲相關的知識給我。我衷心感謝這些人士，還有尼日丹達塞、「瑞吉歐・烏邦達瓦基」、黎吉歐歐班達瓦金的居民，以及在巴西伊加拉佩村的朋友。

後記

生命在此會於一瞬：《昆蟲誌》審讀記

蔡晏霖｜交通大學人文社會學系 副教授

1

二〇一一年的某個冬日早晨，我和修（Hugh）來到一間俯瞰台北盆地的山頂別墅。熱情的主人首先引我們進入一個房間，室中心的大桌上陳列著一客又一客的菲力、丁骨、牛小排與佈置整齊的刀叉。鄰室裡，另一張大圓桌則擺滿紅魽、黑鮪、青魽等生魚片料理。一切如此豐盛雅緻，我們卻無緣大快朵頤，因為所有的料理都是由石頭製成，都和故宮博物館的肉形石與翠玉白菜一樣逼真。從早過午，主人夫婦推開一扇又一扇的門，為我們仔細介紹一桌又一桌西式、日式、台式、中式、義式、法式⋯石頭料理；我和修則從驚訝、讚嘆、好奇、胃口大開，到因渴望真實食物而飢餓疲憊。那是一場不會腐敗、沒有客人、也因此彷彿永遠不會結束的筵席。而我們則成了兩個用眼睛吃了又吐、吐了又吃的急性厭食症患者，直到參訪結束於一間擺著滿漢全席的大房間裡——滿桌佳餚當然還是不能吃的戈壁石。主人邀請我們來年一起去內蒙看採石。

我沒有再與主人見過面，但很難忘記那場田野奇遇。那一扇又一扇的門也成為我心中關於修的知識實踐寓言：永遠走向界限以外的知識，門一開就通往驚奇、顛覆與未知。《昆蟲誌》從A到Z的二十六個篇章，正是二十六扇通往未知世界的任意門，而且每一次開門的驚奇有增無減，只因為門後的世界難以預料，無從複製。雖然不保證舒適愉快，但總是通往驚奇、顛覆與未知。

如果看到這裡的你手邊有書但還沒開始讀，我強烈建議你拋開這篇引文（《昆蟲誌》拋棄學術格式，文字平易近人，確實也無需導讀）。直接翻開第一章，勇敢走進門裡的時空吧：那是一九二六年的一場飛行，人類首次跟上了昆蟲旅行的速度，號稱萬物之靈的我們也才終於有機會發現：在人眼看不見的高空，平均每二・五平方公里就有三千六百萬隻正御風而行的昆蟲，儘管身邊強風颼颼，牠們還是試著控制自己的高度與方向，正要前往某處。

於是這第一扇門，就像一則來自天外的邀請，要帶你與昆蟲一起上路。

這扇門也開宗明義指出：無論從歷史、數量、速度、或適應力來看，有限的是人類，無限的是昆蟲。而最最有限的，是人類對昆蟲的稀薄理解，完全不及牠們巨大的影響力。

這扇門還像是起飛時的機長廣播，要為接下來的二十五場飛行指出唯一的乘客守則：除了好奇心與想像力，無需攜帶任何行李。事實上，萊佛士機長想請你拋開過去所有關於昆蟲的舊行李與舊包袱。只要人來了，招子放亮，五感全開，我們就上路。

2

《昆蟲誌》的文字平易近人，但寫作的企圖並不簡單。這不是一本頌讚昆蟲世界奧妙的二十一世紀《昆蟲記》，也不是一本昆蟲版的《所羅門王的指環》。它甚至不是一本揭露「人蟲關係」的科普書；因為，與其告訴你「改變人類歷史的百大昆蟲」或更多「你不知道的蟲蟲危機」，修想要探索與挑戰的，其實正是我們慣常用來想像「人蟲關係」的各式物種邊界與位階，而這些邊界與位階又把人蟲關係限縮於極其有限的幾種組合：

人蟲疏途。於是我們害怕會飛的蟲、有刺的蟲、長相奇特的蟲，想遠離或者乾脆漠視絕大多數的蟲。

以蟲為器。於是我們吃蟲、泡蟲、賣蟲、繁殖蟲、實驗蟲，或者改造蟲。

蟲不如人。於是我們憎惡、撲打、虐殺蟲，並執意徹底消滅某些蟲。

當然，也有人愛蟲、護蟲、甚至視蟲如人。但修不忘在書中多次提到，法西斯政權是當代西方動保論述的先驅之一。當納粹科學家藉由蜜蜂的社群性來頌揚亞利安集體烏托邦的同時，他們也將猶太人、羅姆人、同性戀、身心殘礙者視為如同蝨子般的低等存在，是集體烏托邦的污染者與威脅者。於是納粹指揮官宣稱「除猶即除蝨」，半世紀後盧安達的種族屠殺者則宣稱他們殲滅的是「圖西蟑螂」（〈J：猶太人〉）。父母皆出身東歐猶太家族的修，對於納粹迫害猶太人、猶太人迫害巴勒斯坦人的歷史知道得太多也太切身。他說：「善待動物的後果，有可能會造成我們認定某些生命是值得保護的，有些生命則完全沒有繼續下去的價值。」（〈P：升天節的卡斯齊內公園〉〈S：性〉）正因為我們太容易把人與人的位階代換為人與動物的位階，因此對任何的位階與代換都不能掉以輕心。任何人蟲之間單一而簡化的比喻，無論是美化或者醜化、無論是以蟲擬人或以人擬蟲，都是在打造框架與固化疆界，也都有可能在控管疆界的慾望中扼殺了大千世界繁花盛開的可能。

進一步思考，西方現代性對於人／動物之別的態度，往往不是負面的無視與排除，就是正面的積極代言。然而即便手段看似溫柔，自以為是的保護誡命與強作解人在本質上都是暴力。仔細思量，當代生物科學好以演化論解釋昆蟲（與人）的一切行為，認為無論性、舞蹈、交換禮物、化蛹蛻變都是為了繁衍後代、都背負著進化目的論、都是為了讓物種更完美，不也是一種以蟲擬人、以集體消抹個體、以目的取代存有的象徵暴力？（〈L：語言〉〈Q：不足為奇的昆蟲酷兒〉〈T：誘惑〉）

要言之，那種認為「萬物皆有其位、一物僅屬於一處且別無他處、物種疆界不可侵犯，然後人類只要以警覺與化學物質就能夠控制昆蟲這種數量龐大無比、有自己生存之道因此不屈從於人類的生物」（〈A：天空〉）的想法，就是《昆蟲誌》批判書寫的起點。

而《昆蟲誌》裡一連串最精彩也最具感染力的長型篇章，便致力於呈現種種脫逸西方現代性中既有層級關係與想像疆界的人蟲實踐。

3

修施展人類學者本色，從非西方的人蟲文化探索對人蟲差異的不同理解可能：在上海的暗巷與街市，他與不同族群、目的、背景的鬥蟋蟀社群共感人蟲之間似親非親、既有相同也有所不同的歡愉時空。（〈G：慷慨招待（歡樂時光）〉）在非洲尼日，他發現當國際人道援助總是將目光焦點與可貴的資源投注在奇觀式的蝗災大爆發（卻從未真正發揮實質抑制功效），豪薩人卻自有一套與各種「胡阿拉」曖昧共生、吃蟲也被蟲吃的相處之道（〈O：阿布杜．馬哈瑪內正開車穿越尼阿美〉）。接近全書尾聲，他訪談一代又一代的昆蟲學者、收藏家、實業家與昆蟲教育家，梳理日本近代史上不斷崩毀卻又蛻變重生的昆蟲之愛傳統，同時又在這些「昆蟲少年」的身上看見來自江戶大名、帝國博物學、法布爾自然史、冷戰國族主義、與當代跨國生物炒作市場（bio-prospecting）的細膩交纏（〈Y：渴望〉）。

修也發揮歐洲殖民史、思想史、自然史的研究專長，帶我們追溯近代昆蟲分類學（及其所照映的人蟲關係）內在的不穩定性：他寫十六世紀法蘭德斯畫家與自然史作者尤瑞斯·霍夫納格（Joris Hoefnagel），如何以鉅細靡遺、精確無比的昆蟲擬真畫，成功翻轉亞里斯多德以降鄙視昆蟲的物種層級觀，將昆蟲與混種人並列為已知與未知世界的完美連結，而此筆法又如何同時是信仰、科學，與藝術的三重表達（〈I：無以名狀〉）。他寫十八世紀荷蘭女性探險家、博物學家、畫家瑪麗亞·西碧拉·梅里安（Maria Sibylla Merian）如何透過視覺手法首次呈現昆蟲從幼蟲、化蛹到成蟲的生命史，再寫十九世紀法國歷史與自然史學者朱爾·米樹勒（Jules Michelet）如何獨鍾幼蟲與蛻變而質疑個體發展必然邁向完美的預設。（〈K：卡夫卡〉）

身為科技與社會研究（STS）的長期對話者，修當然沒有放棄現代科學。只是在現代科學的核心場景裡，我們看見的是一位原本安靜內向的實驗室昆蟲畫師，柯妮莉雅·赫塞–何內格（Cornelia Hesse-Honegger），如何逐步蛻變為國際反低核輻射運動代表性人物（〈C：車諾比〉）。看見終身熱愛自然觀察因此在以實驗為主流的學界鬱鬱不得志，卻在日本成為國民科學典範的法布爾（〈E：演化〉）。也看見晚年以研究蜜蜂的感覺與溝通機制獲得諾貝爾生理學獎肯定的卡爾·馮·弗里希（Karl von Frisch）與弟子馬丁·林道爾（Martin Lindauer），曾經在語言極度扭曲、人性蕩然無存的希特勒權力高峰期與蜜蜂共同構築一個亂世中的桃花源，並以讓人類語言退位的方式突顯出蜜蜂語言的複雜與特殊性（〈L：語言〉）。

這一群人，以及前面的每一個人，都是勇於進入昆蟲世界，藉由與昆蟲極度專注而密集、近乎獻身式的第一手接觸（尋找、等待、觀察、採集、描繪、紀錄、解剖、實驗設計、標本製作等）、接收昆蟲複雜多變的生之訊息，從而擴大人類對於昆蟲的理解，並因此在昆蟲世界中得到自身救贖經驗的人。以修的話來說，他們「進入了昆蟲的世界、同時也讓昆蟲進入他們世界。」（〈T：誘惑〉）如果西方現代性裡的人蟲邊界與位階過於標準固化，這群跨越人／蟲邊界的（反）英雄確實就是我們超逸既有人蟲關係的最佳引路人。正如一輩子為猶太復國主義奮鬥、卻在一九四二年被華沙猶太起義軍處決的諾席格（〈J：猶太人〉），這些人也可以被視為人類世界與昆蟲世界的通敵者／協作者（collaborator）與翻譯者。儘管這些跨界舉動常常為他們（在人類世界）的處境帶來麻煩，然而這也恰好突顯：問題不在於跨越邊界。真正的問題就是「邊界」本身。

4

要能成功辨識並追隨這些人蟲邊界的通敵者／協作者，修自己得有一套跨界的方法與技藝。確實，在《昆蟲誌》裡，他時而回顧不同生物學者對於同一現象的各種研究成果，時而為讀者細細解讀檔案室裡珍貴的自然史手抄繪本。前一章他還扮演一位對視覺藝術流派瞭若指掌的藝評家，下一頁卻已經成為田野裡時而悠遊、時而挫敗的人類學者。

這種博學而折衷性的知識實踐首先讓我想起修對於華特．班雅明（Walter Benjamin）的喜愛，以及他與班雅明某些共通的猶太知識菁英背景：對於救贖經驗與神秘主義的興趣；同意現象的精華顯形於渺小實體，而種種生命在物件上聚於一瞬；習於從物件出發探索象徵與精神世界，又不放棄從文化與歷史分析來理解無可名狀的經驗。修同意我的觀察，但也強調塞博德（W. G. Sebald）與博拉紐（Roberto Bolaño）兩位小說家對他同樣影響深遠。此外，出身猶太殷商的母親曾在倫敦經營一家畫廊，也備齊他從小浸淫繪畫、電影、展覽、視覺藝術的文青教養。

與此同時，《昆蟲誌》將科學的、藝術的、歷史的、哲學的、物質的、論述的、詮釋的、直觀的知識路徑冶於一爐，本身就是一場穿透界線的知識展演，指向一種修稱為「批判自然史」（critical natural history）的研究路徑（2002, 2005）。他拒絕想像一種未經中介的、科學家的自然，及其任何普世性的宣稱；同樣地，他也拒絕想像一種未經中介的、土著的文化，及其被視為理所當然的在地與特殊性。他希望避免在理解與再現的過程中，持續複製西方現代性慣用的二元對立再現框架（自然vs.人類、人vs.非人、主體vs.結構、全球vs.在地、物質vs.論述、理性vs.感性等等）。做法則是在分析中既關照政治經濟條件，也賦予想像、記憶、情感同等的重要性，從而嘗試彰顯這世界本然的、「自然文化的」共構樣貌（naturalcultural world，Donna Haraway 2003）。他致力於還原「主體」與「結構」、「自然」與「人類」在歷史與地理上的交纏，只因為無論是「自然」或「人類」的主體性，始終來自於自然與人類的相互污染（mutual contamination）。至於人與蟲在生物構造上的巨大差異，以及昆蟲在人類社會中的極度邊緣性，修希望我們學習直接面對，既不忽視、也不張揚地安住其中，才有辦法找尋同理的可能基礎。然而接觸是起點。面對昆蟲，以及所有自有生命的無數他者，這裡並沒有保證妥當的互動準則，也不存在「可遠觀又可褻玩焉」的方便距離。相遇的代價是責任，是失去自己的風險，也是成為新的自身的可能。

5

由於參與審定《昆蟲誌》的中譯本，我在兩個月內把《昆蟲誌》從頭到尾細讀了三遍。如果修以自己的一套跨界技藝追隨著人蟲世界的通敵者／協作者，那麼本書的中譯者也必須具備修的跨界知識，並匹敵他對文字的精煉掌握。陳榮彬老師非常漂亮地完成了這個艱困的任務。而我的努力，則在於確認修在書寫與理論上的多重創造性企圖，可以被更清楚地彰顯。於此，左岸文化展現了最大的製作誠意，不僅找來蕭昀老師與我兩位審稿者，甚至願意延遲出版時間以成就中譯本對作者原意更精準的掌握。修則在審稿過程中提供了最大的協助，總是迅速回答我的任何問題，從不吝於解釋文字背後更多更深的脈絡。身為一位讀者、學生與朋友，能夠請一位作者無限制地回答我所有關於寫作前後台的問題，這是何等的特權與享受！我只能讚嘆，無論左岸文化或者修，都在審稿過程中展現出所有跨界溝通最最需要的慷慨、耐心，與專注。

——

回到二〇一一年冬天，修在回美國前很興奮地跟我說，他前晚在師大附近散步時，看見路邊店家的騎樓有個小攤擺賣著一堆黑白相片，「沒有整理，就放在幾個紙盒中，像是什麼人的家族老照片。」修說他當時停下來翻看了那些照片，覺得很好奇也很有趣，所以想請我再跟他一起去看看。神奇的是，那天無論我們如何繞行和平東路、羅斯福路、師大路區塊間的大街小巷，卻再也找不到那個修記憶中、有著神秘黑白老照片的小攤了。騎樓小攤從此成為懸案，也成為我日後行經師大必然浮現的懸念。或許修記錯方向，以至於我們找錯區塊？或許是我誤解了修的意思，他說的根本就不是騎樓下的小攤，所以我再怎麼找也找不到？又或許，小攤所依附的騎樓店家正好被都更，以至於小攤在一夜之間消失？

都有可能。也好像都不太可能。

然而讀著《昆蟲誌》，來回琢磨著《昆蟲誌》，我漸漸浮出了另一個想法。在輕快首航的第一章與沉重的第三章之間，修帶我們回到他的第一個田野，亞馬遜河畔的伊加拉佩村（Igarapé Guariba）。他憶起在伊加拉佩村的某一天，*Borboletas de Verão*（夏天的蝴蝶）爆炸般地大發生，船在河上緩緩前進，經過的每一間屋子都被成千上萬的金黃色夏蝶籠罩。然而鍍金的時刻一閃即逝，如夢幻泡影，飛舞的夏蝶彷彿「一艘艘小型幽浮，只是路過而已，成為我們的人生篇章之一，在那片刻之間把萬物變成閃耀著微光的另一個世界，然後又繼續往別處飛去。」（〈B：美〉）

《昆蟲誌》是一種介入性的學術工作（engaged scholarship），告訴我們另一種書寫是可能的，另一種學術是可能的，只因為另一種、更多種的世界是可能的。那神秘的騎樓小攤，或許也正如《昆蟲誌》裡人蟲相遇的每一個神奇時刻：許多生命在此交會於一瞬，在傾刻間把萬物變成閃耀著微光的另一個世界，雖然終將消失不見，但已經為我們揭示過去、現在、與未來的更多可能。

請把招子放亮，五感全開，一起上路吧。

參考書目

Haraway, Donna. *The Companion Species Manifesto: Dogs, People, and Significant Otherness*. Chicago: Prickly Paradigm Press, 2003.

Raffles, Hugh. *In Amazonia: A Natural History*. Princeton: Princeton University Press, 2002.

——. "Towards A Critical Natural History," *Antipode* 37 (2005) : 374–378.

後記

昆蟲化身的吟遊詩人：修・萊佛士的「一昆蟲一世界」

李宜澤｜東華大學族群關係與文化學系 助理教授

昆蟲作為知識

「人類學家為什麼書寫昆蟲，而不讓『專業的』昆蟲學家來就好了呢？」初次閱讀「昆蟲誌」的讀者，也許會產生這樣對人類學者「跨界」處理「專業」議題的質問。如同對於研究人類生活世界裡的民族植物，宗教儀式，經濟活動，甚至傳統慣習人類學的質疑，為什麼不讓植物學者，宗教學者，經濟學者，法律學者來就好呢？

「當然不同！」人類學家如此回答。除了強調「文化差異」觀點反映從主流或者科學性研究的單向思考之外，人類學研究所呈現的不只是知識內容，還包括知識生產過程的社會情境與歷史背景，以及透過該知識所反射出的人類思維特質。最後還會再進一步考量，專家（不論是科學家或者是在地達人）建構該知識的同時，所展現的權力與倫理觀點，並且反省如何透過該研究對象呈現特殊的生命經驗。

舉例來說，當研究工廠對海岸產生污染問題的時候，人類學家不只要跟漁民一起出海瞭解海洋污染的情境，學習漁民如何辨識或者避免污染海產的能力，還要出席科學家與地方官員向地方漁民說明污染的公聽會，瞭解政府官員處理（或者不處理）污染問題的策略；也要呈現科學家所提供的污染研究數據與方法，與科學家一起採集「科學證據」並且學習如何辨識證據，更包括污染知識如何從實驗室的建構過程回到日常生活的解釋；最後還要瞭解與分析工廠與漁民的關係（比如工廠與漁民並非決然對立而可能有僱傭需求），瞭解工廠在當地進行的生產以及其政治經濟效應，並且分析因工廠設立對「非人物種」（比如潮間生物）以及歷史地景（比如養殖漁業環境）的衝擊等等。

就這個案例看來，人類學家在處理問題時不能只是以學科分類來羅列知識與排列觀點，還需要對比各種知識生產情境所產生的意圖與非意圖後果，以及各類組織對該議題所進行的回應與行動。這些是人類學家在做「科學性題材」研究時，和「專業學科」學者不同之所在。即便使用不同取向的知識體系以及對話來面處理跨學科議題，人類學家仍然面對知識所呈現出來的「倫理議題」：以專家語言呈現該學科議題的內在邏輯，如何與常民活動運作時的生活或生命層次互相關聯，甚至產生政策性或者價值性的判斷？

「物化」自我

《昆蟲誌》所呈現的就是上面提到的人類學知識觀點：除了陳述昆蟲與人類的關係（包括對昆蟲的科學研究與日常運用）之外，更深入這些「物種知識」所產生出來的倫理關係以及歷史脈絡。作者修·萊佛士出生於英國曼徹斯特，在倫敦成長，二十四歲移居紐約。學術訓練背景為耶魯大學森林與環境研究博士學位，目前任教於紐約「社會研究新學院」（New School for Social Research）人類學系。作為人類學者前曾經當過計程車司機，清潔工，還有無數的文字工作。他的第一本書是*In Amazonia*，這本由博士論文章節延展又改寫的書籍（其中有一篇關於蝴蝶的收藏史曾經先發表在《美國民族學家》

期刊裡，據說原來有一百頁！），為他贏得美國人類學會人文分會的Victor Turner書獎。而《昆蟲誌》出版後更是佳評如潮，贏得4S學會（國際科技與社會研究學會）的Ludwick Fleck書獎，紐約時報年度選書，「獵戶座」（Orion）人文書獎，以及二〇一〇年懷丁（Writing）寫作獎；這些都不是人類學者平常有機會取得的獎項，而是給予文字表達具獨特性以及反思研究領域具重要貢獻者。與其說萊佛士是以人類學者的身分做昆蟲研究，還不如說他討論的是人透過與昆蟲的連結過程中，感官的多樣性表現，對人類處境與昆蟲處境的對比／類比，這一連串思維所創造出來的「親密性知識」（intimate knowledge）這也是他先前在加州大學聖塔克魯茲分校人類系任教時提出的論文主題）。

他還研究「收集」在人類學的意義，反思「時間」與人類知識之間的關係，這個研究旨趣引導他走向關於「石頭」的反思。他收集不同的石頭，也收集石頭收藏家的故事，同時還思考文化的「範疇」和「規模」如何透過石頭展現出來。《昆蟲誌》的書寫裡面也討論許多關於「種類」、「觀察」、「意義」、「存在」等等議題。而在討論石頭的脈絡裡，這些問題的時間性更加延伸，但思維對象的共同存有性卻和昆蟲完全不同：石頭的基本狀態是恆定、冷漠、完全非生命。他參與杜克大學舉行的《書寫文化》（*Writing Culture*）出版二十五週年的研討會時，嘗試詢問，對於書寫對象為「族群文化」的人類學者來說，「石頭民族誌」的挑戰為何？在探索石頭的普同性和特殊性之間，他發現石頭與人的關係，就是「我化身為讓我著迷的事物」（what preoccupies me occupies me）。思考石頭是漫長時間軸下人類對於存在狀態的自我質問。

這樣的觀點在昆蟲的描述中也同樣出現。在關於昆蟲〈視覺〉的討論中，昆蟲愛好者或研究者，設法透過各種觀察方式和研究器材，模擬或者拆解昆蟲身體以及行動路徑等方式。萊佛士以此細緻地描繪「透過觀察客體使我成為該對象」的想像和慾望過程。這個想法和人類學常使用的另一個意義化概念「體現」(embodiment)相似，但對於主體與思考對象的觀點卻有截然不同的想法。「體現」指的是讓體驗者作為意向主體，將外在的環境狀態以及客觀物質的運作，透過身體經驗的方式，產生可以解釋意義的身體技術。而昆蟲研究者、觀察者，或甚至是那些蹂躪昆蟲以達到性高潮的特殊癖好者（不奇怪，請見本書〈性〉），其實是透過「進入」或「穿戴」的過程，讓昆蟲的感官或者是行動方式「占據」我之後，才得以完成「想要進入另一個自我體內，但又無法被滿足的強烈渴望」（見〈V：視覺〉第三節）。看起來是「被物化」的操作，卻恰恰使得自我得以在「物化」過程中發現特殊的主體經驗。

對比與規模

物化自我的認識論在本書中還有其他精彩案例。例如〈G：慷慨招待（歡樂時光）〉和〈P：升天節的卡斯齊內公園〉同時談到的蟋蟀文化，前者是中國傳統昆蟲比鬥在現代化操作下的「感受分類」以及蟋蟀性格特質裡的「五德」，後者是南義大利地區在春天升天節日時，城市居民在公園裡聆聽吊掛在籠子裡的蟋蟀聲音感受季節到來。在〈P：升天節的卡斯齊內公園〉，萊佛士話鋒一轉，提到佛羅倫斯出產的童話「木偶奇遇記」以及其中的蟋蟀，但蟋蟀卻是被道德化的童話故事裡面勸說小木偶的「良心使者」。這個物化自我的表現形式讓昆蟲也成為得以被思考甚至被模仿的意義化身，在我們的日常生活中，類似的例子還有：從催促紡織的「織娘」到珍惜時光的「知了」，都透過模仿人類而成了意義訊息的使者。

對昆蟲生命短促的感受投射，以及勤奮的蜜蜂活動等等提醒人類的「道德行為」，展現出思考昆蟲時的另一層次：「對比與規模」。我們常說「一沙一世界，一花一天堂」，從微小畫面的觀點來看，昆蟲提供小宇宙層次的觀點。在〈C：車諾比〉，萊佛士特別以受車諾比核災影響的突變昆蟲為例，告訴我們一個沒有受過科學訓練的昆蟲拍攝與繪圖藝術家，如何長時間追尋核災後歐洲各地盲蝽或者果蠅的微小體型差異，並表現出特別的畸形樣式。這名藝術家在尋找畸形盲蝽的過程中，竟被醫師以畫圖的方式告知自己懷胎的嬰兒（因為核災？）也是畸形。這是從物化自我擴展出來的平行主體，但同時讓人類的尺度與昆蟲的渺小得到等同的對比。

但昆蟲也可以很大，尤其是數量所聚集起來的「龐大」。萊佛士的書寫旁徵博引又漫步在細節之中，讓閱讀者在昆蟲以及他們所形成的空間內外不斷來回跳耀。昆蟲此時成為「異類」與「我族」的兩種共時比喻：昆蟲的形體／質地／外型之種種，都讓人類感到與自己差異極大，而將其型態投射在所謂「異形」的模樣想像上。

然而昆蟲的行為規則、集體活動、生活模式等等，看來卻又與人類的社會性極為相似，這種綜合性提供恰如人類生存關係的矛盾。在〈O：馬哈瑪內正開車穿越尼阿美〉的章節裡面，作者提到蝗蟲與非洲尼日居民在吃與被吃之間的差別。平常蝗蟲是市場上販賣的美味，甚至還有特殊的調味風格以及飲食饗宴的共食節日（中國集體抓蟋蟀是為了投資與比賽，尼日集體抓蝗蟲則為了販賣與宴客）。但是在氣候或者生存資源變動的情境下，蝗蟲會「變形」成為大型飛翔除草機，從可以駕馭的食材變成遮天蓋地的蝗災。這個對比關係也暗示了殖民經驗下的主奴性質轉換；萊佛士引用非洲文學家奇奴瓦・阿契貝（Chinua Achebe）的比喻說到：「我忘了跟你說，神諭還提到一件事。神諭說，其他白人也要來了。他們跟蝗蟲一樣，第一個白人只是來探路的，被派來勘查土地，所以他們殺了他」（〈O：馬哈瑪內正開車穿越尼阿美〉，第一節）。殖民與被殖民、吃與被吃、物化模擬以及主體經驗；這些對比不斷出現在人與昆蟲的關係裡，也因為規模的不同產生差異極大的結果。

昆蟲是好的思維對象？

在〈P：升天節的卡斯齊內公園〉提到：「當歐洲人於十九世紀初挺身為動物爭取福祉時，剛好廢奴運動（Abolitionist movement）也在同一時期崛起。這兩種運動往往共享組織資源，也有許多人同時參加兩種運動，而且他們跟二十世紀的法西斯主義者一樣，也相信人類的存在具有優越性，因此也要承擔家長一般的責任。」廢奴運動與動物福祉運動的同時出現，卻標示著對於特定類別的動物較為關切（尤其是擁有與人類溝通能力的那類動物），進而反映在人種關係的差異區辨，轉而對非我族類的人予以排斥甚至屠殺：書中非常鮮明而駭人的案例就是把猶太人比喻為蝨子，除去猶太人就如同為社會進行身體清潔。此時讓我們回到前面談到作為知識對象的昆蟲。萊佛士提到海德格論述存有狀態不同層級的差異：「石頭是『無世界的』（worldless），動物是『貧乏於世界的』（poor in world），而人則是『建構這個世界』（world-framing）。」這段話似乎能對照出我們與當代的原住民狩獵權益以及動保團體的對話：當代社會試圖以「是否能夠對於傳統領域取得建構世界的觀點」（也就是誰是土地上的「人」，而人類的道德感勝過與動物的互為主體關係），來決定該知識主體是否能夠作為繼續狩獵與使用土地的依據。但原住民所持的狩獵觀點可能因為對於領域上的其他物種以「過於互為主體」（也就是，打獵使得雙方可能都會受傷甚至死亡）的方式來互動，以至於被認為比「豢養宰殺」要為野蠻，也需要被禁止。

如果你是人類學同行，可能會想到另外兩位人類學者有關於「人與動物」關係的論述：李維史陀說「動物是好的思維對象」，因為動物代表了人對自然物種的對立與使用狀態，也反映結構主義把人的思維建構在物種關係的操作上。而湯拜亞（Stanley Tambiah）模仿李維史陀的說法，提到「動物是好的思維對象，也是好的『禁止對象』」則結合了思考動物作為象徵以及文化脈絡（運用瑪麗·道格拉斯（Mary Douglas）在「潔淨與危險」中的對比）。如果從台灣當代原住民狩獵議題再來看這兩個論述，可以發現以象徵和思維結構產生的道德論述，並沒有帶給我們解決問題的路線，反而落入將文化本質化的運用。

萊佛士從昆蟲科學研究的論述提醒：「我們面對一個兩難的處境：一方面總是無可避免把對自己的理解硬套在其他生物身上，但另一方面還是會意識到自己與其他生物基本上並不相同。」（〈T：誘惑〉，第五節）。這個提醒雖然是來自在昆蟲研究中揣測「生物世界的意圖與真實性」（〈T：誘惑〉中提到的昆蟲學者用詞），我們也可以回頭詢問反對原住民狩獵方式的人，對於在地族群生存的意圖與狩獵情境真實性的理解，是不是在現代想像中，都被可替換的功能性觀點（例如蛋白質需求或者市場買賣）所取代了呢？當動物透過圖騰成為結構意識下的分類，昆蟲卻未列名其中，不是因為他們無法分類，而是昆蟲在受到觀察者所反映的情緒與使用意圖時，就反映出人在思考時不自覺出現的階層性。當昆蟲研究者都可能誤認生物真實行動的意圖時，我們如何宣稱理性與道德觀點比原住民知識更優於看待動物的狩獵關係？

從多物種民族誌與本體論轉向出發

人類學研究近年發展的兩個取向，都強調從「非人類」觀點來呈現人類學議題的衝擊與反思，其一是「多物種民族誌」，另一個是「本體論轉向」的人類學研究。多物種民族誌的立場在於，從「人類發言中心」的書寫與觀察位置產生的「部分真實」（partial truth），轉換為由其他物種為觀察起點時，可能相互發現的「另類現實」(alternative realities)。而人類學的「本體論轉向」，則反思知識論研究如何呈現唯一的現實世界的問題，轉而重視多重世界(multiple worlds)的存在。因此本體論反對人類中心的單一文化觀點，強調現實(realities)與世界(worlds)的複數型態。引用人類學家愛德華多・科恩(Eduardo Kohn)的說法，多物種民族誌關切人類與其他「活生生的自我們」(〔Living Selves〕這裡不把「自我」當作人類獨有的觀點)互相交纏下的「生命人類學」整體，同時關注多重的有機體之間如何透過政治、經濟與文化力量互相形塑彼此。

這兩個論述的實踐同時出現在《昆蟲誌》這本書裡。「多物種民族誌」取向上，我們看到物種與人類世界的交會成為瞭解該物種以及人類自身活動的必要方式。從萊佛士有興趣的研究題材來看，他的取向和「新文化史」的物質生命史考察接近，都關注到非人物質如何引發並且呈現出文化或族群的特殊活動。不同的是，他並不以昆蟲使用與交易等等人類為主動的行動層面上進行討論，而是針對如何思考昆蟲、觀察昆蟲、使用昆蟲一直到被昆蟲影響的人類災難，當作相關的整體，也因此呈現出與「新文化史」不同取向的觀點。

更進一步從「本體論轉向」的書寫看來，萊佛士透過行動網絡內的多重行動者對照，甚至包括「技術擴增真實／實境」(technology-aid realities)來呈現人如何看到、聽到、感受到昆蟲的世界。在接近書末的〈W：全球暖化的聲音〉裡，萊佛士為我們描述了研究者透過聆聽樹木內昆蟲活動的聲音，而發現到昆蟲的行動不只是早先版本的費洛蒙生態觀點，而可能是音景生態觀(soundscape ecology)。想要「聆聽」這樣的生態必須有特別的器材，因此收集昆蟲與樹木交互聲音的研究者不斷思考「松樹世界之物質性」，如何能夠以不同的導電變壓材質，來當作聆聽樹木聲音的介質。在過程中，「科技能夠幫助我們更接近這個世界……(能夠)近距離體驗其他生命形式的感官經驗，還有牠們對於環境的特有敏感度。」

從昆蟲與樹木的聲音生態學、昆蟲視覺的功能分類為線索，到生物哲學家所思考以生物感官與時空經驗才能出現的「周遭世界」，在《昆蟲誌》這本模擬百科全書來向昆蟲致敬的書裡面，萊佛士協助我們看到昆蟲和人類之間展現出來的交互主體，甚至是人類透過昆蟲的能力才得以延伸出去的感官世界。就讓我們透過作者帶領的閱讀和觀察，跟著書中所描述的昆蟲一起：從空中到地底，從蜜蜂發現食物的舞蹈到舞虻求偶的送禮方式，徹底改變我們作為人類身體的邊界，並且享受「甲蟲」卡夫卡未曾設想過的多重真實世界。

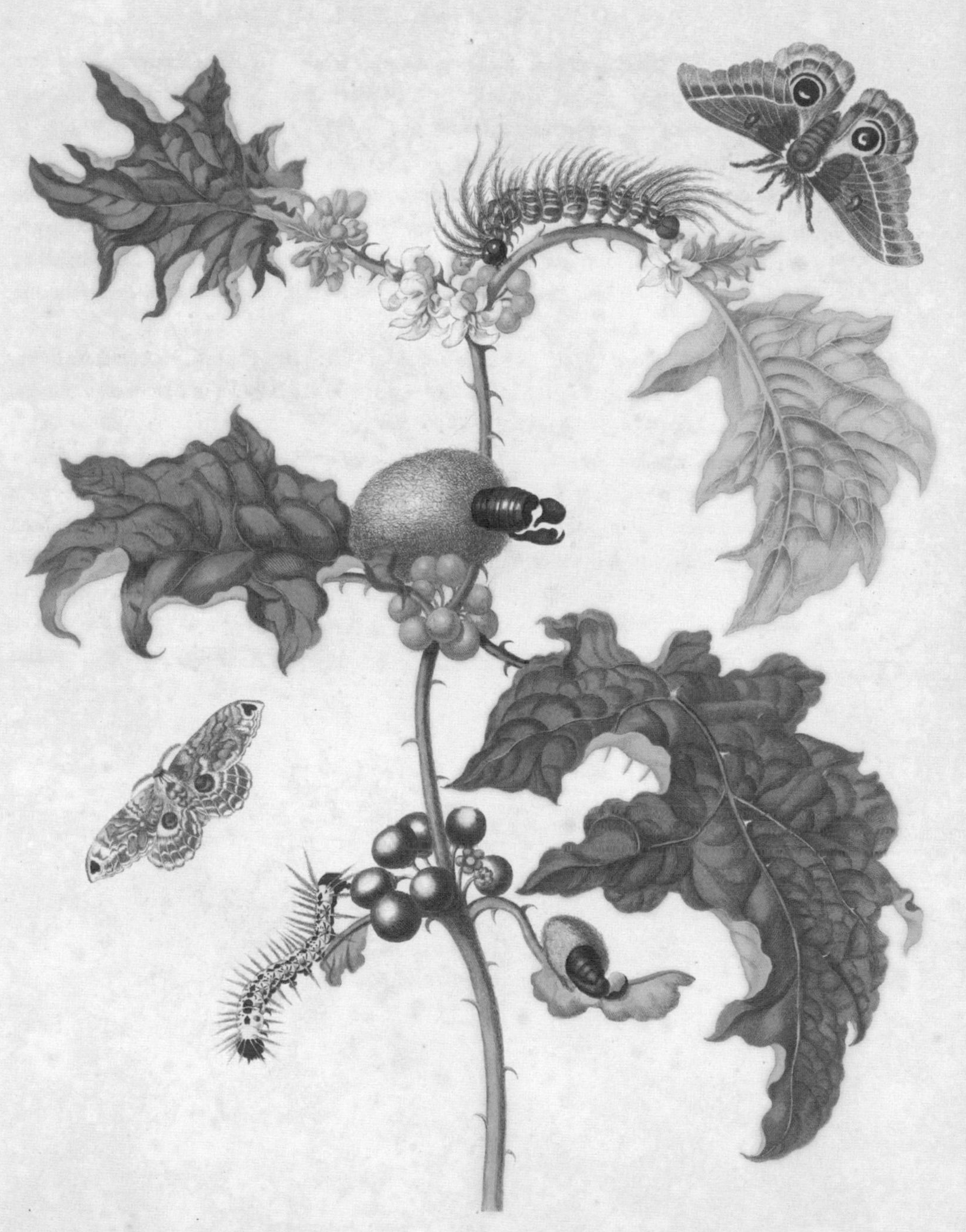

左岸科學人文　265

昆蟲誌
人類學家觀看蟲蟲的26種方式
INSECTOPEDIA

作　　者　修・萊佛士（Hugh Raffles）
譯　　者　陳榮彬
審　　定　蔡晏霖、蕭　昀
總 編 輯　黃秀如
責任編輯　林巧玲
行銷企劃　蔡竣宇

出　　版　左岸文化／遠足文化事業股份有限公司
發　　行　遠足文化事業股份有限公司（讀書共和國出版集團）
231新北市新店區民權路108-2號9樓
電　　話　(02) 2218-1417
傳　　真　(02) 2218-8057
客服專線　0800-221-029
E-Mail　service@bookrep.com.tw
左岸臉書　facebook.com/RiveGauchePublishingHouse
法律顧問　華洋法律事務所　蘇文生律師
印　　刷　呈靖彩藝有限公司
初版一刷　2018年1月
初版四刷　2023年10月
定　　價　650元
I S B N　978-986-5727-64-2
歡迎團體訂購，另有優惠，請洽業務部，(02) 2218-1417分機1124

昆蟲誌：人類學家觀看蟲蟲的26種方式／
修・萊佛士（Hugh Raffles）著；陳榮彬譯
.－初版.－新北市：左岸文化出版；
遠足文化發行，2017.12
面；　公分.－（左岸科學人文；265）
譯自：Insectopedia
ISBN 978-986-5727-64-2
1.昆蟲 2.通俗作品
387.7　　106020220

扉頁圖片：Digital image courtesy of the Getty's Open Content Program.
瑪麗亞・西碧拉・梅里安（Maria Sibylla Merian）繪

作者注
Notes

A ——— 天空

1 P.A. Glick, *The Distribution of Insects, Spiders, and Mites in the Air, USDA Technical Bulletin* No. 671 (Washington, D.C.: USDA, 1939), 146。
2 關於這些與其他所謂「長距離傳播」的例子，請參閱：C.G. Johnson, *Migration and Dispersal of Insects by Flight* (London: Methuen, 1969), 294-6, 358-9。這一章的內容我主要是參考C.G. Johnson的上述經典之作，還有：Robert Dudley, *The Biomechanics of Insect Flight: Form, Function, Evolution* (Princeton: Princeton University Press, 2000)。
3 B.R. Coad, "Insects Captured by Airplane are Found at Surprising Heights," *Yearbook of Agriculture* 1931 (Washington, D.C.: USDA, 1931), 322。
4 Glick, *The Distribution of Insects*, 87。關於蜘蛛的「空飄」現象，請參閱：Robert B. Suter, "An Aerial Lottery: The Physics of Ballooning in a Chaotic Atmosphere," *Journal of Arachnology* vol. 27: 281-293, 1999。
5 Johnson, *Migration and Dispersal*, 297。
6 例如，請參閱：A.C. Hardy and P.S. Milne, "Studies in the Distribution of Insects by Aerial Currents. Experiments in Aerial Tow-netting from Kites," *Journal of animal Ecology* vol. 7: 199-229, 1938。
7 William Beebe, "Insect Migration at Rancho Grande in North-central Venezuela. General Account," *Zoologica* 34, no. 12 (1949): 107-110。
8 Dudley, *Biomechanics of Insect Flight*, 8-14, 302-309。
9 L.R. Taylor, "Aphid Dispersal and Diurnal Periodicity," *Proceedings of the Linnaean Society of London* vol. 169: 67-73。
10 Dudley, *Biomechanics of Insect Flight*, 325-6。
11 Johnson, *Migration and Dispersal*, 606。
12 Johnson, *Migration and Dispersal*, 294, 360。

C ——— 車諾比

1 在英語中，這些昆蟲都是被歸類為半翅目（Hemiptera）的亞目，也有「蝽象」（true bugs）之稱。

2 Cornelia Hesse-Honegger, *Heteroptera: The Beautiful and the Other, or Images of a Mutating World*, trans. by Christine Luisi (New York: Scalo, 2001), 90。

3 柯妮莉雅・赫塞－何內格曾發表過一些短文來回顧自己的職業生涯，另外也寫過兩本書：Hesse-Honegger, *Heteroptera*和idem., *Warum bin ich in Österfärnebo? Bin auch in Leibstadt, Beznau, Gosgen, Creys-Malville, Sellafield gewesen...*〔為什麼我會去烏斯特法內波村？我也曾去過萊布施塔特、貝茲諾、戈約斯根、克雷伊斯－瑪爾維爾和塞拉菲爾德…〕(Basel: Editions Heuwinkel, 1989)。近來她曾發表過一篇短文，裡面收錄了四張高畫質彩圖，請參閱：*Grand Street* vol. 18, no. 2, issue 70 (Spring 2002): 196-201。關於她對生平的自述，還有一些有用的批判性介紹文，請參閱兩本印刷精美的畫展目錄：Cornelia Hesse-Honegger, *After Chernobyl* (Bern: Bundesamt für Kultur/Verlag Lars Müller, 1992) and idem., *The Future's Mirror*, trans. by Christine Luisi-Abbot (Newcastle upon Tyne: Locus+, 2000)。感謝史蒂夫・康乃爾（Steve Connell）幫我把所有德文翻譯成英文。

4 Hesse-Honegger, *Heteroptera*, 24。

5 Hesse-Honegger, *After Chernobyl*, 59。

6 Hesse-Honegger, *Heteroptera*, 9。

7 Galileo Galilei, *Sidereus nuncius, or The Sidereal Messenger*, trans. by Albert Van Helden (Chicago: University of Chicago Press, 1989), 42；轉引自：Hesse-Honegger, *Heteroptera*, 8。

8 Cornelia Hesse-Honegger, "Wenn Fliegen und Wanzen anders aussehen als sie solten," *Tages-Anzeiger Magazin* no. 4 (January 1988): 20-25。

9 Hesse-Honegger, *Heteroptera*, 94-6。

10 同上。

11 柯妮莉雅・赫塞－何內格曾在上述的一些作品中討論過這一份資料。更多詳細說明可參閱：Ernest J. Sternglass, *Secret Fallout: Low-Level Radiation from Hiroshima to Three Mile Island* (New York: McGraw-Hill, 1981); Ralph Graeub, *The Petkau Effect: The Devastating Effect of Nuclear Radiation on Human Health and the Environment* (New York: Four Walls Eight Windows, 1994); Jay M. Gould and Benjamin A. Goldman, *Deadly Deceit: Low Level Radiation High Level Cover-Up* (New York: Four Walls Eight Windows, 1991); and Jay M. Gould, *The Enemy Within: The High Cost of Living Near Nuclear Reactors* (New York: Four Walls Eight Windows, 1996). On activist alliances between scientists and community groups, see, for example, Steven Epstein, *Impure Science: AIDS, Activism, and the Politics of Knowledge* (Berkeley: University of California Press, 1998); Phil Brown and Edwin J. Mikkelson, *No Safe Place: Toxic Waste, Leukemia, and Community Action* (Berkeley: University of California Press, 1990); and Sabrina McCormick, Phil Brown, and Stephen Zavestoski, "The Personal is Scientific, the Scientific is Political: The Public Paradigm of the Environmental Breast Cancer Movement," *Sociological Forum* vol. 18, no. 4 (2003): 545-76。特別感謝雅蓉德拉・尼爾森（Alondra Nelson）的指點，我才知道去參考菲爾・布朗（Phil Brown）的書。

12 關於巴斯比提出的「二度攻擊理論」，請參閱：Chris Busby, *Wings of Death: Nuclear Pollution and Human Health* (Aberystwyth: Green Audit, 1995) and <http://traprockpeace.org/chris_busby_08may04.html>。

13 例如，請參閱一些相關的報紙與雜誌文章：Cornelia Hesse-Honegger, *Warum bin ich in Öster-*

färnebo? 93-101。

14 Hesse-Honegger, *Heteroptera*, 99。

15 Hesse-Honegger, *Heteroptera*, 127。

16 Cornelia Hesse-Honegger, "Leaf Bugs, Radioactivity and Art," *n.paradoxa* vol. 9 (2002): 49-60, 53。

17 Cornelia Hesse-Honegger, "Der Verdacht"〔疑慮〕, *Tages-Anzeiger Magazin* no. 15 (April 1989): 28-35, 34。

18 Max Bill, *Konkret Gestaltung[Concrete Formation] in Zeitprobleme in der Schweizer Malerei und Plastik*, 展覽手冊，轉引自，同上，第八十二頁。

19 Max Bill 轉引自 Margit Weinberg Staber, "Quiet Abodes of Geometry," in Marlene Lauter, ed., *Concrete Art in Europe After 1945* (Ostfildern-Ruit: Hatje Cantz, 2002), 77-83, 77。

20 Peter Suchin, "Forces of the Small: Painting as Sensuous Critique," in Hesse-Honegger, *The Future's Mirror*。

21 Hesse-Honegger, *Heteroptera*, 132。

22 同上。

23 同上，頁一七九。

24 尤其可以參閱：Paul Feyerabend, *Against Method: Outline of an Anarchistic Theory of Knowledge* (London: New Left Books, 1975) 。

25 Cornelia Hesse-Honegger, *Field Study Around the Hanford Site in the States Washington and Idaho, USA* (Zurich: Unpbd manuscript, 1998-99)。

26 Cornelia Hesse-Honegger, *Field Study in the Area of the Nuclear Reprocessing Plant, La Hague, Normandie, France, 1999* (Zurich: Unpbd manuscript, 2000-03)。

27 Cornelia Hesse-Honegger, *Field Study in the Area of the Nuclear Test Site, Nevada and Utah, USA, 1997* (Zurich: Unpbd manuscript, n.d.)。

D ——死亡

1 Hans Erich Nossack, "Der Untergang," in *Interview mit dem Tode* (Frankfurt am Main, Germany. Suhrkamp, 1963),238 。轉引自 W. G. Sebald, *On the Natural History of Destruction*, trans. Anthea Bell (New York: Random house,2003), 35。

2 Wislawa Szymborska, "Seen From Above," in *Miracle Fair: Selected Poems of Wislawa Szymborska*. Trans. Joanna Trzeciak (New York: W.W. Norton, 2001), 66。在此特別感謝迪利普・梅農（Dilip Menon）與拉拉・雅各（Lara Jacob）向我介紹辛波絲卡的作品，尤其是這一首詩。

3 Primo Levi, *Other People's Trades*, trans. Raymond Rosenthal (New York: Summit Books, 1989), 17。

4 Hans Erich Nossack, "Der Untergang," in *Interview mit dem Tode* (Frankfurt: Surhkamp, 1963), 238。引自：W.G. Sebald, *On the Natural History of Destruction*. Trans. Anthea Bell (New York: Random House, 2003), 35。

E ——演化

1 Jean-Henri Fabre, "The Greenbottles," in *The Life of the Fly*, trans. Alexander Teixeira de

Mattos (New York: Dodd, Mead and Company, 1913), 232; ibid., "The Bluebottle: The Laying," in idem, 316。關於法布爾的作品之批判性完整介紹，請參閱：Patrick Tort, *Fabre: Le Miroir aux Insectes* (Paris: Vuibert/ADAPT, 2002)。另外也可以參閱：Colin Favret, "Jean-Henri Fabre: His Life Experiences and Predisposition Against Darwinism," *American Entomologist* vol. 45, no. 1 (1999): 38-48; and Georges Pasteur, "Jean Henri Fabre," *Scientific American* vol. 271 (1994): 74-80。通常來講，為法布爾立傳的人都跟他自己一樣，對於講述他的生平較有興趣，忽略了他在理論方面的種種企圖。例如，請參閱：Yves Delange, *Fabre – L'homme qui aimait les insectes* (Paris: Actes Sud, 1999)。法布爾「授權」的傳記是由他的朋友兼仰慕者喬治·維特·勒格侯（Georges Victor Legros）撰寫，請參閱：G.V. Legros, *Fabre: Poet of Science, trans. Bernard Miall* (Whitefish, MT: Kessinger Publishing, n.d. [1913])。

2 Jean-Henri Fabre, "The Harmas," in *The Life of the Fly*, trans. Alexander Teixeira de Mattos (New York: Dodd, Mead and Company, 1913), 15。

3 Tort, *Fabre*, 64。

4 Fabre, "Harmas"，同上，頁16

5 Tort, *Fabre*, 27。

6 Jean-Henri Fabre, "The Odyneri," in *The Mason-Wasps*, trans. Alexander Teixeira de Mattos (New York: Dodd, Mead and Company, 1919), 59。

7 Tort, *Harmas*, 18。

8 Jean-Henri Fabre, "The Fable of the Cigale and the Ant," in *Social Life in the Insect World*, trans Bernard Mial(New York: Century, 1912)，頁六；Tort, Harmas, 24。

9 Fabre, "The Song of the Cigale," in *Social Life in the Insect World*, 頁三十六。

10 Norma Field, "Jean Henri Fabre and Insect Life in Modern Japan," manuscript, n.d., 6。在此特別感謝諾瑪·菲爾德（Norma Field）把她這一篇吸引人的論文寄給我。

11 轉引自：Delange, *Fabre*, 55。

12 Jean-Henri Fabre, "The Bembex," in *The Hunting Wasps*, trans. Alexander Teixeira de Mattos (New York: Dodd, Mead and Company, 1915), 156.

13 Jean-Henri Fabre, "The Great Cerceris," in *The Hunting Wasps*, 12。

14 Jean-Henri Fabre, "The Yellow-winged Sphex," in *The Hunting Wasps*, 36。

15 Jean-Henri Fabre, "The Eumenes," in *The Mason-Wasps*, 12, 13, 10。

16 Jean-Henri Fabre, "Aberrations of Instinct," in *The Mason-Wasps*, 109。

17 轉引自：Legros, *Fabre*, 14。

18 轉引自：Legros, *Fabre*, 13。

19 同上。

20 根據法布爾的傳記作者托赫（Patrick Tort）表示，法布爾與彌爾兩人「因為都很博學，都有同理心，都承受過痛苦的經驗，所以惺惺相惜」。他們曾經一起進行過培育沃克呂茲花（Flora of the Vaucluse）的計畫，但並未完成。請參閱：Tort, *Fabre*, 57。

21 Romain Rolland, letter to G.V. Legros, 7 January 1910，轉引自：Delange, *Fabre*, 322。那一年的諾貝爾文學獎得主是劇作家莫里斯·梅特林克（Maurice Maeterlinck）。梅特林克是個對昆蟲學很有興趣的作家，而不是像法布爾那種充滿文學氣息的昆蟲學家，不過他也是法布爾的仰慕者。

22 Fabre, "The Harmas," in *The Life of the Fly*, 14。
23 Ibid., 16-17; Tort, *Fabre*, 25-26。
24 Jean-Henri Fabre, "The Odyneri," 47。
25 Fabre, "The Eumenes," 25; idem., "The Odyneri," 46。
26 完整討論請參閱：Tort, *Fabre*, esp. 205-40。
27 Fabre, "The Modern Theory of Instinct," in *The Hunting Wasps*, 403。
28 Fabre, "The Ammophilae," in *The Hunting Wasps*, 271。
29 Charles Darwin, *The Descent of Man, and Selection in Relation to Sex* (London: Penguin, 2004), 88, 87。另外，也可以參閱：Daniel R. Papaj, "Automatic Learning and the Evolution of Instinct: Lessons from Learning in Parasitoids," in Daniel R. Papaj and Aleinda C. Lewis, eds., *Insect Learning: Ecological and Evolutionary Perspectives* (New York: Chapman and Hall, 1993), 243-72。
30 Fabre, "The Modern Theory of Instinct," in *The Hunting Wasps*, 411。
31 Fabre, "The Ammophilae," in ibid., 269。
32 Ibid., 270。
33 Fabre, "The Ammophilae," 377-78。
34 R.J. Herrnstein, "Nature as Nurture: Behaviorism and the Instinct Doctrine," *Behavior and Philosophy* 26 (1998): 73-107, 83; reprinted from *Behavior* 1, no.1 (1972): 23-52。
35 R.J. Herrnstein, "Nature as Nurture: Behaviorism and the Instinct Doctrine," *Behavior and Philosophy* 26 (1998): 73-107, 81
36 William James, *The Principles of Psychology*, vol. II (New York: Holt, 1890), 384; 引自：Herrnstein, ibid., 81。
37 William McDougall, *An Introduction to Social Psychology* (London: Methuen, 1908), 44。
38 Kerslake, "Insects and Incest: From Bergson and Jung to Deleuze," *Multitude: Revue Politique, Artistique, Philosophique*, October 22, 2006, 2。
39 Henri Bergson, *Creative Evolution*, trans. Arthur Mitchell (New York: Dover, [1911] 1989), 174。有趣的是，經由柏格森這個連結點，黃蜂持續在二十世紀歐陸哲學中占有一席之地：德勒茲（Deleuze）與瓜塔里（Guattari）繼承伯格森之遺緒，在《千高原》(*A Thousand Plateaus*）一書中提出「生成動物」(becoming-animal）的範疇，主張黃蜂與蘭花在相互擁抱的當下已經相當程度地交融在一起，而這「既是黃蜂又是蘭花」的狀態極為知名，靈感似乎來自於一樣有名的跨物種關係：沙泥蜂與法布爾的相互交融。
40 Bertrand Russell, *The Analysis of Mind* (London: George Allen and Unwin, 1921), 56；轉引自：Kerslake, "Insects and Incest," 3。
41 Tort, *Fabre*, 232-35。
42 Fabre, "The Harmas," 14。
43 在此我要感謝蓋文・懷洛（Gavin Whitelaw）慷慨地送了一套日本7-11便利商店推出的法布爾公仔給我！同時也要感謝人類學家佐塚志保幫我找到一本很受歡迎的法布爾漫畫傳記，書名是《法布爾：昆蟲探險家》(ファーブル―こん虫の探検者；東京：學研出版社於一九七八年出版)，作者是漫畫家橫田德男。關於這本傳記的討論，請參閱：Field, "Jean Henri Fabre," 4。
44 此一數字引自：Pasteur, "Jean Henri Fabre," 74。

45 引自奧本大三郎，《博物學巨人亨利．法布爾》（博物学の巨人 アンリ ·ファーブル；東京：集英社，一九九九年出版），第二十七頁。引字該書的所有日文，除非另行註明，否則都是鈴木茂〔音譯〕翻譯成英文的。也可以參閱：Field, "Jean Henri Fabre," 18-20。

46 Ōsugi Sakae, "I Like a Spirit," in Le Libertaire Group, *A Short History of The Anarchist Movement in Japan* (Tokyo: Idea Publishing House), 132。〔譯注：此為大杉榮的文章之英譯。〕

47 Jean-Henri Fabre, *Souvenirs entomologiques*, vol. III, 309; 轉引自：Favret, "Jean-Henri Fabre," 46。

48 大杉榮仰慕克魯泡特金，也是最早把他的作品翻譯成日文的人之一。克氏曾以有力的方式主張：演化的基礎並非競爭，互助合作才是。不過，弔詭的是他仍被視為社會達爾文主義者，那是一種當時在日本非常流行的哲學思想。達爾文主義於一八七〇年代與西方科學一起傳入明治時期的日本，其內涵是讚頌競爭，把它當成人類存續的原動力，跟斯賓塞一樣貶低合作的行為。請參閱：Field, "Jean Henri Fabre," 19 and 27 n.80。大杉榮於一九二三年被殺，與他一起遇害的，還包括其妻伊藤野枝（是個女權主義者）以及大杉的七歲大外甥橘宗一。

49 Fabre, *Souvenirs entomologiques*, vol. VIII；轉引自：Favret, "Jean-Henri Fabre," 46。

50 奧本大三郎，《博物學巨人亨利．法布爾》，頁189。

51 養老孟司、奧本大三郎與池田清彥合著，《向昆蟲學習智慧的三個傢伙》（三人寄れば虫の知恵；東京：洋泉社，一九九六年出版）。書中所有日文全都是由鈴木CJ翻譯成英文的。

52 Imanishi Kinji, *The World of Living Things*, trans. Pamela J. Asquith, Heita Kawakatsu, Shusuke Yagi, and Hiroyuki Takasaki (London: Routledge Curzon, 2002)〔譯注：此為今西錦司《生物の世界》一書之英譯本。〕; ibid., "A Proposal for Shizengaku: The Conclusion to My Study of Evolutionary Theory," *Journal of Social and Biological Structures* 7 (1984): 357-368。

53 那些對於今西錦司提出的攻擊，只能說充滿種族歧視偏見，請參閱：Beverly Halstead, "Anti-Darwinian Theory in Japan," *Nature* vol. 317 (1985): 587-9。至於較為睿智的回應，請參閱：Frans B. M. de Waal, "Silent Invasion: Imanishi's Primatology and Cultural Bias in Science," *Animal Cognition* 6 (2003): 293-99。

54 Imanishi, "A Proposal for Shizengaku," 360。

55 Arne Kalland and Pamela J. Asquith, "Japanese Perceptions of Nature: Ideals and Illusions," in Arne Kalland and Pamela J. Asquith, eds., *Japanese Images of Nature: Cultural Perceptions* (Richmond, Surrey: Curzon, 1997), 2。同時也可以參閱：Julia Adeney Thomas' fascinating *Reconfiguring Modernity: Concepts of Nature in Japanese Political Ideology* (Berkeley: University of California Press, 2001)。

56 J.L. Austin, *How To Do Things with Words* (Cambridge, MA: Harvard University Press, 1962)。也可以參閱：Alexei Yurchak, *Everything Was forever, Until It Was No More: The Last Soviet Generation* (Princeton: Princeton University Press, 2005)。

57 Stephen Jay Gould, "Nonmoral Nature," in *Hen's Teeth and Horse's Toes: Further Reflections in Natural History* (New York: W. W. Norton, 1994), 32-44, 32。

58 同上。

59 同上。

G ——— 慷慨招待（歡樂時光）

1 賈似道的《促織經》收錄在坊間一本很普及的作品：孟昭連輯注，《蟋蟀秘譜》。天津：古籍書店，一九九二年出版。

2 轉引自：Hsiung Ping-chen, “From Singing Bird to Fighting Bug: The Cricket in Chinese Zoological Lore,” manuscript, n.d., 15-16。翻譯文字稍有修改。特別要感謝熊秉真教授慨然提供她的迷人論文給我參考。

3 ibid., 17。周堯在《中國昆蟲學史》裡面就對賈似道有較多批判，他認為透過賈似道的種種行徑可以看出封建社會統治者驕奢淫逸，置國家與民族之存亡於不顧。參閱大陸學者王思明翻譯的英文版《中國昆蟲學史》（Chou Io, *A History of Chinese Entomology*. Trans. Wang Siming. Xi'an: Tianze Press, 1990.），177頁。

4 關於昆蟲生活的各種零星描述通常出現在詩歌作品裡，當然是更早就出現了，例如可以參閱《爾雅》（完成於西元前五世紀到二世紀之間），這作品很可能比亞里斯多德的《動物志》（*Historia animalia*）更早，是世界史上第一本具有分類學概念的自然史書籍。關於中國古代昆蟲知識的詳述，請參閱周堯的《中國昆蟲學史》。關於蟋蟀在中國文化史上的地位，則可以參閱：Liu Xinyuan, “Amusing the Emperor: The Discovery of Xuande Period Cricket Jars from the Ming Imperial Kilns,” *Orientations* vol. 26, no. 8 (1995), 62-77；Yin-Ch'I Hsu, “Crickets in China,” *Bulletin of the Peking Society of Natural History* vol. 111, part 1 (1928-29): 5-41; Berthold Laufer, “Insect-Musicians and Cricket Champions of China,” *Field Museum of Natural History Leaflet (Anthropology)* 22 (1927): 1-15 [reprinted in Lisa Gail Ryan, ed., *Insect Musicians & Cricket Champions: A Cultural History of Singing Insects in China and Japan* (San Francisco: China Books & Periodicals, Inc., 1996)]；Jin Xing-Bao, “Chinese Cricket Culture,” *Cultural Entomology Digest* 3 (November 1994), <http://www.insects.org/ced3/chinese_crcul.html>；還有，Hsiung, “From Singing Bird to Fighting Bug.”。

5 Hsiung, “From Singing Bird to Fighting Bug,” 17。

6 Liu, “Amusing the Emperor,” passim。

7 Pu Songling, “The Cricket,” in *Strange Tales from Make-Do Studio*, trans. Denis C. and Victor H. Mair (Beijing: Foreign Languages Press, 2001), 175-187。關於蒲松齡〈促織〉的民族史背景，請參閱：Liu, “Amusing the Emperor,” 62-5。

8 所謂七十二種個性，只是常被人引述的那一些，而且之所以會是七十二種，也許是因為這數字在民間普及的道家信仰中別具意義，而且十六世紀問世的《水滸傳》（中國文學四大經典小說之一）裡面也有「七十二員地煞星」。

9 金杏寶與劉憲偉著，《常見鳴蟲的選養和觀賞》（上海：上海科學技術出版社，一九九六年出版）。Thomas J. Walker and Sinzo Masaki, “Natural History,” in Franz Huber, Thomas E. Moore, and Werner Loher, eds., *Cricket Behavior and Neurobiology* (Ithaca: Comstock Publishing/Cornell University Press, 1990), 1-42；這本書的四十頁也提出相同主張，只是列出來的種類不同，作者寫道：「儘管中國人寫的蟋蟀手冊裡列出了六十幾種鬥蟋蟀時用的蟋蟀，但其實全都隸屬於四個種類（長顎鬥蟋〔*Velarifictorus aspersus*〕、污褐眉紋蟋蟀〔*Teleogryllus testaceus*〕、白緣眉紋蟋蟀〔*T. mitratus*〕與黃斑黑蟋蟀〔*Gryllus bimaculatus*〕）」。關於公蟋蟀之間相互攻擊的科學論述很多，不過我不知道是否有研究聚焦在相關種類的蟋蟀上。例如，請參

閱：Kevin A. Dixon and William H. Cade, "Some Factors Influencing Male-Male Aggression in the Field Cricket Gryllus integer (Time of Day, Age, Weight and Sexual Maturity)," *Animal Behavior* 34 (1986), 340-46；根據這一篇文章指出，已經性成熟的公蟋蟀之間有較為顯著的相互攻擊現象。有趣的是，另一篇文章則是結論道：「每一隻蟋蟀的競爭力都取決於...牠們過去的戰勝經驗（也就是信心）」（567頁），請參閱：L.W. Simmons, "Inter-Male Competition and Mating Success in the Field-Cricket, Gryllus bimaculatus (de Geer)," *Animal Behavior* 34 (1986): 567-69。

10 這方面的權威李世鈞教授把各種特徵特性列了出來，請參閱他主持的蟋蟀同好網址：http://www.xishuai.net。另外也可以參閱：吳樺，《蟲趣》（上海：學林出版社，二〇〇四年出版），168頁。

11 Xu Xiaomin, "Cricket Matches – Chinese Style," *Shanghai Star*, September 4, 2003。

12 Li Shijun, "Secrets of Cricket-Fighting," *XinMin Evening News* (Shanghai), September 25, 2005, B25。〔譯注：李世鈞教授在上海《新民晚報》上發表的文章，中文篇名不詳。〕

13 吳樺，《蟲趣》（上海：學林出版社，二〇〇四年出版），165頁。

14 關於中國各大城市的移工現象，請參閱：Dorothy J. Solinger, *Contesting Citizenship in Urban China: Peasant Migrants, the State, and the Logic of the Market* (Berkeley: University of California Press, 1999)；Li Zhang, "Migration and Privatization of Space and Power in Late Socialist China," *American Ethnologist* vol. 28, no. 1 (2001), 179-205。許多地方的戶口登記制度都預計要改變了，但此時還不包括上海。

15 On "head shaking," see James Farrar, *Opening Up: Youth Sex Culture and Market Reform in Shanghai* (Chicago: University of Chicago Press, 1998), 311-12。

16 李世鈞著，《中華鬥蟋鑑賞》、《中華蟋蟀五十不選》、《中華鬥蟋鑑賞》、《民間傳世——上品蟋蟀108將》與《南盆窺探》等書籍。

17 Li Jin, "Anthropologist Studying Human-Insect Relations, U.S. Professor Wants to Publish a Book on Crickets,"《新聞晚報》（二〇〇五年九月三十日）。

18 關於中國自然觀的簡介，請參閱：Yi-Fu Tuan, "Discrepancies Between Environmental Attitude and Behaviour: Examples from Europe and China," *Canadian Geographer* vol. XII, no. 3 (1968): 176-191。在此特別感謝珍妮．史特簡（Janet Sturgeon）把這篇文章介紹給我。

19 請參閱：Ackbar Abbas, "Play it Again Shanghai: Urban Preservation in the Global Era," in Mario Gandelsonas, ed., *Shanghai Reflections: Architecture, Urbanism and the Search for an Alternative Modernity* (New York: Princeton Architectural Press, 2002), 37-55；idem., "Cosmopolitan De-scriptions: Shanghai and Hong Kong," *Public Culture* vol. 12, no. 3 (2000): 769-86；Andrew Ross, *Fast Boat to China: Corporate Flight and the Consequences of Free Trade; Lessons from Shanghai* (New York: Pantheon, 2006)。

20 Li Shijin, "Secrets of Cricket-Fighting"。

21 Li Shijun, *Fifty Taboos of Cricket Fighting*, 84。

22 吳樺，《蟲趣》，247-51頁。

23 這一段〈七月〉的引文出處是《詩經》，我引自Liu, "Amusing the Emperor," 63；該文之原始出處則為：陳奐，《詩毛氏傳疏》（上海：一九三四年出版），10頁與76頁。相關討論請參閱：Hsiung, "From Singing Bird to Fighting Bug," 7-9 and Jin, "Chinese Cricket Culture"。

24 Simmons, "Inter-Male Competition," 578。

H ——— 頭部與其使用方式

1 Nicholas Wade, "Flyweights, Yes, But Fighters Nonetheless: Fruit Flies Bred For Aggressiveness," *The New York Times*, October 10, 2006, F4；Herman A. Dierick and Ralph J. Greenspan, "Molecular Analysis of Flies Selected for Aggressive Behavior," *Nature Genetics* vol. 38, no. 9 (September 2006): 1023-1031。也可以參閱：Ralph J. Greenspan and Herman A. Dierick, "'Am Not I a Fly Like Thee?' From Genes in Fruit Flies to Behavior in Humans," *Human Molecular Genetics* vol. 13, review issue 2 (2004): R267–R273。
2 Wade, ""Flyweights"
3 Robert E. Kohler, *Lords of the Fly: Drosophila Genetics and the Experimental Life* (Chicago: University of Chicago Press, 1994)。
4 曾有學者把路易・巴斯德（Louis Pasteur）描繪為「把動物當成試管來使用」。那學者寫道，「因此，細菌學與免疫學研究也就難免把動物當成一種文化媒體」。請參閱：Anita Guerrini, *Experimenting With Humans and Animals: From Galen to Animal Rights* (Baltimore: Johns Hopkins, 2003), 98。
5 Kohler, *Lords of the Fly*, 53。
6 Thomas Hunt Morgan，轉引自：ibid., 73。
7 Ibid., 67。
8 關於這一點，請參閱：Rebecca M. Herzig, *Suffering for Science: Reason And Sacrifice in Modern America* (New Brunswick: Rutgers University Press, 2005)。
9 Erica Fudge, *Animal* (New York: Reaktion Books, 2002)。在此特別感謝加大聖塔克魯茲分校的丹尼・所羅門（Danny Solomon）與我針對這個問題進行過一席有趣的對談。
10 Greenspan and Dierick, "'Am Not I a Fly Like Thee?,'" R267。
11 Elias Canetti, *Crowds and Power*, trans. Carol Stewart (New York: Farrar, Straus and Giroux, 1960), 205。特別感謝德揚・盧基奇（Dejan Lukic）告訴我這一頁的文字。
12 Annemarie Mol, *The Body Multiple: Ontology in Medical Practice* (Durham: Duke University Press, 2003), 126。

I ——— 無以名狀

1 Joris Hoefnagel, *Animalia Rationalia et Insecta (Ignis)*, manuscript, 1582。這一份稿件穆前收藏於華府國家藝廊（National Gallery of Art）。在這一章裡面關於尤瑞斯・霍夫納格的部分，我有很大一部分論述都是源自於洛杉磯蓋提博物館（Getty Museum）素描畫策展人李・韓翠克斯（Lee Hendrix），她是霍夫納格的專家，請參閱她的出色論文："Of Hirsutes and Insects: Joris Hoefnagel and the Art of the Wondrous," *Word & Image* 11, no. 4 (1995): 373-90。此外，還有她的未出版博士論文：*Joris Hoefnagel and The Four Elements: A Study in Sixteenth-Century Nature Painting* (Princeton University, 1984)；還有她與人合著的：*Lee Hendrix and Thea Vignau-Wilberg, Mira calligraphiae monumenta: A Sixteenth-Century Calligraphic Manuscript Inscribed by Georg Bocskay and Illuminated by Joris Hoefnagel* (Malibu: J. Paul Getty Museum, 1992)。還有，也有人把霍夫納格與其子雅各・霍夫納格（Jacob Hoefnagel）放進相關脈絡去

討論，請參閱：*Thea Vignau-Wilberg, Archetypa studiaque patris Georgii Hoefnagelii (1592): Nature, Poetry and Science in Art Around 1600* (Munich: Staatliche Graphische Sammlung, 1994)。

2 轉引自：Vignau-Wilberg, "Excursus: Insects," in *Archetypa*, 37-43, 42, n.14。莫菲特（Thomas Moffet）《昆蟲劇場》一書的素材來自於瑞士博物學家康拉德．蓋斯納（Conrad Gesner）的昆蟲學筆記，還有倫敦醫生湯瑪斯．佩尼（Thomas Penny）與倫敦動物學家愛德華．渥頓（Edward Wotton）的研究成果。請參閱：Edward Topsell, *The History of Four-Footed Beasts and Serpents, vol. 3: The Theatre of Insects or Lesser Living Creatures by Thomas Moffet* (London: 1658; reprinted New York: De Capo, 1967)。寫完《動物史》（*Historia animalium*）第五卷之後，蓋斯納原本打算繼續寫以昆蟲為題材的最後一卷（第六卷），但只寫了一小段就在一五六五年去世了。關於莫菲特，請參閱：Frances Dawbarn, "New Light on Thomas Moffet: The Triple Roles of an Early Modern Physician, Client and Patronage Broker," *Medical History* 47, no.1 (2003): 3-22。

3 Topsell, "Epistle Dedicatory," in Moffet, *Theatre of Insects*, 6 ，感謝Albigail Winograd的推薦。

4 Max Beier, "The Early Naturalists and Anatomists During the Renaissance and Seventeenth Century," in Ray F. Smith, Thomas E. Mittler, and Carroll N. Smith, eds., *History of Entomology* (Palo Alto, CA: Annual Reviews, Inc., 1973), 81-94。關於阿爾德羅萬迪，請參閱以下書籍裡引人入勝的大篇幅討論：Findlen, *Possessing Nature*；關於昆蟲研究的部分，可以參閱：Vignau-Wilberg, "Excursus: Insects"。

5 Hendrix, "Of Hirsutes and Insects," 382。

6 Vignau-Wilberg, "Excursus: Insects," 39。東亞也曾出現這種關於微小世界的討論，只是出現的時間更為久遠，請參閱：Rolf A. Stein, *The World in Miniature; Container Gardens and Dwellings in Far Eastern Religious Thought*, trans. Phyllis Brooks (Palo Alto: Stanford University Press, 1990)。還有，François Jullien, *The Propensity of Things: Toward a History of Efficacy in China*, trans. Janet Lloyd (New York: Zone Books), esp. 94-98。

7 請參閱：R.J.W. Evans, *Rudolf II and His World: A Study in Intellectual History 1576-1612* (London: Thames and Hudson, 1973)；Thomas DaCosta Kaufman, *The School of Prague: Painting at the Court of Rudolf II* (Chicago: University of Chicago Press, 1988)。

8 Thomas DaCosta Kaufmann, *The Mastery of Nature: Aspects of Art, Science, and Humanism in the Renaissance*, 48。強調的部分是我加上去的。

9 就此而論，我們可以把霍夫納格視為基督宗教的「宗派整合者」（eirenist）。請參閱：ibid., 92-3。

10 十六世紀末，許多與現代觀念矛盾的昆蟲學學說同時並存著，請參閱學者對於約翰．迪伊（John Dee）的精彩討論：Stephen Greenblatt, *Sir Walter Ralegh: The Renaissance Man and his Roles* (New Haven: Yale University Press, 1973)。也可以參閱法蘭西斯．葉慈（Frances Yates）與安東尼．葛拉夫頓（Anthony Grafton）等人對於迪伊的討論。Frances Yates, *The Occult Philosophy in the Elizabethan Age* (Chicago: University of Chicago, 1991)；Anthony Grafton, *Gardano's Cosmos: The Worlds and Works of a Renaissance Astrologer* (Cambridge, Mass.: Harvard University Press, 1999)。

11 Evans, *Rudolf II and His World*, 248。我把原本文字中強調的部分移除了。

12 Francis Bacon, *Sylva sylvarum: or a Naturall Historie or a Naturall History in Ten Centuries* (London, 1626), century vii, 143。曾有學者以非常有說服力的方式主張，培根的「經驗論革命」其實不算是一種實質內容的革命，而是一種風格革命，不過他的確帶來很大的影響。請參閱：Mary Poovey, *A History of the Modern Fact: Problems of Knowledge in the Sciences of Wealth and Society* (Chicago: Chicago University Press, 1998), 10-11。

13 Lorraine Daston, "Attention and the Values of Nature in the Enlightenment," in *The Moral Authority of Nature, ed. Lorraine Daston and Fernando Vidal* (Chicago: University of Chicago Press, 2004), 100-26；Hendrix, ""Of Hirsutes and Insects." 自然奇觀與南北美大陸探險有何關係？有關此一問題的討論，請參閱：Stephen Greenblatt, *Marvelous Possessions: The Wonder of the New World* (Chicago: University of Chicago Press, 1991)。伊莉莎白女王期間，英格蘭地區發生的自然（或非自然）事件往往會被認為帶有某種預兆，相關說明請參閱：E.M.W. Tillyard, *The Elizabethan World Picture* (London: Chatto & Windus, 1943)；還有下列書籍的前幾章：Keith Thomas, *Man and the Natural World: A History of the Modern Sensibility* (New York: Pantheon, 1983)。

14 Moffet, *Theatre of Insects*, "Epistle Dedicatory," 3。

15 Lorraine Daston and Katherine Park, *Wonders and the Order of Nature, 1150-1750* (New York: Zone Books, 1998), 14。

16 Daston and Park, Wonders, 167。也可以參閱：inter alia, Oliver Impey and Arthur MacGregor, eds., *The Origins of Museums: The Cabinet of Curiosities in Sixteenth-and Seventeenth-Century Europe* (New York: Clarendon Press, 1985)；Pamela H. Smith and Paula Findlen, eds., *Merchants and Marvels: Commerce, Science, and Art in Early Modern Europe* (New York: Routledge, 2001)；Paula Findlen, *Possessing Nature: Museums, Collecting, and Scientific Culture in Early Modern Italy* (Berkeley: University of California Press, 1994)。

17 不過，之所以會有這種差異，可別以為它就是新科學與舊迷信之間的差異，能夠印證這一點的，就是霍夫納格對於形態學的專注與精確要求，他已經充分展現出科學精神。關於這個問題的討論，可以參考下列近作，雖然簡短但很有用：Steven Shapin, *The Scientific Revolution* (Chicago: University of Chicago Press, 1996)。

18 亞里斯多德曾在書中寫道：「自然之物，均有絕妙之處。」請參閱：Aristotle, *Parts of Animals*, trans. A.L. Peck (Cambridge: Harvard University Press, 1937), I. v. 645a 5-23。

19 請參閱：Edward Grant, "Aristotelianism and the Longevity of the Medieval World View," *History of Science* 16 (1978): 95-106。我們甚至可以把這種說法套用在鍊金術士身上——不過，就像羅伯．伊文斯（Robert John Weston Evans）所說的，「那些煉金術士心中的『亞里斯多德』是個神祕的智者」，請參閱：Evans, *Rudolf II and His World*, 203, n.2。

20 John Scarborough, "On the History of Early Entomology, Chiefly Greek and Roman With a Preliminary Bibliography," *Melsheimer Entomological Series* 26 (1979): 17-27。儘管在當代系統分類學裡面找不到與「entoma」相應的範疇，但亞里斯多德提出的這個範疇與「昆蟲綱」（Insecta）比較沒那麼接近，而是近似於現代的「節肢動物門」（Arthropoda phylum）。除了蠕蟲這種異常生物，「蟲豸類」還囊括了現代的昆蟲綱、蛛形類與多足類（myriapoda，包括蜈蚣與馬陸），但排除了甲殼類（crustacea）。這方面的概述請參閱：Günter Morge, "Entomology in the Western World in Antiquity and in Medieval Times," in Smith et al., *History of*

Entomology, 37-80；還有：Harry B. Weiss, "The Entomology of Aristotle," *Journal of the New York Entomological Society* 37 (1929): 101-109；以及：Malcolm Davies and Jeyaraney Kathirithamby, *Greek Insects* (Oxford: Oxford University Press, 1986)。林奈分類法出現以後，形態學把蠕蟲、蜘蛛、蠍子、蜈蚣、馬陸與其他生物從昆蟲類剔除，讓牠們隸屬於其他綱類。關於亞里斯多德與林奈提出的分類學標準之詳細討論，請參閱：Scott Atran, *Cognitive Foundations of Natural History: Towards an Anthropology of Science* (Cambridge: Cambridge University Press, 1993)。

21 Ibid., 38.

22 G.E.R. Lloyd, *Science, Folklore and Ideology: Studies in the Life Sciences in Ancient Greece* (Cambridge: Cambridge University Press, 1983), 18。

23 這些例子的來源請參閱：Morge, "Entomology in the Western World"。

24 一六八八年，弗朗切斯科・雷迪（Francesco Redi）做了一系列知名實驗：他在幾個長頸瓶裡面擺了肉，瓶口加了各種覆蓋物。結果，只有蒼蠅能夠進去的長頸瓶裡有蛆蟲出現，這對於「自然發生論」來講可說是一大打擊，但並未把它徹底打垮。事實上，即便在顯微鏡普及化之後，這個問題還是爭論了很久。一直要到巴斯德（Pasteur）在一八五九年進行了實驗之後，這個問題才從哲學爭論變成了一個以實驗為基礎的爭論。

25 Kaufman, *The Mastery of Nature*, 42; Vignau-Wilberg, "Excursus: Insects," 40-1。

26 Grant, "Aristotelianism," 94-5。

27 Hendrix, "Of Hirsutes and Insects," 380-82。

28 Ibid., 378。

29 Michel de Montaigne, "Of Cannibals" (1578-80) in *The Complete Works*, trans. Donald M. Frame (New York: Everyman's Library, 2003), 182-93。

30 阿爾德羅萬迪的《怪獸誌》於他去世後才在一六四二年出版。請參閱：Hendrix, "Of Hirsutes and Insects," 377。殖民時代，曾有很長一段時間各種異常人類從殖民地被運送到歐洲去被展出或進行醫學檢查；就這方面而言，龔薩雷斯一家有其歷史地位。這一類知名案例甚多，有用的相關說明請參閱關於所謂「霍騰托維納斯」（Hottentot Venus），也就是原名莎拉・巴特曼（Sara Bartman）的異常女性之討論，請參閱：Londa Schiebinger, *Nature's Body: Gender in the Making of Modern Science* (New York: Beacon, 1995)；Phillips Verner Bradford, *Ota Benga: The Pygmy in the Zoo* (New York: St. Martin's Press, 1992)。

31 Hendrix, "Of Hirsutes and Insects"。

32 Lee Hendrix, The Writing Model Book," in Hendrix and Vignau-Wilberg, *Mira calligraphiae monumenta*, 42。

33 弗雷澤爵士提出他所謂的「接觸律」（Law of Contact），並據此區分順勢巫術（Homoeopathic Magic）與接觸巫術（Contagious Magic）。在施展接觸巫術時，必須先從想要施展的對象身上取得頭髮或指甲屑等材料，而不是針對與對象相似的某個東西下手。請參閱：James George Frazer, *The Golden Bough: A Study in Magic and Religion*, vol.3. (London: MacMillan, 1911-15), 55-119。

34 對此，羅伯・伊文斯曾做出下列解釋：「這種哲學的宗旨不只是要描述大自然的潛在力量，也企圖控制那些力量，因為接受這種哲學的人不只瞭解那些力量，也知道怎樣把力量發揮出來。這是一種對於魔法的追求（之所以稱為追求，是因為這種哲學的提倡者未曾停止他們的解釋工

作），但不是『黑魔法』，而是『自然魔法』，理由在於促成這種魔法的靈感是神聖的，而非邪惡的」。請參閱：*Rudolf II and His World*, 197。

35 Frazer, *Golden Bough*, vol. 3, 118。

36 Frazer, *Golden Bough*, vol. 3, 55, 56。

37 Michael Taussig, *My Cocaine Museum* (Chicago: University of Chicago Press, 2004), 80。Walter Benjamin, "On the Mimetic Faculty," in *Reflections: Essays, Aphorisms, Autobiographical Writings*, ed. Peter Demetz, trans. Edmund Jephcott (New York: Schocken Books, 1986), 333-36。更多詳細且具有深遠影響力的討論請參閱：Taussig's *Mimesis and Alterity: A Particular History of the Senses* (New York: Routledge, 1993)。

38 Thomas DaCosta Kaufmann, *The Mastery of Nature: Aspects of Art, Science, and Humanism in the Renaissance* (Princeton: Princeton University Press, 1993), 79-99。另外有一篇文章對於這幅畫的討論方式截然不同，將它擺在現代初期人類對於甲蟲的概念脈絡裡，請參閱：Yves Cambefort, "A Sacred Insect on the Margins: Emblematic Beetles in the Renaissance," in Eric C. Brown, ed., *Insect Poetics* (Minneapolis: University of Minnesota, 2006), 200-22。

39 Hendrix and Vignau-Wilberg, *Mira calligraphiae monumenta*.

40 引自班雅明的文章〈歷史哲學論綱〉（Über den Begriff der Geschichte）與〈單向街〉（Einbahnstraße）。

41 引自班雅明的文章〈機械複製時代的藝術作品〉（Das Kunstwerk im Zeitalter seiner technischen Reproduzierbarkeit）。

42 Kaufmann, *Mastery of Nature*, 38-48。

J ——— 猶太人

1 Aharon Appelfeld, *The Iron Tracks*. Trans. Jeffrey M. Green (New York: Random House, 1999)。

2 Speech to SS officers, April 24, 1943, Kharkov, Ukraine. Reprinted in *United States Office of Chief of Counsel for the Prosecution of Axis Criminality, Nazi Conspiracy and Aggression*, 11 vols. (Washington, D.C.: United States Government Printing Office, 1946), 4:574。

3 流亡英美期間，齊克殫精竭慮，只求把猶太人在歐洲的悲慘遭遇公諸於世。他是弗拉迪米爾·亞伯丁斯基（Vladimir Jabotinsky）的朋友，後來又與彼得·伯格森（Peter Bergson；原名Hillel Kook）交好，他用自己的工作來幫助修正主義者們（所謂修正主義，就是認為應該要建立一個有主權而且統一的猶太國家），一開始提倡要建立猶太人的軍隊，然後要求猶太人有權移民到巴勒斯坦去，而且始終以自己為民間軍事組織伊爾貢（Irgun）的代言人身分發言。請參閱：Stephen Luckert, *The Art and Politics of Arthur Szyk* (Washington, D.C.: United States Holocaust Memorial Museum, 2002)；還有：Joseph P. Ansell, "Arthur Szyk's Depiction of the 'New Jew': Art as a Weapon in the Campaign for an American Response to the Holocaust," *American Jewish History* 89 (2001): 123-134。

4 一九四二年三月到一九四三年二月的十一個月之間，納粹殺了哪些人？非常了不起的是，克里斯多福·布朗寧（Christopher Browning）把其中百分之五十以上死者的相關數據都列了出來，請參閱：Christopher R. Browning, *Ordinary Men: Reserve Police Battalion 101 and the Final Solution in Poland* (New York: HarperCollins, 1992), xv。等到美國政府迫於壓力而承認大西洋

彼岸發生的種種事件時，歐洲猶太人的悲慘命運早已成為定局。

5 理查・柯亨（Richard I. Cohen）在他那一本引人入勝而且鉅細靡遺的著作裡面討論過這兩種形象，請參閱：*Jewish Icons: Art and Society in Modern Europe* (Berkeley: University of California Press, 1998), 221-30。就像柯亨所說的，諾席格取材自一個當時大家都很熟悉的形象，然後加上一種截然不同的感覺。

6 Jacob Döpler, *Theatrum poenarum* (Sonderhausen, 1693) and Jodocus Damhouder, *Praxis rerum criminalium* (Antwerp, 1562)，轉引自 E.P. Evans, *The Criminal Prosecution and Capital Punishment of Animals: The Lost History of Europe's Animal Trials* (Boston: Faber, 1987 [1906]), 153, 強調記號是我後來加上去的。

7 Boria Sax, *Animals in the Third Reich: Pets, Scapegoats, and the Holocaust* (New York: Continuum, 2000)。

8 Alex Bein, "The Jewish Parasite: Notes on the Semantics of the Jewish Problem with Special Reference to Germany," Leo Baeck Institute Yearbook 9 (1964): 1-40。也可以參閱：Michel Serres, *The Parasite*, trans. Lawrence R. Schehr (Minneapolis: University of Minnesota Press, 2007)。

9 Bein, "The Jewish Parasite," 12。

10 Donna J. Haraway, *When Species Meet* (Minneapolis: University of Minnesota Press, 2008), 78。

11 Mahmood Mamdami, *When Victims Become Killers: Colonialism, Nativism, and the Genocide in Rwanda* (Princeton: Princeton University Press, 2001), 13。想瞭解這一類與大屠殺有關的論證，請參閱：Marvin Perry and Frederick M. Schweizter, *Antisemitism: Myth and Hate from Antiquity to the Present* (New York: Palgrave, 2002), 2-3；Daniel J. Goldhagen, *Hitler's Willing Executioners: Ordinary Germans and the Holocaust* (New York: Knopf, 1996), 71。

12 這句話是一種把敵人給「昆蟲化」(insectification）的策略，是盧安達種族大屠殺活動的常見特色，原始出處是一九九四年一月刊登在胡圖族（Hutu）政府所屬報紙《康古拉報》(Kangura）上面的文章，曾被下列這篇文章引述：Angeline Oyog, "Human Rights-Media: Voices of Hate Test Limits of Press Freedom," *Inter-Press Service*, 5 April 1995，後來又被曼達尼的書引用：Mamdami, *When Victims Become Killers*, 212。

13 Almog, "A Reappraisal," 1。

14 猶太反抗組織（ZOB）鎖定的主要目標是那些惡名昭彰的猶太人警察。請參閱：Hanna Krall, *Shielding the Flame: An Intimate Conversation with Dr. Marek Edelman, the Last Surviving Leader of the Warsaw Ghetto Uprising*, trans. Joanna Stasinska and Lawrence Weschler. (New York: Henry Holt, 1986), 50；還有：Vered Levy-Barzilai, "The Rebels Among Us," *Haaretz Magazine*, October 13, 2006: 18-22。根據上文作者勒維-巴齊萊伊的估計，這個猶太貧民窟地下組織總共殺了三十三個猶太人。感謝蘿坦・蓋娃（Rotem Geva）提醒我注意這個資料。

15 Cohen, *Jewish Icons*, 227。

16 Alfred Nossig, *Proba rozwiazania kwestji zydowskiej (An Attempt to Solve the Jewish Question)* (Lvov, 1887)；轉引自：Mendelsohn, "From Assimilation to Zionism," 531。

17 *The Warsaw Diary of Adam Czerniakow*, ed Raul Hilberg, Stanislaw Staron, and Josef Kermisz, Trans. Stanislaw Staron and the staff of Yad Vashem(Chicago: Elephant/Ivan Dee in association with U.S. Holocaust Memorial Museum, 1999), 84。

18 Michael Zylberberg, "The Trial of Alfred Nossig: Traitor or Victim?" *Wiener Library Bulletin*

23(1969): 44。

19 Arthur Ruppin, *Memoirs, Diaries, Letters*, ed. Alex Bein, Trans. Karen Gershon (New York, Herzl Press, 1972), 74-76; Mitchell B. Hart, *Social Science and the Politics of Modern Jewish Identity* (Palo Alto, Calif.: Stanford University Press, 2000), 33.

20 John M. Efron, "1911: Julius Preuss Publishes Biblisch-talmudische Medizin, Felix Theilhaber publishes Der Untergang der deutschen, and the International Hygien Exhibition Takes Place in Dresden,"in *Yale Companion to Jewish Writing and Thought in German Culture, 1096-1996*, ed. Sander L. Gilman and Jack Zipes (New Haven, Conn.: Yale University, 1997), 295.

21 菲爾紹是個知名的自由派政治人物，也是德國人類學的奠基者。無論是從人類學或病理學的角度看來，猶太人都具有特殊性，但是他做出的諸多結論卻與此相反，為此引來許多人的懷疑。請參閱：Efron, *Defenders of the Race*, 24-6；Mosse, *Towards the Final Solution*, 90-3；Benoit Massin, "From Virchow to Fischer: Physical Anthropology and "Modern Race Theories" in Wilhelmine Germany," in George W. Stocking, ed., *Volksgeist as Method and Ethic: Essays on Boasian Ethnography and the German Anthropological Tradition* (Madison: University of Wisconsin Press, 1996), 79-154。

22 Mitchell B. Hart, "Racial Science, Social Science, and the Politics of Jewish Assimilation ," *Isis* 90(1999): 275-76。從敘事的角度來講，除了進化的論述以外，與之互補的是退化，進一步的相關討論可以參閱：Daniel Pick, *Faces of Degeneration: A European Disorder, c. 1848-1918* (Cambridge: Cambridge University Press, 1989)。

23 關於此一爭論的政治問題，請參閱下列書籍的精簡說明：Robert Proctor, *Racial Hygiene: Medicine under the Nazi* (Cambridge, Mass.: Harvard University Press, 1988), 30-8。該文作者指出，反猶太人士把拉馬克的理論當成一種猶太學說。

24 關於這一點與德國的關係，請參閱下列文章的詳述：Sheila Faith Weiss, "The Race Hygiene Movement in Germany," *Osiris* 3 (1987): 193-226。

25 這裡的重點是，從十九世紀到二十世紀初，優生學的邏輯不但足以被反戰陣營拿來當作論據（在戰爭中喪生，無法繁衍後代的，都是一些強健的年輕男子），而且優生學的論述也被福利國家提倡者引用，他們那些與階級密切相關的社會議題討論都是以優生學為基礎。這方面可以參閱：Robert A. Nye, "The Rise and Fall of the Eugenics Empire: Recent Perspectives on the Impact of Biomedical Thought in Modern Society," *The Historical Journal* 36 (1993): 687-700。

26 Alfred Nossig, *Die Bilanz des Zionismus (The Balance Sheet of Zionism)* (Basle: Verlag von B. Wepf, 1903), 21。轉引自：Almog, "Alfred Nossig," 9。

27 我在這裡擱置不論的，是德國猶太人與「東方猶太人」（Eastern Jews）之間那種不斷變化的關係：原本被當成已經退化的，只有東方猶太人，但後來擴及一般的流亡猶太人。我並未論及的另一點，是從心理病理學的角度看來，現代性對於西方猶太人帶來了種種衝擊，與此相關的是某種浪漫主義式的批判。後來，許多錫安主義者都認為東方猶太人展現出種種病徵（包括他們受到反猶太主義、貧窮與正統猶太拉比的三重壓迫），另一方面，經過一段時間後，東方猶太人又被視為純正猶太教精神的代表，與他們相較，現代的西歐猶太人則是已經失去了猶太人的民族性。請參閱：Steven E. Aschheim's groundbreaking *Brothers and Strangers: The East European Jew in German and German-Jewish Consciousness, 1800-1923* (Madison: University of Wisconsin Press, 1982)。

28 不過，對於許多猶太人來講，他們之所以會招來滅絕之禍，是因為許多人提出的各種論調（而且不只是宗教的論調）。例如，馬克思（Marx）曾在〈論猶太人問題〉（On the Jewish Question）裡面說的：「只要從社會上解放了猶太人，就能讓整個社會擺脫猶太主義」。而考茨基（Kautsky）則是曾於《猶太是個民族嗎？》（*Are the Jews a Race?*）裡面表示，「猶太主義能越早消失越好，不只對於社會而言是這樣，對於猶太人本身來講也是」。

29 請參閱：Alfred Nossig, *Zionismus und Judenheit: Krisis und Lösung (Zionism and Jewry: Crisis and Solution)* (Berlin: Interterritorialer Verlag "Renaissance," 1922), 17。

30 請參閱：Israel Kolatt, "The Zionist Movement and the Arabs," in Shmuel Almog, ed., *Zionism and the Arabs: Essays* (Jerusalem: Historical Society of Israel, 1983), 1-34。

31 Almog, "Alfred Nossig," 22。此一政治庇護提議的根據，可能是《哈瓦拉轉移協議》（Ha'avara Transfer Agreement）。根據該協議，從一九三三年十一月到一九三九年十二月之間，有六萬個猶太人可以離開德國（也就是說，在不久之前，納粹的親衛隊〔SS〕已經直接接管了猶太人移民的業務）。根據此一協議，猶太移民可以把他們的一部分財產換成德國貨物（據說是以等值的方式進行轉換），轉移到位於巴勒斯坦的猶太事務局（Jewish Agency）。

32 Marek Edelman, "The Ghetto Fights," in Tomasz Szarota, ed., *The Warsaw Ghetto: The 45th Anniversary of the Uprising* (Warsaw: Interpress Publishers), 22-46, 39。

33 Krall, *Shielding the Flame*, 15。艾德曼的回憶錄於一九七七年出版後，波蘭人才得以重新評價大屠殺的歷史。回憶錄初版一刷的一千本在幾天內就售罄，艾德曼不情願地發現自己成為名人，而後來他又成為波蘭團結工聯（Solidarity）的成員。

34 此一海報影像以及海報與艾德曼之間的關係，我都是參考保羅．朱利安．韋恩德林（Paul Julian Weindling）的權威性著作：*Epidemics and Genocide in Eastern Europe, 1890-1945* (New York: Oxford University Press, 2000), 3。在看過韋恩德林的論述後，我深信，如果說希姆萊把猶太人當成蝨子是納粹領袖們的共同想法，那麼藉此我們也可以看出一系列的區域歷史以及一個可辨認的規範，它們具體地簡述了各種種族政策與實際措施。

35 Alfred Ploetz, *Die Tüchtigkeit unsrer Rasse und der Schutz der Schwachen: ein Versuch über Rassenhygiene und ihr Verhältniss zu den humanen Idealen, besonders zum Socialismus* (Berlin: S. Fischer, 1895). The phrase is Procter's, *Racial Hygiene*, 15。德國的種族衛生學有很複雜的政治背景，因此我不想宣稱它從一開始直接了當地就是個帶有種族歧視目標的計畫，否則就有簡化之嫌。研究那一個時代的所有學者都曾大聲疾呼，想讓世人瞭解優生學有其彈性，因此隸屬於政治光譜上不同區段的思想家都深受優生學吸引。當時德國進行的優生學計畫一開始或多或少都帶有傳統優生學的特色，跟當代歐洲其他地區進行的優生學計畫相似，都是為了「改善」人口品質。也就是說，優生學想要提升的是整個人類的品質，而不只是針對某些種族。從優生學的早年發展看來，性別政治的含意較為濃厚（也就是關於生育的問題），反而比較不像是有意針對某些特定種族。儘管如此，跟英國一樣，顯然德國在運動的最早階段也隱約帶著一種北歐的特色（也就是透過制度性的組織化手段進行，同時也著重理論）。此外，諾席格強調國家在改善健康照護的工作上必須扮演正面的積極角色，但相反的，普羅茲卻提出負面的政策邏輯，建議政府不應繼續為那些體弱多病而且相對來講素質較差的人提供醫療支持。到了一九一八年，德國的種族優生學運動已經被那些保守的民族主義者接手了，而他們也在後來成為納粹政府各級醫療體制的成員。欲瞭解更詳細深入的說明，請參閱：Götz Aly, Peter Chroust, and Christian Pross, *Cleansing the Fatherland: Nazi Medicine and Racial Hygiene, trans. Belinda Cooper*

(Baltimore: Johns Hopkins University Press, 1994)；Proctor, *Racial Hygiene*; Weindling, *Health, Race, and German Politics*; Sheila Faith Weiss, "The Racial Hygiene Movement"；*Race Hygiene and National Efficiency: The Eugenics of Wilhelm Schallmayer* (Berkeley: University of California Press, 1987)。與德國人類學的關係，則可參閱：Proctor, "From Anthropologie to Rassenkunde;" and Massin, "From Virchow to Fischer"。

36 儘管世人越來越不想談大屠殺的歷史，態度也已經有所修正，但許多大屠殺的細節如今都已經廣為人知。舉例說來，可以參閱：Uwe Dietrich Adam, "The Gas Chambers," in *Furet, Unanswered Questions*, 134-54; and *Weindling, Epidemics and Genocide*, 301-3。在六個納粹集中營裡面，只有奧斯威辛與邁丹尼克兩個集中營（因為大屠殺遇難的所有由太人裡面有大約百分之二十都是死在這兩個集中營裡）使用齊克隆B。另外四個集中營的囚犯則是被一氧化碳毒死的。感謝某位匿名審查人指出這一點。

37 請參閱：Etienne Balibar, "Is There a 'Neo-Racism?'" in Etienne Balibar and Immanuel Wallerstein, ed., *Race, Nation, Class: Ambiguous Identities* (New York: Verso, 1991), 17-28, 28, n.8；也可以參閱齊格蒙・包曼（Zygmunt Bauman）的看法，他把反猶太主義當成某種「蛋白質恐懼症」(proteophobia)："Allosemitism," in *Modernity, Culture, and 'the Jew'*, Bryan Cheyette and Laura Marcus, eds. (Stanford: Stanford University Press, 1998), 143。

38 這題材的主要來源是韋恩德林那一本無所不包的《流行病與種族大屠殺》(*Epidemics and Genocide*)，而接下來這一整段的剩餘部份也是參考那一本書。

39 Pierre Vidal-Naquet, *Assassins of Memory: Essays on the Denial of the Holocaust*, trans. Jeffrey Mehlman. (NY: Columbia University Press, 1992), 13；Richard Breitman, *Architect of Genocide: Himmler and the Final Solution*, 6。

40 這是希特勒在他的自傳《我的奮鬥》(*Mein Kampf*) 裡面又重新促使德國人注意到的觀念，請參閱：Sander L. Gilman, *The Jew's Body* (New York: Routledge, 1991), 221。

41 Hans Zinsser, *Rats, Lice and History: Being a Biography, Which After Twelve Preliminary Chapters Indispensable for the Preparation of the Lay Reader, Deals With the Life History of Typhus Fever* (Boston: Atlantic Monthly Press/Little, Brown, and Company, 1935)；Weindling, *Epidemics and Genocide*, 8。

42「集中營」這個概念濫觴，也許是西班牙人於一八九六年在古巴所建立起來的「再集中」體系(reconcentrado system)，後來成為南非殖民地時代的特色。「集中營」的名字源自於基奇納勳爵（Lord Kitchener）用來關押波爾人（都是老百姓）的營區，但是德國集中營惡名昭彰的程度更甚於南非集中營：最早的例子是用來關押赫雷羅人（Herero）的營區，成立於一九〇六年，後來因為自由派教會團體與柏林的社會民主黨（SDP）施壓，才在一九〇八年廢除。關於集中營歷史的簡要說明，請參閱：Tilman Dedering, "'A Certain Rigorous Treatment of All Parts of the Nation': The Annihilation of the Herero in German South West Africa, 1904," in *The Massacre in History*, Mark Levine and Penny Roberts, eds. (New York: Berghan Books, 1999), 204-22。上述文章作者Dedering很謹慎，而我想他是正確的：他把那些勞動營與納粹滅絕營（extermination camp）區分開來；他還指出一九〇四到〇六年期間駐紮在納米比亞的德國安全部隊（Schutztruppe）執行的種族大屠殺任務與一九四〇年代期間納粹特別行動隊（Einsatzgruppen）在東歐各地追捕殺害猶太人的行徑有種種關聯。然而，在提及赫雷羅人時，惡名昭彰的洛塔・馮・特羅塔將軍（General Lothar von Trotha）總是喜歡用「滅絕」(Vernichtung)

一詞，這也顯示出，因為柯霍的應用生物學變流行了，這個詞彙才會變成一般用語，「東、南」兩地（東歐與南非）也才會產生密切關聯，因為它們都是德國進行種族大屠殺的地方。關於赫雷羅人歷史的詳細說明請參閱：Jan-Bart Gewald, *Herero Heroes: A Socio-Political History of the Herero of Namibia 1890-1923* (Oxford: James Curry, 1999)。類似的論證請參閱：Paul Gilroy, "Afterword: Not Being Inhuman," in Bryan Cheyette and Lyn Marcus, eds., *Modernity, Culture, and 'the Jew,'* (Stanford: Stanford University Press, 1998), 282-97。上述文章強調各個殖民地發生的種族大屠殺事件，藉此矯正某些堅持大浩劫只發生在歐洲本身的說法，這種說法有可能會讓大浩劫脫離它原本的歷史脈絡。

43 Weindling, *Epidemics and Genocide*, 19-30。

44 請參閱：Howard Markel, *Quarantine! East European Jewish Immigrants and the New York City Epidemics of 1892* (Baltimore: Johns Hopkins University Press, 1997)。

45 案例之一，是一部分德國人努力推動廢除猶太教的女性洗禮（Mikveh），運動參與者裡面甚至包括一些已經現代化的猶太醫生。請參閱：Weindling, *Epidemics and Genocide*, 42-3。然而，後來我們看到論述的方向改變了：重點變成德國人無法抵抗感染，而根據某些人的主張，「東歐猶太人」則是從小與疾病共存，因此本來就有抵抗力。

46 Weindling, *Epidemics and Genocide*, 63-5。

47 Zinsser, *Rats, Lice and History*, 297。

48 Weindling, *Epidemics and Genocide*, 81-2。

49 Weindling, *Epidemics and Genocide*, 102。

50 採取這類政策措施來應變的，不光是德國。英國曾於一九一九年通過《外國人法案》（The Aliens Act），規定對入境的外國人實施「淨化」（decontamination）。邱吉爾在一九二〇年那一次關於俄國內戰的演講以華麗的詞藻痛批蘇俄，為自己支持白軍（the Whites）的決定找理由，這也讓我們能稍稍感受當時的氛圍，他說：反布爾什維克的白軍抵禦歐洲，對抗的是「已經中毒，被感染，瘟疫纏身的俄國，俄國大軍用來發動攻擊的武器不是只有刺刀大砲，伴隨而來或在最前面當先鋒的，還有一群群身上帶著斑疹傷寒病毒的寄生蟲，牠們危害人體，部隊帶來的政治教條則是摧毀國族的健康，甚至靈魂。」請參閱：Weindling, *Epidemics and Genocide*, 130, 149。

51 Zinsser, *Rats, Lice and History*, 299。韋恩德林所觀察到的一件事很重要：殖民時代結束後，德國的熱帶疾病科學家們剛好欠缺醫學研究對象，但是俄國的嚴重流行病與饑荒的災情剛好為他們提供絕佳的實驗室。請參閱：*Epidemics and Genocide*, 177-8。

52 *The Warsaw Diaryof Adam Czerniakow*, 228, 226, 236。

53 Almog, "Alfred Nossig," 22-4。

54 *The Warsaw Diaryof Adam Czerniakow*, 103, 104, 226.

55 轉引自：the diary of Jonas Turkov by Zylberberg, "The Trial of Alfred Nossig," 44。

K ——— 卡夫卡

1 請參閱：David L. Wagner, *Caterpillars of Eastern North America* (Princeton: Princeton University Press, 2005) 。

2 Roberto Bolaño, *2666*, trans. Natasha Wimmer (New York: Farrar, Straus and Giroux, 2008), 713.

3 轉引自：Andy Newman, "Quick, Before It Molts," *The New York Times*, August 8, 2006, F3-4。

4 Jules Michelet, *The Insect*, trans. W.H. Davenport Adams (London: T. Nelson and Sons, 1883), 111.

5 同上，111。

6 同上，112。

7 在寫這一段與下兩段文字時，我主要是參考了萊諾．葛斯曼（Lionel Gossman）的精彩論文："Michelet and Natural History: The Alibi of Nature," *Proceedings of the American Philosophical Society* 145, no. 3 (2001): 283-333。

8 葛斯曼的主張深具說服力：他說，米榭勒是因為財務困難而把研究領域從史學轉換到比較受歡迎的自然史。年紀與米榭勒相差二十幾歲的第二任妻子艾黛內．米亞拉瑞（Athénais Mialaret）鼓勵他，促使他寫了一系列銷路非常好的自然史著作，《昆蟲》就是其中一本。我們不是很清楚他們夫妻倆的合作模式。在葛斯曼看來，好勝心非常強烈的米榭勒始終在他們的競爭關係中佔上風，妻子艾黛內雖然貢獻頗大，但終究只是被邊緣化為一個研究助手——不過，丈夫去世後她將會繼續努力，在科學寫作界建立自己的名聲。

9 Letter to Eugene Noël, October 17, 1853。轉引自：Gossman, "Michelet and Natural History," 289.

10 同上，114。

11 Londa Schiebinger, *Plants and Empire: Colonial Bioprospecting in the Atlantic World* (Cambridge, MA: Harvard University Press, 2004), 30。過去幾年以來，瑪麗亞．西碧拉．梅里安受到很多人矚目，很快地就成為自然史研究的弗烈妲．卡蘿（Frida Kahlo）。好幾個有用的說明大多是參閱下列書籍：Natalie Zemon Davis, *Women on the Margins: Three Seventeenth-Century Lives* (Cambridge, MA: Belknap/Harvard, 1995)。也可以參閱：Kim Todd, *Chrysalis: Maria Sibylla Merian and the Secrets of Metamorphosis* (New York: Harcourt, 2007)。

12 "Ad lectorum," in Maria Sibylla Merian, *Metamorphosis insectorum Surinamensium* (Amsterdam: Gerard Valck, 1705)；轉引自：Davis, Women on the Margins, 144。

13 請參閱："The Lady Who Loved Worms," in Edwin O. Reischauer and Joseph K. Yamagiwa, *Translations from Early Japanese Literature* (Cambridge: Harvard University Press, 1961), 186-95。

14 Charlotte Jacob-Hanson, "Maria Sibylla Merian: Artist-Naturalist," *The Magazine Antiques* vol. 158, no. 2 (August 2000): 174-83.

15 Victoria Schmidt-Linsenhoff, "Metamorphosis of Perspective: "Merian" as a Subject of Feminist Discourse," in Kurt Wettengl, ed., *Maria Sibylla Merian: Artist and Naturalist 1647-1717*, trans. John S. Southard (Ostfildern-Ruit: Hatje, 1998), 202-19, 214.

16 Michelet, *The Insect*, 361.

17 在此感謝愛德華．凱曼斯（Edward Kamens）討論這一點。也可以參閱：Marra, *Aesthetics of Discontent: Politics and Reclusion in Medieval Japanese Literaure* (Palo Alto, Calif.: Stanford University Press, 1991), 66。

18 Robert L. Backus, trans., *Riverside Counselor's Stories: Vernacular Fiction of Late Heian Japan* (Palo Alto, Calif.: Stanford University Press, 1985), 53。在看過白根春夫教授寫的書評之後，我把這譯本的譯文稍作修正，請參閱白根教授的書評：*Journal of Japanese Studies* vol. 13, no. 1 (1987): 165-68。

19 Maria Sibylla Merian, *Metamorphosis insectorum Surinamensium*, 引自 Schmidt-Lisenhoff,

"Metamorphosis of Perspective," 218。

20 Franz Kafka, "A Report to the Academy," in *The Transformation and Other Stories*, trans. Malcolm Pasley (London: Penguin, 1992), 187, 190.

L ——— 語言

1 此一引文之出處請參閱：James L. Gould's *Ethology* (New York: W.W. Norton, 1983), 4。艾琳．克里斯特（Eileen Crist）在文章中並未直接論及卡爾．馮．弗里希，但她也已經注意到自然史研究已經轉變為古典動物行為學，因此在修辭與認識論上都已經不同。在我看來，如果按照她的劃分，馮．弗里希應該是個過渡性的角色，在他前面是法布爾，後面則有勞倫茲、丁伯根之間：前者可說是克里斯特所謂動物研究中詮釋（Verstehen）傳統的代表性人物（也就是詮釋性的動物行為學），後者則代表某種新的客觀主義。請參閱：Eileen Crist, "Naturalists' Portrayals of Animal Life: Engaging the Verstehen Approach," *Social Studies of Science* 26, no. 4 (1996): 799-838；idem., "The Ethological Constitution of Animals as Natural Objects: The Technical Writings of Konrad Lorenz and Nikolaas Tinbergen," *Biology and Philosophy* 13, no. 1 (1998): 61-102。

2 首先闡述此一主張的是達爾文本人，出處是《人類的由來》（*The Descent of Man*）與《人與動物的情緒表現》（*The Expression of the Emotions in Man and Animals*）。關於這一點的有用討論，請參閱：Carl N. Degler, *In Search of Human Nature: The Decline and Revival of Darwinism in American Social Thought* (Oxford: Oxford University Press, 1991)。

3 關於聰明漢斯的案例，請參閱：Vicki Hearne, *Adam's Task: Calling Animals by Name* (NY: Vintage Books, 1982。就這個案例對於動物行為學造成的影響而言，上面那本書寫道：「對於學習行為的分析，本來都只是把學習當成簡單的刺激－反應（S-R），直到一九六〇、七〇年代之前…人們總是刻意避免一個假設：動物有辦法進行更高層次的認知活動」。James L. Gould and Carol Grant Gould, *The Honey Bee* (New York: Scientific American, 1988), 216。

4 Karl von Frisch, *A Biologist Remembers*. Trans. by Lisbeth Gombrich (Oxford: Pergamon Press, 1967), 149。

5 Ibid。

6 參考 Ute Deichmann, *Biologists Under Hitler*. Trans. by Thomas Dunlap (Cambridge, MA: Harvard University Press, 1996), 10-58。

7 Von Frisch, *A Biologist Remembers*, 71。

8 ibid., 57。

9 ibid., 72-3。

10 Gould and Gould, *The Honey Bee*, 58。

11 理查．布爾克哈特（Richard Burkhardt）曾為動物行為學的奠基者們寫過一本重要著作，他引述了一段來自馮．弗里希《你與生命》（*Du und das Leben*）一書的話（這是一本很普及的生物學作品，於一九三八年出版，是納粹高層戈培爾贊助出版的叢書裡的一本）。布爾克哈特寫道，馮．弗里希「以一段關於種族衛生學的段落來總結那一本書，提出一個耳熟能詳的警訊：因為文化較高等的社會並未謹守自然選擇的原則，因此導致一些變種能夠永遠存活下去，但如果是在野生世界裡，他們早已『遭到無情消滅了』」。他說，這等於是「鼓勵那些劣等人類」，或者就像他更加直言不諱的：「讓那些癡肥的人或者瞎子享受跟其他人一樣的待遇」。請參閱：Richard W. Burkhardt, Jr., *Patterns of Behavior: Konrad Lorenz, Niko Tinbergen, and the Founding of Ethol-*

ogy (Chicago: University of Chicago Press, 2005), 248。

12 Von Frisch, *A Biologist Remembers*, 129-30；Deichmann, *Biologists Under Hitler*, 45-6。

13 Von Frisch, *A Biologist Remembers*, 25。

14 Ibid., 141。馮・弗里希也承認自己受到克里斯提安・韓克爾（Christian Henkel）於一九三八年發表的博士論文影響，因此又重新開始探討這個問題。請參閱：von Frisch, *The Dance Language and Orientation of Bees*, 4-5。以下簡稱：*DLOB*。

15 Terrence W. Deacon, *The Symbolic Species: The Co-evolution of Language and the Brain* (New York: W.W. Norton, 1997, 71)。作者狄肯用了很多篇幅來評註皮爾斯（Charles Sanders Peirce）的語言學。儘管他認為只有人類會使用象徵符號，但看來蜜蜂也符合他所列出來的這個標準，因為牠們會跳舞。

16 Donald R. Griffin, *Animal Minds: Beyond Cognition to Consciousness. 2nd edition* (Chicago: University of Chicago Press, 2001), 190。以下關於「蜜蜂語言」的相關說明，我除了引用了唐諾・葛瑞芬的出色綜合論述，也參考了下列資料：Karl von Frisch, *The Dancing Bees: An Account of the Life and Senses of the Honey Bee*. Trans. by Dora Isle and Norman Walker (New York: Harcourt, Brace & World, 1966)；idem, *Bees: Their Vision, Chemical Senses, and Language* (Ithaca: Cornell University Press, 1950)；ibid., *The Dance Language*—and see Thomas Seeley's excellent foreword in this volume; Martin Lindauer, *Communication Among Social Bees* (Cambridge, MA: Harvard University Press, 1961)；A. Michelson, B.B. Anderson, J. Storm, W.H. Kirchner, and M. Lindauer, "How Honeybees Perceive Communication Dances, Studied by Means of a Mechanical Model," *Behavioral Ecology and Sociobiology* 30 (1992): 143-50；Thomas D. Seeley, *The Wisdom of the Hive: The Social Physiology of Honey Bee Colonies* (Cambridge, MA: Harvard University Press, 1995); Gould and Gould, *The Honey Bee*。

17 Von Frisch, *DLOB*, 57。

18 為*DLOB*一書撰寫前言的學者表示，如今看來，把所有舞步都當成八字搖擺舞（waggle dance）是比較合理的，請參閱：Thomas Seeley, "Foreword" in von Frisch, *DLOB*, xiii。

19 Von Frisch, *DLOB*, 57。

20 例如，可以參閱：A. Michelson, W.F. Towne, W.H. Kirchner, and P. Kryger, "The Acoustic Near Field of a Dancing Honeybee," *Journal of Comparative Physiology* 161 (1987): 633-43。事實證明，蜜蜂的溝通行為遠比馮・弗里希原先所想像的還要複雜。除了這一點他沒有注意到的聽覺溝通方式之外，現在看來，八字搖擺舞也有不合理之處。當食物來源的距離在兩公里以內時，無論是牠們搖擺的次數，或者繞圈圈的方向，每次都有很大的不同。接受訊息的蜜蜂的應變方式是待在跳舞的蜜蜂身邊，然後很快地算出平均數，然後才飛往食物來源。請參閱：Gould and Gould, *The Honey Bee*, 61-2。

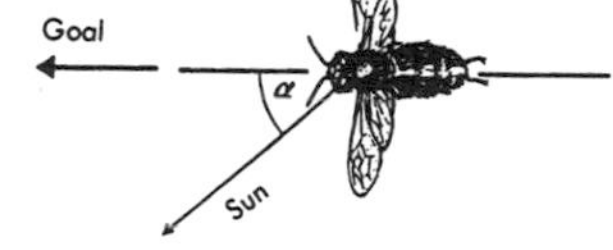

21 Von Frisch, *A Biologist Remembers*, 150。

22 Idem, *DLOB*, 132, Fig. 114。馮・弗里希畫出右邊這一張圖，藉此表達蜜蜂的此一行為。

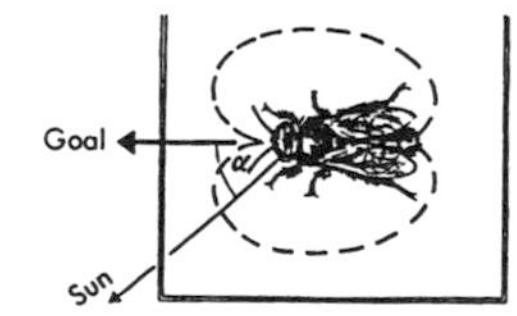

23 關於此一材料的概述，請參閱：Lindauer, *Communication*, 87-111。

24 許多研究者曾很有耐心地把各種不同狀況一一記錄下來，但在此我就不加以覆述了。例如，林道爾就曾指出，如果颳起了側風，蜜蜂就會以改變飛行角度來因應，但是一回到蜂巢後，牠們就會把最理想的路線回報給大家，而不是牠們自己真正飛過的路線（ibid., 94-6）。

25 但請參閱：Christoph Grüter, M. Sol Balbuena and Walter M. Farina, "Informational Conflicts Created by the Waggle Dance," *Proceedings of the Royal Society B: Biological Sciences* vol. 275 (2008): 1321–1327。這是一篇重要論文，裡面提及的研究顯示，絕大多數觀察蜂舞的蜜蜂並不會根據獲得的資訊行動，而是偏好於回到牠們熟悉的食物來源，而非新的來源。儘管蜜蜂會隨機應變，有時採用「社會資訊」（根據蜂舞而來的資訊），有時則是根據「自有資訊」行動（也就是前往已經去過的地方），但上文三位作者主張，大部分會採用蜂舞資訊的，都是已經有好一陣子沒有活動的蜜蜂，或是剛剛開始負責採集食物的蜜蜂。他們的結論是，如果進行更深入研究，「肯定會得出一個結果：八字搖擺舞以一種複雜的方式制約著集體採集食物行動，比我們目前所設想的還要複雜」，而這早已在更普遍的昆蟲研究中成為一種大家都很熟悉，但仍深具吸引力的說法。

26 這就是亞德里安・韋納（Adrian Wenner）與其合作者們強烈質疑的諸多發現之一。曾有好幾十年的時間，他們都主張馮・弗里希的研究發現是沒有根據的，但最後終究沒能成功推翻馮・弗里希的說法。這個爭議曾衍生出數量龐大的文獻。詳盡說明請參閱：Tania Munz, "The Bee Battles: Karl von Frisch, Adrian Wenner and the Honey Bee Dance Language Controversy," *Journal of the History of Biology* vol. 38, no. 3 (2005): 535-70。

27 Von Frisch, *DLOB*, 109-29。

28 Ibid., 27。

29 Idem, *Bees*, 85。

30 Idem, *Dance Language*, 32, 37, etc。他甚至曾經寫道，他的蜜蜂「戒掉了跳舞的習慣」（give it up on the dance floor，265）——不過，比較合理的解釋是，他應該是指蜜蜂排尿了，而不是把舞給戒掉。

31 ibid., 133, 136。

32 訪問Martin Lindauer來自T. D. Seeley, S. Kühnholz, and R. H. Seeley, "An early chapter in behavioral physiology and sociobiology: the science of Martin Lindauer," *Journal of Comparative Physiology* A 188 (2002): 439-53, 441-42, 446。

33 Martin Lindauer interviewed by the authors in Seeley et al., "An early chapter," 445。

34 Von Frisch, *The Dancing Bees*, 1。

35 Ibid., 41。

36 Seeley, *Wisdom of the Hive*, 240-4; Martin Lindauer, *Communication Among Social Bees* (Cambridge, MA: Harvard University Press, 1981)。

37 Lindauer, *Communication among Social Bees*, 16-21, 21。

38 當然，這種把蜂巢比擬為機械生產線的論述一樣也出現在各種社會理論裡面，例如馬克思就曾經寫道：「最厲害的蜜蜂可以媲美最糟的建築師，唯一的差別是，最糟的建築師會先把建築結構想像出來，然後才將其付諸實現」。引自：Karl Marx, *Capital*, vol. 1. Moscow: Progress Publishers, 1965. 178。感謝唐恩・摩爾（Don Moore）提醒我注意這一段文字。就我所知，蜂巢內部只會出現兩種競爭狀況，兩者對於蜂巢來講都有功能性的價值。第一種是我在下面描述的雄蜂之間的競爭，第二種是在蜂巢分裂之後，不同的女王蜂為了爭奪主導權而出現具有調節

功能的爭鬥現象。

39 Klaus Schluepmann, "Fehlanzeige des regimes in der Fachpresse?" [http://www.aleph99.org/etusci/ks/t2a5.htm].

40 轉引自：Deichmann, *Biologists Under Hitler*, 43。對於這一段插曲的描述引自上述這一本書，書裡有很詳盡的說明，尤其是40-48頁。若想瞭解馮．弗里希在納粹掌政期間的活動以及他如何幫助那些被解雇的同事，請參閱：Ernst-August Seyfarth and Henryk Perzchala, "Sonderaktion Krakau 1939: Die Verfolgung von polnischen Biowissenschaftlern und Hilfe durch Karl von Frisch," *Biologie in unserer Zeit*, no. 4 (1992): 218-25。感謝上述論文作者恩斯特．奧古斯特．賽法特（Ernst-August Seyfarth）跟我分享他的論文，也感謝雷安德．史奈德（Leander Schneider）幫我翻譯成英文。

41 關於納粹政府對於動物福祉的關切，請參閱：Anna Bramwell, *Ecology in the Twentieth Century* (New Haven: Yale University Press, 1989)；還有：Boria Sax, *Animals in the Third Reich: Pets, Scapegoats, and the Holocaust* (New York: Continuum, 2002)。

42 儘管勞倫茲與納粹政權的關係在當時廣為人知，但在戰後大家都主動選擇遺忘，諾貝爾獎委員會更是將其完全予以抹煞。最近才開始有人把他效力於納粹政權的事記錄下來。關於此事，尤其可以參閱我的主要參考資料：Deichman, *Biologists Under Hitler*, 178-205。作者戴赫曼（Deichman）希望能把當代動物行為學對於本能的解釋（最早提出解釋的人是勞倫茲），還有這種解釋與法西斯政治立場之間的關係說清楚。也可以參閱：Theodora Kalikowa, "Konrad Lorenz's Ethological Theory: Explanation and Ideology, 1938-1943," *Journal of the History of Biology*, vol. 16, no. 1 (1983): 39-73；Boria Sax, "What is a "Jewish Dog"? Konrad Lorenz and the Cult of Wildness," *Animals and Society* vol. 5, no. 1 (1997), available online at http://www.psyeta.org/sa/sa5.1/sax.html；Burkhardt, *Patterns of Behavior*。

43 Boria Sax and Peter H. Klopfer, "Jakob von Uexküll and the Anticipation of Sociobiology," *Semiotica* 134, nos. 1-4 (2001): 767–778, 770；Ernst Haeckel, *The Evolution of Man: A Popular Exposition of the Principal Points of Human Ontogeny and Phylogeny*, 2 vols (New York: Appleton, 1879)。

44 更令人震驚的是，馮．弗里希與丁伯根在戰後都還是支持勞倫茲。戰時丁伯根曾被囚禁於集中營，也曾主動為反抗勢力工作，他曾在一九四五年寫信給某個美國同事時表示，「做出各種暴行的，不光是那些瘋狂的少數人，包括納粹黨衛隊、黨衛隊保安處或是蓋世太保，幾乎全國所有人都像中毒似的，無可救藥。」他接著寫道，勞倫茲「也中了納粹的毒」，不過，「如果他被逐出科學界，我個人會覺得很可惜。…我總是把他當成一個老實的好人。」轉引自：Deichman, *Biologists Under Hitler*, 203-4。

45 我想到的唯一例子是，在《舞蜂》一書裡面有一個很短而且特殊的段落，標題為〈蜜蜂的心智能力〉（The Bee's Mental Capacity）。也許是因為被迫直接針對這問題表態，馮．弗里希顯然擺脫了他作品中到處可見的情感負擔。「因為蜜蜂的智力範圍很狹小，」他寫道，「我們對其心智能力不能給予太高的評價」（162）。然而，到了討論的結尾處，他的口氣就較為模稜兩可了：「沒有任何人可以確認蜜蜂的行為是不是有意識的」（164）。也可以參閱：Griffin, *Animal Minds*, 278-82。

46 這也能幫助我們通往烏也斯庫爾（Jakob von Uexküll）那種深具影響力的「環境現象學」（phenomenology of the Umwelt），而所謂環境，就是所有生物所居住的感官世界。

47 Von Frisch, *A Biologist Remembers*, 174。

48 Griffin, *Animal Minds*, 203-11。關於蜂群移動與尋找蜂巢的說明，我主要的參考資料是：Griffin, *Animal Minds*；Lindauer, *Communication*; Gould and Gould, *The Honey Bee*；Seeley, *Wisdom*; and Seeley et al., "An Early Chapter"。

49 Lindauer, *Communication among Social Bees*, 35。

50 Ibid., 38。

51 Ibid., 39-40。

52 Gould and Gould, *The Honey Bee*, 66-7。

53 Ibid., 67。

54 Ibid., 66。

55 Ibid., 65-6; Griffin, *Animal Minds*, 206-9。

56 Gould and Gould, *The Honey Bee*, 65。

57 Griffin, *Animal Minds*, 209。

58 Karl von Frisch, "Decoding the Language of the Bee," *Science* 185 (1974): 663-668。

59 Von Frisch, *DLOB*, xxiii。

60 Ibid., 105。那模型蜜蜂欠缺的，是它沒辦法對週圍蜜蜂發出的聲音停止訊號做出回應。此後，機械蜜蜂便成為關於蜜蜂的科學研究之必需品。例如，請參閱：Michelson et al., "How Honeybees Perceive Communication Dances"。

61 Ludwig Wittgenstein, *Philosophical Investigations*. Trans. by I.E. Anscombe (New York: Macmillan, 1953), 223。請參閱相關討論：Cary Wolfe, "In the Shadow of Wittgenstein's Lion: Language, Ethics, and the Question of the Animal," in Cary Wolfe, ed., *Zoontologies: The Question of the Animal* (Minneapolis: University of Minnesota Press, 2003), 1-57。沃爾夫讓我們想起了薇琪・赫恩的評論：維根斯坦說，「就算獅子會說話，我們也聽不懂牠在說什麼」，但這是她所看過「關於動物的最有趣誤解」。請參閱：Vicki Hearne, *Animal Happiness* (New York: HarperCollins, 1994), 167。赫恩是個哲學家兼動物訓練師，曾寫過一些關於馬與狗，還有其他大型哺乳類動物的出色作品，而且她以極具說服力的方式主張，除了感受性之外，應該還有其他感官能力可以讓人類與非人類生物之間進行溝通。我隱約可以看出這個觀念受到烏也斯庫爾的「環境」理論之影響。關於黑猩猩華修與賈德納夫婦的故事，請參閱：Donna J. Haraway, *Primate Visions: Gender, Race and Nature in the World of Modern Science* (New York: Routledge, 1989), and Hearne, *Adam's Task*, 18-41。

62 Hearne, *Animal Happiness*, 169。

63 Ibid., 170。

64 類似評估請參閱：Jacques Derrida, *The Animal That Therefore I Am*, trans. David Wills (New York: Fordham University Press, 2008), Matthew Calarco, *Zoographies: The Question of the Animal from Heidegger to Derrida* (New York: Columbia University Press, 2008)，還有：Wolfe, "Wittgenstein's Lion"。關於那種比較不具一元論色彩的看法，請參閱：Ian Hacking, "On Sympathy: With Other Creatures," *Tijdschrift-voor-filosofie* 63, no. 4 (2001): 685-717。這位作者的「反系譜學式」論述是從哲學家大衛・休謨（David Hume）開始談的。感謝安・史托勒（Ann Stoler）介紹我看這一篇重要的文章。

65 Jacques Lacan, *Écrits: A Selection*. Trans. by Alan Sheridan (New York: W.W. Norton, 1977),

84. 轉引自：Derrida, *The Animal*, 123。

66 請參閱古爾德在他的教科書《動物行為學》（*Ethology*）裡面是怎樣簡述蜜蜂的社會性：「每一隻蜜蜂都必須擁有相同的特性，根據相同的規則生活，否則蜜蜂的社會就會陷入無政府狀態」（406）。

67 關於此一差別，請參閱：Derrida, "And Say the Animal Responded?"

68 Ingold, *Evolution*, 304, quoting C.F. Hockett。

69 Deacon, *The Symbolic Species*, 22。顯然，關於動物認知與語言能力的議題已經有非常龐大的文獻。如欲瞭解動物行為界的發展，請參閱：Marc Bekoff, Colin Allen, and Gordon M. Burghardt, eds., *The Cognitive Animal: Empirical and Theoretical Perspectives on Animal Cognition* (Cambridge: MIT Press, 2002)；生物人類學家狄肯從跨學科的角度提供了非常具有創新性的說明，請參閱：Deacon, op. cit。狄肯主張，語言習得與使用能力是人類與其他動物（包括靈長類動物）之間的重大差異。根據他的觀點，就是此一差異讓人類能夠獲得種種成就：他宣稱，從生物學的角度看來，人類與其他動物之間極其相似，但心智能力與其他物種截然不同。

70 Von Frisch, *DLOB*, 278-284。

71 Derrida, "The Animal"。「天然兒童」（natural child）的觀念深具亞里斯多德哲學的味道，而且這觀念在十六世紀歐洲擴張史中有其地位，請參閱：Anthony Pagden, *The Fall of Natural Man: The American Indian and the Origins of Comparative Ethnology. 2nd edition.* (New York: Cambridge University Press, 1986)。

72 W.G. Sebald, *Austerlitz*, trans. by Anthea Bell (New York: Random House, 2001), 94。

73 Eva M. Knodt, "Foreword," in Niklas Luhrmann, *Social Systems*, trans. John Bednarz, Jr. with Dirk Baecker (Stanford: Stanford University Press, 1995), xxxi；轉引自：Wolfe, "Wittgenstein's Lion," 34。

M ——— 我的夢魘

1 Scott Atran, "A Leaner, Meaner Jihad," *New York Times*, March 16, 2004.

O ——— 二〇〇八年一月八日，阿布杜．馬哈瑪內止開車穿越尼阿美

1 Boureima Alpha Gado, *Une histoire des famines au Sahel: étude des grandes crises alimentaires, XIXe-XXe siécles* (Paris: L'Harmattan, 1993)。也可以參閱：Michael Watts, *Silent Violence: Food, Famine and Peasantry in Northern Nigeria* (Berkeley: University of California Press, 1983); John Rowley and Olivia Bennett, *Grasshoppers and Locusts: The Plague of the Sahel* (London: The Panos Institute, 1993)。

2 Chinua Achebe, *Things Fall Apart* (London: Heinneman, 1976), 39-40.

3 Achebe, *Things Fall Apart*, 97-98.

4 Souleymane Anza, "Niger Fights Poverty After Being Taken by Shame," 19 January, 2001; available at: http://www.afrol.com/News2001/nir001_fight_poverty.htm：也可以參閱：Frederic Mousseau with Anuradha Mittal, *Sahel: A Prisoner of Starvation? A Case Study of the 2005 Food Crisis in Niger* (Oakland, CA: The Oakland Institute, 2006)。

5 西非金融共同體法郎（West African CFA〔Communauté financière d'Afrique〕franc）與法國法郎採取固定匯率制〔譯注：在歐盟成立前〕，一共有八個西非國家使用這種貨幣，尼日是其中

之一。

6 關於各類蝗蟲物種的詳盡說明與蟲害控制情形，可參閱農業研究發展國際合作中心（Centre de coopération internationale en recherche agronomique pour le développement，簡稱CIRAD）的官網：http://www.cirad.fr/fr/index.php。也可以參閱：Rowley and Bennet, *Grasshoppers and Locusts*; Steen R. Joffe, "Desert Locust Management: A Time for Change," *World Bank Discussion Paper* No. 284, April 1995。

7 根據現行研究顯示，蝗蟲的遷移也與血清素（serotonin）這種神經傳遞質有關。請參閱：Michael L. Anstey, Stephen M. Rogers, Swidbert R. Ott, Malcolm Burrows, and Stephen J. Simpson, "Serotonin Mediates Behavioral Gregarization Underlying Swarm Formation in Desert Locusts," *Science* vol. 323. no. 5914 (30 January 2009): 627 – 630。

8 想要詳細瞭解我的主要參考資料，請參閱：Hugh Dingle, *Migration: The Biology of Life on the Move* (New York: Oxford University Press, 1996) , 272-281；還有關於蝗蟲研究的經典之作：Boris Petrovich Uvarov, *Grasshoppers and Locusts: A Handbook of General Acridology*, vol. 1 (Cambridge: Cambridge University Press, 1966)。

9 參考http://entnemdept.ufl.edu/walker/ufbir

10 唯一的例外是，美國的周期蟬（periodic cicada）也會被稱為蝗蟲，但這是個特例。

11 John Keats, "On the Grasshopper and Cricket" (1816).

12 R.A. Cheke, "A Migrant Pest in the Sahel: The Senegalese Grasshopper Oedaleus senegalens," Phil. Trans. *R. Soc. Lond. B* vol. 328 (1990): 539-553.

13 Cheke, "A Migrant Pest in the Sahel," 550.

14 Michel Lecoq, "Recent progress in Desert and Migratory Locust management in Africa. Are preventative Actions Possible?" *Journal of Orthoptera Research*, vol. 10, no. 2 (201): 277-291；Joffe, "Desert Locust Management;" Rowley and Bennett, *Grasshoppers and Locusts.*

15 Alpha Gado, *Une histoire des famines au Sahel*, 49.

16 Joffe, "Desert Locust Management;" Mousseau and Mittal, *Sahel: A Prisoner of Starvation?*; Rowley and Bennett, *Grasshoppers and Locusts.*

17 See Emmanuel Grégoire, *The Alhazai of Maradi: Traditional Hausa Merchants in a Changing Sahelian City*, trans. Benjamin H. Hardy (Boulder: Lynne Rienner, 1992).

18 關於殖民政府的種種財政策略之詳細與充滿洞見的分析，還有那些策略的長期發展與當代影響，請參閱：Janet Roitman, *Fiscal Disobedience: An Anthropology of Economic Regulation in Central Africa* (Princeton: Princeton University Press, 2004)。

19 Barbara M. Cooper, *Marriage in Maradi: Gender and Culture in a Hausa Society in Neger, 1900—1989* (Portsmouth, N.H.: Heinemann, 1997), xxxv.

20 請參閱：Barbara M. Cooper, "Anatomy of a Riot: The Social Imaginary, Single Women, and Religious Violence in Niger," *Canadian Journal of African Studies* vol. 37, nos. 2-3 (2003): 467-512。

21 Grégoire, *The Alhazai of Maradi*, 11, 92.

22 近來，核能因為被各國視為「綠能」而異軍突起，再加上美國與歐盟的鈾礦逐漸耗盡，還有過去十年間亞歐各國興起了大量興建核能電廠的熱潮，這些因素都促使鈾礦價格水漲船高，因此也讓尼日政府有更強烈的動機去掃蕩圖瓦雷克族的叛亂行動。

23 David Loyn, "How Many Dying Babies Make a Famine?" August 10, 2005, available at http://news.bbc.co.uk/2/hi/africa/4139174.stm。也可以參閱："Editor's Instinct Led to Story," August 2, 2005, available at http://news.bbc.co.uk/newswatch/ifs/hi/newsid_4730000/newsid_4737600/4737695.stm.

24 請參閱關於「請求外援」(extraversion)的相關討論：Jean-François Bayart, *The State in Africa: The Politics of the Belly*, trans. Mary Harper, Christopher Harrison, and Elizabeth Harrison (London: Longman, 1993)。

P ——— 升天節的卡斯齊內公園

1 Dorothy Gladys Spicer, *Festivals of Western Europe* (NY: H.W. Wilson, 1958), 97-8。感謝加伯里艾勒・波波夫(Gabrielle Popoff)為這一章進行的細膩翻譯工作與研究，也感謝里卡多・英諾桑提(Riccardo Innocenti)提供關於「蟋蟀節」的回憶。

2 Timothy Egan, "Exploring Tuscany's Lost Corner," *New York Times*, May 21, 2006.

3 Johann Wolfgang *Goethe, Italian Journey [1786-1788]*, trans. W.H. Auden and Elizabeth Mayer (London: Penguin Books, 1962), 117.

4 Peter Dale, "The Voice of the Cicadas: Linguistic Uniqueness, Tsunoda Tadanobu's Theory of the Japanese Brain and Some Classical Perspectives," *Electronic Antiquity: Communicating the Classics* 1, no. 6 (1993).

5 Giacomo Leopardi, *Zibaldone dei pensieri*, vol. I, ed. Rolando Damiani (Milan: Arnoldo Mondadori Editore S.p.A, 1997), 189。若想詳細瞭解此一思維與鳥類的關係，請參閱：David Rothenberg, *Why Birds Sing: A Journey Into the Mystery of Birdsong* (New York: Basic Books, 2006)，這本書123-128頁裡面關於生物學家華勒斯・克雷格(Wallace Craig)的討論引人入勝，特別值得一看。真心感謝加伯里艾勒・波波夫幫我翻譯了這一章裡面大多數的義大利文，同時他也為我貢獻了許多洞見。

6 我主要參考的是：Jack Zipes, "Introduction." in Carlo Collodi, *Pinocchio*, trans. Mary Alice Murray (London: Penguin, 2002), ix-xviii.

7 Collodi, *Pinocchio*, 4

8 Agostino Lapini, *Diario fiorentino dal 252 al 1596*, ed. Gius. Oduardo Corazzini (Florence: G.C. Sansoni, Editore, 1900), 217.

9 Frances Toor, *Festivals and Folkways of Italy* (New York: Crown Publishers, 1953), 245。上海人養來對打的蟋蟀也一樣，只有公蟋蟀會叫。

10 關於卡斯齊內與「蟋蟀節」的簡要背景介紹，請參閱：Alta Macadam, *Florence* (London: Somerset Books, 2005), 265；Cinzie Dugo, "The Cricket Feast," available at http://www.florence-concierge.it; Riccardo Gatteschi, "La festa del grillo," available at http://www.coopfirenze.it/info/art_2899.htm。

11 Feliciano Philipp, *Protection of Animals in Italy* (Rome: National Fascist Organization for the Protection of Animals, 1938), 5, 9, 8, 4.

12 Martin Heidegger, *What is Called Thinking?* trans. J. Glenn Gray (New York: HarperPerennial, 1976), 16.

13 Martin Heidegger, *The Fundamental Concepts of Metaphysics: World, Finitude, Solitude*, trans.

William McNeill and Nicholas Walker (Bloomington: Indiana University Press, 1995), 177.

14 Karl Jacoby, "Slaves by Nature? Domestic Animals and Human Slaves," *Slavery and Abolition* 15 (1994): 89-99.

15 Philipp, *Protection of Animals*, 19.

16 轉引自：Nicole Martinelli, "Italians Protest "Beastly" Traditions After Palio Death," Aug. 17, 2004, available at http://zoomata.com/index.php/?p=1069。

17 還有，儘管爭論各方有許多歧見，我想他們應該都不能接受哲學家伊恩．海金（Ian Hacking）的主張。海金說，如果要把「道德關懷的圈圈擴及」動物，前提是我們必須要跟動物一起承受疼痛與苦難（而不只是去同情牠們的疼痛與苦難），還有就像海金說的，我們必須懷抱各種同理心，如此一來才能夠「對動物的狀態有所共鳴」——就像兩根音叉那樣，就算相隔一段距離，只要有一根振動，另一根也會跟著振動起來。請參閱：Hacking, "On Sympathy," 703。較具詩意的類似主張也出現在阿爾方索．林吉斯（Alphonso Lingis）的一些出色論文中，例如："The Rapture of the Deep," in Alphonso Lingis, *Excesses: Eros and Culture* (Albany: SUNY Press, 1983), 2-16, "Antarctic Summer," in Alphonso Lingis, *Abuses* (New York: Routledge, 1994), 91-101, and "Bestiality," in Alphonso Lingis, *Dangerous Emotions* (New York: Routledge, 2000), 25-39。

18 請透過以下網址參閱相關新聞報導：http://www.comune.firenze.it/servizi_pubblici/animali/grillo2001.htm.

Q ——— 不足為奇的昆蟲酷兒

1 George O. Krizek, "Unusual Interaction Between a Butterfly and a Beetle: "Sexual Paraphilia" in Insects?" *Tropical Lepidoptera* vol. 3, no. 2 (1992): 118.

2 Plutarch, *Moralia* vol. XII, trans. Harold Cherniss and William C Helmbold, Loeb Classical Library 406 (Cambridge: Harvard University Press, 1957), 12.989, 519-20.

3 Paul L. Vasey, "Homosexual Behavior in Animals: Topics, Hypotheses and Research Trajectories," in Volker Sommer and Paul L. Vasey, eds., *Homosexual Behavior in Animals: A Evolutionary Perspective* (Cambridge: Cambridge University Press, 2006), 5。關於這一段文字，我所參考的主要就是瓦西這一篇有用的論文。另外也可以參閱一本充滿熱情的專書：Bruce Bagemihl, *Biological Exuberance: Animal Homosexuality and Natural Diversity* (New York: St. Martin's Press, 1999)。作者巴傑米爾對於「性行為」採取了一種非常寬鬆的方式去定義（因此也是充滿爭議的方式），如此一來讓他得以把許多本來不會被當作性行為的社會互動行為納進他的討論範圍。但是他非常有效地證明了他的主要論點：基於各種理由，動物之間非關繁殖的性行為種類比許多科學家原先所設想的還要多元而廣泛。也可以參閱：Joan Roughgarden, *Evolution's Rainbow: Diversity, Gender, and Sexuality in Animals and People* (Berkeley: University of California Press, 2004)；另一本可參考的論文集是：Sommer and Vasey, *Homosexual Behavior in Animals*。

4 Antonio Berlese, *Gli insetti: loro organizzazione, sciluppo, abitudini e rapporti coll'uomo*, vol. 2 (Milan: Societa Editrice Libraria, 1912-25)；轉引自：Edward M. Barrows and Gordon Gordh, "Sexual Behavior in the Japanese Beetle, Popillia japonica, and Comparative Notes on Sexual Behavior of Other Scarabs (Coleoptera: Scarabaeidae)," *Behavioral Biology* vol. 34

(1978): 341-54。

5 Vasey, "Homosexual Behavior in Animals," 20.

6 Scott P. McRobert and Laurie Tompkins, "Tow Consequences of Homosexual Courtship Performed by Drosophila melanogaster and Drosophila affinis Males," *Evolution* vol. 42, no. 5 (1988): 1093-1097.

7 Adrian Forsyth and John Alcock, "Female Mimicry and Resource Defense Polygyny by Males of a Tropical Rove Beetle, (Coleoptera: Staphylinidae)," *Behavioral Ecology and Sociobiology* vol. 26 (1990):325 330.

8 George D. Constanz, "The Mating Behavior of a Creeping Water Bug, Ambrysus occidentalis (Hemiptera: Naucoridae)," *American Midland Naturalist*, vol. 92, no. 1 (1974) 234-239, 237.

9 Barrows and Gordh, "Sexual Behavior in the Japanese Beetle, Popillia japonica," 351.

10 Kikuo Iwabuchi, "Mating Behavior of Xylotrechus pyrrhoderus Bates (Coleoptera: Cerambycidae) V. Female Mounting Behavior," *Journal of Ethology* vol. 5 (1987): 131-136.

11 請參閱：Vasey, "Homosexual Behavior in Animals," 20-31。

12 Paul L. Vasey, "The Pursuit of Pleasure: An Evolutionary History of Female Homosexual Behavior in Japanese Macaques," in Sommer and Vasey, *Homosexual Behavior in Animals*, 215.

13 請參閱：Stephen Jay Gould and Richard Lewontin, "The Spandrels of San Marco and the Panglossian Paradigm: A Critique of the Adaptationist Program," *Proceedings of the Royal Society of London B*, vol. 205 (1979): 581-598。上述文章的兩位作者用以下這段話反擊那種「過度強調適應功能」的理論：我們之所以質疑那種強調適應功能的論調，是因為它只能指出目前的使用狀況，但無法解釋為什麼會出現那種狀況…；因為除了強調適應功能的故事之外，它都不願考慮其他可能性；因為它只靠表面上看來的真實性就接受了那些以猜測為根據的故事，也因為它沒辦法適切地思考…相互競爭的主題。也可以參閱：Stephen Jay Gould, "Exaptation: A Crucial Tool for Evolutionary Psychology," *Journal of Social Issues*, vol. 47, no. 3 (1991): 43-65；Stephen Jay Gould, "The Exaptive Excellence of Spandrels as a Term and Prototype," *Proceedings of the National Academy of Sciences*, vol. 94 (1997): 10750-10755。

S——性

1 David Jack, "Two Thousand Pound Fine for Importer of Animal 'Snuff' Videos" *The Scotsman* August 1, 1998, 3；Damien Pearse, "Man Fined for Obscene 'Crush' Videos," The Press Association, Home News, January 16, 1999.

2 *The Mo Show*, FOX TV, January 16, 1999.

3 Jeff Vilencia, *The American Journal of the Crush-Freaks* (Bellflower, CA: Squish Publications) 1(1993), 145-48.

4 Vilencia, *Journal* vol 1, 130.

5 Vilencia, *Journal* vol. 1, 149.

6 這一段論述的主要根據，除了有我與傑夫・偉倫西亞的幾次對談以外，還有以下這篇出色的論文：Martin Lasden, "Forbidden Footage," *California Lawyer*, September 2000, available at californialawyermagazine.com/index.cfm?sid=&tkn=&eid=306417&evid=1; Dan Kapelovitz, "Crunch Time for Crush Freaks: New Laws Seek to Stamp Out Stomp Flicks," *Hustler Maga-*

zine, May 2000；Patrick Califia, "Boy-lovers, Crush Videos, and That Heinous First Amendment," in *Speaking Sex to Power: The Politics of Queer Sex* (San Francisco: Cleis Press, 2001), 257-77。

7 《加州刑法》，轉引自 Lasden, "Forbidden Footage," 4。

8 轉引自：Kapeloviz, "Crunch Time for Crush Freaks"。

9 同上。

10 關於這裡的描繪，我所參考的是下列這本精彩的書：Katherine Gates, *Deviant Desires: Incredibly Strange Sex* (New York: RESearch, 2000)。

11 Carla Freccero, "Fetishism: Fetishism in Literature and Cultural Studies," in Maryanne Cline Horowitz, ed., *New Dictionary of the History of Ideas*, vol. 2 (Detroit: Scribner's, 2005): 826-828.

12 Vilencia, *Journal*, vol. 1, 149.

13 Georges Bataille, *The Tears of Eros*, trans. by Peter Connor (San Francisco; City Lights, 1989), 19.

14 Edward Wong, "Long Island Case Sheds Light on Animal-Mutilation Videos," *The New York Times*, 25 January, 2000, Section B, page 4, column 5。也可以參閱：Edward Wong, "Animal-Torture Video Maker Avoids Jail," *The New York Times* 27 December, 2000, Section B, page 8, column 1。

15 Act to amend title 18, U.S. Code, to publish the depiction of animal cruelty, H.R. 1887, 106th Cong., 1st Sess., *Congressional Record*, 145, no. 74 (May 20, 1999): H3460.

16 Lasden, "Forbidden Footage," 5.

17 BBC, "Rooney backs 'crush' video ban," available at news.bbc.co.uk/2/hi/entertainment/429655.stm, August 25, 1999；Associated Press, "Activists, Lawmakers Urge Congress to Ban Sale of animal-death Videos," August 24, 1999; Lasden, "Forbidden Footage," 5.

18 Associated Press, "Activists, Lawmakers Urge Congress".

19 BBC, "Rooney backs 'crush' video ban".

20 Testimony of Bill McCollum (R-Fla.), speaking for an act to amend title 18 on Oct 19, 1999, H.R. 1887, 106th Cong., 1st Sess., *Congressional Record* 145, no. 142, H10267.

21 *Pro and Cons*, COURT TV, September 3, 1999.

22 Testimony of Robert C. Scott (D-Va.), "Amending Title 18," H10268. For an incisive discussion of these points, see Lasden, "Forbidden Footage".

23 *Church of Lukumi Babalu Ayev. City of Hialeah*, 508 U.S. 520(1993).

24 Testimony of Spencer Bachus (R-Al.), "Amending Title 18," H10271.

25 Testimony of Elton Gallegly (R-Ca.), "Amending Title 18," H10270.

26 Testimony of Susan Creede to United States House of Representatives Subcommittee on Crime, September 30, 1999. Available at judiciary.house.gov/legacy/cree0930.htm

27 Gilles Deleuze, *Coldness and Cruelty*, trans. Jean McNeil, in *Masochism*，裡面也包括 *Venus in Furs* by Leopold von Sacher-Masoch, (New York: Zone Books, 1991), 40-41, 74-76。

28 Leopold von Sacher-Masoch, *Venus in Furs*, 271.

29 Jeff Vilencia, *The American Journal of the Crush-Freaks*, Volume 2 (Bellflower, CA: Squish Publications, 1996), 12-13.

30 William J. Clinton, Statement on Signing Legislation to Establish Federal Criminal Penalties for Commerce in Depiction of Animal Cruelty, December 9, 1999, at John T.Woolley and Gerhard Peters, The American Presidency Project, university of California, Santa Barbara, www.presidency.ucsb.edu/ws/index.php?pid=57047。

31 Adam Liptak, "Free Speech Battle Arises from Dog Fighting Videos," *The New York Times*, September 1, 2009.

32 Testimony of Elton Gallegly (R-Ca.), "Amending Title 18," H10269。強調的部分是我加上去的。

T ——— 誘惑

1 Baron C.R. Osten-Sacken, "A Singular Habit of *Hilara*," *Entomologist's Monthly Magazine*, vol. XIV (1877): 126-127.

2 G.H. Verrall, obituary for C.R. Osten-Sacken, *Entomologist*, vol. 39 (1906): 192.

3 Edward L. Kessel, "The Mating Activities of Balloon Flies," *Systematic Zoology* vol. 4, no. 3 (1955): 97-104. All uncited quotations that follow are from this paper.

4 Thomas A. Seboek, *The Sign and Its Masters* (Austin: University of Texas Press, 1979)。這本書的18 19頁從皮爾斯語言學的角度出發討論了舞虻的禮物的象徵性。不過，大致上而言，這一番討論只是為了要強調，與人類使用的象徵符號相較，這種象徵性禮物還是比較不具彈性。

5 請參閱：*inter alia*, Natasha R. LeBas and Leon R. Hockham, "An Invasion of Cheats: The Evolution of Worthless Nuptial Gifts," *Current Biology* vol. 15, no. 1 (2005): 64–67, 64；Scott K. Sakaluk, "Sensory Exploitation as an Evolutionary Origin to Nuptial Food Gifts in Insects," *Proceedings of the Royal Society of London: Biological Sciences* vol. 267, no. 1441 (2000): 339-343；T. Tregenza, N. Wedell, and T. Chapman, "Introduction. Sexual Conflict: A New Paradigm?" *Philosophical Transactions of the Royal Society, B: Biological Sciences* vol. 361, no. 1466 (2006): 229–234。

6 Georges Perec, *Species of Spaces and Other Pieces*, trans. John Sturrock (London: Penguin, 1998), 129, 136.

7 Joan Roughgarden, *Evolution's Rainbow: Diversity, Gender, and Sexuality in Animals and People* (Berkeley: University of California Press, 2004), 171.

U ——— 眼不見為淨

1 Karl von Frisch, *Ten Housemates*, trans. Margaret D. Senft(New York: Pergamon Press, 1960), 91.

V ——— 視覺

1 一般而言，這些發現都是歸功給馮・弗里希，但似乎其中某些實驗性的工作成果是由動物行為學先驅透納（1867-1923）完成的，而且時間還可能比馮・弗里希更早。儘管透納有博士學位，也寫過許多學術論文（其中包括第一篇刊登於《科學》期刊上的非裔美國人作品），但他專業生涯的絕大多數時間都是在中學任教，而他似乎可能拒絕過一些學術職務的邀約，一來是因為基

於社會服務的理念，二來則是有較多時間進行實驗性研究，所以他比較喜歡在公立中學教書。透納證明蜜蜂有分辨顏色的能力，於一九一〇年發表了此一發現的論文。他也發現昆蟲能聽見聲音，而且有能力分辨音高，以及蜜蜂有能力把地理位置記憶下來，並且利用那些記憶。另外他也證明了蟑螂有透過經驗學習的能力，還把螞蟻返回蟻窩的特殊方式記錄下來（因此那種繞圈圈的動作被稱為「透納」的圈圈）。他也發展出一些方法，尤其是各種進行條件制約的策略，後來成為動物行為學研究的基本方法論。請參閱：Charles I. Abramson, ed., *Selected Papers and Biography of Charles Henry Turner (1867-1923), Pioneer in the Comparative Animal Behavior Movement* (New York: Edwin Mellen Press, 2002)。

2 Karl von Frisch, *Bees: Their Vision, Chemical Senses, and Language* (Ithaca: Cornell University Press, 1950)。

3 但是，關於馮．弗里希方法論的詳盡批判，請參閱：Georgii A. Mazokhin-Porshnyakov, *Insect Vision*. Trans. Roberto and Liliana Masironi (New York: Plenum Press, 1969), 145-54。

4 請參閱：Kentaro Arikawa, Michiyo Kinoshita, and Doekele G. Stavenga, "Color Vision and Retinal Organization in Butterflies," in Frederick R. Prete, ed., *Complex Worlds from Simpler Nervous Systems* (Cambridge, MA: MIT Press, 2004), 193-219, 193-4。

5 若想瞭解顏色的相關爭論，還有所謂「顏色實在論」（color realism）的問題，請參閱：Alex Byrne and David R. Hilbert, eds., *Readings on Color, Volume 1: The Philosophy of Color* (Cambridge: MIT Press, 1997)，尤其是編者寫的導讀（xi-xxviii頁），非常清晰易懂。關於這一點的進一步證據，就是人類與動物（包括蜜蜂與蝴蝶）都擁有某種被稱為「色彩恆常性」（color constancy）的能力，也就是在不同的光線條件之下辨認物體顏色的能力。請參閱：Goethe, *Theory of Colors* (Cambridge: MIT Press, 1970)。歌德的「顏色理論」是很有名的，他認為顏色是額外關係的功能，而所謂額外關係，則是指對象與其鄰近物體的關係。

6 Mazokhin-Porshnyakov, *Insect Vision*, 276。

7 Frederick R. Prete, "Introduction: Creating Visual Worlds Using Abstract Representations and Algorithims," in Prete, *Complex Worlds*, 3-4。

8 Karl Kral and Frederick R. Prete, "In the Mind of a Hunter: The Visual World of a Praying Mantis," in Prete, *Complex Worlds*, 92-93。

9 這個問題與人類心智有何關係？請參閱克里斯多夫．柯霍（Christof Koch）那一本備受期待的暢銷書：相關討論請參閱：*The Quest for Consciousness: A Neurobiological Approach* (New York: Roberts and Company, 2004)，以及一篇批判的書評：John R. Searle, "Consciousness: What We Still Don't Know," *The New York Review of Books* vol. 52, no. 1 (January 13, 2005)。至於柯霍最近的評論則是：「我們不知道人類心智是怎樣從數量龐大的神經元之中出現的。我們無法洞察此一現象。這現象簡直就像是阿拉丁搓一搓神燈，燈裡的精靈就跑出來了」。轉引自：Peter Edidin, "In Search of Answers from the Great Brains of Cornell," *New York Times*, May 24, 2005。

10 Eric R. Kandel, "Brain and Behavior," in Eric R. Kandel and James H. Schwartz, *Principles of Neural Science. Second Edition* (New York: Elsevier, 1985), 3。儘管人類腦袋的大小曾是用來斷定種族層級高低的標準，但就現在而言，現代人類大腦的複雜度才是被視為人類獨有的特色——當然，人腦比其他動物都還要大，這一點仍是關鍵。

11 關於這一點，以下這本書的簡介是可靠而且流行的：John J. Ratey, *A User's Guide to the Brain:*

Perception, Attention, and the Four Theaters of the Brain (New York: Vintage, 2002)。在心靈哲學的諸多爭論中，哲學家一方面傾向於認同腦神經科學所宣稱的生物優先性，但也對這一類主張的化約論色彩有所懷疑，請參閱：John R. Searle, *Mind: A Brief Introduction* (Oxford: Oxford University Press, 2004)。

12 關於視覺的重要研究貢獻，請參閱：Jonathan Crary, *Techniques of the Observer: On Vision an Modernity in the Nineteenth Century* (Cambridge: MIT Press, 1992); idem., *Suspensions of Perception: Attention, Spectacle, and Modern Culture* (Cambridge: MIT Press, 2001); Martin Jay, *Downcast Eyes: The Denigration of Vision in Twentieth-Century French Thought* (Berkeley: University of California Press, 1994); Hal Foster, ed., *Vision and Visuality* (Seattle: Bay Press/ Dia Art Foundation, 1988)。

13 David Howes, ed., *The Varieties of Sensory Experience: A Sourcebook in the Anthropology of the Senses* (Toronto: University of Toronto Press, 1991); Constance Classen, *Worlds of Sense: Exploring the Senses in History and Across Cultures* (New York: Routledge, 1993)。

14 關於線性透視法，可以參閱以下這一本常被過分誇大的書：Robert D. Romanyshyn, *Technology as Symptom and Dream* (New York: Routledge, 1990)。關於線性透視法的不連續性以及位移現象，請參閱以下論文集：Jay and Crary in Foster, *Vision and Visuality*。從線性透視法到形態學的轉變，請參閱：Michel Foucault, *The Order of Things: An Archaeology of the Human Sciences* (New York: Vintage, 1994)。

15 關於視覺現象裡的文化元素，請參閱以下這篇論文的精彩討論：Oliver Sacks' celebrated essay "To See and Not See" in *An Anthropologist on Mars: Seven Paradoxical Tales* (New York: Vintage, 1995), 108-52。

16 轉引自我在撰寫這個段落時的主要參考資料：Michael F. Land's superb "Eyes and Vision," in Vincent H. Resh and Ring T. Cardé, *Encyclopedia of Insects* (New York: Academic Press, 2003), 393-406, 397。也可以參閱：Michael F. Land, "Visual Acuity in Insects," *Annual Reviews of Entomology* 42 (1997): 147-77；Michael F. Land and Dan-Eric Nilsson, *Animal Eyes* (Oxford: Oxford University Press, 2002)。近來，經過重新計算後，我們已經瞭解人類的邊緣視野非常不清楚，原本馬洛克所估計的數字已經被減少為直徑四百英寸，但仍然是相當大的。

17 Land, "Eyes and Vision," 397。

18 Robert Hooke, *Micrographia; Or Some Physiological Descriptions Of Minute Bodies Made By Magnifying Glasses With Observations And Inquiries Thereupon* (New York: Dover, 2003 [1665]), 238。

19 同上。

20 轉引自：ibid., 394。

21 Sigmund Exner, *The Physiology of the Compound Eyes of Insects and Crustaceans*, R. C. Hartree, ed. (Berlin: Springer Verlag, 1989)；以上是英文版，德文版為：*Die Physiologie der facettierten Augen von Krebsen und Insekten* (Leipzig: Deuticke, 1891)。請參閱：Land and Nilsson, *Animal Eyes*, 157-8。

22 Land, "Eyes and Vision," 393。

23 Ibid., 401。

24 蘭德與尼爾森引用達爾文來說明疊置眼的光學作用有多了不起，這可說是非常恰當的。對於主

張創世論（Creationism）的人與其支持者們來講，眼睛這種「智能設計」可說是進化論天擇說的一大弱點。因為達爾文無法精確地說明眼睛是如何進化出來的，再加上眼睛的每一個組成部分顯然都有獨立的功能，也可以一起發揮作用，所以創世論者主張，眼睛這種如此複雜而且具有高度整合性的器官絕對不可能是透過天擇而逐漸慢慢演化出來的。但是，尼爾森與其合作者蘇珊・佩爾格（Susanne Pelger）近來提出一個非常具有說服力的主張：哺乳類動物的眼睛從本來只是一堆感光細胞，經過三十六萬四千年的逐漸發展，中間歷經許多階段，最後才形成現在的模樣。請參閱：Dan-Erik Nilsson and Susanne Pelger, "A Pessimistic Estimate Of The Time Required For An Eye To Evolve," *Proceedings of the Royal Society of London B* vol. 256 (1994): 53-58；該文的清楚概述請參閱：http://www.pbs.org/wgbh/evolution/library/01/1/l_011_01.html。

25 請參閱：Jakob von Uexküll, "A Stroll Through the World of Animals and Men: A Picture Book of Invisible Worlds," in Claire H. Schiller, ed. and trans., *Instinctive Behavior: The Development of a Modern Concept* (New York: International Universities Press, 1957), 5-80。

26 Von Uexküll, "A Stroll Through the World," 13, 29。

27 Von Uexküll, "A Stroll Through the World," 65。

28 Von Uexküll, "A Stroll Through the World," 67。

29 Von Uexküll, "A Stroll Through the World," 72。

30 Von Uexküll, "A Stroll Through the World," 80。

W ——— 全球暖化的聲音

1 David Dunn, *The Sound of Light in Trees* (Santa Fe: The Acoustic Ecology Institute and Earth Ear, 2006)

2 John A. Byers, "An Encounter Rate Model of Bark Beetle Populations Searching at Random for Susceptible Host Trees," *Ecological Modeling* 91 (1996): 57-66.

3 Dunn, *The Sound of Light in Trees*, CD liner notes; David Dunn and James P. Crutchfield, "Insects, Trees, and Climate: The Bioacoustic Ecology of Deforestation and Entomogenic Climate Change," *Santa Fe Institute Working Paper* 06-12-XXX, available at: http://arxiv.org/q-bio.PE/0612XXX; W.J. Mattson and R.A. Hack, "The Role of Drought in Outbreaks of Plant-eating Insects," *BioScience* 37, no. 2 (1987): 110-118.

4 David D. Breshears, Neil S. Cobb, Paul M. Rich, Kevin P. Price, Craig D. Allen, Randy G. Balice, William H. Romme, Jude H. Kastens, M. Lisa Floyd, Jayne Belnap, Jesse J. Anderson, Orrin B. Myers, and Clifton W. Meyer, "Regional Vegetation Die-off in Response to Global-change-type Drought," *Proceedings of the National Academy of Sciences* 102, no. 42 (2005): 15144-15148.

5 Dunn and Crutchfield, "Insects, Trees, and Climate".

6 關於聲景與聲音生態學的基本主張，請參閱：R. Murray Schaffer, *The Soundscape: Our Sonic Environment and the Tuning of the World* (Rochester, VT: Destiny Books, 1994)。根據薛佛的定義，聲音生態學研究的是「聲音環境如何造成...環境中生物的身體反應或者如何影響牠們的行為特色」(271)，而透過此一主張看來，聲音生態學與生物科學可說是密不可分。

7 Steve Feld and Donald Brenneis, "Doing Anthropology in Sound," *American Ethnologist*

31, no. 4 (2004): 461-474, 462; Steven Feld, "Waterfalls of Song: An Acoustemology of Place Resounding in Bosavi, Papua New Guinea," in Steven Feld and Keith Basso, eds., *Senses of Place* (Santa Fe, NM: School of American Research Press, 1996), 91–135.

8 關於低頻音與超音波聲音如何轉變成聽得見的震動聲響，請參閱以下這本書的精彩說明：Stefan Helmreich's *Alien Ocean: Anthropological Voyages in Microbial Seas* (Berkeley: University of California Press, 2009).

9 請參閱：Andra McCartney, "Alien Intimacies: Hearing Science Fiction Narratives in Hildegard Westerkamp's *Cricket Voice* (Or 'I Don't Like the Country, the Crickets Make Me Nervous')," *Organized Sound* 7 (2002): 45-49。

10 關於「具象音樂」，請參閱：Pierre Schaeffer, "Acousmatics," in Christoph Cox and Daniel Warner, eds., *Audio Culture: Readings in Modern Music*, (New York: Continuum, 2004), 76–81。聲音生態學與具象音樂之間還有一個關鍵的差異：具象音樂認為生音本身就是完整自足的實體，不用顧及其來源。我們顯然可以看出這個觀念與當代流行音樂（例如嘻哈音樂等）之間存在著某種複雜關係。

11 David Dunn, "Chaos & the Emergent Mind of the Pond," on *Angels & Insects* (EarthEar, 1999)；轉引自CD唱片的說明文字。

12 Doug Struck, "Climate Change Drives Disease to New Territory," *Washington Post*, Friday May 5, 2006, A16; Paul R. Epstein, "Climate Change and Public Health," *New England Journal of Medicine* 353, no. 14 (2005): 1433-1436；Paul R. Epstein and Evan Mills, eds., *Climate Change Futures: Health, Ecological, and Economic Dimensions* (Boston: Harvard Medical School/UNDP, 2006)。根據一份非常仔細的研究指出，此一強調因果關係的解釋方式聚焦在氣候變遷上，但忽略了一些對於昆蟲傳染病來講很關鍵，但是能夠加以改善的社會因素（例如，健康照護、貧窮、抗藥性與都市發展），請參閱：Simon I. Hay, Jonathan Cox, David J. Rogers, Sarah E. Randolph, David I. Stern, G. Dennis Shanks, Monica F. Myers, and Robert W. Snow, "Climate Change and the Resurgence of Malaria in the East African Highlands," *Nature* 415 (2002): 905-909。

13 數據引自：Dunn and Crutchfield, "Insects, Trees, and Climate," 3, citing Dan Jolin, "Destructive Insects on Rise in Alaska" *Associated Press*, September 1, 2006；Doug Struck. "'Rapid Warming' Spreads Havoc in Canada's Forest: Tiny Beetles Destroying Pines," *Washington Post Foreign Service*, March 1, 2006；Jerry Carlson and Karin Verschoor, "Insect invasion!" *New York State Conservationist*, April 26–27, 2006；Jesse A. Logan and James A. Powell, "Ghost Forests, Global Warming, and the Mountain Pine Beetle (Coleoptera: Scolytidae)," *American Entomologist* 47 (2001): 160–173。也可以參閱：Jim Robbins, "Bark Beetles Kill Millions of Acres of Trees in West," *New York Times*, November 18, 2008, D3。上面這篇文章陳述了另一個論點：「因為到目前為止火災都被控制住，所以森林裡所有樹木大致上樹齡都相同，所以才夠高大，足以容納甲蟲。」想瞭解山松大小蠹，可另外參考Robbins, "Some See Beetle Attacks on Western Forests as a Natural Event," *New York Times*, July 6, 2009.

14 Dunn and Crutchfield, "Insects, Trees, and Climate," 4.

15 Thomas Eisner, *For Love of Insects* (Cambridge: Harvard University Press, 2003).

16 相關概述請參閱：David L. Wood, "The Role of Pheromones, Kairomones, and Allomones in

the Host Selection and Colonization Behavior of Bark Beetles," *Annual Review of Entomology* 27 (1982): 411-446；John A. Byers, "Host Tree Chemistry Affecting Colonization in Bark Beetles," in Ring T. Cardé and William J. Bell, eds., *Chemical Ecology of Insects 2* (New York: Chapman and Hall, 1995), 154-213。
17 Dunn and Crutchfield, "Insects, Trees, and Climate," 8.
18 Jayne Yack and Ron Hoy, "Hearing," in Vincent H. Resh and Ring T. Cardé, eds., *Encyclopedia of Insects* (New York: Academic press, 2003), 498-505.
19 Dunn and Crutchfield, "Insects, Trees, and Climate," 10.
20 Reginald B. Cocroft and Rafael L. Rodríguez, "The Behavioral Ecology of Insect Vibrational Communication," *Bioscience* 55, no. 4 (2005): 323-334, 331, 323.
21 Dunn and Crutchfield, "Insects, Trees, and Climate," 10.
22 Ibid., 7.

X ——— 書中軼事

1 Claudine Frank, "Introduction," in Claudine Frank, ed., *The Edge of Surrealism: A Roger Caillois Reader* (Durham: Duke University Press, 2003, 28-31。
2 Roger Caillois, "Letter to André Breton," in Frank, *The Edge of Surrealism*, 84。
3 Caillois, "Letter to Breton," 85 。
4 同上。
5 Denis Hollier, "On Equivocation (Between Literature and Politics)," trans. Rosalind Krauss, *October* vol. 55 (1990): 3-22, 20。
6 Caillois, "Letter to Breton," 85。
7 Maria Sibylla Merian, *Dissertation sur la genération et la transformation des insectes de Surinam* (The Hague: Pieter Gosse, 1726), 49。轉引自：Roger Caillois, *The Mask of Medusa*, trans. George Ordish (New York: Clarkson N. Potter, 1964), 113。
8 On Bates, see my *In Amazonia: A Natural History* (Princeton: Princeton University Press, 2002)。
9 Caillois, *The Mask of Medusa*, 118-120。
10 Caillois, *The Mask of Medusa*, 104。
11 Caillois, *The Mask of Medusa*, 117。
12 Caillois, *The Mask of Medusa*, 121。
13 Roger Caillois, "Mimicry and Legendary Psychasthenia," trans. John Shepley, *October* vol 31 (1984): 16-32, 19; Roger Caillois, *The Writing of Stones* (Charlottesville: University Press of Virginia, 1985), 2,3, 104。
14 Gustave Flaubert, *The temptation of Saint Anthony* (1874)，引自 Caillois, "Mimicry and Legendary Psychasthenia," 31。
15 Caillois, "Mimicry and Legendary Psychasthenia," 27。
16 Hans Zinsser, *Rats, Lice and History: Being a Biography*, Which After Twelve Preliminary Chapters Indispensable for the Preparation of the Lay Reader, *Deals With the Life History of Typhus Fever* (Boston: Atlantic Monthly Press/Little, Brown, and Company, 1935), 183。

17 請參閱：William Gates, ed. and trans., *An Aztec Herbal: The Classic Codex of 1552* (New York: Dover, 2000)。

18 Pedro de Cieza de León, *The Second Part of the Chronicle of Peru*, trans. Clements R. Markham (London: Hakluyt Society, 1883), 219, 51。

19 Virginia Sáenz, *Symbolic and Material Boundaries: An Archaeological Genealogy of the Urus of Lake Poopó, Bolivia* (Uppsala: Uppsala University, 2006), 50-51；Reiner T. Zuidema, *The Ceque System of Cuzco. The Social Organization of the Capital of the Inca* (Leiden: E. J. Brill, 1964), 100。

20 Günter Morge, "Entomology in the Western World in Antiquity and in Medieval Times," in Ray F. Smith, Thomas E. Mittler, and Carroll N. Smith, eds., *History of Entomology* (Palo Alto, CA: Annual Reviews, Inc., 1973), 77。

21 George Poinar Jr. and Roberta Poinar, *The Amber Forest: A Reconstruction of a Vanished World* (Princeton: Princeton University Press, 2001), 129。

22 Jo-shui Chen, *Liu Tsung-yuan and Intellectual Change in T'ang China, 773-819* (Cambridge: Cambridge University Press, 1992), 32。還可參考Anthony DeBlasi, *Reform in the Balance: The Defense of Literary Culture in Mid-Tang China* (Albany, N.Y.:SUNY Press, 2002)，還有Richard E.Strassberg. *Inscribed Landscapes: Travel Wrighting from Imperial China* (Berkeley: University of California, 1994)。

23 轉引自：Richard E. Strassberg, *Inscribed Landscapes*, 141

24 轉引自：Chou Io, *A History of Chinese Entomology*, trans. Wang Siming (Xi'an: Tianze Press, 1990), 174。譯文是經過修正的。

25 柳宗元，《柳宗元集》（北京：一九七九年）；轉引自：Chen, *Liu Tsung-yuan*, 112。

26 Karl von Frisch, *Ten Little Housemates*, trans. Margaret D. Senft (New York: Pergamon Press, 1960), 141。

27 Karl von Frisch, *Ten Little Housemates*, trans. Margaret D. Senft (New York: Pergamon Press, 1960), 84。

28 同上，頁107~108。

29 Roger Caillois, "The Praying Mantis: From Biology to Psychoanalysis," in Frank, *The Edge of Surrealism*, 66-81, 79。

30 Karl von Frisch, *Ten Little Housemates*, trans. Margaret D. Senft (New York: Pergamon Press, 1960), 頁107~108。

Y ——渴望

1 川崎的網站，http://ww3.ocn.ne.jp/~fulukon/.

2 請參閱：《虫眼とアニ眼：養老孟司対談宮崎駿》（東京：德間書店，二〇〇二年）。根據二〇〇三年的許多報導，名古屋市政府希望可以根據宮崎駿與荒川修的設計圖興建一個住宅區。

3 Bashö Matsuo引自 in *Haiku* vol. 3, edited and translated by R.H. Blyth (Tokyo: Hokuseido Press, 1952), 229。

4 Lafcadio Hearn, *Shadowings* (Tokyo: Tuttle, 1971), 101.

5 請參閱：K. Takeuchi, R.D. Brown, I. Washitani, A. Tsunekara, M. Yokohari, *Satoyama: The*

Traditional Rural Landscape of Japan (Tokyo: Springer Verlag, 2003).

6 例如，請參閱：Yasuhiko Kasahara's *Kay's Beetle Breeding Hobby* site at http://www.geocities.com/kaytheguru/。值得一提的是，就昆蟲繁殖業而言，長期以來日本向來是世界第一的國家。據我所知，全世界只有日本的蝴蝶館是自己繁殖蝴蝶，而不是購買蟲蛹。

7 請參閱：Harumi Befu, *Hegemony of Homogeneity: An Anthropological Analysis of Nihonjinron* (Melbourne: Trans Pacific Press, 2001)。關於日本人的自然觀，請參閱：Arne Kalland and Pamela J. Asquith, "Japanese Perceptions of Nature: Ideals and Illusions" and other chapters in Arne Kalland and Pamela J. Asquith, eds., *Japanese Images of Nature: Cultural Perceptions* (Richmond, Surrey: Curzon, 1997)；Julia Adeney Thomas, Reconfiguring Modernity: Concepts of Nature in Japanese Political Ideology (Berkeley: University of California Press, 2001)；Tessa Morris-Suzuki, *Re-Inventing Japan: Time, Space, Nation* (New York: M.E. Sharpe, 1998)。儘管無論日本或外國人都認為，日本人與大自然的關係向來被認為亙古不變，而且獨一無二，但上述作品的作者們殫精竭慮，企圖為日本的自然觀尋找歷史脈絡，指出自然的觀念在特定的時刻會以特定的形式出現，而且他們也試著去瞭解為什麼在日本人會普遍認為自己與大自然合一，但另一方面卻又長期為了商業利益而進行大規模摧毀自然環境的活動。

8 Tsunoda Tadanobu, *The Japanese Brain: Uniqueness and Universality*, trans. Yoshinori Oiwa (Tokyo: Taishukan, 1985)。有人提出猛烈抨擊，認為該從「日本人論」的民族主義角度去看待角田忠信的著作，請參閱：Peter Dale, "The Voice of the Cicadas: Linguistic Uniqueness, Tsunoda Tananobu's Theory of the Japanese Brain and Some Classical Perspectives," *Electronic Antiquity* vol 1, no. 6 (1993)。

9 Shoko Kameoka and Hisako Kiyono, *A Survey of the Rhinoceros Beetle and Stag Beetle Market in Japan* (Tokyo: TRAFFIC East Asia -Japan, 2003), 47.

10 Japan External Trade Organization, *Marketing Guidebook for Major Imported Products 2004. III. Sports and Hobbies* (Tokyo: JETRO, 2004), 235.

11 Kouichi Goka, Hiroshi Kojima, and Kimiko Okabe, "Biological Invasion Caused By Commercialization of Stag Beetles in Japan," *Global Environmental Research* vol. 8, no. 1 (2004): 67-74, 67.

12 根據東亞野生物貿易研究委員會（TRAFFIC East Asia，係東亞地區的野生動物貿易活動監督機構）針對東京各家昆蟲店的調查，發現了兩隻進口的安達佑實大鍬形蟲（*Dorcus antaeus*），雖然牠們被歸類為「無害」的外來生物，但在出口國是被禁止採集的，每一隻的售價高達三千三百四十四元美金。請參閱：Kameoka and Kiyono, *A Survey of the Rhinoceros Beetle and Stag Beetle Market in Japan*。

13 Goka *et al.*, "Biological Invasion".

14 鍬形蟲最多可以活五年，壽命遠比兜蟲還要長，因此相較之下，價格也比較高。請參閱：T.R. New, "'Inordinate Fondness": A Threat to Beetles in South East Asia?" *Journal of Insect Conservation* 9 (2005): 147-50, 147。

15 Kameoka and Kiyono, *A Survey of the Rhinoceros Beetle and Stag Beetle Market*, 41.

16 Japan External Trade Organization, *Marketing Guidebook for Major Imported Products* 3: 242.

17 Kameoka and Kiyono, *A Survey of the Rhinoceros Beetle and Stag Beetle Market.*

18 這些相關問題的詳細討論請參閱：Goka et al., "Biological Invasion"；Kameoka and Kiyono, *A*

Survey of the Rhinoceros Beetle and Stag Beetle Market；T.R. New, "'Inordinate Fondness'".

19 Goka *et al.*, "Biological Invasion"

20 矢島稔著，《虫に出会えてよかった》（東京：フレーベル館，二〇〇四年），四十二頁。感謝岩崎優美子〔譯注：Yumiko Iwasaki的音譯〕為我翻譯所有引自這一本書的日文。

21 如欲瞭解日本昆蟲文化的簡史，可以參閱：小西正泰著，《虫の文化誌》（東京：朝日選書，一九九三年），二十九到三十頁；笠井昌昭著，《虫と日本文化》（東京：大巧社，一九九七年）；對於上述兩本書與其他相關作品的評價，則是可以參閱：Norma Field, "Jean-Henri Fabre and Insect Life in Japan"。這尚未出版的草稿由作者菲爾德慨然提供給我，非常有用。

22 跟口述這一段歷史的其他人一樣（包括CJ和我一起去訪談過的所有人），小西正泰也強調三位外國博物學家的採集工作：恩格柏特・坎普法（Engelbert Kaempfer）、卡爾・彼得・通貝里（Carl Peter Thunberg）與菲利普・法蘭茲・馮・西博德（Philipp Franz von Siebold）。他們三個到過日本後回歐洲皆出版了關於各種日本動物（其中包括昆蟲）的書籍（三人分別在一七二七、一七八一與一八二三年出書），他們的貢獻就是以西方正規科學界成員的身分初次直接接觸日本的自然世界。

23 毫不令人意外的，關於歐洲科學興起過程的文獻龐大無比。歐洲科學革命的詳細簡介可參閱：Steven Shapin, *The Scientific Revolution* (Chicago: University of Chicago Press, 1998)。有學者主張，明治時期的各種體制還有社會面向都與德川幕府時代具有連續性，日本的科學才能夠在明治時期快速崛起，請參閱：James R. Bartholomew, *The Formation of Science in Japan: Building a Research Tradition* (New Haven: Yale University Press, 1989)。關於科學知識與體制的流動性，可以參閱以下的有趣說明：Gyan Prakash, *Another Reason* (Princeton: Princeton University Press, 1999)。也有人主張，傳統科學史從前現代到現代時期是一種有計畫的發展，而不是傳統科學史研究所認為的大躍進，請參閱：Bruno Latour, *We Have Never Been Modern*, trans. Catherine Porter (Cambridge: Harvard University Press, 1993)。

24 志賀卯助著，《日本一の昆虫屋》（東京：文春文庫，二〇〇四年）。感謝矢部河森〔譯注：Hisao Kawamori的音譯〕幫我把這本書的日文翻譯成英文。

25 日本環境省根據《外來生物法》建立的「管制類外來生物」清單（Regulated Living Organisms under the Invasive Alien Species Act）可參閱：http://www.env.go.jp/nature/intro/1outline/files/siteisyu_list_e.pdf。

Z ——— 禪宗與沉睡的哲學

1 感謝巴瑞特・克萊恩（Barrett Klein）把這一份文獻介紹給我。

參考書目
Selected Bibliography

Abbas, Ackbar. "Play it Again Shanghai: Urban Preservation in the Global Era." In *Shanghai Reflections: Architecture, Urbanism and the Search for an Alternative Modernity,* edited by Mario Gandelsonas, 37–55. New York: Princeton Architectural Press, 2002.

Abramson, Charles I., ed. *Selected Papers and Biography of Charles Henry Turner (1867–1923). Pioneer in the Comparative Animal Behavior Movement*. New York: Edwin Mellen Press, 2002.

Achebe, Chinua. *Things Fall Apart*. London: Heinemann, 1976.

Aldrovandi, Ulisse. *De animalibus insectis libri septem*. 1602.

Almog, Shmuel. "Alfred Nossig: A Reappraisal." *Studies in Zionism* 7, (1983): 1–29.

Alpha Gado, Boureima. *Une histoire des famines au Sahel: étude des grandes crises alimentaires, XIXe–XXe siècles* [*A History of Famine in Sahel: A Study of the Great Food Crises, Nineteenth to Twentieth Centuries*]. Paris: L'Harmattan, 1993.

Aly, Götz, Peter Chroust, and Christian Pross. *Cleansing the Fatherland: Nazi Medicine and Racial Hygiene*. Translated by Belinda Cooper. Baltimore: Johns Hopkins University Press, 1994.

Appelfeld, Aharon. *The Iron Tracks*. Translated by Jeffrey M. Green. New York: Schocken Books, 1999.

Aristotle. *Generation of Animals*. Translated by A. L. Peck. Cambridge, Mass.: Loeb Classical Library/Harvard University Press, 1979.

———. *History of Animals*. Translated by A. L. Peck. 3 vols. Cambridge, Mass.: Loeb Classical Library/Harvard University Press, 1984.

———. *Parts of Animals. Movement of Animals. Progression of Animals.* Translated by A. L. Peck and E. S. Forster. Cambridge, Mass.: Loeb Classical Library/Harvard University Press, 1968.

Aschheim, Steven E. *Brothers and Strangers: The East European Jew in German and German-Jewish Consciousness, 1800–1923.* Madison: University of Wisconsin Press, 1982.

Atran, Scott. *Cognitive Foundations of Natural History. Towards an Anthropology of Science*. Cambridge: Cambridge University Press, 1993.

Backus, Robert, trans. *The Riverside Counselor's Stories: Vernacular Fiction of Late Heian Japan.* Palo Alto, Calif.: Stanford University Press, 1985.

Bacon, Francis. *Sylva sylvarum: or a Natural History in Ten Centuries*. London, 1627.

Bachelard, Gaston. *The Poetics of Space*. Translated by Maria Jolas. New York: Beacon Press, 1969.

Bagemihl, Bruce. *Biological Exuberance: Animal Homosexuality and Natural Diversity*. New York: St. Martin's Press, 1999.

Bartholomew, James R. *The Formation of Science in Japan: Building a Research Tradition*. New Havens, Conn.: Yale University Press, 1993.

Bataille, Georges. *The Tears of Eros*. Translated by Peter Connor. San Francisco: City Lights, 1989.

Bauman, Zygmunt. "Allosemitism: Premodern, Modern, Postmodern." In *Modernity, Culture, and "the Jew,"* edited by Bryan Cheyette and Laura Marcus. Palo Alto, Calif.: Stanford University Press, 1998.

Bayart, Jean-François. *The State in Africa: The Politics of the Belly*. Translated by Mary Harper, Christopher Harrison, and Elizabeth Harrison. London: Longman, 1993.

Beebe, William. "Insect Migration at Rancho Grande in North-Central Venezuela: General Account." *Zoologica* 34, no. 12 (1949): 107–10.

Bein, Alex. "The Jewish Parasite: Notes on the Semantics of the Jewish Problem with Special Reference to Germany." *Leo Baeck Institute Yearbook* 9 (1964): 3–40.

Bekoff, Marc, Colin Allen, and Gordon M. Burghardt, eds. *The Cognitive Animal: Empirical and Theoretical Perspectives on Animal Cognition*. Cambridge, Mass.: MIT Press, 2002.

Benjamin, Walter. *Illuminations: Essays and Reflections*. Translated by Harry Zohn. New York: Schocken Books, 1968.

———. *Reflections: Essays, Aphorisms, Autobiographical Writings*. Edited by Peter Demetz. Translated by Edmund Jephcott. New York: Schocken Books, 1986.

Bergson, Henri. *Creative Evolution*. Translated by Arthur Mitchell. New York: Dover, [1911] 1989.

Bolaño, Roberto. *2666* Translated by Natasha Wimmer. New York: Farrar, Straus and Giroux, 2008.

Bramwell, Anna. *Ecology in the Twentieth Century: A History*. New Haven, Conn.: Yale University Press, 1989.

Burkhardt, Richard W., Jr. *Patterns of Behavior: Konrad Lorenz, Niko Tinbergen, and the Founding of Ethology*. Chicago: University of Chicago Press, 2005.

Busby, Chris. *Wings of Death: Nuclear Pollution and Human Health*. Aberystwyth, U.K.: Green Audit, 1995.

Caillois, Roger. *The Mask of Medusa*. Translated by George Ordish. New York: Clarkson N. Potter, 1964.

———. "Mimicry and Legendary Psychasthenia." Translated by John Shepley. *October* 31 (1984): 16–32.

———. *The Writings of Stones*. Translated by Barbara Bray. Charlottesville: University Press of Virginia, 1985.

Calarco, Matthew. *Zoographies: The Question of the Animal from Heidegger to Derrida*. New York:

Columbia University Press, 2008.

Canetti, Elias. *Crowds and Power.* Translated by Carol Stewart. New York: Farrar, Straus and Giroux, 1984.

Chen, Jo-shui. *Liu Tsung-yuan and Intellectual Change in T'ang China, 773–819.* Cambridge: Cambridge University Press, 1992.

Chou, Io. *A History of Chinese Entomology.* Translated by Wang Siming. Xi'an, China: Tianze Press, 1990.

Coad, B. R. "Insects Captured by Airplane Are Found at Surprising Heights." *Yearbook of Agriculture, 1931.* Washington, D.C.: USDA, 1931.

Cocroft, Reginald B., and Rafael L. Rodríguez. "The Behavioral Ecology of Insect Vibrational Communication." *Bioscience* 55, no. 4 (2005): 323–34.

Cohen, Richard I. *Jewish Icons: Art and Society in Modern Europe.* Berkeley: University of California Press, 1998.

Collodi, Carlo. *Pinocchio.* Translated by Mary Alice Murray. London: Penguin, 2002.

Cooper, Barbara M. *Marriage in Maradi: Gender and Culture in a Hausa Society in Niger, 1900–1989.* Abingdon, U.K.: James Currey, 1997.

———. "Anatomy of a Riot: The Social Imaginary, Single Women, and Religious Violence in Niger." *Canadian Journal of African Studies* 37, nos. 2–3 (2003): 467–512.

Crary, Jonathan. *Techniques of the Observer: On Vision and Modernity in the Nineteenth Century.* Cambridge. Mass.: MIT Press, 1992.

Crist, Eileen. "The Ethological Constitution of Animals as Natural Objects: The Technical Writings of Konrad Lorenz and Nikolaas Tinbergen." *Biology and Philosophy* 13, no. 1 (1998): 61–102.

———. "Naturalists' Portrayals of Animal Life: Engaging the Verstehen Approach." *Social Studies of Science* 26, no. 4 (1996): 799–838.

Dale, Peter. "The Voice of the Cicadas: Linguistic Uniqueness, Tsunoda Tananobu's Theory of the Japanese Brain and Some Classical Perspectives." *Electronic Antiquity: Communicating the Classics* 1, no. 6 (1993).

Darwin, Charles, *The Descent of Man, and Selection in Relation to Sex.* New York: Penguin, [1871] 2004.

———. *The Expression of the Emotions in Man and Animals.* New York: Oxford University Press, [1872] 1998.

Daston, Lorraine. "Attention and the Values of Nature in the Enlightenment." In *The Moral Authority of Nature,* edited by Lorraine Daston and Fernando Vidal, 100–26. Chicago: University of Chicago Press, 2004.

Daston, Lorraine, and Katherine Park. *Wonders and the Order of Nature, 1150–1750.* New York: Zone Books, 1998.

Davis, Natalie Zemon. *Women on the Margins: Three Seventeenth-Century Lives.* Cambridge, Mass.: Belknap/Harvard, 1995.

Degler, Carl N. *In Search of Human Nature: The Decline and Revival of Darwinism in American*

Social Thought. Oxford, U.K.: Oxford University Press, 1991.

Deichmann, Ute. *Biologists under Hitler.* Translated by Thomas Dunlap. Cambridge, Mass.: Harvard University Press, 1996.

Deleuze, Gilles, and Félix Guattari. *A Thousand Plateaus: Capitalism and Schizophrenia.* Translated by Brian Massumi. Minneapolis: University of Minnesota Press, 1987.

Deleuze, Gilles, and Leopold von Sacher-Masoch. *Masochism.* New York: Zone Books, 1991.

Derrida, Jacques. *The Animal That Therefore I Am.* Translated by David Wills. New York: Fordham University Press, 2008.

Dingle, Hugh. *Migration: The Biology of Life on the Move.* New York: Oxford University Press, 1996.

Dudley, Robert. *The Biomechanics of Insect Flight: Form, Function, Evolution.* Princeton, N.J.: Princeton University Press, 2000.

Dunn, David. *Angels and Insects.* Santa Fe, N.M.: ¿What Next?, 1999.

———. *The Sound of Light in Trees.* Santa Fe, N.M.: EarthEar/Acoustic Ecology Institute, 2006.

Dunn, David, and James P. Crutchfield. "Insects, Trees, and Climate: The Bioacoustic Ecology of Deforestation and Entomogenic Climate Change." Santa Fe Institute Working Paper 06–12–055, 2006.

Efron, John M. *Defenders of the Race: Jewish Doctors and Race Science in Fin-de-Siècle Europe.* New Haven, Conn.: Yale University Press, 1994.

Eisner, Thomas. *For Love of Insects.* Cambridge, Mass.: Harvard University Press, 2003.

Evans, E. P. *The Criminal Prosecution and Capital Punishment of Animals: The Lost History of Europe's Animal Trials.* Boston, Mass.: Faber, [1906] 1987.

Evans, R. J. W. *Rudolf II and His World: A Study in Intellectual History, 1576–1612.* London: Thames and Hudson, 1973.

Exner, Sigmund. *The Physiology of the Compound Eyes of Insects and Crustaceans.* Translated by R. C. Hartree. Berlin: Springer Verlag, [1891] 1989.

Fabre, Jean-Henri. *The Hunting Wasps.* Translated by Alexander Teixeira de Mattos. New York: Dodd, Mead and Company, 1915.

———. *The Life of the Fly.* Translated by Alexander Teixeira de Mattos. New York: Dodd, Mead and Company, 1913.

———. *The Mason-Wasps.* Translated by Alexander Teixeira de Mattos. New York: Dodd, Mead and Company, 1919.

———. *Social Life in the Insect World.* Translated by Bernard Miall. New York: Century, 1912.

Favret, Colin. "Jean-Henri Fabre: His Life Experiences and Predisposition Against Darwinism." *American Entomologist* 45, no. 1 (1999): 38–48.

Feld, Steven, and Donald Brenneis. "Doing Anthropology in Sound." *American Ethnologist* 31, no. 4 (2004): 461–74.

Feyerabend, Paul. *Against Method: Outline of an Anarchistic Theory of Knowledge.* London: New Left Books, 1975.

Field, Norma. "Jean-Henri Fabre and Insect Life in Japan." Unpublished manuscript, n.d.

Findlen, Paula. *Possessing Nature: Museums, Collecting, and Scientific Culture in Early Modern Italy.* Berkeley: University of California Press, 1994.

Foster, Hal, ed. *Vision and Visuality.* Seattle: Bay Press/Dia Art Foundation. 1988.

Frank, Claudine, ed. *The Edge of Surrealism: A Roger Caillois Reader.* Durham, N.C.: Duke University Press, 2003.

Frazer, James George. *The Golden Bough: A Study in Magic and Religion,* 12 vols. London: MacMillan, 1906–15.

Freccero, Carla. "Fetishism: Fetishism in Literature and Cultural Studies." In *New Dictionary of the History of Ideas.* Vol. 2. New York: Scribner's, 2005.

Frisch, Karl von. *Bees: Their Vision, Chemical Senses, and Language.* Ithaca: Cornell University Press, 1950.

———. *A Biologist Remembers.* Translated by Lisbeth Gombrich. Oxford, U.K.: Pergamon Press, 1967.

———. *The Dance Language and Orientation of Bees.* Translated by Leigh E. Chadwick. Cambridge, Mass.: Harvard University Press, [1965] 1993.

———. *The Dancing Bees: An Account of the Life and Senses of the Honey Bee.* Translated by Dora Isle and Norman Walker. New York: Harcourt, Brace and World, 1966.

———. *The Little Housemates.* Translated by Margaret D. Senft. New York: Pergamon Press, 1960.

Fudge, Erica. *Animal.* New York: Reaktion Books, 2002.

Gates, Katharine. *Deviant Desires: Incredibly Strange Sex.* New York: Juno Books, 2000.

Glick, P. A. *The Distribution of Insects, Spiders, and Mites in the Air.* U.S. Department of Agriculture Technical Bulletin 673. Washington, D.C.: USDA, 1939.

Goethe, Johann Wolfgang von. *Italian Journey, 1786–1788.* Translated by W. H. Auden and Elizabeth Mayer. London: Penguin Books, 1962.

———. *Theory of Colors.* Translated by Charles Locke Eastlake. Cambridge, Mass.: MIT Press, 1970.

Gossman, Lionel. "Michelet and Natural History: The Alibi of Nature." *Proceedings of the American Philosophical Society* 145, no. 3 (2001): 283–333.

Gould, James L. *Ethology: The Mechanisms and Evolution of Behavior.* New York: W. W. Norton, 1983.

Gould, James L., and Carol Grant Gould. *The Honey Bee.* New York: Scientific American, 1988.

Gould, Stephen Jay. *Hen's Teeth and Horse's Toes: Further Reflections in the Natural History.* New York: W. W. Norton, 1994.

Gould, Stephen Jay, and Richard Lewontin. "The Spandrels of San Marco and the Panglossian Paradigm: A Critique of the Adaptationist Program." *Proceedings of the Royal Society B: Biological Sciences* 205 (1979): 581–98.

Graeub, Ralph. *The Petkau Effect: The Devastating Effect of Nuclear Radiation on Human Health and the Environment.* New York: Four Walls Eight Windows, 1994.

Grant, Edward. "Aristotelianism and the Longevity of the Medieval World View." *History of Sci-*

ence 16 (1978): 95–106.

Greenspan, Ralph J., and Herman A. Dierick. " 'Am Not I a Fly Like Thee?' From Genes in Fruit Flies to Behavior in Humans." *Human Molecular Genetics* 13, no. 2 (2004): R267–R273.

Grégoire, Emmanuel. *The Alhazai of Moradi: Traditional Hausa Merchants in a Changing Sahelian City.* Translated by Benjamin H. Hardy. Boulder, Colo.: Lynne Rienner, 1992.

Griffin, Donald R. *Animal Minds: Beyond Cognition to Consciousness.* Rev. edition. Chicago: University of Chicago Press, 2001.

Guerrini, Anita. *Experimenting with Humans and Animals: From Galen to Animal Rights.* Baltimore: Johns Hopkins University Press, 2003.

Hacking, Ian. "On Sympathy: With Other Creatures." *Tijdschrift voor Filosofie* 63, no. 4 (2001): 685–717.

Haraway, Donna J. *Primate Visions: Gender, Race and Nature in the World of Modern Science.* New York: Routledge, 1989.

———. *When Species Meet.* Minneapolis: University of Minnesota Press, 2007.

Hart, Mitchell B. "Moses the Microbiologist: Judaism and Social Hygiene in the Work of Alfred Nossig." *Jewish Social Studies* 2, no. 1 (1995): 72–97.

———. "Racial Science, Social Science, and the Politics of Jewish Assimilation." *Isis* 90 (1999): 268–97.

———. *Social Science and the Politics of Modern Jewish Identity.* Palo Alto, Calif.: Stanford University Press, 2000.

Hearn, Lafcadio. *Shadowings.* Tokyo: Tuttle, 1971.

Hearne, Vicki. *Adam's Task: Calling Animals by Name.* New York: Alfred A. Knopf, 1986.

———. *Animal Happiness.* New York: HarperCollins, 1994.

Heidegger, Martin. *The Fundamental Concepts of Metaphysics: World, Finitude, Solitude.* Translated by William McNeill and Nicholas Walker. Bloomington: Indiana University Press, 1995.

Helmreich, Stefan. *Alien Ocean: Anthropological Voyages in Microbial Seas.* Berkeley: University of California Press, 2009.

Hendrix, Lee. "Joris Hoefnagel and *The Four Elements*: A Study in Sixteenth-Century Nature Painting." Ph.D. diss., Princeton University, 1984.

———. "Of Hirsutes and Insects: Joris Hoefnagel and the Art of Wondrous." *Word and Image* 11, no. 4 (1995): 373–90.

Hendrix, Lee, and Thea Vignau-Wilberg. *Mira calligraphiae monumenta: A Sixteenth-Century Calligraphic Manuscript Inscribed by Georg Bocskay and Illuminated by Joris Hoefnagel* Malibu, Calif.: J. Paul Getty Museum, 1992.

Herrnstein, R. J. "Nature as Nurture: Behaviorism and the Instinct Doctrine." *Behavior and Philosophy* 26 (1998): 73–107; reprinted from *Behavior* 1, no. 1 (1972): 23–52.

Hesse-Honegger, Cornelia. *After Chernobyl.* Bern: Bundesamt für Kultur/Verlag Lars Müller, 1992.

———. "Der Verdacht." [The Suspicion]. *Tages-Anzeiger Magazin* (April 1989): 28–35.

———. *The Future's Mirror.* Translated by Christine Luisi. Newcastle upon Tyne, U.K.: Locus+,

2000.
———. *Heteroptera: The Beautiful and the Other, or Images of a Mutating World*. Translated by Christine Luisi. New York: Scalo, 2001.
———. *Warum bin ich in Österfärnebo? Bin auch in Leibstadt, Beznau, Gösgen, Creys-Malville, Sellafield gewesen* ··· [*Why am I in Österfärnebo? I Have Also Been to Leibstadt, Beznau, Gösgen, Creys-Malville, Sellafield* ···]. Basel, Switzerland: Editions Heuwinkel, 1989.
———. "Wenn Fliegen und Wanzen anders aussehen als sie sollten." [*When Flies and Bugs Don't Look the Way They Should*]. *Tages-Anzeiger Magazin* (January 1988): 20–25.
Hoefnagel, Joris. *Animalia rationalia et insecta (Ignis)*. 1582.
Hooke, Robert. *Micrographia; or Some Physiological Descriptions of Minute Bodies Made by Magnifying Glasses with Observations and Inquiries Thereupon*. New York: Dover, [1665] 2003.
Hsiung Ping-chen. "From Singing Bird to Fighting Bug: The Cricket in Chinese Zoological Lore." Unpublished manuscript, Taipei, Taiwan, n.d.
Imanishi Kinji. *The World of Living Things*. Translated by Pamela J. Asquith, Heita Kawakatsu, Shusuke Yagi, and Hiroyuki Takasaki. London: RoutledgeCurzon, 2002.
Jacoby, Karl. "Slaves by Nature? Domestic Animals and Human Slaves." *Slavery and Abolition* 15 (1994): 89–99.
Japan External Trade Organization (JETRO). *Marketing Guidebook for Major Imported Products 2004*. Vol. 3, *Sports and Hobbies*. Tokyo: JETRO, 2004.
Jay Martin. *Downcast Eyes: The Denigration of Vision in Twentieth-Century French Thought*. Berkeley: University of California Pres, 1994.
Jin Xingbao. "Chinese Cricket Culture." *Cultural-Entomology Digest* 3 (November 1994). Available at http://www.*insects.org*/ced3/chinese_crcul.html.
Jin Xingbao and Liu Xianwei. *Qan jian min cun de xuan yan han guang shan*. [*Common Singing Insects: Selection, Care, and Appreciation*.] Shanghai: Shanghai Science and Technology Press, 1996.
Joffe, Steen R. *Desert Locust Management: A Time for Change*. World Bank Discussion Paper, no. 284, April 1995. Washington, D.C.: World Bank, 1995.
Johnson, C. G. *Migration and Dispersal of Insects by Flight*. London: Methuen, 1969.
Jullien, François. *The Propensity of Things: Toward a History of Efficacy in China*. Translated by Janet Lloyd. New York: Zone Books, 1995.
Kafka, Franz. *The Transformation and Other Stories*. Translated by Malcolm Pasley. London: Penguin, 1992.
Kalikow, Theodora J. "Konrad Lorenz's Ethological Theory: Explanation and Ideology, 1938–1943. *Journal of the History of Biology* 16, no. 1 (1983): 39–73.
Kalland, Arne, and Pamela J. Asquith, eds. *Japanese Images of Nature: Cultural Perceptions*. Richmond, U.K.: Curzon, 1997.
Kapelovitz, Dan. "Crunch Time for Crush Freaks: New Laws Seek to Stamp Out Stomp Flicks." *Hustler*, May 2000.
Kaufmann, Thomas DaCosta. *The Mastery of Nature: Aspects of Art, Science, and Humanism in*

the Renaissance. Princeton, N.J.: Princeton University Press, 1993.

———. *The School of Prague: Painting at the Court of Rudolf II.* Chicago: University of Chicago Press, 1988.

Kessel, Edward L. "The Mating Activities of Balloon Flies." *Systematic Zoology* 4, no. 3 (1955): 97–104.

Kohler, Robert E. *Lords of the Fly: Drosophila Genetics and the Experimental Life.* Chicago: University of Chicago Press, 1994.

Konishi Masayasu. *Mushi no bunkashi* [*A Cultural History of Insects*]. Tokyo: Asahi Sensho, 1992.

Kouichi Goka, Hiroshi Kojima, and Kimiko Okabe. "Biological Invasion Caused By Commercialization of Stag Beetles in Japan." *Global Environmental Research* 8, no. 1 (2004): 67–74.

Kral, Karl, and Frederick R. Prete. "In the Mind of a Hunter: The Visual World of a Praying Mantis." In *Complex Worlds from Simpler Nervous Systems,* edited by Frederick R. Prete. Cambridge, Mass.: MIT Press, 2004.

Krall, Hanna. *Shielding the Flame: An Intimate Conversation with Dr. Marek Edelman, the Last Surviving Leader of the Warsaw Ghetto Uprising.* Translated by Joanna Stasinska and Lawrence Weschler. New York: Henry Holt, 1986.

Krizek, George O. "Unusual Interaction between a Butterfly and a Beetle: 'Sexual Paraphilia' in the Insects?" *Tropical Lepidoptera* 3, no. 2 (1992): 118.

Land, Michael F. "Eyes and Vision." In *Encyclopedia of Insects,* edited by Vincent H. Resh and Ring T. Cardé, 393–406. New York: Academic Press, 2003.

Land, Michael F., and Dan-Eric Nilsson. *Animal Eyes.* Oxford, U.K.: Oxford University Press, 2002.

Lapini, Agostino. *Diario fiorentino dal 252 al 1596* [*Florentine Diary 252–1596*]. Edited by Gius. Odoardo Corazzini. Florence: G. C. Sansoni, 1900.

Lasden, Martin. "Forbidden Footage." *California Lawyer* (September 2000). Available at californialawyermagazine.com/index.*cfm*?eid=306417&evid=1.

Launois-Luong, M. H., and M. Lecoq. *Vade-mecum des criquets du Sahel* [*Vade Mecum of Locusts in the Sahel*]. Paris: CIRAD/PRIFAS, 1989.

Lauter, Marlene, ed. *Concrete Art in Europe after 1945.* Ostfildern-Ruit, Germany: Hatje Cantz, 2002.

LeBas, Natasha R., and Leon R. Hockham. "An Invasion of Cheats: The Evolution of Worthless Nuptial Gifts." *Current Biology* 15, no. 1 (2005): 64–67.

Legros, Georges Victor. *Fabre: Poet of Science.* Translated by Bernard Miall. Whitefish, Mont.: Kessinger Publishing, [1913] 2004.

Leopardi, Giacomo. *Zibaldone dei pensieri.* Vol. 1. Edited by Rolando Damiani. Milan: Arnoldo Mondadori Editore, 1997.

Levy-Barzilai, Vered. "The Rebels among Us." *Haaretz Magazine,* October 13, 2006, 18–22.

Li Shijun. *Min jien cuan shi: shang pin xishuai* [*An Anthology of Lore of One Hundred and Eight Excellent Crickets*]. Hong Kong: Wenhui, 2008.

———. *Zhonggou dou xi jian shang* [*An Appreciation of Chinese Cricket Fighting*]. Shanghai:

Shanghai Science and Technology Press, 2001.
———. *Zonghua xishuai wushi bu xuan* [*Fifty Taboos of Cricket Collecting*]. Shanghai: Shanghai Science and Technology Press, 2002.
Libertaire Group, ed. *A Short History of the Anarchist Movement in Japan.* Tokyo: Idea Publishing House.
Lindauer, Martin. *Communicating among Social Bees.* Cambridge, Mass.: Harvard University Press, 1961.
Lingis, Alphonso. *Abuses.* New York: Routledge, 1994.
———. *Dangerous Emotions.* New York: Routledge. 2000.
———. *Excesses: Eros and Culture.* Albany, N.Y.: State University of New York Press, 1983.
Liu Xinyuan. "Amusing the Emperor: The Discovery of Xuande Period Cricket Jars from the Ming Imperial Kilns." *Orientations* 26, no. 8 (1995): 62–77.
Lloyd, G. E. R. *Science, Folklore and Ideology. Studies in the Life Sciences in Ancient Greece.* Cambridge: Cambridge University Press, 1983.
Luckert, Stephen. *The Art and Politics of Arthur Szyk.* Washington, D.C.: U.S. Holocaust Memorial Museum, 2002.
Mamdani, Mahmood. *When Victims Become Killers: Colonialism, Nativism, and the Genocide in Rwanda.* Princeton, N.J.: Princeton University Press, 2002.
Mazokhin-Porshnyakov, Georgii A. *Insect Vision.* Translated by Roberto Masironi and Liliana Masironi. New York: Plenum Press, 1969.
McCartney, Andra. "Alien Intimacies: Hearing Science Fiction Narratives in Hildegard Westerkamp's *Cricket Voice* (or 'I Don't Like the Country, the Crickets Make Me Nervous')." *Organized Sound* 7 (2002): 45–49.
Mendelsohn, Ezra. "From Assimilation to Zionism in Lvov: The Case of Alfred Nossig." *Slavonic and East European Review* 49, no. 17 (1971): 521–34.
Merian, Maria Sibylla. *Metamorphosis insectorum Surinamensium.* Amsterdam: Gerard Valck, 1705.
Michelet, Jules. *The Insect.* Translated by W. H. Davenport Adams. London: T. Nelson and Sons, 1883.
Mol, Annemarie. *The Body Multiple: Ontology in Medical Practice.* Durham, N.C.: Duke University Press, 2003.
Montaigne, Michel de. *The Complete Works.* Translated by Donald M. Frame. New York: Everyman's Library, 2003.
Mousseau, Frederic, with Anuradha Mittal. *Sahel: A Prisoner of Starvation? A Case Study of the 2005 Food Crisis in Niger.* Oakland, Calif.: The Oakland Institute, 2006.
Munz, Tania. "The Bee Battles: Karl von Frisch, Adrian Wenner and the Honey Bee Dance Language Controversy." *Journal of the History of Biology* 38, no. 3 (2005): 535–70.
Nilsson, Dan-Eric, and Susanne Pelger. "A Pessimistic Estimate of the Time Required for an Eye to Evolve." *Proceedings of the Royal Society B: Biological Science* 256 (1994): 53–58.
Nossig, Alfred, ed. *Jüdische Statistik* [*Jewish Statistics*]. Berlin: Der Jüdische Verlag, 1903.

———. *Die Sozialhygiene der Juden und des altorientalischen Völkerkreises* [*Social Hygiene of the Jews and Ancient Oriental Peoples*]. Stuttgart: Deutsche Verlags-Anstalt, 1894.

———. *Zionismus und Judenheit: Krisis und Lösung* [*Zionism and Jewry: Crisis and Solution*]. Berlin: Interterritorialer Verlag "Renaissance", 1922.

Nuti, Lucia. "The Mapped Views by George Hoefnagel: The Merchant's Eye, the Humanist's Eye." *Word and Image* 4 (1988): 545–70.

Nye, Robert A. "The Rise and Fall of the Eugenics Empire: Recent Perspectives on the Impact of Biomedical Thought in Modern Society." *Historical Journal* 36 (1993): 687–700.

Okumoto Daizaburo. *Hakubutsugakuno kyojin Anri Faburu* [*Henri Fabre: A Giant of Natural History*]. Tokyo: Syueisya, 1999.

Osten-Sacken, Carl Robert. "A Singular Habit of *Hilara*." *Entomologist's Monthly Magazine* 14 (1877): 126–27.

Ovid, *Tales from Ovid.* Translated by Ted Hughes. London: Faber and Faber, 1997.

Pavese, Cesare. *This Business of Living: Diaries 1935–1950.* Translated by Alma E. Murch. New York: Quartet, 1980.

Perec, Georges. *Species of Spaces and Other Pieces.* Translated by John Sturrock. London: Penguin, 1998.

Philipp, Feliciano. *Protection of Animals in Italy.* Rome: National Fascist Organization for the Protection of Animals, 1938.

Pliny. *Natural History,* book xi. Translated by H. Rackham. Cambridge. Mass.: Loeb Classical Library/Harvard University Press, 1983.

Ploetz, Alfred. *Die Tüchtigkeit unserer Rase und der Schutz der Schwachen: Ein Versuch über die Rassenhygiene und ihr Verhältnis zu den humanen Idealen, besonders zum Sozialismus* [*The Efficiency of Our Race and the Protection of the Weak: An Essay Concerning Racial Hygiene and Its Relationship to Humanitarian Ideals, in Particular to Socialism*]. Berlin: S. Fischer, 1895.

Plutarch. *Moralia.* Vol. xii. Translated by Harold Cherniss and William C. Helmbold. Cambridge, Mass.: Harvard University Press, 1957.

Proctor, Robert N. *Racial Hygiene: Medicine under the Nazis.* Cambridge, Mass.: Harvard University Press, 1988.

Pu Songling. "The Cricket." In *Strange Tales from Make-Do Studio.* Translated by Denis C. Mair and Victor H. Mair. Beijing: Foreign Language Press, 2001.

Raffles, Hugh. *In Amazonia: A Natural History.* Princeton, N.J.: Princeton University Press, 2002.

Ratey, John J. *A User's Guide to the Brain: Perception, Attention, and the Four Theaters of the Brain.* New York: Vintage, 2002.

Reischauer, Edwin O., and Joseph K. Yamagiwa. *Translations from Early Japanese Literature.* Cambridge, Mass.: Harvard University Press, 1951.

Resh, Vincent H., and Ring T. Cardé, eds. *Encyclopedia of Insects.* New York: Academic Press, 2003.

Roitman, Janet. *Fiscal Disobedience: An Anthropology of Economic Regulation in Central Africa.* Princeton, N.J.: Princeton University Press, 2004.

Roughgarden, Joan. *Evolution's Rainbow: Diversity, Gender, and Sexuality in Nature and People.* Berkeley: University of California Press, 2004.

Rowley, John, and Olivia Bennett. *Grasshoppers and Locusts: The Plague of the Sahel.* London: The Panos Institute, 1993.

Ryan, Lisa Gail, ed. *Insect Musicians and Cricket Champions: A Cultural History of Singing Insects in China and Japan.* San Francisco: China Books and Periodicals, 1996.

Sacks, Oliver. *An Anthropologist on Mars: Seven Paradoxical Tales.* New York: Vintage, 1995.

Sax, Boria. *Animals in the Third Reich: Pets, Scapegoats, and the Holocaust.* New York: Continuum, 2003.

———. "What is a 'Jewish Dog'? Konrad Lorenz and the Cult of Wildness." *Society and Animals: Journal of Human-Animal Studies* 5, no. 1 (1997).

Scarborough, John. "On the History of Early Entomology, Chiefly Greek and Roman with a Preliminary Bibliography." *Melsheimer Entomological Series* 26 (1979): 17–27.

Schafer, R. Murray. *The Soundscape: Our Sonic Environment and the Tuning of the World.* Rochester, Vt.: Destiny Books, 1994.

Schiebinger, Londa. *Plants and Empire: Colonial Bioprospecting in the Atlantic World.* Cambridge, Mass.: Harvard University Press, 2004.

Searle, John R. *Mind: A Brief Introduction.* Oxford, U.K.: Oxford University Press, 2004.

Sebald, W. G. *Austerlitz.* Translated by Anthea Bell. New York: Random House, 2001.

———. *On the Natural History of Destruction.* Translated by Anthea Bell. New York: Random House, 2003.

Seeley, Thomas D. *The Wisdom of the Hive: The Social Physiology of Honey Bee Colonies.* Cambridge, Mass.: Harvard University Press, 1995.

Seeley, Thomas D., S. Kühnholz, and R. H. Seeley. "An Early Chapter in Behavioral Physiology and Sociobiology: The Science of Martin Lindauer." *Journal of Comparative Physiology A: Neuroethology, Sensory, Neural, and Behavioral Physiology* 188 (2002): 439–53.

Serres, Michel. *The Parasite.* Translated by Lawrence R. Schehr. Minneapolis: University of Minnesota Press, 2007.

Seyfarth, Ernst-August, and Henryk Perzchala. "Sonderaktion Krakau 1939: Die Verfolgung von polnischen Biowissenschaftlern und Hilfe durch Karl von Frisch" [Sonderaktion Krakau, 1939: The Persecution of Polish Biologists and the Assistance Provided by Karl von Frisch]. *Biologie in unserer Zeit* 22, no. 4 (1992): 218–25.

Shapin, Steven. *The Scientific Revolution.* Chicago: University of Chicago Press, 1998.

Shiga Usuke. *Nihonichi no konchu-ya* [*The Best Insect Shop in Japan*]. Tokyo: Bunchonbunko, 2004.

Shoko Kameoka and Hisako Kiyono. *A Survey of the Rhinoceros Beetle and Stag Beetle Market in Japan.* Tokyo: TRAFFIC East Asia—Japan, 2003.

Smith, Ray F., Thomas E. Mittler, and Carroll N. Smith, eds. *History of Entomology.* Palo Alto, Calif.: Annual Reviews, Inc., 1973.

Sommer, Volker, and Paul L. Vasey, eds. *Homosexual Behavior in Animals: An Evolutionary Per-*

spective. Cambridge: Cambridge University Press, 2006.

Spicer, Dorothy Gladys. *Festivals of Western Europe.* New York: H. W. Wilson, 1958.

Stein, Rolf A. *The World in Miniature: Container Gardens and Dwellings in Far Eastern Religious Thought.* Translated by Phyllis Brooks. Palo Alto, Calif.: Stanford University Press, 1990.

Strassberg, Richard E. *Inscribed Landscapes: Travel Writing from Imperial China.* Berkeley: University of California Press, 1994.

Szymborska, Wisława. *Miracle Fair: Selected Poems of Wisława Szymborska.* Translated by Joanna Trzeciak. New York: W. W. Norton, 2001.

Taussig, Michael. *Mimesis and Alterity: A Particular History of the Senses.* New York: Routledge, 1993.

———. *My Cocaine Museum.* Chicago: University of Chicago Press, 2004.

The Warsaw Diary of Adam Czerniakow: Prelude to Doom. Edited by Raul Hilberg, Stanislaw Staron, and Josef Kermisz. Translated by Stanislaw Staron and the staff of Yad Vashem. New York: Stein and Day, 1979.

Thomas, Julia Adeney. *Reconfiguring Modernity: Concepts of Nature in Japanese Political Ideology.* Berkeley: University of California Press, 2001.

Thomas, Keith. *Man and the Natural World: A History of the Modern Sensibility.* New York: Pantheon, 1983.

Toor, Frances. *Festivals and Folkways of Italy.* New York: Crown, 1953.

Topsell, Edward. *The History of Four-Footed Beasts and Serpents.* Vol. 3, *The Theatre of Insects or Lesser Living Creatures* by Thomas Moffet. New York: De Capo, [1658] 1967.

Tort, Patrick. *Fabre: Le Miroir aux Insectes.* Paris: Vuibert/Adapt, 2002.

Tregenza, T., N. Wedell, and T. Chapman. "Introduction. Sexual Conflict: A New Paradigm?" *Philosophical Transactions of the Royal Society B: Biological Sciences* 361 (2006): 229–34.

Tsunoda Tadanobu. *The Japanese Brain: Uniqueness and Universality.* Translated by Yoshinori Oiwa. Tokyo: Taishukan, 1985.

Tuan, Yi-Fu. "Discrepancies Between Environmental Attitude and Behaviour: Examples from Europe and China." *Canadian Geographer* 12, no. 3 (1968): 176–91.

Uexküll, Jakob von. "A Stroll through the World of Animals and Men: A Picture Book of Invisible Worlds." In *Instinctive Behavior: The Development of a Modern Concept,* edited and translated by Claire H. Schiller, 5–80. New York: International Universities Press, 1957.

Uvarov, Boris Petrovich. *Grasshoppers and Locusts: A Handbook of General Acridology.* Vol. 1. Cambridge: Cambridge University Press, 1966.

Vignau-Wilberg, Thea. *Archetypa studiaque patris Georgii Hoefnagelii (1592): Nature, Poetry and Science in Art around 1600.* Munich, Germany: Staatliche Graphische Sammlung, 1994.

Vilencia, Jeff. *The American Journal of the Crush-Freaks.* 2 vols. Bellflower, Calif.: Squish Publications, 1993–96.

Wade, Nicholas. "Flyweights, Yes, but Fighters Nonetheless: Fruit Flies Bred for Aggressiveness." *New York Times,* October 10, 2006.

Wagner, David L. *Caterpillars of Eastern North America: A Guide to Identification and Natural*

History. Princeton, N.J.: Princeton University Press, 2005.

Weindling, Paul Julian. *Epidemics and Genocide in Eastern Europe, 1890–1945.* New York: Oxford University Press, 2000.

Weiss, Sheila Faith. "The Race Hygiene Movement in Germany." *Osiris* 3 (1987): 193–226.

Wolfe, Cary, ed. *Zoontologies: The Question of the Animal.* Minneapolis: University of Minnesota Press, 2003.

Wu Zhao Lian. *Xishuai mipu* [*Secret Cricket Books*]. Tianjin, China: Gu Ji Shu Dan Ancient Books, 1992.

Yajima Minoru. *Mushi ni aete yokatta* [*I Am Happy That I Met Insects*]. Tokyo: Froebel-kan, 2004.

Yoro Takeshi and Miyazaki Hayao. *Mushime to anime.* Tokyo: Tokuma Shoten, 2002.

Yoro Takeshi, Okumoto Daizaburo, and Ikeda Kiyohiko. *San-nin yoreba mushi-no-chi'e* [*Put Three Heads Together to Match the Wisdom of a Mushi*]. Tokyo: Yosensya, 1996.

Zinsser, Hans. *Rats, Lice and History: Being a Study in Biography, which, after Twelve Preliminary Chapters Indispensable for the Preparation of the Lay Reader, Deals with the Life History of Typhus Fever.* Boston, Mass.: Atlantic Monthly Press/Little, Brown, and Company, 1935.

Zylberberg, Michael. "The Trial of Alfred Nossig: Traitor or Victim." *Wiener Library Bulletin* 23 (1969): 41–45.